군사학 총서 제 **4**권

4

THEORY OF NATIONAL CRISIS MANAGEMENT FOR MILITARY STUDIES

국가위기 관리론

김 성 진

백산서당

Theory of National Crisis Management for Military Studies

Kim Sung Jin

BAIKSAN Publishing House

프롤로그

『국가위기관리론』은 군사 교육기관, 일반대학교의 군사학과와 부사관학과, 군장학생, 각 군 사관학교 생도, 그리고 초급 연구자 등을 대상으로 하는 군사학 총서(叢書) 제4권이다.

2009년 1월 15일 155명의 승객을 태운 美 여객기(US항공 1549편)가 뉴욕 공항을 이륙하는 도중에 몰려든 새 떼로 인해 양쪽 엔진이 꺼져버렸다. 당시 체슬리 B. 설리 설렌버거(Chesley B. Sully Sullenberger Ⅲ) 기장은 공항 관제탑의 정형화된 회항(回航) 지시와 매뉴얼에 따르지 않고 허드슨강에 '비상착륙'을 시도한 다음 모든 승객과 승무원들이 탈출하고 나서야 여객기를 벗어났다. 결과적으로 기장의 올곧은 가치관(values)[1], 순간적인 판단과 응급조치, 승무원 모두가 각자의 위치에서 최선을 다했기에 전원이 무사할 수 있었다. 이후에 사고 데이터를 분석한 결과 관제탑의 정형화된 지시와 매뉴얼에 따랐다면, '전원 사망'으로 결론이 났음은 일반적인 사실이다.

이는 5년 후 한국에서 세월호 침몰사고가 발생했을 때 보여준 초기 대응 및 결과와는 사뭇 다르다. 선장이 제일 먼저 배를 탈출하였고, 관련 기관의 초기 대응도 상식적이지 않았다. 상황을 조치하는데 가장 기본인 승객의 규모는 파악도 하지 않고 우왕좌왕하다가 사태를 키운 덕분에 아직도 당시의 상처는 치유되지 못하고 있다.

軍의 경계작전 사례를 살펴보자. 매번 軍의 경계태세가 '실패'로 끝나면서 국민의 신뢰는 멀어져 있다. 왜! 이렇게까지 되었을까? 무엇(What)이 문제인지?, 어떻게(How) 해야 하는지? 에 대한 진단과 처방은 이미 나와 있다. 이를 실천하고 조치할 주역(主役)들이 원리와 준칙을 따르지 않기에 난망(難望)할 뿐이다. 다양한 전통·비전통적 안보위기가 발생했을 때 위기를 관리하고 대응(협상)을 마무리하는 과정에서 대충하거나, 땜질식 처방만으로 사태를 해결(극복)할 수 있을까? 멀리서 해답을 찾을 필요는 없다. 정치·군사지도자들이 성공하거나, 실패한 역사적 기록이 무수히 존재하기 때문이다.

---

[1] '가치관(values)'은 '어떠한 환경과 상황(여건)에 부닥치더라도 올바르게 판단하고 결정하겠다는 개인의 신념(belief)과 의지(will), 태도(attitude)'를 뜻하고 있다.

본론으로 돌아가서 위기는 왜! 매번 반복되고 있으며, 마무리하여도 찜찜함이 남는 현상은 왜 그럴까? 이는 ① 위기에 대처하는 자세와 초기 대응의 미(未) 체계화, ② 총괄 control-tower의 '확증편향' 인식에 기반한 집단사고(group-think)와 기준법의 부재(不在), ③ 近 실시간대 위기관리·대응 매뉴얼을 작성하는 노력이 소홀한 데서 찾아야 하지 않을까 싶다.

'위기(Crisis)'는 '어떠한 일이 진행되면서 급작스럽게 악화하거나, 파국을 맞을 만큼 위험한 고비'에 다다랐음을 의미하는 용어다. 전문 직업군인들도 위기 관련(상황관리와 대응) 업무를 직접 담당하지 않으면, 위기관리 전반(全般)에 대하여 이해하기가 쉽지 않다. 여기서 '위기'나 '위기관리'는 국가(軍)에서만 다루어지는 용어가 아니라 개인이나 기업(조직), 집단 모두를 대상으로 한다. '위협(threat)'과 '위험(danger 또는 risk)', '위기(crisis)'는 모두 다른 의미와 개념, 수준임을 이해할 필요가 있다. 이 책은 다섯 가지의 특징을 갖고 있다.

먼저, 문제의 본질을 이해하고자 법령체계와 구조, 조직의 속성, 편성 기능과 운영 측면에서 핵심분야를 간략하게 제시하였다.

둘째, 기초적인 위기관리 이론과 선행(先行) 과제를 제시한 다음 미국과 한국의 위기관리 사례에 접근하였다. 이를 통해 위기의 촉발과 진전(고조)하는 단계를 이해하게 될 것이다. 정치·군사지도자는 위기를 촉발 및 확대하고 종결하는 주체이면서 위기를 관리·대응하는 주체이기에 이들의 성향(性向)을 별개의 문단(paragraph)으로 엮었다. 각종 위기사태의 발령(선포) 방식과 범위, 단계 등도 간략하게 정리하였다. 이는 관련 업무를 수행할 때 도움을 줄 것이다.

셋째, 위기관리의 대표적 사례인 '美-蘇 쿠바 미사일 위기 사태(1962)'는 대충 봉합하였다는 느낌을 지울 수 없기에 과연 성공적인 위기관리·대응이었나? 라는 시각에서 접근하였다. 이에 관한 의문은 학습을 통해 이해하게 될 것이다. '판문점 도끼 만행사태(1976)'는 정치·군사지도자가 위기를 어떻게 인식하고 처신해야 하는지 느끼게 해줄 것이며, 소명의식(calling)과 안타까움도 배가(倍加)할 것이다.

넷째, 전문 용어로만 진행할 경우 지적 호기심과 욕구가 저하될 수 있기에 메라비언(55:38:7) 법칙과 접목하여 story-telling 형식으로 꾸몄다. 이를 통해 자연스럽게 위기가 촉발(觸發)된 배경과 목적, 사태(상황)를 바라보는 안목(분석 능력)이 배양되도록 꾸몄다.

다섯째, 각종 위기(위기관리) 사례와 의미, 새로운 패러다임(paradigm) 등을 제시하는 과정에서 최대한 검증(檢證)하였다. 각주(脚註)는 핵심적인 설명이나, 명확한 출처가 필요할 때만 적시(摘示)하였다.

  이 교재는 안보 전문가가 되기 위해 노력하는 군사학도와 초급 연구자들에게 정치·군사적 위기(crisis)는 어떻게 촉발되고 고조(高調)하는지?, 관련 법령의 기본 개념 및 원칙(원리)은 무엇을, 어떻게 이해해야 하는지?, 정치·군사지도자가 갖춰야 할 바람직한 처신과 자세는 무엇인지? 등에 대한 논리를 정립(正立)하는 데 두었다. 다양한 경험과 식견으로 초점집단인터뷰(FGI)와 자문(諮問)에 응해주신 전문가님들께 감사드린다. 평생의 벗에 감사하고, 아들 내외의 멋진 도전을 기대하며, 이쁘고 논리적인 딸을 가족으로 보내신 사돈 내외분께 감사드린다. 성원하시는 사)글로벌전략협력연구원, 한국외대 안보협력연구센터, 아주대학교 아주코칭협동조합, 교재 출간에 노력해주신 백산서당에 감사드린다.

고봉산 자락에서

학습 진행개요

기대 역량
1. '위기(Crisis)'에 대한 개념 이해를 바탕으로 전통·비전통적 안보 위기와 위기관리에 대한 인식이 배양되도록 한다.
2. 어떠한 상황에서도 침착·냉정하게 사태의 본질을 파악, 소임(所任)을 수행할 기초 능력을 갖추도록 한다.

탐구 개요
1. 기본 이론과 현실적 교훈을 이해 및 습득하는 데 있다.
2. 위기와 위기관리의 기초 개념, 주요 국가의 위기관리체계를 이해하고 바람직한 발전 방향을 모색하는 데 있다.

진행과 평가방법
1. 진행방법: 강의 50%, 토의/토론 30% 개인/팀별 발표 20%
2. 평가방법: 출·결석 10%, 과제 20%, 참여도 10%, 중간·기말고사 각 30%

교과 목표
1. 위기와 위기관리의 기본 개념, 본질을 이해하는 데 있다.
2. 군사(전통)·비군사적(비전통적) 안보위기에 관한 기초적인 이론을 습득하고 대응하는 과정을 이해하는 데 있다.
3. 위기관리의 진전(進展)에 따른 상황적 사고력(思考力)을 배양, 건전한 비판 능력과 기초 소양(素養)을 함양하는 데 있다.

강의 운영

1. 국가위기란 무엇인가? 에서 출발하여 위기관리의 기본 개념을 중심으로 진행하되, 연구 과제는 자유롭게 토의할 수 있도록 여건을 조성한다. 현대 과학기술의 발달로 각종 상황대응 체계를 잘 활용할 수 있다는 인식과 대안(代案)을 제시하는 기초 능력을 배양한다.
2. 위기관리의 본질을 탐구하면서 부여한 과제는 事前에 준비해야 한다. 희망자는 우선 발표시키고 양(兩)방향 토의로 진행하되, 기초 소양(素養)을 배양하기 위해 시사(時事) 문제를 추가한다.

* 위기 발생 배경-위기관리전략의 결정-전개-종결-평가(교훈) 등

학습 진행

구 분	주요 과제		구 분	주요 과제	
1과제	위기와 위기관리 개관(槪觀)	I	7과제	주요 국가의 국가위기관리체계	
2과제		II	8과제	한국의 위기관리훈련 체계	
3과제	국가위기관리의 개념과 구조적 속성		9과제	美-蘇 쿠바 미사일 사태 시의 위기관리 사례	I
4과제	국가위기의 발생과 경보단계		10과제		II
5과제	한국의 국가위기관리 체계 I (법령)		11과제	판문점 도끼 만행사태 시의 위기관리 사례	I
6과제	한국의 국가위기관리 체계 II (조직과 기구 편성)		12과제		II

참고할 사항

1. 군사(전통)·비군사적(비전통적) 위기관리가 필요한 환경이다. 이에 따라 위기와 위기관리의 기본 개념을 정립하고, 변천사(變遷史)를 학습한 이후 조(組)별 연구 과제 부여 및 양방향 토의를 진행한다.
2. 학습의 실효성을 담보하기 위해서는 자유 토론과 논쟁(論爭)에 적극적으로 동참하는 의지와 태도가 바람직하다.

차 례

▷ 프롤로그
▷ 학습 진행 개요

√ 사전에 이해 및 탐구해야 할 과제는?

제1장 위기와 위기관리의 개관(槪觀)

제1절 개요 ···23
  1. 국가안보와 위협의 대상 · 23
  2. 국가위기관리체계의 변화 요인 · 27
  3. 위기의 일반적인 의미와 개념, 특성 · 33
  4. 위기를 촉발하는 대상과 전개 과정 · 40

제2절 국가위기의 개념과 국가위기관리의 구조적 속성 ···············45
  1. 국가위기의 개념과 유형 분류, 특성 · 45
  2. 국가위협의 대상과 침해사례, 위기관리의 범위 · 58
  3. 국가위기관리 정책의 결정 과정에 대한 이해 · 66
  4. 국가위기관리 전략의 채택 · 72
  5. 국가・군사 위기관리 체계의 구조적 속성 이해 · 76

√ 사전에 이해 및 탐구해야 할 과제는?

제2장 국가위기의 발생과 경보단계

제1절 개요 ···85
제2절 국가위기 상황의 전반(全般) 이해 ·······································87
  1. 국가의 위기 상황이란? · 87
  2. 국가위기의 전개과정 · 88
  3. 국가위기 경보의 발령(發令) 단계 · 91

4. 국가위기의 특징과 위기관리 4단계 · 95

> √ 사전에 이해 및 탐구해야 할 과제는?

제3장 한국의 국가위기관리체계(법령)

제1절 개요 ···101

제2절 국가위기관리와 관련한 의사결정기구 ···103
   1. 한국의 국가위기관리와 관련한 의사결정기구 · 103
   2. 한국의 위기관리 법령 · 107

제3절 입법(立法) 과정 및 절차, 현실적인 한계 ··112
   1. 개요 · 112
   2. 입법 과정(절차)에 대한 이해 · 113

제4절 법과 법률, 법령(法令)의 차이점과 위계(位階) ··115
   1. 법과 법률, 법령의 차이점과 특성 · 115
   2. 법 형식 간의 위계 · 117

제5절 전통·비전통적인 위기관리법령의 이해 ···119
   1. 전통적인 위기관리법령의 의미와 종류 · 119
   2. 비전통적인 위기관리법의 의미와 종류 · 122
   3. 논의 및 시사점 · 124

> √ 사전에 이해 및 탐구해야 할 과제는?

제4장 한국의 국가위기관리체계(조직과 기구 편성)

제1절 개요 ···127

제2절 국가 위기관리체계의 변천(變遷) 과정 ··130
   1. 전통적인 위기관리기구의 변천 · 130
   2. 비전통적인 위기관리기구의 변천 · 133

제3절 논의 및 시사점 ··142

> √ 사전에 이해 및 탐구해야 할 과제는?

제5장 주요 국가의 국가위기관리체계

제1절 개요 · 145

제2절 미국의 국가 위기관리체계 · 149
　1. 개관(槪觀) · 149
　2. 전통 · 비전통적인 국가위기관리 법의 이해 · 152
　3. 3대 국가위기관리체계에 대한 이해 · 155
　4. 미국 연방 · 주 · 지방정부의 위기관리 조직과 주요 기능 · 164

제3절 일본의 국가 위기관리체계 · 166
　1. 개관(槪觀) · 166
　2. 전통 · 비전통적인 국가위기관리 법의 이해 · 168
　3. 2대 국가위기관리체계에 대한 이해 · 170
　4. 일본의 위기관리 조직과 주요 기능 · 178

제4절 러시아의 국가 위기관리체계 · 180
　1. 개관(槪觀) · 180
　2. 국가위기관리체계에 대한 이해 · 182

제5절 이스라엘의 국가 위기관리체계 · 184
　1. 개관(槪觀) · 184
　2. 민방위사령부(HFC)에 대한 이해 · 186

제6절 스위스의 국가 위기관리체계 · 188
　1. 개관(槪觀) · 188
　2. 국가비상상황실(NEOC)와 민방위청(BZ)에 대한 이해 · 189
　3. 연방정부와 주 정부(canton)에 대한 이해 · 191

제7절 논의 및 시사점 · 193

> √ 사전에 이해 및 탐구해야 할 과제는?

제6장 한국의 위기관리훈련 체계

제1절 개요 · 197

제2절 국가 위기관리 훈련의 개념과 형태 ···199
　　　1. 국가 위기관리 훈련의 일반적인 개념 · 199
　　　2. 국가 위기관리 훈련의 형태와 도출 절차 · 201
　　　3. 교육훈련관리의 개념과 절차에 대한 이해 · 203
　　제3절 국가위기관리훈련 시 준수할 사항과 훈련 방법 ·····························207
　　　1. 국가위기관리훈련 시 준수해야 할 네 가지 요소 · 207
　　　2. 관계기관별 위기관리훈련의 방법과 형태 · 209
　　제4절 전통적 안보에 관한 국가위기관리기구와 비상사태의 대비절차 ···········211
　　　1. 전통적인 안보와 관련한 국가위기관리기구 · 211
　　　2. 국가비상사태 발생 시 위기관리와 대비절차 · 213

√ 사전에 이해 및 탐구해야 할 과제는?

제7장　美-蘇 쿠바 미사일 사태 시의 위기관리 사례

　　제1절 개요 ···227
　　제2절 미국과 소련이 사태를 바라보는 시각 ··229
　　　1. 개요 · 229
　　　2. 힘의 불균형을 바라보는 시각 · 231
　　제3절 주요 인물에 관한 이해 ··237
　　　1. 쿠바의 피델 A. 카스트로(Fidel Castro) 평의회 의장 · 237
　　　2. 미국의 존 F. 케네디(John F. Kennedy) 대통령 · 239
　　　3. 미국의 맥조지 번디(McGeorge Bundy) 백악관 안보담당 특별보좌관 · 242
　　　4. 소련의 니키타 S. 흐루쇼프(Nikita S. Khrushchev) 서기장 · 243
　　제4절 국제 정세와 주변 환경 ··245
　　　1. 소련-쿠바의 정치·군사·경제적 측면에 관한 인식 · 245
　　　2. 미국의 쿠바에 대한 정치·군사·경제적 측면에 관한 인식 · 246
　　제5절 위기사태의 발단(發端)과 본질 ···247
　　　1. 흐루쇼프의 쿠바 핵미사일 기지 설치에 대한 이해 · 247
　　　2. 미국이 쿠바의 핵미사일 설치를 발견할 수 있었던 이유 · 249
　　　3. 美-蘇 내·외부에서 위기사태를 바라보는 인식 · 251
　　제6절 위기관리전략의 결정과 주요 경과 ···253

1. 쿠바 미사일 위기사태의 전반(全般)에 대한 이해 · 253
　　2. 위기관리전략을 결정 및 집행하는 데 오류(誤謬)가 촉발된 요인 · 257
　　3. 위기관리전략의 결정 과정 · 260
제7절 위기관리전략의 전개 과정 ·· 263
제8절 위기관리전략의 종결 과정 ·· 267
제9절 평가 및 교훈 도출 ·· 269
　　1. 긍정적인 측면 · 269
　　2. 부정적인 측면 · 271
　　3. 현대적 프레임(Frame)으로 재구성한 팩트-체크(fact-check) · 272

> ✓ 사전에 이해 및 탐구해야 할 과제는?

제8장 판문점 도끼 만행(蠻行)사태 시의 위기관리 사례

제1절 개요 ··· 281
제2절 한반도의 주변 정세와 내·외부 환경 ··· 283
　　1. 북한의 대내·외적 동기(motivation) · 283
　　2. 김일성의 행동과 제30차 UN 총회의 갈지자 행보 · 285
　　3. 미국과 한국이 북한을 바라보는 인식 · 287
제3절 주요 인물에 관한 이해 ··· 289
　　1. 미국의 린든 B. 존슨(Lyndon B. Johnson) 대통령 · 289
　　2. 미국의 리처드 M. 닉슨(Richard M. Nixon) 대통령 · 290
　　3. 미국의 제럴드 R. 포드(Gerald R. Ford Jr.) 대통령 · 292
　　4. 미국의 리처드 G. 스틸웰(Richard G. Stilwell) UN군 사령관 · 294
　　5. 한국의 박정희(朴正熙) 대통령 · 295
　　6. 북한의 김일성(金日成) 주석 · 297
제4절 위기사태의 발단(發端)과 본질 ·· 299
　　1. UN군과 북한군 측의 경계초소 운영 실태 및 환경 · 299
　　2. 한반도에 대한 美 본토와 주한미군의 인식 · 301
제5절 위기관리전략의 결정과 주요 경과 ··· 302
　　1. JSA 미루나무 작업 전반(全般)에 대한 이해 · 302
　　2. 위기사태의 고조(高潮)와 위기관리전략 결정, 주요 경과 · 304

제6절 위기관리전략의 전개와 주요 경과 ···308
   1. 한반도에 대한 미국의 인식 수준·308
   2. 북한 김일성의 정치적 목표와 대외정책 및 전략·311
   3. 미국의 대응전략·313
   4. 한국 정부와 한국군의 대응조치·318

제7절 위기관리전략의 종결 ···321
   1. 개요·321
   2. 미국의 태도와 대응 수준·322
   3. 한국의 태도와 대응 수준·326

제8절 평가 및 교훈 도출 ···328
   1. 긍정·부정적인 측면·328
   2. 네 가지 측면에서의 평가 및 교훈·330
   3. 현대적 프레임(Frame)으로 재구성한 팩트-체크(fact-check)·334

   ▷ 에필로그·337
   ▷ 약어정리·339
   ▷ 참고문헌·345
   ▷ 찾아보기·347

〈그림 차례〉

〈그림 1-1〉 냉전기와 탈냉전기의 안보위협 전반을 비교한 현황 ... 23
〈그림 1-2〉 탈냉전기 이후 국가위기관리체계의 변화된 분석틀과 진행 과정 ... 27
〈그림 1-3〉 일반적인 의사결정 과정과 체계 ... 28
〈그림 1-4〉 일반적인 관점에서의 위기관리와 협상의 영역 ... 30
〈그림 1-5〉 국가위기관리의 출발점과 발전 단계 ... 31
〈그림 1-6〉 위기(crisis)의 세 가지 속성(屬性) ... 36
〈그림 1-7〉 위기 대응·관리에서 잊지 말아야 할 세 가지 소통 원칙 ... 37
〈그림 1-8〉 위기관리의 의미와 특성 ... 38
〈그림 1-9〉 위기가 발생할 수 있는 범주와 대상(종합) ... 40
〈그림 1-10〉 한국인의 위협 체감요인 여론조사(비상기획위원회, 2005) ... 41
〈그림 1-11〉 한국인이 가장 큰 불안을 느끼는 위협지수(한국보건사회연구원, 2018) ... 42
〈그림 1-12〉 위기상황이 단계적으로 진행하는 순차적인 과정(종합) ... 44
〈그림 1-13〉 국가위기 연구의 세 가지의 이론적 시각 ... 47
〈그림 1-14〉 국가위기의 여섯 가지 분류 ... 48
〈그림 1-15〉 국가위기관리의 네 가지 유형 ... 51
〈그림 1-16〉 국가위기관리의 다섯 가지 특성 ... 56
〈그림 1-17〉 위기 발생 이전·이후의 대응 프로세스(Process) ... 60
〈그림 1-18〉 소셜미디어, SNS와 관련한 위기 커뮤니케이션 대응체계도(예) ... 61
〈그림 1-19-1〉 「국가위기관리 기본지침(대통령 훈령 제124호)」의 범위 ... 63
〈그림 1-19-2〉 「국가위기관리 기본지침(대통령 훈령 제285호)」의 범위 ... 64
〈그림 1-19-3〉 「국가위기관리 기본지침(대통령 훈령 제318호)」의 범위 ... 64
〈그림 1-20〉 그레이엄 T. 앨리슨의 정책 결정 모델 ... 67
〈그림 1-21〉 위기 발생 시 위기관리 의사결정 과정(Process) ... 69
〈그림 1-22〉 알렉산더 L. 조지 박사의 공세·수세적 위기관리전략의 형태 및 종류 ... 72
〈그림 1-23〉 국가·군사 위기관리 체계의 구조적 속성 ... 77
〈그림 1-24〉 분산·통합형 관리 방식의 비교 ... 78
〈그림 1-25〉 합참의 위기관리 절차 6단계 ... 81
〈그림 2-1〉 전통·비전통적 안보위협 중 대표적인 국가위기 사례 ... 86
〈그림 2-2〉 하인리히(1:29:300)의 법칙 ... 88
〈그림 2-3〉 국가위기의 발생과 전개 과정 ... 89
〈그림 2-4〉 국가테러위기경보 발령 4단계(국정원) ... 91
〈그림 2-5〉 합참의 부대방호 태세 발령 4단계 ... 92
〈그림 2-6〉 해외 파병부대의 부대 방호태세 발령 4단계 ... 93
〈그림 2-7〉 한국(軍)과 미국(軍)의 위기경보단계 발령 수준과 차이점 ... 93
〈그림 2-8〉 국가위기의 여섯 가지 특징 ... 95
〈그림 2-9〉 국가위기관리 4단계 ... 97
〈그림 3-1〉 한국의 국가 위기관리체계 ... 101
〈그림 3-2〉 한국의 위기관리 의사결정기구(2020) ... 103

〈그림 3-3〉	한국 역대 정부의 국가안전보장회의(NSC) 역할	104
〈그림 3-4〉	현대아산에서 발표한 박OO씨 피살사건 개요(2008.7.11.)	105
〈그림 3-5〉	정부의 국가위기관리체계와 의사결정기구도	106
〈그림 3-6〉	국회의원과 정부가 법안을 발의하는 절차	113
〈그림 3-7〉	국회에서 법안 심의를 진행하는 절차	114
〈그림 3-8〉	법과 법률, 법령(法令)의 특성과 차이점 비교	115
〈그림 3-9〉	법 형식의 위계(位階)	117
〈그림 3-10〉	한국의 전통적인 위기관리와 관련한 법령 여덟 가지	119
〈그림 3-11〉	한국에서 계엄령을 선포한 주요 사건 목록	119
〈그림 3-12〉	'국가 비상기획위원회'의 변천 과정	120
〈그림 3-13〉	한국의 비전통적인 위기관리와 관련한 법 세 가지	122
〈그림 4-1〉	한국의 국가위기별 주관부처(부서) 현황(2021)	127
〈그림 4-2〉	한국의 국가안보실 조직도(2021)	131
〈그림 4-3〉	한국의 국가재난 법령과 행정부처의 변천 과정	133
〈그림 4-4〉	중앙-지역-軍 간의 국가재난 대응체계도(2021)	134
〈그림 4-5〉	'재난안전관리본부'의 조직도 현황(2021)	137
〈그림 4-6〉	'소방청'의 조직도 현황(2021)	139
〈그림 4-7〉	'해경청'의 조직도 현황(2021)	140
〈그림 5-1〉	韓·美 간 위기 인식에 대한 차이점과 대응수준 비교	146
〈그림 5-2〉	미국의 전통적 위기관리에 관한 대표적인 법령	152
〈그림 5-3〉	미국의 비전통적 위기관리에 관한 대표적인 법령	153
〈그림 5-4〉	미국의 국가안보·대테러, 위기관리 전반에 대한 정보의 통합 대응체계도	155
〈그림 5-5〉	미국의 '국가안전보장회의(NSC)' 구성과 운영기구도	156
〈그림 5-6〉	미국 국방성의 위기관리와 대응 단계	157
〈그림 5-7〉	미국의 '국토안보부(DHS)' 구성과 운영기구도	158
〈그림 5-8〉	'국토안보부(DHS)'의 임무 수행 6단계	159
〈그림 5-9〉	미국의 '연방 재난관리청(FEMA)' 구성과 운영기구도	160
〈그림 5-10〉	'연방 재난관리청(FEMA)'의 임무 수행 4단계	162
〈그림 5-11〉	일본의 전통적 위기관리에 관한 대표적인 법령	168
〈그림 5-12〉	일본의 국가위기 발생 시 초기 대응체계	171
〈그림 5-13〉	일본의 'NSC' 구성과 운영기구 변천	174
〈그림 5-14〉	일본의 위기관리 체계도	175
〈그림 5-15〉	러시아의 국가위기관리체계	181
〈그림 5-16〉	러시아의 국가위기관리 대응체계와 수준	182
〈그림 5-17〉	러시아의 '국가비상사태부' 조직도	183
〈그림 5-18〉	이스라엘 연방정부의 위기관리체계와 조직도	184
〈그림 5-19〉	'민방위사령부(HFC)'의 편성 현황	186
〈그림 5-20〉	스위스 연방정부의 위기관리체계와 주요 기능	188
〈그림 5-21〉	스위스 칸톤의 위기관리기구	191
〈그림 6-1〉	국가위기관리훈련의 네 가지 형태	201
〈그림 6-2〉	국가위기관리훈련을 도출하는 절차	202
〈그림 6-3〉	교육훈련관리의 흐름과 체계도	204
〈그림 6-4〉	국가위기관리훈련 시 준수해야 할 네 가지 요소	207

〈그림 6-5〉 전통적 안보위협과 관련한 국가위기관리기구	211
〈그림 6-6〉 한국의 전쟁 수행기구도	213
〈그림 6-7〉 정부와 군사 차원의 국가비상사태 명칭과 단계	214
〈그림 6-8〉 통합방위사태를 선포 및 심의하는 체계	215
〈그림 6-9-1〉 대통령(중앙정부)이 통합방위사태를 선포하는 절차	215
〈그림 6-9-2〉 광역시·도에서 통합방위사태를 선포하는 절차	216
〈그림 6-10〉 '충무사태'를 선포하는 절차	216
〈그림 6-11〉 '충무사태'의 종류와 주요 조치	217
〈그림 6-12〉 '충무계획'이 목적으로 하는 세 가지 핵심분야	217
〈그림 6-13〉 '동원령'을 선포하는 절차	218
〈그림 6-14〉 '경계태세'를 선포하는 절차	221
〈그림 6-15-1〉 '데프콘'의 변경 절차(상황 및 여건에 여유가 있을 때)	222
〈그림 6-15-2〉 '데프콘'의 변경 절차(상황 및 여건에 여유가 없을 때)	223
〈그림 6-16〉 '데프콘'의 단계별 주요 특성과 영역별 역할	223
〈그림 6-17〉 정부·군사 차원의 조치 시점과 영역별 차이점 비교	224
〈그림 7-1〉 미국의 국가안전보장회의 집행위원회(Ex-Comm) 멤버의 구성	229
〈그림 7-2〉 쿠바 피엘 카스트로 평의회 의장의 생애	237
〈그림 7-3〉 미국 존 F. 케네디 대통령의 생애	239
〈그림 7-4〉 소련 니키타 흐루쇼프 서기장의 생애	243
〈그림 7-5〉 쿠바에 설치하던 R-12 미사일과 R-14 미사일	248
〈그림 7-6〉 소련이 쿠바에 설치하고 있던 핵미사일 기지 장면	249
〈그림 7-7〉 쿠바의 미사일 기지가 건설을 탐지한 이후의 주요 경과	250
〈그림 7-8〉 쿠바 미사일 위기사태에 따른 주요 진전(進展) 상황과 대응조치	253
〈그림 8-1〉 린든 B. 존슨 대통령의 생애	289
〈그림 8-2〉 리처드 M. 닉슨 대통령의 생애	290
〈그림 8-3〉 제럴드 R. 포드 대통령의 생애	292
〈그림 8-4〉 미국의 초기 위기관리전략에 따른 정치·군사적 권고안	307
〈그림 8-5〉 북한 김일성이 UN 수석대표에 보낸 메시지	316
〈그림 8-6〉 문화공보부 대변인의 규탄 성명과 국내 분위기(언론 종합)	318

〈표 차례〉

표 번호	제목	쪽
〈표 1-1〉	비군사·초국가적인 비전통적 안보위협의 대표적인 형태	26
〈표 1-2〉	위기의 여섯 가지 특성	35
〈표 1-3〉	훈령 제124호에서 규정하고 있는 세 가지의 국가 위기상황	45
〈표 1-4〉	행위자의 유무(의도)에 따른 위기관리(예시)	51
〈표 1-5〉	국가에 위협이 되는 두 가지의 대상	58
〈표 1-6〉	의사결정 과정 시 7대 고려 요소	68
〈표 1-7〉	의사결정 과정 시 4대 고려 요소	69
〈표 1-8〉	초기 위기결정권자들의 판단 과정에 필요한 5대 고려 요소	70
〈표 1-9〉	정치지도자가 위기관리 과정에서 제한받는 6대 요소	70
〈표 1-10〉	소규모 고위정책 결정집단이 의사결정 과정에서 고려해야 할 7대 요소	71
〈표 3-1〉	한국의 위기관리 법령 현황(2021)	107
〈표 3-2〉	국가위기관리 법령의 성격과 책임 기관의 분산(2020)	109
〈표 4-1〉	대표적인 국가·군사위기 유형별 관리체계 현황	128
〈표 4-2〉	심의기구의 목적과 구성, 주요 역할	135
〈표 4-3〉	'총괄기구'의 구성과 권한, 주요 기능	135
〈표 4-4〉	'사고수습기구'의 구성과 권한, 주요 기능	136
〈표 4-5〉	일본 '특수구난대'와 한국 '중앙해양특수구조단'의 비교	140
〈표 4-6〉	한국의 국가위기관리체계와 조직의 정립 및 개선을 위한 여섯 가지 분야	142
〈표 5-1〉	미국 국토안보부(DHS)의 5대 임무	159
〈표 5-2〉	미국 FEMA의 6대 목표	161
〈표 5-3〉	미국 연방·주·지방정부의 위기관리조직과 주요 기능	164
〈표 5-4〉	일본 NSC의 세 가지 역할과 특징	172
〈표 5-5〉	일본의 두 가지 안보전략 목표	172
〈표 5-6〉	일본 안보전략의 네 가지 방향성(directivity)	173
〈표 5-7〉	일본의 위기·재난관리 기능 강화를 위한 노력	175
〈표 5-8〉	일본 '중앙 방재회의'의 네 가지 임무와 역할	176
〈표 5-9〉	일본 '재해대책본부'의 설치 기준	176
〈표 5-10〉	일본의 위기관리조직과 주요 기능	178
〈표 5-11〉	러시아 '국가비상사태부(EMERCOM)'의 주요 임무와 기능	180
〈표 5-12〉	이스라엘 'MELACH'의 주요 임무와 기능	185
〈표 5-13〉	'HFC'의 5대 주요 기능	187
〈표 5-14〉	'HFC'의 4대 주요 책임	187
〈표 5-15〉	연방정부와 칸톤의 업무영역 비교	192
〈표 5-16〉	美·日·러·이·스위스의 국가위기관리체계 비교	193
〈표 5-17〉	주요 국가의 위기관리체계에서 느껴야 할 여섯 가지 분야	193
〈표 6-1〉	정부 부처가 주관하는 위기관리훈련의 종류와 현황	209
〈표 6-2-1〉	화랑훈련을 진행하는 특별·광역시와 특별자치시·도, 책임 부대의 현황(홀수년도)	210
〈표 6-3〉	'초기대응반'의 위기관리 과정 및 대응절차	212

표 번호	제목	쪽
〈표 6-4〉	'위기조치반'의 위기관리 과정 및 대응절차	212
〈표 6-5〉	통합방위사태를 선포할 때의 담당 기능과 역할	214
〈표 6-6-1〉	동원하는 유형과 방식에 따른 분류	219
〈표 6-6-2〉	전·평시 동원업무의 차이점 비교	219
〈표 6-7〉	경계태세의 단계별 수준	220
〈표 6-8〉	경찰·국가 공무원의 비상 근무체계	222
〈표 7-1〉	1960년대 미국과 소련의 핵무기 보유 현황	233
〈표 7-2〉	소련 흐루쇼프 서기장이 고민한 두 가지 과제	235
〈표 7-3〉	소련이 7월~10월 초까지의 핵 관련 수송 장비와 물자 현황	236
〈표 7-4〉	소련-쿠바와의 정치·군사·경제적 측면과 인식	245
〈표 7-5〉	미국의 쿠바에 대한 정치·군사·경제적 측면과 인식	246
〈표 7-6〉	흐루쇼프가 쿠바에 핵미사일을 설치하려는 세 가지의 목적	247
〈표 7-7〉	존 F. 케네디가 위기관리 및 협상을 할 수 있게 만든 두 가지 이유	255
〈표 7-8〉	미국의 위기대응과정에서 오류가 발생한 다섯 가지 사례	257
〈표 7-9〉	소련의 위기대응과정에서 오류가 발생한 다섯 가지 사례	258
〈표 7-10〉	Ex Comm 토의에서 결정한 여섯 가지 방책	260
〈표 7-11〉	위기가 고조되는 초기 美-蘇 양국의 조치 수준	262
〈표 7-12〉	존 F. 케네디 대통령의 TV 연설 요지(要旨)	263
〈표 7-13〉	존 F. 케네디 대통령이 격리선에 근접하는 소련 선박의 조치를 유보한 이유	265
〈표 7-14〉	존 F. 케네디 대통령이 최악의 상황에 대비하기 위해 내놓은 세 가지의 추가 조치	265
〈표 7-15〉	흐루쇼프의 모스크바 방송에 발표한 핵심 내용(10월 26일)	265
〈표 7-16〉	로버트 케네디 법무부 장관이 주미(駐美) 소련대사에게 최후통첩한 내용	266
〈표 7-17〉	로버트 케네디 법무장관이 주미 소련대사에 전달한 메시지	267
〈표 7-18〉	흐루쇼프가 쿠바주둔 소련군 사령관에 직접 지시한 내용	267
〈표 7-19〉	쿠바 미사일 사태의 교훈(긍정적 측면)	269
〈표 7-20〉	쿠바 미사일 사태의 교훈(부정적 측면)	271
〈표 7-21〉	터키 미사일을 철수하게 된 미국의 공식적인 입장	273
〈표 8-1〉	북한이 도발하게 된 대외·대내적 동기	283
〈표 8-2〉	제30차 UN 총회 의결안(1975. 11. 18.)	285
〈표 8-3〉	북-중 우호 협력 상호원조조약 기념행사(1976. 7. 10.)	285
〈표 8-4〉	평양방송의 발표 내용(1976. 8. 5.)	286
〈표 8-5〉	미국과 한국의 북한에 대한 인식	287
〈표 8-6〉	제럴드 R. 포드 대통령의 '태평양 독트린'과 관련한 발언	293
〈표 8-7〉	김일성 주석이 지시한 주요 사건(1968~1976)	297
〈표 8-8〉	JSA 대대장의 미루나무 가지치기 안전계획(요약)	300
〈표 8-9〉	미루나무 가지 제거작업 간 주요 경과	302
〈표 8-10〉	한국군의 긴급상황과 관련한 주요 경과	304
〈표 8-11〉	리처드 G. 스틸웰 UN군 사령관의 작전 명령	305
〈표 8-12〉	美 본토와 연합사령부에서 취한 주요 경과	306
〈표 8-13〉	미국 초기 단계의 위기관리전략(8.18.~19.) 권고안(요약)	307
〈표 8-14〉	헨리 A. 키신저의 북한 주장에 대한 인식	309
〈표 8-15〉	헨리 A. 키신저 국무장관이 제시한 네 가지의 한반도 해법	309
〈표 8-16〉	북한 김일성의 세 가지 대외정책 및 전략	311

〈표 8-17〉 美 본토와 UN군 사령부의 대응전략	313
〈표 8-18〉 '폴 버니언 작전(Operation Paul Bunyan)'(1976. 8. 21.)	314
〈표 8-19〉 약관 주도로 도끼 만행사태에 대응한 주요 경과	315
〈표 8-20〉 美 국무부에서 작성한 헨리 A. 키신저와 황진의 대화록	315
〈표 8-21-1〉 한국군 제1공수여단 특공대의 작전 준비와 추가적인 수행대책 강구	318
〈표 8-21-2〉 한국군 제1공수여단 특공대의 작전 준비와 수행(8.21.03:00~10:00)	319
〈표 8-22〉 지미 카터 대통령과 찰스 A. 베크위드 대령 간 대화록	324
〈표 8-23〉 독일의 포로 교환 제의에 대한 이오시프 스탈린의 답변	324
〈표 8-24〉 韓—美 간 유대 강화, 국민적 단합이 필요한 배경과 목적	330

도 입 위기와 위기관리는 어떤 개념으로 무엇을 의미하고 있는지 이해합시다.

학습하기 이전(以前)에 요구되는 사항

1. 위기(crisis)와 위기관리(crisis management)에 대한 일반적인 정의와 개념은?
    * 위기의 3가지 속성(Charles F. Herman)
2. 위협(threat)-위험(danger 또는 risk)-위기(crisis)
    -재난(disaster)-사건(incident)의 차이점은 무엇인가?
3. 위기관리와 의사결정 단계와의 상관관계를 이해하시오.
    * 위기관리 커뮤니케이션(communication)의 3대 원칙
4. 국가의 위기관리는 어디에서 무엇을 근거로 해야 하는지 이해하시오.
5. 국가위기관리체계가 변화하는 요인을 이해하시오.
6. 사소한 요인이 감정을 촉발하고, 위기로 전환되는 이유는?
7. 국가위기관리와 군사위기관리는 무엇을, 어떠한 수준을 의미하는지를 이해하시오.
8. 국가위기를 분류하는 방법은?
9. 국가위기관리의 5대 특성과 4대 유형을 이해하시오.
10. 국가위협의 대상은 ① 국가안보와 ② 국가 경제의 성장과 번영, 국민 복리의 증진으로 대표적인 사례가 있다면?
11. 영화 ≪설리: 허드슨강의 기적≫을 시청하시오.

제1장

위기와 위기관리의 개관(槪觀)

제1절 개요

제2절 국가위기의 개념과 국가위기관리의 구조적 속성

제 1 절

개 요

1. 국가안보와 위협의 대상

세계화와 지식 정보화 사회로의 변화와 발전은 아직 영글지 않았지만, 제4차 혁명의 본질에 더욱 깊숙이 진입하게 하였고, 인류는 초국가적 연계와 교류로 인하여 상호의존도가 더욱 심화하였다. 1990년대 이전 냉전기(Cold-War)는 외부로부터의 군사(전통)적 안보 위협에 대비하는 과제(Agenda)가 가장 큰 관심사였다. 그러나 이후 탈냉전기(Cool-War 또는 post Cold War era)로 진입하면서 인류의 삶을 위협하는 비전통적 안보위협들이 날로 새로운 유형으로 급부상되면서 뷰카(VUCA)[2])의 어려움은 더욱 국제사회를 예측할 수 없게 만들고 있다. <그림 1-1>은 냉전기와 탈냉전기의 안보위협 전반(全般)을 비교한 현황이다.

구 분	냉전기 (Cold War)	탈냉전기 (post Cold War era)
안보의 범위 (scope)	정치·군사 (politics·military affair)	군사 + 비군사 (military·non-military)
위협 대상 (object)	대외적 위협 (inter-states threats)	대내·외 + 초국가적 위협 (internal + external + transnational threats)
대비개념 (preparations conception)	전통적 안보 (traditional security)	포괄적 안보 (comprehensive security)
행위자 (actors)	국 가 (states)	국가 + 비국가 (states·non-states)

<그림 1-1> 냉전기와 탈냉전기의 안보위협 전반을 비교한 현황

---

2) '뷰카(VUCA)'는 '변동성(volatility)', '불확실성(uncertainty)', '복잡성(complexity)', '모호성(ambiguity)'의 약자로 '세상이 빠르게 변화하고 있기에 신속한 판단과 결정이 필요하지만, 유용한 정보의 수명은 오히려 짧아지는 시대'를 의미하고 있다.

냉전기 안보위협의 대상은 거의 변동이 없었으나, 양극 체제가 무너진 다음부터 위협의 대상이 변화하는 자체는 일상이 되어버렸다. 다시 말해 안보위협의 대상이 냉전기 이전에는 국가가 기본적으로 추구하는 가치, 즉, 영토(territory)와 정치체제(political system)의 보존, 경제적 번영과 국민 복리 등이 핵심 명제였으나, 시대적 상황과 여건에 따라 점차 변화하여왔다. 다시 말해 국가의 대응능력 자체가 외부의 위협[3])에 대응하기 위해서는 국내에서 동원이 가능한 정치·경제·군사적 자원의 지원 및 동원 수준의 변화에 따라 좌우될 수밖에 없다.

그러나 1990년대 이후부터는 과학기술의 발달과 인류 간 접촉이 밀접해지는 환경으로 변화하면서 자연스럽게 국가안보와 안보를 위협하는 대상도 변화하였다. 변화하는 수준은 크게 3가지로 정리할 수 있다.

첫째, '국가의 수준'이다. 패권 국가인지, 강대국인지, 아니면 약소국인지에 달려있다.

둘째, '시기(시대)'에 따라 변화 수준이 결정되고 있다.

셋째, '위협의 강도'와 '주변 정세 및 국내·외 여건'에 따라 변화 수준이 결정되고 있다.

조셉 S. 나이 교수

美 정치학자로 하버드 케네디스쿨의 조셉 S. 나이(Joseph S. Nye, Jr, 1937~) 명예교수는 안보개념이 변화하는 원인을 다섯 가지로 강조하고 있다.

첫째, 봉쇄정책의 성공에서부터 출발하고 있다.

둘째, 초강대국들의 제국주의적 팽창 여부에 따라 결정되었다.[4])

셋째, 구소련(이하 소련)의 미하일 S. 고르바초프(Mikhail S. Gorbachev, 1931~)가 진행했던 개혁(Perestroika)과 개방(Glasnost)에서 결정되었다.

넷째, 자유주의 신념의 확산과 국가 간 접촉 기회가 증대되었다.

다섯째, 공산주의가 주도한 계획 경제와 자유주의 시장 경제를 비교할 때 시장 경제가 이룩한 현저한 성과물이다.

이제 안보환경도 전통적인 시각에 기초하고 있는 외부의 군사적 위협에 대응하는 방식

---

3) '외부의 위협'은 '다른 나라로부터의 침략이나 위협으로부터 국가의 주권과 국민의 안전을 보존하는 데 위협을 느끼게 되는 일체(一切)'를 의미하고 있다.

4) 대표적인 사례가 '가쓰라·태프트 밀약'으로 1905년 7월 29일 당시 일본 총리였던 가쓰라 다로(Katsura Tarō, 1848~1913)와 美 육군 장관인 윌리엄 태프트(William H. Taft, 1857~1930)가 도쿄에서 비밀리에 만나 체결한 조약이다. 미국은 일본의 대한제국에 대한 지배권을 인정하고, 일본은 미국의 필리핀에 대한 지배권을 각각 인정하는 내용을 담고 있다.

만으로는 해결 및 극복하기가 불가능하다. 냉전기를 지나면서 위기관리의 흐름도 점차 변화하였다. 안보위협이 없는 선진국의 경우는 '국민 보호(civil protection)'의 개념으로, 안보위협이 존재하는 중·후진국은 '국민방위(civil defense)'의 개념으로 전환하기 시작하였다.5) 한국의 경우는 외부 위협에 대처하는 수준이 국가의 존립 및 국민의 안녕과 직결되기에 모든 국가의 역량을 결집하는 전통적 안보개념인 '국민방위' 개념을 중심으로 국가위기관리체계를 구성 및 운영하고 있다.

여기에 사이버, 테러, 난민, 에너지, 식량을 비롯하여 최근에는 메르스(MERS), 사스(SARS), 조류 인플루엔자(AI), 코로나-19 등의 감염병이 팬데믹 현상과 어우러지면서 강력한 신종 위협으로 등장하고 있다. 이를 전통적 안보위협(traditional security threats)에 상대되는 용어인 비전통적 안보위협(non-traditional security threats)6)으로 분류하고 있다. 이처럼 위기와 위기관리의 범주(category)와 영역(territory)이 날마다 새로운 변화를 일으키며 확장하다 보니 일반적인 개념과 추세도 과거와 다르게 빠른 속도로 변화를 요구하고 있다.

이러한 가운데 1990년대에 들어서면서 이념(ideology)과 체제의 갈등에 빠져 있던 양극 간 대결 구도가 해체되면서 민주주의와 시장경제주의가 계획 경제와 비교할 때 우세한 것으로 증명되었음은 일반적인 사실이다. 이 틈새를 비집고 대규모 자연재해와 사회적 재난 현상이 엉키면서 복잡다기한 양상으로 진전(進展)되고 있음이 현실이다. <표 1-1>은 비전통적 안보위협에 포함되는 대표적인 비군사·초국가적인 안보위협의 형태를 정리하였다.

---

5) '국민보호(civil protection)'는 '주로 외부의 적에 의한 침입에 대응'하는 개념이며, '국민방위(civil defense)'는 '자연재난과 인위적 재난으로부터 자국민(自國民)을 보호'하는 개념이다.

6) '비전통적 안보위협(non-traditional security threats)' 용어는 1980년대에 처음으로 '비전통적 국가안보'라는 용어가 사용하면서 시작되었다. 세부 내용은 김성진의 "비전통적 안보위협과 테러 대응체계의 실효성 고찰: 법령과 제도, 대응기능을 중심으로," 『군사논단』 통권 제105호 (서울: 한국군사학회, 2021), pp. 249~250, 256~258.을 참고하기 바란다.

* 현실적으로 명확한 정의와 개념 정리가 되어있지 않기에 필자는 학술논문을 통해 '테러, 사이버테러, 대량살상무기(WMD), 정보위협, 불법 이민, 해양범죄 및 소형무기 확산 등의 비군사적 위협과 감염병(또는 高 전염성 질병), 환경오염·파괴, 마약밀매, 밀수, 여권위조 및 e-범죄, 인신매매, 신용카드와 지폐위조(僞造)를 포함한 대규모 자연재해·사회적 재난 등의 초국가적 위협 등을 망라하여 국가안보와 사회불안을 초래할 수 있는 모든 유형의 위협'으로 정의하였다.

<표 1-1> 비군사・초국가적인 비전통적 안보위협의 대표적인 형태[7]

구 분		행위 주체	위협의 성격		위협의 형태 및 양상
비군사적 위협	테러리즘	개인, 범죄조직, 적성국가	고강도 위협		극단적인 사회 혼란 및 인명피해 초래 → 초국가적 범죄와 연계
	대량살상무기 (WMD)				세계 질서를 위협, 국제 테러조직과 연계
	사이버테러				개인・사회・국가 운영체계 파괴
	정보위협				정보의 왜곡 및 네트워크 파괴
	불법 이민・밀입국(난민)	범죄조직	안보위협	사회불안	사회질서 교란, 인권유린, 테러 등 기타 범죄와 연관
	해양범죄	범죄단체		복합범죄	사회・국제적 질서 교란
	소형무기 확산	개인, 조직		사회불안	인명 살상, 사회・국가안정 및 발전 저해, 테러・범죄와 연계
초국가적 위협	재해・재난 질병(전염병) 환경오염, 파괴	자연, 개인, 조직, 국가			심리・사회적 혼란, 국가 질서의 파괴 및 악화
	마약밀매	범죄조직	단순범죄		개인・사회의 파멸
	밀수, e-범죄, 여권위조, 인신매매	개인, 범죄 조직	단순 범죄		사회질서 교란, 국부 유출, 테러 등의 여타범죄 조장 및 위협, 인권유린, 윤리・가치관 파괴
	신용카드/ 지폐위조		경제범죄 (안보위협)		사회질서 교란, 테러 등 기타 범죄 및 위협을 조장

비군사적 위협과 초국가적 위협의 경계를 점선(---)으로 표현한 것은 두 위협의 경계를 명확하게 구분하기가 어렵기 때문이다. 여기서 유념할 사항은 학문적 관점에서 '위기(crisis)'는 안보를 중심으로 연구하는 측은 '군사・비군사적 안보'로 구분하고 있으며, '재해・재난(disaster)'을 중심으로 하는 연구하는 측은 재난을 중심으로 개념을 정립하여 '자연・인적・사회재난'으로 구분하면서 전쟁 등의 군사적 위협을 사회적 재난으로 분류하고 있다는 점이다. 그러나 고민해야 할 부분이 「재난안전관리기본법」에서도 사회재난에 전쟁을 포함하지 않고 있다는 점을 기억할 필요가 있다.

---

[7] 김성진, "앞의 논문(2021), pp. 255~258.

2. 국가위기관리체계의 변화 요인

2.1. 국가위기관리체계의 분석틀

국가위기관리체계가 변화하는데 가장 큰 영향을 미친 요인은 1990년대 초기 美·蘇 양극 체제가 와해(瓦解)되면서 다극 체제가 촉발되었다고 봄이 타당하지 않을까 싶다. 갈수록 유동성이 커지면서 예측(豫測)할 수 없는 상황이 빈번하게 발생하고 있고, 불확실성(uncertainty)과 불안정성(instability)이 더욱 증대하고 있기 때문이다. <그림 1-2>는 탈냉전기 이후에 국가위기관리체계가 변화하는 과정을 분석 틀의 형태로 접목하여 정리하였다.

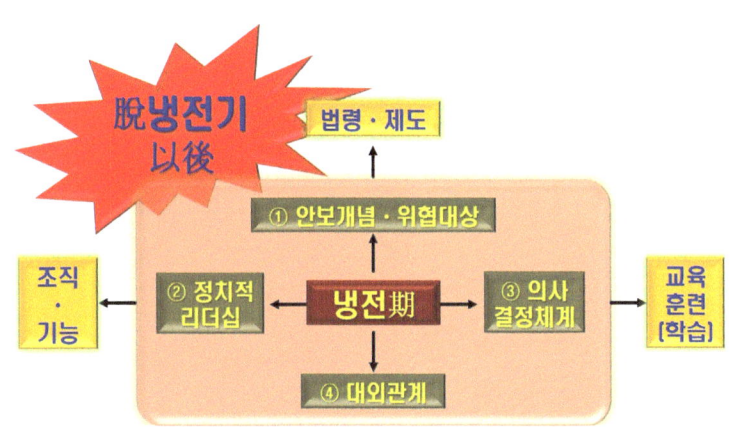

<그림 1-2> 탈냉전기 이후 국가위기관리체계의 변화된 분석틀과 진행 과정

국가위기관리체계가 다양한 형태로 변화를 거듭하면서 안보환경의 구조도 국가의 행위 정도와 정체성(identity)의 형성하고, 국가이익을 추구하는 데 상당한 영향을 미쳤다. 다시 말해 기존의 전통적 안보개념만으로는 국가의 존립과 국가이익을 추구하는 데 한계가 있다. 이제 국제사회의 변화에 편승(便乘, hitchhike)하지 못한다면, 국가가 존립할 수 있는 자체가 어려워진 형국이다. 특히 일부 국가의 경우는 강대국의 암묵적인 강요에 따르기보다 비전통적 안보위협에 따라 선택을 강요당하고 있다고 보아도 과언(過言)이 아닐 것이다.

① 대외로부터의 군사적 위협이 국가 보호의 전부 인양 판단하던 시대에서 전통(군사)

・비전통적(비군사・초국가) 위협에 복합적으로 대비해야 하는 시대로 진입하면서 안보 개념의 확장과 불특정 다수를 대상으로 하는 데 대비해야 하는 어려운 현실에 직면하였다.

② 한국은 1987년 민주화의 봄을 맞이한 이래 자유민주주의가 발전하는 과정에서 걸맞지 않게 '밀실'과 '폐쇄'라는 용어들이 생겨났다. 그러나 권력 분립을 통한 견제와 균형, 여론과 언론 등에 의한 감시장치가 가동되면서 수많은 질곡(桎梏)을 극복하며 발전하고 있다. 이전의 권위주의적인 보스형 리더십에 굴복하던 시대가 이제는 사회적 요구에 민감하게 반응할 수밖에 없는 환경으로 조성되었다고 봄이 타당하지 않을까 싶다.

③ 특정 세력(집단)이 주도하는 밀실 작업이나, 집단사고(group-think)의 폐해가 드러나면서 이를 수렴하는 의사결정 과정도 국민의 여론과 이익집단(interest group)의 반응을 무시할 수 없는 환경으로 변화하고 있다. <그림 1-3>은 일반적인 의사결정 과정과 체계를 정리하였다.

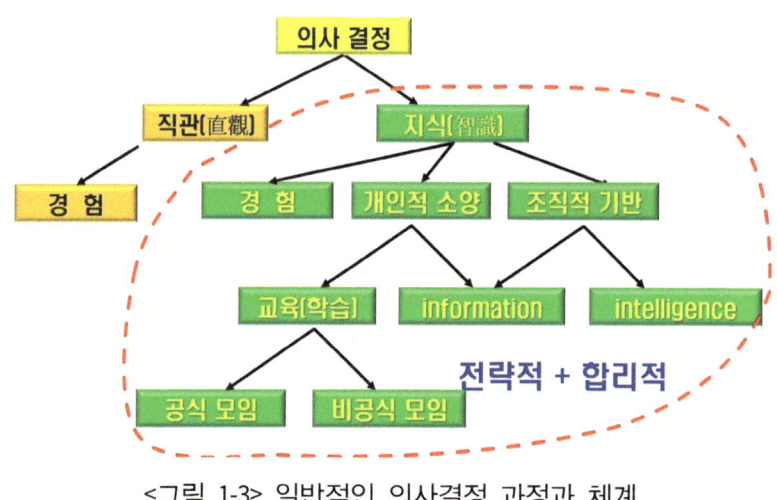

<그림 1-3> 일반적인 의사결정 과정과 체계

일반적으로 진행하는 의사결정 과정은 좌측(노란 상자)과 같이 대다수 직관(直觀)과 경험을 통해 관련 대상이나 현실을 바라보면서 즉각 느끼고 깨닫거나, 결정하는 사례가 거의 대다수이다. 바로 승부 근성과 동물적 감각(觸)이 발달하였다는 말이 나오는 경우로 이해하면 될 듯싶다. 이러한 의사결정 과정과 체계는 개인이 가진 성격과 처신, 특성에 따라 자신만의 경험일 수 있기에 비전략・비합리적이기 쉬우며, 독단과 독선으로 흐르는 경향이 짙다.

한편 우측(옅은 초록 상자)의 과정과 단계식 구조는 평소에 쌓은 교양(개인적 소양)과

체계, 조직적 토대(基盤)에 의한 일반적으로 수집한 초기의 첩보(information)와 정리하여 뽑아낸 유익한 정보(intelligence)를 종합하여 최적화시킨 정보, 사회적 모임이나 동아리(학교, 학원) 등을 활용하여 관련 내용을 전반적으로 확인(검증)할 수 있기에 상당한 효과를 가져올 수 있다. 이러한 집적(集積) 체계는 실질적인 의사결정 과정이 있을 때로 한정하여 인정받고 있다. 의사결정 과정이 전략·합리적인 특성을 포함하고 있으며, 좌측의 직관(intuition)8)과 경험(experience)도 상황에 따라 융통성 있게 활용할 경우 상당한 성과를 가져올 수 있다.

④ 대외관계는 정치·외교·경제적인 측면을 고려하여야 하겠지만, 기존의 전통적 안보개념만으로 접근하기는 어렵다. 양차(兩次) 세계대전을 겪으면서 이전까지 적용하던 군사적 관점에서의 접근이 점차 현대적인 환경과 여건을 고려하는 방향으로 변화되었기 때문임을 먼저 이해할 필요가 있다.9) 일방적인 방식으로 국가 존립과 국가이익을 추구하기에는 한계가 발생하게 된다. 다르게 말하면, 강력한 힘을 가진 집권 세력(국가)이 국가의 정책과 전략에 관한 기준을 설정해 놓고 실용 노선을 추구하거나, 강한 군사력으로 밀어붙이는 강압적인 형태를 취하기 쉽다.10) 안보환경의 급격한 변화를 추진할 경우 국가를 번영케 하거나, 패망(敗亡)으로 이끌 수 있지만, 그 와중에도 국가위기관리체계의 진전된 발전과 긍정적인 변화를 촉발하게 하는 추동력(推動力, motivational forces)을 제공하기도 한다.

2.2. 국가위기관리의 출발점

<그림 1-4>는 국가위기관리를 시작해야 하는 출발점이 어디서부터인지에 대하여 간략하게 정리하기 위해 일반적인 개념으로 영역을 표시하였다. 여기서 유념해야 할 사항은 보이는 것처럼 명확히 경계선(영역)이 주어지는 것이 아니라는 점이다. 이렇게 도식한 이유는 처음 접하는 군사학도들이 학습하고 있기에 이해하기 쉽도록 단순하게 표식하였음을 이해하였으면 싶다. 확장될 수도, 추가할 수도, 축소 또는 통합되거나, 아예 없어질 수도 있음을 명심하고 접근했으면 한다.

---

8) '직관(直觀, intuition)'은 '오랜 시간을 거치면서 관찰한 수많은 사실을 조직화하거나, 통합하는 등의 경험을 통해 대상이나 현상을 보고 즉각적으로 느끼는 깨달음'이다.
9) 관련 내용은 『군사전략론』에서 구체적으로 진행하는데, 전략의 유형과 분류, 방향성(directivity)과 응용하는 방법, 본질과 대표적인 주요전쟁과 전략 수립 과정에 관하여 탐구하게 된다.
10) 대표적인 사례로는 1905년 7월 29일 미국과 일본 사이에 맺은 '가쓰라-태프트 밀약'과 11월 17일에 일본이 강압적으로 체결한 '을사늑약' 등을 들 수 있다.

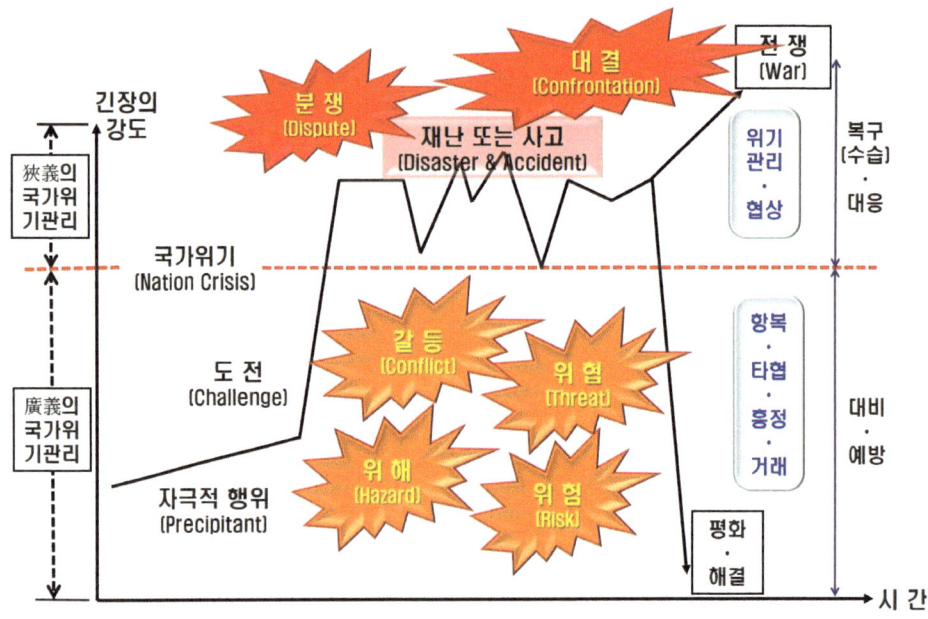

<그림 1-4> 일반적인 관점에서의 위기관리와 협상의 영역

    국가위기관리는 협의(狹義)와 광의(廣義)의 범주(category)로 구분할 수 있다. 광의의 측면에서는 갈등(conflict), 위협(threats), 위해(hazard), 위험(risk) 등의 미미한 조짐에서부터 자극적 행위가 증가하는 수준에 이르기까지 '항복, 타협, 흥정, 거래 등의 방식을 통하여 이전의 상태로 복귀할 수 있도록 노력하는 행위[11]의 전반(全般)'을 의미하고 있다. 협의의 측면에서는 초기의 상태를 초과하여 '정치・외교・군사적 측면에서의 분쟁(dispute)과 대결(confrontation) 상태로 들어가거나, 대규모 자연재해와 사회적 대형 재난 또는 사고와 연계되어 긴장의 강도가 고조되면서 전쟁의 상태로 돌입하는 행위의 전반'을 의미하고 있다.[12] <그림 1-5>는 국가가 이익을 추구하는 과정에서 발전하는 단계를 간략하게 정리하였다.

---

[11] '행동(行動, action)'은 '몸을 움직여 어떠한 동작을 취하거나, 일하다'라는 뜻이고, '행위(行爲, act)'는 '사람이 자신의 의지에 따라 행하는 짓'을 뜻하고 있다. 여기서 행동이나 행위가 사람의 의지에 따라 말하고 행동하기에 거의 같은 의미로도 볼 수 있지만, 행위는 법률상의 효과를 발생하게 하는 의사표시나 활동을 포함하고 있다는 점에서 차이가 있다.

[12] 세부적인 내용은 김성진의 『군사협상론』 (서울: 백산서당, 2020), pp. 27~29.를 참고하기 바란다.

<그림 1-5> 국가위기관리의 출발점과 발전 단계

① 국가(State, 정부)의 본질이 국가의 존립과 주권(主權)을 보전하고, ② 국가이익을 추구하면서 국민의 생명과 안전을 도모하는 데 있음은 일반적인 사실이다. 하지만, 모든 국가에 공평하게 혜택이 돌아갈 수는 없다. 이익을 조금 더 많이 차지하기 위한 경쟁 구도 즉, 해당 국가의 이익을 추구하는 가운데 ③ 가벼운 충돌이 일어나면서 점차 중대한 알력(葛藤)과 다툼(紛爭)13)으로 확대되는 양상이 증가하고 있다. 이러한 과정은 강도(强度)와 위협(threats)의 정도, 협상(Negotiation) 또는 위기관리(Crisis Management) 과정을 거치면서 이해(화해) 또는 양보와 타협을 통해 확대를 방지할 경우 '평화'로 복귀할 수 있다. 그러나 ④ 쌍방 간 양보와 타협 과정에서 접점(point of contact)을 찾지 못하고 쌍방의 충돌이 격화(激化)하여 '싸움(전쟁)'으로 확대되면, 모두가 패망(敗亡)하거나, 일방이 굴욕적으로 패배를 당하거나, 무조건 굴복할 수밖에 없는 막다른 길에 직면하게 된다.

모든 국가가 존립과 국가이익을 위하여 강력한 안보를 추구하고 있지만, 해당 국력의 수준과 위협에 대처하는 정도에 따라 차이가 날 수밖에 없다. 따라서 ③과 ④의 과정에 들어서거나, 들어섰을 때 정치・외교력과 군사력은 상당한 영향력을 발휘하게 된다. 특히 군사력은 평화유지를 원할 때나, 전쟁을 억제 및 수행할 때도 실질적인 힘으로 뒷받침할 수 있음을 이해하고 접근할 필요가 있다.

美 랜드연구소(RAND Corporation)14)의 프레드 C. 이클레(Fred Charles Ikle) 박사는 1971

---

13) '분쟁(紛爭)'은 세 가지로 구분하고 있는데, 첫째, '저강도 분쟁(low intensity conflict)'은 테러행위로 볼 수 있으며 국제 테러와 반란, 폭동 등이다. 둘째, '중강도 분쟁(mid intensity conflict)'은 재래식 전쟁으로 볼 수 있으며, IS가 국가를 수립한 이후 시리아, 이라크 등지에서 벌이는 전쟁을 뜻하고 있다. 셋째, '고강도 분쟁(high intensity conflict)'은 핵전쟁과 화생방전을 비롯한 국제적인 규모의 전쟁을 뜻하고 있다.

14) '랜드연구소(RAND Corporation, https://www.rand.org/)'는 미국의 더글러스 항공사가 1948년에 공군의 위촉을 받아 민간 과학자와 기술자들로 구성하여 창설한 비영리적 연구 개발 기관으로 군사 분야에서 미국을 대표하는 싱크탱크(think-tank) 중의 하나이다. 기술자와 수학자, 물리학자, 프로그래머, 기상학자, 심리・사회학자 등으로 구성되어 국제사회와 국내문제, 군사 분야에 관한 기초연구를 수행하고 있다. 굳이 순위를 매기자면, ① 브루킹스 연

프레드 C. 이클레 박사

년 학술논문에서 "전쟁은 끝나지 않으면 안 된다."라는 논문을 발표하면서 아직도 미개발된 분야가 위기관리와 이를 수습하는 단계라고 강조하고 있음은 유념할 부분이다. 특히, "위기가 발생한 때에도 협상을 진행하여야 하며, 이는 쌍방에 이해충돌이 생겼을 때 공동의 이익을 교환하거나, 실천하기 위하여 의견의 일치를 보기 위해 자신의 의사를 분명하게 개진하는 과정"이라고 주장하고 있다. 공산주의자 블라디미르 일리치 레닌(Vladimir Il'ich Lenin, 1870~1924)도 "불가피한 상황에서는 어떠한 종류의 화해라도 맺을 가능성을 열어두어야 한다. 단, 이때도 이념적인 원칙은 허물지 않고 계급성에 충실해야 하며, 혁명과업을 잊어서는 안 된다. 아울러 언제가 닥칠 혁명의 기회에 대비하여 힘을 비축하고 대중(大衆)에게 혁명이 반드시 승리한다는 신념을 가르치면서 명분을 쌓아야 한다."라고 주장한 바 있다.

블라디미르 레닌(蘇)

소결론적으로 군사학과 위기관리 과정에서 한층 더 보완 및 발전시킬 두 가지의 관점을 포함해야 하지 않나 싶다. 첫째, 어떻게 해야 분쟁(전쟁)을 끝낼 수 있는지?, 둘째, 어떻게 해야 분쟁(전쟁)이 끝날 수 있는 조건을 만들 수 있는지? 에 대한 고민이 조금 더 깊게 들어가야 하지 않을까 한다. 이러한 과정에 익숙해져야 위기와 위기관리 분야의 발전을 위해 무엇(What)을, 어떻게(How) 해야 할 것인지?, 최종 상태(End-state)는 어느 수준까지 정해야 할 것인지? 고민하는 능력이 길러지기 때문이다.

구소, ② 미국 외교협회(CFR), ③ 카네기 국제평화재단, ④ 랜드연구소, ⑤ 헤리티지 재단을 들 수 있다.

3. 위기의 일반적인 의미와 개념, 특성

3.1. 위기의 일반적 정의와 개념

'위기(crisis)'는 원래 의학 분야에서 사용하던 용어로서 회복되느냐, 아니면, 죽느냐를 시사하는 병상(病床)에서의 변화를 뜻하고 있다. 다시 말해 ① 어떤 사건의 과정에서 결정적인 시기나 상황, ② 전환점(轉換點, turning point), ③ 불안정한 상황, ④ 갑작스러운 변화, ⑤ 저항이 긴장감을 더하는 상태 등의 의미가 있으며, '시간적인 긴박함과 위태로움을 특징으로 하는 전환기적 중대한 상황에 직면'하였음을 뜻하고 있다. 또한 '난관(難關)에 봉착하여 즉각적인 대처 및 행동이 요구되는 상황이거나, 사건이 전개되는 과정에서 파국으로 치닫게 되는 결정적인 국면 전환의 고비에 다다른 상태'를 의미하기도 한다. 광의의 의미에서는 어떠한 행동 또는 상황이 지속하는가?, 궤도를 이탈 및 수정하는가?, 종착점(end-point)에 도달하는가? 를 결정하는 시점과도 연계되어 있다.

동양적 시각으로 보면, '위태로움'이라는 '危'와 '기회'라는 '機'가 공존하고 있다는 뜻이기에 돌이킬 수 없는 상황이 아니라 위태롭지만, 대처하는 수준(능력 또는 역량)에 따라 긍정 혹은 부정적인 결과가 발생할 수 있다는 의미로 오히려 기회가 될 수 있다는 뜻이기도 하다. 위기는 개인과 국가 간의 관계를 불문(不問)하고 맞닥뜨릴 수 있기에 비정상적인 행동(활동)이나, 강력한 충격으로 인하여 시스템이 마비(痲痹, paralysis)된다는 의미를 포함하고 있음을 이해하고 접근하여야 한다. 현대적 관점에서는 정치·경제·사회·문화·교육·군사 분야 등에 구애받지 않고 전반적으로 사용하고 있음을 이해할 필요가 있다.[15]

---

[15] '위험(danger)'은 '해로움이나 손실이 생길 우려가 있거나, 그러한 상태'를 뜻하며, '비의도적이거나 기계적인 실수, 자연재난으로부터 발생하는 상태'를, '위험(risk)'은 '감수해야 할 확률적인 위험'을 의미하고 있다. 따라서 '위기(crisis)'와 달리 '위협(threats)'과 '위험(danger 또는 risk)'은 외부의 힘이나 내부의 변화로 인하여 발생하는 결과로서 스트레스, 긴장감, 공포와 불안, 재화(災禍)를 동반하게 된다. 다시 말해 '위협'은 '물리적으로 직접 위해를 끼칠 원인이나 의도적으로 겁을 주는 행위'를, '위험'은 '물리적인 측면은 없으나, 신체나 생명 따위가 안전하지 못하다.'라는 특성을 가진다. 이들 단어 모두가 갈등과 도전의식이 발생하게 된다는 점에 주목하여야 한다. 여기서 위기는 어떠한 특정한 사건이나 발생한 일에 대응하는 성격이 강했으나, 최근 감염병 등의 새로운 비전통적 안보위협이 등장함으로써 위험은 사전(事前)에, 위기는 사후(事後)에 대응한다고 구분한다고 의미를 부여할 필요는 없지 않나 싶다. 다만 '위기'가 긴박한 특정 시기(時期)나 시점(時點, 어느 한순간) 또는 특정한 상황(situation)을 나타낸다고 이해하면 될 듯싶다.

법령상으로는 '국가의 주권 또는 국가를 구성하는 핵심요소인 정치·경제·사회·문화 체계 등과 가치에 중대한 위해(危害)가 가해질 가능성이 있거나, 가해지고 있는 상태'를 의미하고 있다. 국제정치학회는 '전쟁과 평화의 분기점으로서 국가 간 상충(相衝)되는 이해관계의 표출로 갈등이 고조되어 야기되면서 전쟁이 발발(勃發)하기 직전의 상황'으로 정의하고 있다. 군사적 관점에서는 '국가의 이익에 위협이 되는 정치·외교·군사 분야에 중요한 사건이 긴박하게 전개되기에 국가목표를 달성하기 위해 軍 병력과 자산(資産)의 사용이 예견되는 전쟁 발발 이전의 상황'으로 정의하고 있다.

국가 차원에서는 '전면전이나 국지 도발, 테러리즘, 각종 재해·재난 등의 발생으로 인하여 국가의 존립과 국민의 안전에 치명적인 위협이 되는 상태로서 명확한 판단 및 의사결정이 필요한 시기나 긴박한 상황'으로 정리하고 있다. 그러나 전통적인 안보개념만으로 대응이 가능했던 국제정세와 주변 환경은 2000년대에 들어서면서 상당한 변화가 나타났다. 전·평시 또는 군사·비군사 분야로 한정하는 데 무리가 없다고 판단했던 전통적 안보 개념이 지구촌의 인·물적 교류가 확대되면서 사스(SARS), 메르스(MERS), 조류 인플루엔자(AI), 코로나-19 등의 감염병을 비롯한 자연재해 및 사회적 재난과 연계하면서 위협도 극대화되었다. 이들의 '잠재성(Potentiality)'과 '예측 불가성(Unpredictability)', '초국가적 연계성(Transnational connectivity)'이라는 특성은 전통적 안보개념에서 탈피하지 못할 경우, 범주(category)와 영역(territory)을 초월하는 새로운 위협에 대응할 수 없음을 극명하게 나타내고 있다.[16]

이를 포괄적 안보개념으로 정의하자면, ① 적대 행위 또는 대규모 재해·재난 등으로 개인이나 국가의 존립이 심각하게 위협받을 가능성이 현저히 증가하거나, ② 의사결정권자들의 시간적인 제약과 불확실성이 높은 상황에서 중대한 결정을 하여야 하는 상황이나 사태로 정리할 수 있다.

3.2. 위기의 특성과 속성(屬性)

3.2.1. 위기의 특성(特性, characteristic)[17]

---

16) '잠재성(Potentiality)'은 평소엔 잘 드러나지 않다가 갑작스럽게 등장하여 피해를 확산시키고, '예측 불가성(Unpredictability)'은 위협으로 인지하고 있더라도 확실한 시점(timing)을 특정하기 어렵기에, '초국가적 연계성(Transnational connectivity)'은 다른 영역까지 어느 순간에 확산(spill-over)하는 특성을 갖기에 세 가지 요소를 특정하여 정리하였다. 구체적인 내용은 김성진의 "앞의 논문(2021)"을 참고하기 바란다.
17) '특성(characteristic)'은 '사물이 가지고 있거나, 한 대상을 특징짓는 고유한 성질'이란 의미가 있다.

<표 1-2>는 위기의 여섯 가지 특성이다.

<표 1-2> 위기의 여섯 가지 특성

첫째, 위기는 구비(具備)한 체계(체제)의 능력만으로는 해결하기가 어렵기에 관련 기능과 구성원의 협력과 노력이 필요하다.
둘째, 같은 위기라 하여도 긴급성을 인식하는 차이에 따라 결과는 긍정적 또는 부정적으로 나타날 수 있다.
셋째, 어떤 개인이나 조직(집단)도 위기로부터 자유롭기는 어렵다.
넷째, 위기는 반복적으로 발생하며, 예측하기가 쉽지 않다.
다섯째, 위기는 언제, 어디서, 어떻게 발생할지 예측할 수 없기에 요건만 갖추어진다면, 시간과 장소에 상관없이 발생한다.
여섯째, 위기의 발생 원인은 복잡하고 다양하다.

잠깐, 학습을 진행하다 보면, 갑자기 혼란스러워지는 단어가 있다.
문제1)을 풀이하면서 이해하는 시간을 가져보자.

문제1) '사건(incident)'과 '위기(crisis)'는 같은 의미인가? 다른 의미인가?

* key-word
① 사건: 조직의 운영을 지엽(枝葉)·제한적인 수준에서 방해하는 것
② 위기: 전체 조직의 운영에 영향을 미칠 수 있는 잠재력을 보유하고 있는 상태
③ 사고(事故, accident): 갑작스레 일어나게 되는 좋지 못한 일을 의미하며, 일반적으로 유·무형적인 사고로 구분하고 있다.

3.2.2. 위기의 속성(屬性, attribute)[18]

<그림 1-6>은 위기에 포함되는 세 가지의 속성이다.

---

18) '속성(attribute 또는 property)'은 '사물의 특징이나 성질'을 의미하고 있다. '특성'이 '고유한 성질'을 나타내는 데 반해 '속성'은 주로 '공통인 성질'을 나타낼 때 사용한다.

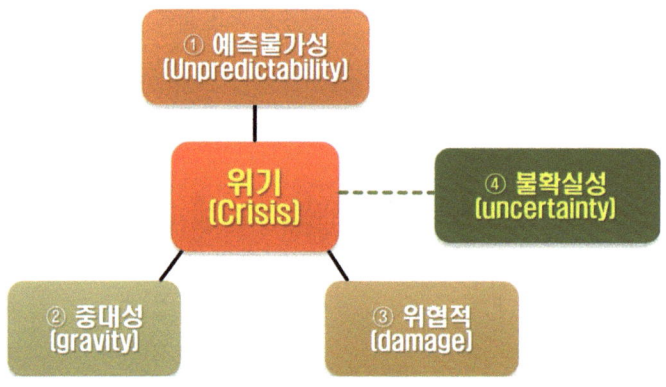

<그림 1-6> 위기(crisis)의 세 가지 속성(屬性)

① 위기는 언제 들이닥칠지 모르기에 정확한 시점(時點)을 특정할 수 없는 '예측 불가성(Unpredictability)'을 가지고 있다. ② 조직(국가 또는 집단)이 일상적으로 운영하는 시스템과 노력 등은 어떠한 요인으로든지 방해받게 되어있다. 지엽적 또는 제한적인 사건(incident)의 경우에는 일부가 방해를 받는 데 그칠 수 있다. 그러나 전체 조직의 운영에 영향을 미칠 수 있는 '위기(crisis)'라면 상당히 잠재력을 가지고 있기에 '중대한 문제(gravity)'로 비화(飛火)할 수 있다. ③ 시기와 상황의 내용 또는 규모를 특정할 수 없기에 어떠한 유형과 규모로 발생하더라도 '상당한 위협(damage)'이 동반된다. ④ 사태(crisis)가 진전(進展)됨에 따라 혼선(혼란)이 더해지게 되면서 '불확실성(uncertainty)'은 더욱 높아지기 마련이다.

이때 불확실성이 높아지면서 위기를 대응 및 관리하는 과정에서 공유(joint ownership) 또는 소통(communication)하는 과정에서 허점(취약점)이 드러날 경우, 피해의 규모와 범위는 더욱 확산하게 된다.19) 대표적으로 크게 세 가지 정도는 심대한 피해를 예상할 수 있다. ① 인명손실, ② 재무(財務)손실, ③ 이미지 훼손이다. 이를 위해 어떠한 상황에 놓이더라도 상호 공유(共有) 및 소통이 중요함을 인식하여야 한다. <그림 1-7>은 위기를 대응 및 관리하는 과정에서 잊지 말아야 할 세 가지 소통 원칙을 정리하였다.

---

19) 잊지 말아야 할 사실은 대다수가 소통(communication)과 대화(conversation)의 의미를 착각 또는 혼동하고 있다는 점이다. '대화'는 '단순하게 말을 주고받는 행위'이고, '소통'은 '전달하려는 뜻을 제대로 표현하여 상대가 이해하게 만드는 행위의 전반(全般)'을 뜻한다(관련 내용은 김성진의 칼럼 "뷰카(VUCA) 시대, '대화'와 '소통'의 패착(敗着)," 『경제포커스』 안보칼럼 (2021. 8. 2.)을 참고하기 바란다.).

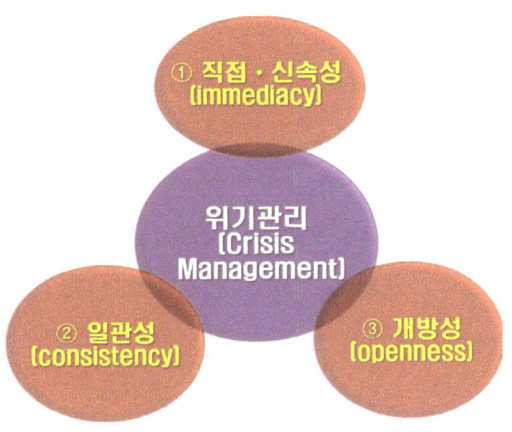

<그림 1-7> 위기 대응·관리에서 잊지 말아야 할 세 가지 소통 원칙

사고가 발생하였다고 가정(假定)한 다음 소통 원칙을 대입하여 보자. ① 직접적이고 신속하여야 한다. 어떠한 유형과 무거운 문제에도 불문하고 책임자(의사결정권자)가 가장 빠르게 전면(前面)에 나서서 먼저 공개적으로 사과함과 동시에 사고를 조기에 수습하겠다는 실천적인 의지를 보여야 한다. ② 가용한 위기 대응조직을 초기부터 과도하리만큼 투입하고 위기관리 대응 매뉴얼(실무대응 매뉴얼)에 따라 대외적으로 피해를 최소화한다는 노력을 가시화(可視化)하여야 한다. 어차피 회피하지 못할 바에는 피하지 말고 정면으로 대응(조치)하는 게 가장 바람직하다는 점을 잊지 않아야 한다. ③ 모든 것은 감추지 말고 개방하여야 한다. 무조건 개방이 아니라 필요한 조치를 진행한 내용과 대응 및 방지대책의 경우, 시간을 지체하지 말고 정직하게 가장 이른 시간 내에 공개하여야 한다. 다시 말해 투명성이 담보되어야 뒷담화(behind one's back) 등이 생기지 않는다.

소결론적으로 기존에 운용하고 있는 커뮤니케이션 조직 이외에도 별도의 자원을 보강하여 추가로 예측되는 비상 상황에 대응 및 대비하여야 한다. 다시 말하면, 위기관리는 '투명성(transparency)과 진정성(sincerity)'이다. "사람의 마음을 움직이면, 위기도 곧 기회가 될 수 있다."라는 의미를 잊지 않아야 한다. 즉, 위기를 극복하기 위해서는 위기관리 커뮤니케이션(communication)의 원칙을 실천하는 가운데 철저한 사전(事前)·사후(事後) 관리가 필요함을 기억할 필요가 있다.

3.3. 위기관리의 의미와 특성

위기관리는 두 가지의 측면에서 접근하여야 한다. 일반(시사)적인 측면과 군사적 측면의 의미로 구분할 필요가 있다.

일반(시사)적 측면에서 '위기관리(crisis management)'는 '조직의 위기에 대처함으로써 조직에 바람직하지 못한 결과가 나타나는 현상을 최소화하기 위하여 일련의 조치를 신속하게 취하는 행위의 전반(全般)'을 의미하고 있으며, 위험 요소의 확인-측정-통제 등 최소 비용을 투자하여 불이익을 극소화하는 활동으로 이해하면 좋을 듯싶다.

군사적 측면에서는 '국내·국제적 위기의 발생을 예방함과 동시에 위기가 발생했을 때 관련 상황을 계속 통제하면서 야기(惹起)될 수 있는 각종 유형의 피해 범위를 최소화하고, 전쟁으로 확대됨을 방지하면서 평화적으로 문제를 해결하기 위해 구축해 놓은 제도적 장치 및 절차'를 의미하고 있다. <그림 1-8>은 위기관리의 의미와 특성을 정리하였다.

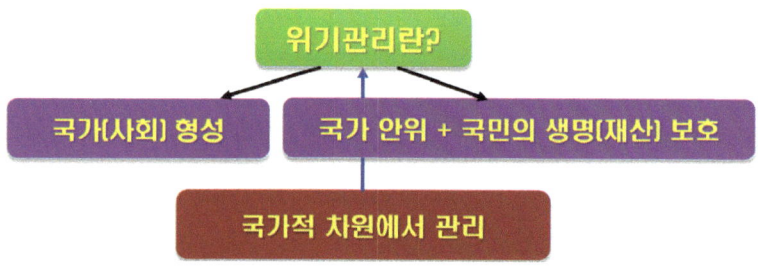

<그림 1-8> 위기관리의 의미와 특성

'위기관리(crisis management)'는 '위기가 발생하기 전·후에 위기를 예방하거나, 사후에 위기를 최소화하는 활동'을 뜻한다. 국가안보 차원에서 '당면한 위기가 악화(惡化)되지 않도록 가용한 모든 수단을 동원하여 사태를 수습함으로써 원상으로의 회복하거나, 개선을 추구하는 행위의 전반(全般)'을 의미하고 있다고 이해하면 될 듯싶다.

 잠깐, 문제2)와 문제3)을 풀이하면서 생각을 정리하는 시간을 가져보자.

문제2) 경주마 경기에서 순위가 바뀌는 순간(지점)은?

* **key-word**
① 평온한 상황이 계속되면, 1등은 계속 1등을 유지한다.
② 순위의 변동 순간은 위기의 순간이 왔을 때 가능하다.
   * 비가 와서 진흙탕으로 변했거나, 코너링 지점
③ 2등에게 '위기는 기회'가 아니라 **'위기만이 기회'**일 수 있다.

문제3) 자동차 경주(racing) 대회에서 순위가 바뀌는 순간(지점)은?

 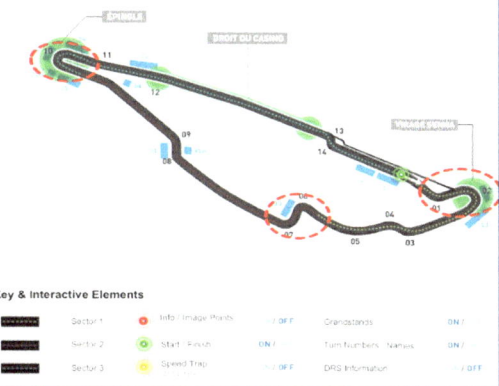

* **key-word**
① 엔진 성능이 좋은 차량이 더 빨리 달릴 수 있기에 그보다 하위 성능의 차량이 성능이 좋은 차량을 따라잡기는 불가능하다.
② 적절한 속도에서 최적의 코너링(軌道)을 확보하면, 순위 변동이 가능하기에 코너링에서 순위가 바뀔 수 있다.
   * 과속하면 사고가 나겠지만, 저속할 경우는 방향이 틀어지기 때문이다.

4. 위기를 촉발하는 대상과 전개 과정

4.1. 위기가 발생할 수 있는 범주(category)와 대상

<그림 1-9>는 위기가 발생할 수 있는 범주와 대상을 정리하였다.

<그림 1-9> 위기가 발생할 수 있는 범주와 대상(종합)

위기는 국제·국내적 요인으로 구분할 수 있으며, 정치·외교·군사·경제·사회·문화 부문 등을 대상으로 함이 기본이다.[20] 먼저, 국제정치적 측면에서는 국력의 신장과 자신감이 상승한 요인으로 볼 수 있다. 제2차 세계대전이 끝난 다음 강대국들의 제국주의 정책(식민지 팽창정책)은 대다수 성과를 거두고 있었다. 1962년 미국의 턱밑에 있는 쿠바[21]에 미사일 기지를 설치하려는 니키타 S. 흐루쇼프(Nikita S. Khrushchev, 1894~1971) 소련 공산당 서기장의 모험적인 시도는 심대한 위기사태를 불러왔고, 미국도 잠시 흔들렸지만 존 F. 케네디(John F. Kennedy, 1917~1963) 대통령의 격리정책(quarantine policy)이 진가를 발휘하였다. 이를 통해 강대국이 주도하는 자유주의의 신념은 확산하였고, 국가 간 정보통신 부문에서의 소통(communication) 역량도 증대하는 계기가 되었다. 자유민주주의의 시장 경제가 공산주의의 계획 경제에 경쟁하여 현저한 성과를 거두었음은 가장 괄목할 만한 변화와 발전으로 볼 수 있다.

---

20) 개념적 측면에서 헷갈릴 수 있기에 목적상 최근의 비전통적 안보위협에 대한 개념을 추가하지 않고 전통적 안보위협 개념으로 접근했던 기존의 개념과 의미로만 접근하였다.
21) 美 본토와 쿠바 간 직선거리가 94mile(151.3km)밖에 떨어져 있지 않음을 강조하기 위하여 사용한 용어다.

국내의 정치적 측면에서 '위기'는 김대중 정부의 대북(對北) 포용 정책과 떼려야 뗄 수 없는 동반자다. 2000년 6월 15일 최초의 남북정상회담이 개최된 이후 '북한은 6·25전쟁을 일으킨 장본인임과 동시에 수많은 인명과 재산을 희생시킨 당사자이자 주적(主敵)'이라는 개념에서 남과 북은 같은 민족이기에 '우리 민족의 일은 우리 민족끼리 해결하자!'라는 인식으로 기류(氣流)가 변화하기 시작하였다. 이후 정부 시책도 이명박·박근혜 정부의 정책을 제외하고는 유사한 방향으로 전개하여왔다. <그림 1-10>은 당시 비상기획위원회22)에서 한국인의 위협 체감요인에 대한 여론조사 결과를 종합한 현황이다.

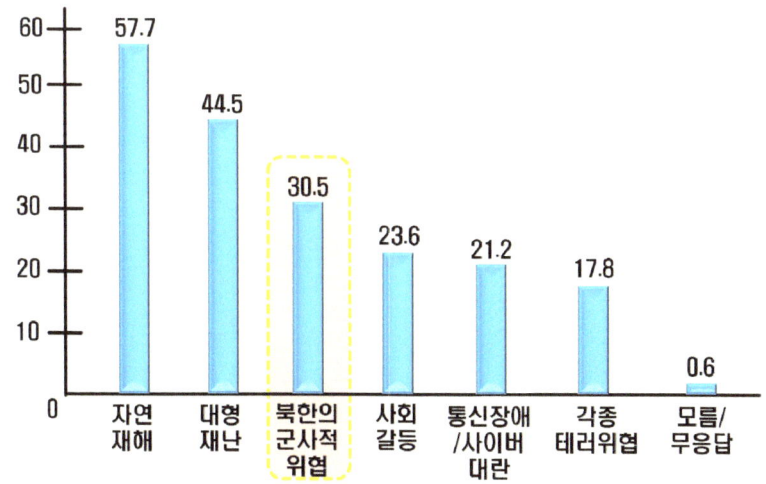

<그림 1-10> 한국인의 위협 체감요인 여론조사(비상기획위원회, 2005)

2005년도는 안보 의식의 강화를 강조하던 시기였기에 한국인이 대규모 자연재해와 대형 재난 다음으로 북한의 군사적 위협을 위기로 느낀다는 체감지수가 30.5였다. 이때도 북한의 군사적 위협이 이전(以前)과 비교할 때 재해와 재난 다음 순위에 있다는 사실에서 국민의 안보 인식이 상당히 해이해졌다는 우려가 컸다. 당시는 국내적으로 테러에 대한 인식 자체가 별로 없었기에 각종 테러 위협에 대한 체감지수는 그다지 큰 의미로 다가오지 않은 게 사실이다. 하지만, 이러한 현상들은 이전과 다르게 전통적 위협(traditional threats)에 더하여 비전통적 위협(non-traditional threats)이라는 새로운 안보위협 요인이 등장하면

---

22) '비상기획위원회'는 1969년 3월 24일 발족하여 국가의 안전보장에 관련한 제반 기획 통제 및 조정 등에 대하여 조사·연구를 관장하는 중앙행정기관이었다가 2007년 4월 27일 '국가비상기획위원회'로 개편되면서 폐지되었다. 이와 동시에 행정자치부(현재의 행정안전부)에서 국가 비상기획 기능을 흡수하여 업무를 수행하고 있다.

서 심화(深化)되기 시작하였다. <그림 1-11>은 2018년 한국보건사회연구원에서 한국인이 가장 큰 불안을 느끼는 위협지수를 조사한 결과를 도표를 정리하였다.

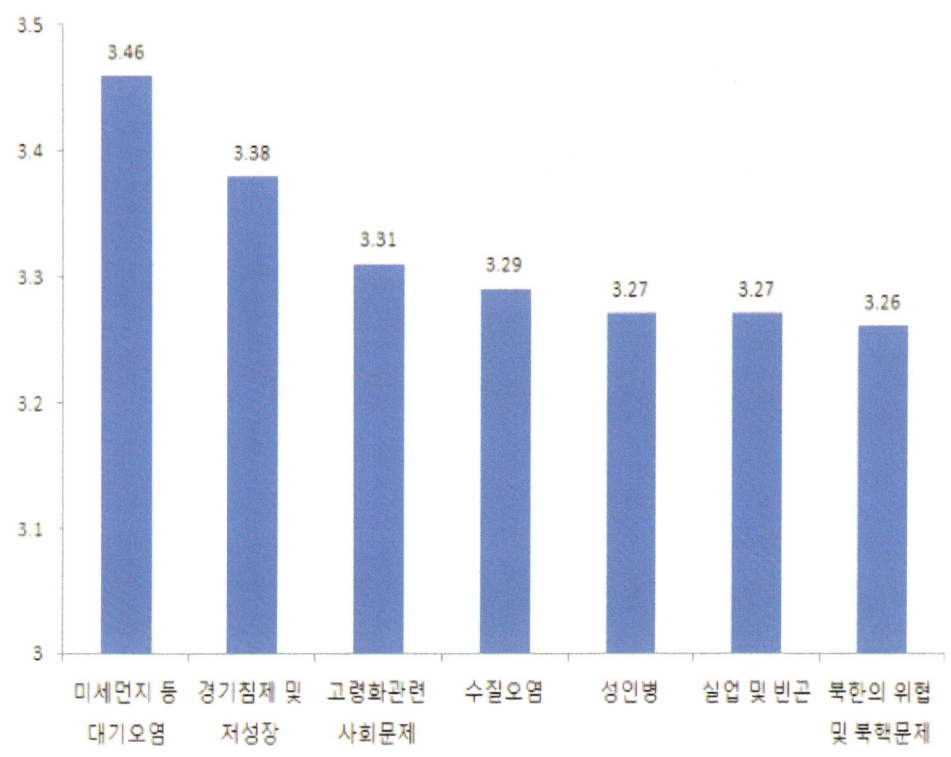

<그림 1-11> 한국인이 가장 큰 불안을 느끼는 위협지수(한국보건사회연구원, 2018)

이러한 위협지수가 나온 근본적인 이유이자 계기는 북한의 각종 도발 책동과 북핵 문제에서 직접적인 위협을 느낀다기보다는 기본적인 생활 환경에서부터 위협을 느끼고 있다는 현상이기에 시사하는 바가 크다. 다만 여기에서도 군사적 관점으로만 접근하기에는 한계가 있음을 느낄 수 있어야 한다. 군사학도들이 학습하는 교재이기에 군사적 관점으로만 접근했을 때 발생할 수 있는 착각이나 혼란, 나아가 관련된 딜레마(dilemma)의 발생 문제는 짚고 넘어갈 필요가 있다.

 문제4) 일반적인 관점과 군사적인 관점에서 접근할 때의 차이점과 딜레마에 관하여 생각을 정리하는 시간을 가져보자.

> 문제4) 일반상황: 남-북 간 사소한 이유로 분쟁이 계속되다가 기어코 한국군(50만 명)과 북한군(70만 명)이 전면전(全面戰, Total War)이 벌어져 극렬한 전투가 진행되었다. 전쟁을 종료한 결과 북한군은 거의 전원(全員)이 전멸하고 생존자는 100여 명 외에는 없었다. 반면에 한국군은 200여 명이 살아남았다. 마침내 한국군 지휘부는 북한군을 전멸시키고 100명이 더 살아남았다며 기뻐하였다. 이러한 기쁜 소식은 곧바로 승전보(勝戰報)로 작성하여 상부에 보고되었다.
>
> * 토의#1: 여러분은 한국군이 승리(勝利)한 데 대하여 공감하는가?
>   공감한다면, 그 이유는?, 공감할 수 없다면, 그 이유는?
> * 토의#2: 과연 승리했다고 판단(평가)하는 기준이 타당한가?
>   타당하다면, 그 이유는?, 타당하지 않다면, 그 이유는?

 * key-word: 먼저, 문제를 해결하기 위해서는 군사적 시각이라는 일방·편향적인 접근방식에서 벗어나야 한다는 점이다. '국가(State)'라는 본질적인 가치와 의의가 어디에 있는지를 먼저 이해한 다음 문제에 접근하여야 근본적으로 이해하고 해결할 수 있게 됨을 인식할 필요가 있다.

4.2. 위기 상황이 단계적으로 진행하는 과정

<그림 1-12> 위기상황이 단계적으로 진행하는 순차적인 과정(종합)

<그림 1-12>는 위기상황이 전개되는 과정을 단계적으로 구분하여 정리하였다.

위기는 알지 못하는 사이에 발생하지만, ① 사전에 징조(徵兆, sign)나 조짐이 발생한다. 그러나 너무 미미하기에 알아차리기 힘들고 알더라도 '설마' 또는 '과연 이 정도로~'라는 인식에 젖기 쉽다. 그만큼 확인(식별)하기가 어렵다는 의미로 해석하면 될 듯싶다.[23]

② 그러나 어느 정도 위기가 진전(進展, escalator)되면, 점차 유형적인 알력(갈등) 및 충돌이 일어나게 되고 누구나 위기상황임을 직감하게 된다. 이때부터는 정보의 역할이 상당히 중요하게 된다.

③ 본격적으로 긴장이 고조되기 시작하면 working-group을 구성하여 상황분석-판단-대응 방안을 검토 및 조치를 Feed-back 하는 긴급한 상황으로 전환하게 된다. 이때 국가 간 맞대응 전략이 반복되어 이루어짐은 일반적인 사실이다.

④ 갈등(분쟁)이 심화하면서 상대국의 행위에 따라 작용-반작용-상호작용 및 전선(戰線)의 확대가 거듭되고 충돌(전쟁) 직전의 대결 국면으로까지 진입하게 된다.

⑤ 이러한 상황에서 상대국 상호 간에 강압(coercion), 양보(concession), 타협(compromise), 굴복(surrender) 등의 용어들을 교환하면서 일촉즉발 또는 갈등을 방지하기 위한 노력이 쌍방 간에 치열하게 전개된다. 이러한 단계를 거치면서 위기가 진정 국면으로 가라앉으며 평화(갈등 이전)의 상태로 복귀하거나, 파국(破局) 또는 종언(終焉, 죽거나 존재가 사라짐)으로 치닫게 되는 과정을 전반적인 전개 패턴으로 이해하면 될 듯싶다.

---

[23] 최근 사회 전반에서 각종 위기·사고(재해) 등을 예방 및 최소화하기 위해서는 하인리히의 1:29:300 법칙을 접목함이 필요한 것으로 판단된다. 큰 재해(사고)가 일어나기 전에 반드시 작은 사고나 징후들이 존재하기 때문이다. 사소한 문제로 치부하고 덮어버리거나, 내버려 두면 대형재해(사고)로 이어질 수 있다는 점을 밝히고 있다. 이는 위기 전반에 적용할 수 있는 원리다.

제 2 절

국가위기의 개념과 국가위기관리의 구조적 속성

1. 국가위기의 개념과 유형 분류, 특성

1.1. 국가위기의 일반적 정의와 개념

일반적인 의미로 설명하자면, '국가위기(National Crisis)'는 '국가 주권 또는 국가를 구성하는 정치·경제·사회·문화체계 등 국가의 핵심요소나 가치(values)에 중대한 위해를 가할 가능성이 있거나, 가해지고 있는 상태'를 의미하고 있다. 대통령 훈령 제124호 (2004.7.12.)인 「국가 위기관리 기본지침」에 따르면, '국가위기를 효과적으로 예방·대비하고, 대응 및 복구하기 위하여 국가자원을 기획·조직·집행·조정·통제하는 제반 활동과정'으로 정의하고 있다. <표 1-3>은 훈령 제124호에서 규정하고 있는 국가의 위기상황을 세 가지의 경우로 구분하여 정리하였다.

<표 1-3> 훈령 제124호에서 규정하고 있는 세 가지의 국가 위기상황

첫째, 국가의 중요한 가치나 핵심적인 목표에 대한 심대한 위협으로 인하여
　　　즉각 대응할 필요성이 있는 긴박한 상황
둘째, 평화와 전쟁의 연속선 상에서 다른 국가와 상충(相衝)하는 이해관계가
　　　표출되어 갈등이 고조됨으로써 전쟁에 준(準)하는 상황
셋째, 국내·외의 제반 위협으로 국가가 심대한 위험에 직면한 상황을
　　　정책담당자가 인지하고 즉각 대응할 필요성을 느끼는 긴급한 상황

이때 핵심은 관련 정보를 어떻게 생산하고 전파 및 활용하는 역할의 분장(分掌)과 처리 수준에 있다. 불확실하고 긴박한 상황이 존재하는 가운데 다양한 정보기관에 의해 첩보 (information) 또는 정보(intelligence)가 산발적으로 유입되지만, 정작 결심하는 데 필요한 고급정보는 부족하기 마련이다. 이로 인하여 정책(의사) 결정권자들은 위기의 실체 전반을 파악하기 어려운 게 현실이다. 이는 북한의 각종 도발위협이나 해외에서 일반 국민이 피랍

된 상황에서도 관련 정보의 제한으로 인하여 정부 차원에서 즉각 파악 및 대응을 어려워하고 있음을 부정하기 어렵다.

따라서 국가위기를 효과적으로 관리하기 위해서는 정보기관에서부터 근(近) 실시간대의 위기경보와 위기 자체에 대한 정보 분석, 정책 대안(對案)에 관한 정보가 빨리 제공되어야 함을 잊지 않아야 한다. 이는 매일 접하는 뉴스도 똑같은 과정을 반복하고 있음을 생각하면, 이해하기가 쉬울 듯하다. 매번 보도할 때마다 여섯 가지의 속성을 기본적으로 고려한 상태에서 편집 또는 수정한 다음에야 뉴스를 진행할 수 있기 때문이다.[24]

스탠 A. 테일러(Stan A. Taylor)와 데오도어 J. 랠스톤(Theodore J. Ralston)에 따르면, 정보의 역할은 네 가지 단계를 체계적으로 따라야 함을 강조하고 있다.[25]

첫째, 정보기관이라도 위기 이전의 상황에서 정확하게 위기를 예측하기는 어렵지만, 적대국의 공격 가능성, 상황의 반전 또는 진전 가능성에 대한 사전 경고는 꼭 필요하다.

둘째, 위기의 초기 단계는 정보의 부족으로 인해 모호함과 불확실성이 교차하고 추측이 난무하는 가운데서도 최대한 정책 결정권자에게 위기상황의 전개 과정과 대응조치를 선택할 수 있는 정보를 제공하여야 한다.

셋째, 위기상황이 고조되면, 정보의 증가로 정책 결정권자가 결정하는데 상당한 어려움을 겪게 된다. 따라서 그는 많은 정보보다 정제된 명확한 정보를 원한다. 여기에 중압감을 느끼는 정보기관이 '인지 부조화'로 정리된 정보를 제공하게 된다. 이는 조치에 상당한 긍정·부정적인 영향을 미치기에 최대한 정확·명료·적시성이 동반되어야 한다. 특히 판단의 수정이나 대안적 의견이 포함된 위기정보를 제공하여 대응조치를 선택할 수 있도록 하여야 한다.

넷째, 위기가 종결된 이후 위기관리 및 대응조치와 전략에 관한 분석 및 평가 등과 더불어 위기관리 사례와 성공·실패 요인에 대한 교훈을 도출케 하여 차후에 대비하도록 하여야 한다.

다시 말해 위기가 발생하기 이전 단계에서 우방·적대국의 행위 전반에 대한 정보를

---

[24] 정보가 워낙 흘러넘치기에 가치가 있는 뉴스를 제공하기 위해 언론사에서는 항시 여섯 가지의 속성에 대입하여 뉴스를 내보내고 있다. ① 최근에 발생한 사건을 다루는 '시의성(timeliness)', ② 영향을 받는 사람이 많으면 많을수록 효과적인 '영향성(impact)', ③ 사건 당사자가 많이 알려진 유명인이어야 한다는 '저명성(notability 또는 prominence)', ④ 대립이 되는 쟁점이나 관련 당사자들이 많아야 한다는 '갈등성(conflict)', ⑤ 정치·지리적으로 가까운 곳에서 발생해야 한다는 '근접성(proximity)', ⑥ 일반적이거나 평범하지 않은 사건이어야 한다는 '신기성(novelty)'을 뜻하고 있다.

[25] Stan A. Taylor and Theodore J. Ralston, "The Role of Intelligence in Crisis Management," in Alexander L. George (ed.), *Avoiding War: Problem of Crisis Manegement* (Boulder: Weswview Press, 1991), p. 396.

제공하고, 임박한 공격이나 상황의 역전 또는 대외정책의 시행 및 변화가 필요한 기회를 포착하는 데 필요한 조기 경보(경고)를 제공하고, 위기 과정에서 필요한 일반 정보를 지원하며, 위기 이후에 필요한 위기 조치나 행위에 필요한 행태(行態, behavior)에 관한 평가를 하는 등으로 정리할 수 있다.

1.2. 국가위기 관련 연구에 대한 세 가지의 접근법 이해

<그림 1-13>은 국가위기 연구에 필요한 세 가지의 이론적 시각이다.

<그림 1-13> 국가위기 연구의 세 가지의 이론적 시각

① '국제체제'를 중심으로 접근하는 시각이다. 위기와 국제체제 간의 상관성 분석을 강조하는 접근법으로서 '위기'를 '국가 간 적대적이고 불안정한 상호작용을 특징으로 하여 기존 국제체제의 구조에 급격한 변화나 붕괴를 야기(惹起)할 수 있는 상황'으로 정의하고 있다.26) 한편 국가 간 동맹과 연합의 유형, 국제규범 등 국제체제의 구조는 위기 당사국의 속성과 함께 긍정적인 영향으로 작동하는 요인도 있다. 그러나 때에 따라서는 오히려 국제체제의 구조에 변화를 가져오거나, 안정 및 균형을 위협하는 요인이 되기도 한다.

② '정책 결정'을 중심으로 접근하는 시각이다. 개별 국가의 수준에서 발생한 위기상황과 위기관리 정책을 결정하는 과정에서 일어나는 의사결정권자들의 인식(perception)과 행태(behavior)에 초점을 맞추고 있다. 위기상황의 속성에서 심리적 측면과 행태가 정책을 결정하는 구조-과정-결과에서 어떠한 영향을 어느 정도나 미치고 있는지에 대한 경험적인 분석을 추구하고 있다고 이해하면 될 듯싶다. 즉, 위기가 발생했을 때 의사결정권자들이 경험하게 되는 스트레스가 객관적으로 검증이 가능한 대내·외적 환경(조건)보다 그들이 주관적으로 인식하는 심리적 측면에서 많이 좌우된다는 점에 주목하고 있다.27)

---

26) Charles A. Mclelland, "Access to Berlin The Quantity Variety of Events, 1948~1963," in J. David Singer(ed.), *Quantitative International Politics* (New York: Free Press, 1968), pp. 160~161.

27) Charles F. Hermann, *Crisis in Foreign Policy: A Simulation Analysis* (Indianapolis: The Bobbs-Merrill Company, Inc.,

③ '적대적 상호작용(hostile interaction)'을 중심으로 접근하는 시각이다. 위기가 진행되는 동안 국가 간 적대·경쟁적인 상호작용에 초점을 맞추어 분석하고 있다. 두 가지 형태로 구분하는 데 첫째, 위기가 일어난 당사국들이 상호작용의 핵심 자체를 매우 치열한 협상의 한 과정으로 보고 국가의 행위를 설명하는 시각이다. 둘째, 국가 간 갈등 과정, 특히 적대행위의 증폭 과정을 분석하려는 시도다. 이때 G. H. 스나이더(G. H. Snyder)와 P. 디싱(P. Diesing)은 '위기'를 '전쟁이 발발할 가능성이 크다고 인식되는 심각한 갈등상태에 놓여 있는 둘 이상의 국가 간에 벌어지는 상호작용'이라고 주장하고 있다.[28]

1.3. 국가위기의 분류

- 위협에 사용된 폭력성의 정도: 고강도, 중강도, 저강도
- 지속 정도: 단기적, 장기적
- 위협내용의 성격: 군사적, 비군사적
- 위협의 발생소재: 인위적, 자연적
- 유발원인 종류와 개수: 단일적, 복합적
- 발생 빈도: 1회성, 반복적

<그림 1-14> 국가위기의 여섯 가지 분류

일반적 측면에서 강조하자면, 위협에 사용된 폭력성의 정도에 따라 분류하는 '고강도 분쟁(high intensity conflict)'은 '핵 또는 사이버 전쟁, 생화학전'을 의미하며, '중강도 분쟁(middle intensity conflict)'은 '재래식 전쟁과 IS가 시리아와 이라크 등지에서 벌이고 있는 전쟁'을, '저강도 분쟁(low intensity conflict)'은 '테러, 반란, 폭동 등'을 뜻하고 있다.

1.4 국가위기관리의 유형 분류

'위기관리'는 정책 결정권자(기업 CEO, 비정부기구-NGO, 개인 등)가 주도하지만, 그 결과와 성과의 달성 여부에 관한 판단 기준은 국민(해당 기업이나 이해관계자)이어야 함

1969), p. 29.

28) G. H. Snyder and P. Diesing, *Conflict Among Nations: Bargaining, Decision Making, and System Structures in International Crisis* (Prinston University Press, 1977), PP. 217~256.

을 먼저 떠올려야 한다. 따라서 자신만이 옳다는 독선(독단)적인 관점을 버리는 순간 올바른 위기관리 및 대응이 가능해지고 정도(正道)를 걸을 수 있음도 이해할 필요가 있다.

'국가위기관리(National Crisis Management)'는 '위기로부터 국민을 보호하고 위험을 극복하기 위하여 사업계획을 집행하는 일련의 과정 및 절차'를 뜻하고 있다. 즉, 개인이나 단체(기업), 정부를 불문하고 대상과 관계없이 누구에게나 언제든지 발생할 수 있는 개연성(probability)을 가진 숨어있는 폭탄이 바로 '위기(Crisis)'이자 '위기관리(Crisis Management)'라고 보면 될 듯싶다. '위기관리'는 '위기에 대처하여 바람직하지 못한 결과가 나오지 않게 하거나, 최소화할 수 있도록 신속하게 조치 및 대응을 하는 일련의 행위'를 의미한다고 하여도 과언(過言)이 아닐 것이다. 따라서 '위기'는 처음부터 긍정적인 의미보다는 부정적인 의미가 과반임을 인식하고 접근할 필요가 있다.

특히 위기관리의 유형을 분류할 때는 항상 두 가지 원칙에서 접근하여야 한다. 먼저, ① '배타성(exclusivity)'으로서 '자신 이외의 다른 것은 거부하고 내치는 성질'을 가져야 한다. 위기관리 측면에서 해석하자면, 위기관리는 항시 똑같은 유형으로 발생하지 않는다는 점에서 자기 고유의 성격이 있어야 한다는 의미다. ② '수준 유지'로 특정 시점이나 상황에서 완결하였다고 끝나는 게 아니라 계속 주변 상황과 조건이 변화해 감에 따라 끊임없는 정기·수시 점검-질적 수준 관리-최신화 또는 수준을 유지하는 노력이 필요함을 잊지 않아야 한다.

국가가 위기관리에 개입하는 시기와 필요성은 두 가지로 정리할 수 있다. 첫째, 심각한 사회적 문제가 벌어지거나, 각종 유형의 위기가 확대되어 국민적 관심이 집중되었을 때다. 둘째, 국가가 개입하여 합법적으로 권한을 행사해야 할 영역이라는 판단에 공감할 때이다. 하지만, 개입하더라도 누구나 인정할 수 있는 대의적(大義的) 명분과 공감대의 형성이 필요함은 기본 상식임을 이해하여야 한다. 여기서도 정책을 결정하는 복잡한 모델 종류나, 공세·수세적인 위기관리 전략에 접근하면 혼란스러울 수 있다. 따라서 앞의 두 가지 원칙에 기반하여 일곱 가지의 세부 항목에 접근하기로 한다.

① '관리할 목표'가 필요하며, 이는 '전화위복'과 '원상복구'로 구분할 수 있다. '전화위복'은 '위기 자체를 변화와 발전의 계기로 삼아서 이전(以前)보다 더욱 발전된 상태로 만들겠다는 적극적인 관리의 형태'를 의미하고 있다. '원상복구'는 '현실적인 위험(위협)을 제거하는 데 초점을 맞춘 전통적인 위기관리로서 국가 간 전쟁 발발의 위험을 예방하기 위하여 신중하게 접근해야 하기에 소극적인 관리 형태'를 의미하고 있다.

② '관리시기'로서 사전(事前)·사후(事後) 관리를 의미하는 데 사전 관리는 위기를 예방

하기 위한 활동이기에 '전략적'이어야 하며, 사후 관리는 발생한 위기에 대응하는 현장 중심으로 대처해야 하기에 '전술적' 성격이 강해야 한다. 명심해야 할 점은 사전 관리를 잘하여 아무 위기도 일어나지 않으면, 당연하다고 여기는 정책결정권자가 다수이다. 이로 인해 투입 비용을 낭비라고 생각하는 점이 아쉽다. 사후 관리는 물적 피해를 복구 또는 보상하는 데 한정될 수 있기에 국민(구성원)이 입은 마음의 상처와 국가·사회적 시스템의 손실을 복구 대상에 포함하지 않는 경우가 대부분임을 반드시 기억할 필요가 있다.

③ '관리의 범위'는 '광의(廣義)·협의(狹義)적 관리'로 구분할 수 있다. '광의적 관'리는 '사전적 또는 예방적 관리 모두를 포함하는 적극적인 관리의 형태'를, '협의적 관리'는 '위기가 발생한 초기의 관리 형태로서 소극적인 관리의 형태'를 뜻하고 있다.

④ '위기 주체의 성격(character)'으로 위기에 처한 주체가 누구인가에 따라 분류하여야 한다. 절대주권을 핵심 가치로 관리하는 국가 차원의 위기관리, 기업과 공공기관, 비정부기구(NGO) 등에 대한 조직 차원의 위기관리, 개인과 가정에 대한 위기관리 등 위기에 처한 주체가 누구인지에 따라 성격을 다르게 분류하고 관리하여야 한다. 다시 말해 위기의 주체(대상)가 누구인지에 따라 위기를 관리하는 방법 및 수단이 각자 다를 수밖에 없다.

⑤ '위기의 성격'에 따라 만성·급성적 관리로 구분할 수 있다. 여기서 만성적 위기는 성장의 둔화 현상으로 나타나는 게 일반적이다. 이러한 상황을 접한 정책 결정권자(기업 CEO 또는 개인)가 심각한 위기로 진전(進展, progress)하고 있는 조짐을 잘 알아채지 못하는 경우는 단 한 가지다. 환경의 변화에 체질적으로 둔감하거나, 변화를 알아채고서도 자기에 유리하도록 아전인수(我田引水, 또는 인지 부조화)로 해석하여 위안으로 삼으면서 부정적인 측면을 애써 무시하기 때문이다. 자신이 제일 똑똑하고 유능하기에 자신이 판단(결정)하면, 그렇게 될 거라는 착각의 늪에 빠지기에 실패하기도 한다. 조선 시대 선조가 1592년 임진왜란이 벌어지게 만들고는 무책임한 처신으로

위기관리에 실패한 역사를 통해서도 알 수 있듯이 만성적인 위기는 국가의 존립을 위태롭게 한다. 긴급하게 관리해야 하는 상황이라면, 생존의 가치를 추구하는 데서부터 시작되어야 하기에 직면한 위기를 타개하기 위하여 다양한 비상수단을 총동원해야 한다. 이는 전통

적인 안보위협 상황과 대규모의 자연·사회적 재난에 의한 위기관리의 전형(典型, type)으로 보면 될 듯싶다.

⑥ 위기를 조성한 '행위자의 유무(有無)와 의도'에 따라 달라지기에 중요하게 취급 및 관리하여야 한다. 협상 또는 관리자의 능력 이외에도 전쟁과 사회적 재난일 경우에는 원인을 제거하거나, 행위자의 의지를 꺾어야 한다. <표 1-4>는 행위자의 유무와 의도에 따라 위기관리 방식을 달리해야 하는 경우를 예시(例示)하였다.

<표 1-4> 행위자의 유무(의도)에 따른 위기관리(예시)

행위주체 (의도)	목 적	수 단	성공 변수	유 형
유(有)	· 원인 제거 · 상태(수준)의 발전 및 억제	· 협상 · 시위	· 고도의 전략 · 위기관리자의 능력	· 전쟁 · 인질사건 · 사회적 재난 (시위·파업)
무(無)	· 피해 최소화	· 대중요법 · 비상자원	· 경영 능력	· 자연재난 · 인적재난(사고)

⑦ 위기를 '해결(해소)하는 방식'에 따라 유형을 다양하게 고려할 수 있다. <그림 1-15>는 국가위기관리 유형을 네 가지로 구분하였다.

<그림 1-15> 국가위기관리의 네 가지 유형

① '교섭적(交涉的) 위기관리'는 '고의적이거나, 직접적인 도발 행위로부터 유발된 위기를 해결'하기 위함이다.29) 즉, 이해관계가 상충(相衝)하는 국가(정치집단) 간에 촉발된 위기를 관리하는 형태로서 위기를 조장하는 주체가 존재하는 경우에 이루어진다. 부단한 협상(Negotiation)으로 서로 이익을 관철하기 위해 노력해야 하기에 성공의 요체가 '협상력(Negotiation Power 또는 Bargaining Power)'이라고 보면 된다. 1962년 발생한 美-蘇 간 쿠바 미사일 위기사태를 살펴보자. 1961년 피그스만 침공 사건을 결정하는 과정에서 집단사고(group-think)의 폐해로 실패하면서 힘든 시간을 보낸 존 F. 케네디 대통령이 자신만의 스타일로 위기에 대응한 사례이다. 993년 고려 성종 때 거란이 침공하자

美-蘇 쿠바 미사일 사태(1962)

조정에서는 혼란과 두려움, 공포로 일관하는 분위기에 서희 장군이 논리적으로 반박하고 거란의 적장 소손녕과 직접 담판함으로써 강동 6주를 되돌려받은 사례를 떠올리면 어느 정도는 이해가 되지 않을까 싶다.

② '수습적(收拾的) 관리'는 다른 국가(정치집단)의 실수나 오판 또는 무의식적인 행위로 인하여 발생하는 우발적 사건을 비롯하여 자연재해나 사회·인적재난 등에서 발생하는 대형사고에 적용하는 방식이다.30) 핵심은 조기에 효과적으로 사태를 수습하는 데 있다. 이때

서희 장군-거란의 강동6주 담판(993)

는 원상의 회복이나 전화위복의 계기로 삼아서 이전보다 발전 및 개선된 상태를 지향해야 함을 이해하여야 한다. 이는 교섭적 관리 방식으로 해결하기 어려울 때 적극적으로 관리하는 차원에서 상대를 굴복시킴으로써 근본 원인을 제거하는 데 있다. 1976년 발생한 판문점 도끼 만행사태 당시에 UN군

판문점 도끼 만행 사태(1976) 미루나무

---

29) '교섭(交涉)'의 사전적 의미는 '어떤 일을 이루기 위하여 서로 의논하고 절충하는 행위의 전반(全般)'을 뜻하고 있다.
30) '수습(收拾)'은 본래 시체를 거두어들이거나, 줍는 행위에서 시작되었으며, 현대의 사전적 의미로는 '어수선한 사태나 산란한 마음을 가라앉혀 바로 잡으려는 노력의 전반(全般)'을 뜻하고 있다.

사령부 차원에서 진행한 '폴 버니언 작전'으로 원인이 되었던 미루나무를 절단한 사례를 떠올려도 좋을 듯싶다.

2005년 4월 4일부터 10일까지 강원도 고성지역의 DMZ 내 북측에서 남쪽으로 대규모 산불이 확산하였을 때 국가안보실(NSC)이 주도하여 북측과 협의를 진행한 끝에 남한 측 헬기를 투입하여 진압한 사례가 있다. 당시 사건은 DMZ 내의 산불대응 매뉴얼을 작성하는 계기가 되었다.

③ '적응적(適應的) 위기관리'는 위기의 발단이 인적 요인이 아닌 주변 환경의 갑작스러운 변화에 기인(基因, 근본적인 원인)하였을 때 적용하는 방식이다. 국제질서나 구조 또는 국제적 상황이 이전과 다르게 새로운 변화가 발생하여 대처하여야 할 때도 해당한다. 이는 제2차 세계대전이 어떻게 발생하였는지를 떠올리면 된다. 왜! 세계대전이 발생할 수밖에 없었는지를 이해할 수 있는 계기도 되지 않을까 싶다. 다르게는 북한에서 개발한 새로운 무기체계의 시험 발사, 국지·국제적인 세력의 분포 및 판도에 변화가 있거나, 주요 동맹국 간에 부정적인 기류가 형성 및 변화되는 분위기, 인접국과의 정치·경제·사회·군사적 질서에 급작스러운 변화가 감지될 때 진행할 수 있다.

1982년 9월, 미국 일리노이주 시카고에서 발생한 사건으로 헬스 케어 회사인 존슨앤드존슨사(Johnson & Johnson 社)에서 판매하고 있던 진통제 타이레놀에 대한 사보타주(Sabotage)[31] 사례를 보자. 7명의 주민이 타이레놀을 복용한 이후 갑자기 사망하였다. 미국 전역(全域)이 순식간에 공포의 늪으로 빠져들었다. 이후 250여 명이 추가로 사망하면서 타이레놀 자체가 문제라는 소문이 무성하였다. 약품 판매량은 곤두박질쳤고, 35%였던 시장 점유율도 10% 이하로 뚝 떨어졌다. 이때 제임스 버크(James E. Burke, 1925~2012) 회장의 신속한 조치는 위기 대응 사례에서 본받을 점이 많이 나타난다. 그는 가장 먼저 1) 용의자에 현상금을 걸어놓고 동시에

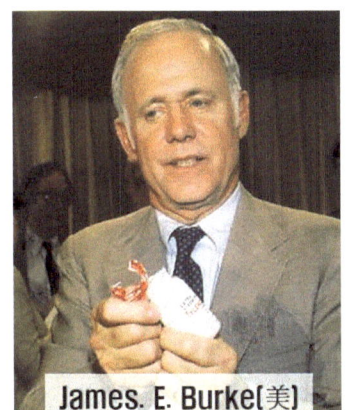
James. E. Burke(美)

2) 사건이 발생한 첫날부터 회사 차원에서 타이레놀이 위험할 수 있다는 사실을 숨김없이 언론을 통해 발표하였다. 당시에 언론에 공표하는 비용만 10억 $이 넘는데도 아랑곳하지 않고 지출하였다. 이어서 3) 피해자들에게 위로의 편지를 보냈고, 4) 회사가 스스로 그간

---

31) '사보타주(Sabotage)'는 프랑스어가 어원으로 프랑스식 발음으로는 '사보띄흐(Saboteur)'이다. '비밀파괴 공작이란 뜻으로 비밀리에 산업시설이나 직장에 대하여 직접 시설을 파괴하는 행위'를 뜻한다. 한국에서는 '일부러 작업하지 않는 쟁의의 한 형태'로 정의하고 있다.

판매되었던 타이레놀 전량(全量)을 환불 조치하고 수거하였다. 당시 회사 CEO가 직접 광고에서 한 말은 지금도 각종 사례에서 긍정적으로 회자(膾炙, 널리 사람의 입에 오르내리는)되고 있다. "소비자 여러분, 지금 바로 타이레놀의 복용을 중단하시고, ~일 이전에 제조된 제품은 모두 폐기해 주시기 바랍니다." 이러한 과정을 거치면서 패망하기 일보 직전까지 내몰렸던 회사는 몇 개월이 지나자 거짓이 없는 회사로 이미지가 개선되었다. 더불어 원래의 시장 점유율도 회복하게 되었다. 이후 제조에 대한 책임이 없다는 사실이 밝혀졌음에도 불구하고 사망자의 유족을 찾아 조문하고 적절한 위로금도 지급하였다. 이 사건을 두고 존슨앤드존슨이 대응한 방식은 두고두고 위기에 잘 대처한 긍정적인 사례로 인식되고 있다.

　연예인 강호동의 세금 탈세 의혹 사건(2011)도 이해하기 쉬운 사례의 하나로 볼 수 있다. 세무신고 부분에 대하여 비난 여론이 거세게 일며, 방송 퇴출 서명 운동까지 벌어졌다. 그러자 본인이 직접 긴급기자 회견을 열고 세금탈루(脫漏)에 대한 잘못을 솔직하게 인정하며 사과하였다. 특히 가장 정직한 방법을 사용했다. 그가 책임지고 은퇴하겠다는 재빠른 결단력이 있었기에 다시금 재기하여 왕성한 활동을 할 수 있었다는 점에서 반면교사(反面教師)로 삼아도 좋지 않나 싶다.

　④ '시스템적 위기관리'는 사전에 예방조치를 하는 차원으로 이해하면 된다. 확산 경로를 조기에 차단하고 피해를 최소화하기 위하여 최소 비용으로 보존할 수 있는 대책을 마련하는 데 있다. 특히 신기술의 발전이나 사회적 패러다임이 변화함으로써 국가(정치집단 또는 기업조직)의 핵심적인 가치가 근본적으로 위협받을 때는 ③번과 병행하는 조치를 할 때 비로소 실효성을 담보할 수 있다.

　대표적인 성공 사례로는 2009년 1월 15일 미국 뉴욕 허드슨강에 불시착을 강행하여 승객 155명 전원을 구출한 비행기 추락사고를 들 수 있다. 이는 2016년 상영된 영화 <설리: 허드슨강의 기적>에서 국가교통위원회가 자신들의 잘못을 은폐하기 위하여 설리 기장의 잘못으로 엮어가는 과정과 그 결말을 보면서 느낄 수 있다. 이를 통해 진실의 막후가 어떻게 전개되고 어떻게 하여 진실이 승리할 수 있는지에 대하여도 다소 이해할 수 있지 않을까 싶다.

설리: 허드슨강의 기적(2009)

　대표적인 실패 사례로는 2014년 발생한 세월호 침몰사고를 들 수 있다. 2009년도의 전개

세월호 침몰(2014)

와 다르게 선장이 기본 매뉴얼을 적용하지 않고 대응 및 조치 기관에서도 기본 원칙도 따르지 않으면서 개념적 원리(What)와 실천적인 행동 원리(How) 둘 다가 작동하지 않아 국민적 공분을 일으켰던 인재(人災)이다.

소결론적으로 위기는 사전에 인지하면 관리(management)할 수 있지만, 이미 발생하였다면 대응(counter)으로 전환하여야 한다.

1.5 국가위기관리의 5대 특성

'국가위기관리'는 '국가위기에 대처하는 과정에서 바람직하지 못한 결과를 최소화하기 위하여 그에 관한 신속한 조치와 대응을 취하는 일련의 행위'로서 위험(danger 또는 risk)을 포함한 위협(threats) 요소의 인지-확인-발생-통제(대응)하는 과정을 거치게 된다.32) 사전(事前)에 대처하는 게 가장 바람직하지만, 예방하기는 대단히 어렵기에 상황(여건 또는 필요)에 따라 사후(事後)에 조치할 것은 조치함으로써 추가적인 발생이나 발생의 여지가 있는 위기 요인을 최소화할 수 있도록 대처 방안을 마련하는 데 있다.

여기서 위험과 위협, 위해(危害, injury) 등은 위기가 발생하기 이전(以前)의 상태이고, 사고(accident)와 재난(disaster), 갈등(conflict), 분쟁(dispute), 전쟁 등은 위기상황이 발생한 이후의 결과로 나타나는 산물이라는 점을 이해할 필요가 있다. 다시 말해 위기는 위협(위험) 요인이 현실화한 시기와 상황을, 재난과 전쟁은 위기 요인이

---

32) '위험(danger)'은 '해로움이나 손실이 생길 우려가 있거나, 그런 상태'를, '위험(risk)'은 '예상되는 위협으로 인하여 자산(資産)에 피해가 발생할 가능성이 있는 손실에 대한 기대치'나 '감수해야 할 확률적인 위험'을, '위협(threats)'은 힘으로 을러대고 협박하여 상대에게 부정적인 결과를 가져오도록 하기 위한 의도적인 행동으로 '자산(資産)에 손실을 발생시키는 원인이나 행위'를 의미하고 있다(국립국어원 표준국어대사전, 2014).

부정적인 결과로 나타난 것임을 알 수 있어야 한다. <그림 1-16>은 국가위기관리의 특성을 다섯 가지로 정리하였다.

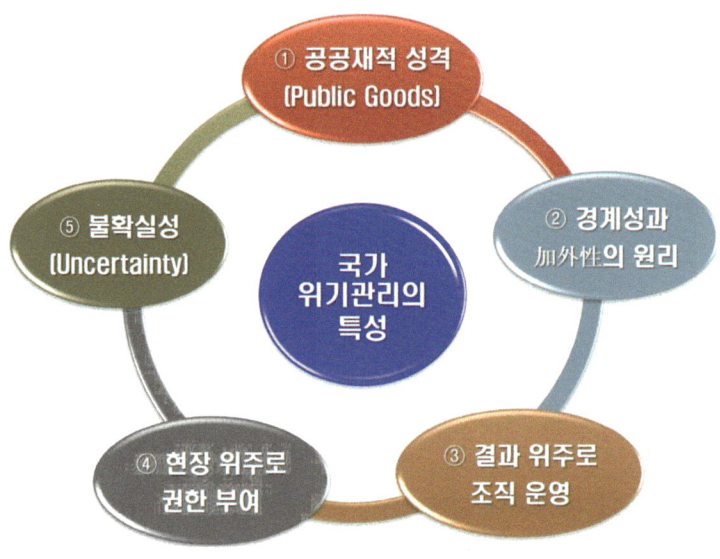

<그림 1-16> 국가위기관리의 다섯 가지 특성

국가위기관리는 특정 집단이나 특정 단체의 이익을 추구하는 데 있는 게 아님을 인식하여야 한다.

① '공공재적 성격'을 갖고 있기에 국가나 사회의 안전은 공공(公共) 모두가 포함되고 보호해야 할 가치로서 시장에서 사고팔 수 있는 교환의 대상이 아니다. 이는 모든 사회 구성원이 공유하는 공공재에 해당하기 때문이다.

② '경계성(警戒性, alertness)'과 '가외성(加外性, redundancy)'의 원리로 볼 수 있다. 여기서 '경계성'은 최악의 상황에 대비하도록 인력과 예산, 장비, 물자 등을 확보·비축하지만, 이를 전혀 사용하지 않아도 되도록 유도함을 의미한다. '가외성'은 모든 업무의 전반을 일상화하거나, 표준화하기는 불가능하기에 소관 업무에 상호 중첩되도록 하여야만 각종 사태에도 효율적인 대처가 가능하다는 현실을 이해하고 접근하여야 한다. 따라서 다양한 유형의 비상사태에 대비하여 반드시 여분의 자원(資源)을 보유하여야 한다.

③ '결과 중심으로 조직을 운영'하여야 한다. 위기관리는 신속한 반응을 요구하며, 그렇지 않을 경우, 피해의 확산은 불을 보듯 뻔하다. 따라서 일상적인 관료조직은 과정 위주의 행정조직으로서 신속성을 보장할 수 없기에 결과 위주로 운영되어야 실효성을 담보할 수

있다. 한국의 경우 긴급한 위기 상황에서 해당 위기관리자의 재량으로 신속하게 결정할 수 있는 법령체계와 근무 환경이 마련되지 않기에 실효성을 보장하기가 어렵다. 그러함에도 현장관리자에게 최대의 재량 권한을 부여함으로써 필요한 조치가 가능한 여건을 만들어주려고 노력하여야 한다.

④ '현장 중심으로 권한을 부여'하여야 한다. 위기관리는 사태(상황)를 이해보고 접근하는 관점에 따라 심각성 판단에 차이가 날 수밖에 없게 되어있다. 다시 말해 현장 업무를 담당하는 사람과 책상에 앉아서 업무를 담당하는 사람은 인식과 접근방식에서부터 차이가 나기 마련이다. 이러한 괴리(gap)를 얼마나 최소화하는 여부에 따라 실효성 수준을 달성하는 데 차이가 있다. 예를 들면, 지역 단위 구조 통제 단장은 지역소방서장이나, 소방본부장이 담당하고 있다. 하지만 지역사회의 서열과 구도의 영향으로 인하여 부담스럽기에 현장에 도착한 시장(또는 도지사), 구청장에게 슬그머니 역할을 양보하거나 아예 뒤로 빠지는 현상을 낯설지 않게 볼 수 있다. 이는 업무를 수행하는 현장지휘관의 통제·조정·협력에 문제를 야기(惹起)하게 된다.[33] 따라서 수시로 현장의 변화에 따라 적절한 대응이 가능하도록 현장지휘관의 지휘·통제 여건을 보장해 주어야 한다.

⑤ '불확실성(uncertainty)'으로 사태가 발생하고 고조되는 과정은 항시 우발적이고 불확실하며 모호하게 진행되기 일쑤여서 조직과 예산 집행 측면에서 상당히 방대할 수밖에 없는 실정이다. 그러나 적절한 체계를 마련한다면, 예방 효과와 소요 비용을 대폭 절감할 수 있다. 이를 위해 ⑤-1 사후(事後)적인 대응 개념은 사전(事前) 예방하는 개념으로 전환해야 하며, ⑤-2 위기와 관련한 예산은 비용을 낭비한다는 인식에서 벗어나야 하며 오히려 투자하는 개념으로 전환하여야 한다.

이 외에도 ⑥ '상호 작용성(interaction)'으로 인하여 위기가 발생했을 때 위기 상황 자체와 피해를 본 국민과 피해 지역에 있는 각종 기반시설이 서로 영향을 끼치면서 복합적인 상황으로 발전하게 된다. ⑦ 위기관리 환경의 '복잡성(complexity)'은 사전(事前)에 모든 상황을 파악할 수 없기에 관련 기관 간 유기적인 협력과 정보를 공유하는 노력이 필요하다. ⑧ 위기는 언제나 돌발적이 아니라 누적된 조짐(징후)을 통해 특정한 시점에 표출되는 것이기에 '누적성(cumulation)'을 최대한 제어하려면, 각각 분산된 상태로 소관 분야의 위기 요인을 관찰-파악-대응하기보다는 종합적인 관찰이 가능하도록 통합된 위기관리체계가 필요함을 인식할 필요가 있다.

---

[33] 집단(조직) 차원의 업무 협업(collaboration)이나 중요한 국면(situation)을 해결하기 위하여 토의나 회의를 진행하는 방법으로서 軍 내부의 'One-Stop'보다 '퍼실리테이션(facilitation)' 방식을 접목하는 게 효과적이다.

2. 국가위협의 대상과 침해사례, 위기관리의 범위

2.1. 국가위협의 대상과 침해사례

<표 1-5>는 국가위협을 대상을 크게 두 가지로 구분하였다.

<표 1-5> 국가에 위협이 되는 두 가지의 대상

① 국가의 존립과 유지를 방해함으로써 국가안보를 위협
② 국가 경제의 성장과 번영, 국민복리(國民福利)를 증진하는 등에 관한 위협

① 국가안보를 위협하는 대상은 국가 차원의 통합 노력을 저해하거나 사회적 안정을 파괴하는 활동, 통치행위나 정책을 집행하는 과정에서 이를 파괴 및 방해하는 책동, 정권의 전복을 기도하는 행위, 전통적 안보개념으로 정의할 수 있는 외부로부터의 직접적인 도발 등을 들 수 있다. 여기서 언급하는 직접적인 도발의 대표적인 사례로는 전면적인 무력 도발, 일부 영토에 대한 무단(불법)점령 또는 일정 지역에 대한 제한적인 폭격, 해상에서 적법하지 않게 진행하는 선박 나포(拿捕, capture) 행위, 내란·폭동을 선동하는 행위, 주요시설에 대한 파괴 및 테러 활동, 주요 인사(the leading figures)에 대한 암살, 해상봉쇄, 무력시위, 경제적 제재 및 외교 단절 등을 들 수 있다.

유념해야 할 점은 모든 상황에 접근할 때 단순하게 접근하는 방식도 중요하지만, 상황이 항상 복잡하고 연계되어 있다는 속성을 이해하고 접근하여야 한다. 예를 들면, 1968년 1월 20일 22:00경 북한 124군 부대 소속의 무장간첩 31명이 청와대를 기습하려고 서울 세검정 고개(자하문 초소)까지 잠입하였으나, 검문에서

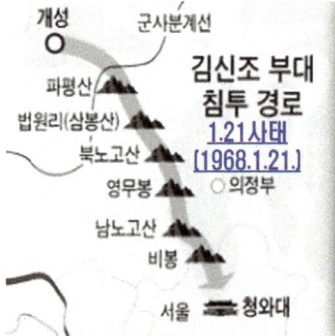

노출되면서 총격전이 시작되었다. 이후 31일까지 군·경 합동 작전을 수행하면서 엄청난 사회적 혼란이 일었다. 이틀 후인 1월 23일에는 동해 원산 앞바다에서 美 해군의 정보수집함(AGER-2)인 USS 푸에블로(승조원 83명)호가 북한군에 강제로 나포되면서 한반도 정세는 일촉즉발의 상황으로 내몰렸다. 이후 미국이 승조원의 석방을 위해 사과에 버금가는 성명을 발표하면서 북한은 억류를 해제하였고, 이는 1·21사태를 희석하는 결과로 작동하였다. 이 사태는 향토예비군을 창설하는 결정적인 계기로 작용하였다.

평택 대추리 반대 시위(2008)   제주 해군기지 건설 반대 시위(2012)

또한, 통치행위와 정책 집행을 방해한 사례로서 미군기지 반대와 관련한 평택 팽성읍의 대추리 사건(2008)을 들 수 있고, 아직 해결되지 못한 제주 강정에 해군기지를 건설하는 데 반대하는 주민들의 시위(2012), 성주 골프장에 미군의 사드 기지를 배치하는데 반대하는 주민들의 시위(2016) 사례 등이 있다.

김천 사드배치 반대(2016)

② 국가 경제의 원활한 성장과 발전, 국민 복지를 증진하는 활동에 대한 방해 책동, 사회 화합과 결속, 정의사회 구현을 저해하는 행위의 전반(全般), 문화예술의 창달과 진보를 저해하는 행위 사건 등으로 인하여 야기되는 사태를 들 수 있다. 대표적인 사례로는 빈곤(貧困), 감염병을 비롯한 각종 질병의 창궐, 마약 또는 범죄의 만연, 식량, 전력 지원 수급에 차질을 초래하는 행위, 자연재해와 대형화재, 원전폭발, 지진 등을 비롯한 인재(人災)를 들 수 있다. 또한, 환경오염, 자원 고갈, 생태계 파괴, 개인 삶의 질에 대한 위협 등도 광의의 측면에서 포함할 수 있다.

2.2. 위기 발생을 前·後하여 대응하는 프로세스(Process)의 이해

위기가 발생하기 이전에는 주로 관리(management)한다는 의미를 줄 수 있지만, 위기가 발생한 이후에는 주로 대응(countermeasure)할 수밖에 없다. 따라서 이전과 이후는 완전히 다른 프로세스로 움직여야 함을 이해하고 접근하여야 한다. 국제사회에서도 위기로부터 자유로운 국가나 조직은 없다고 함이 진실이다. "가지 많은 나무에 바람 잘 날 없다."라는 속담을 기억하고 있듯이 조직의 규모가 크면 클수록 위기의 강도와 종류, 수준도 증가하여 나타나기 마련이다. 위기가 한 번 발생하고 나서는 나타나지 않는다면, 굳이 많은 시간과 비용, 노력을 투자할 필요는 없을 것이다. 하지만 위기가 불편하다고 하여 지나치거나 무시할 수 없기에, 필요하다고 선택할 수도 없기에 부단한 연구와 대비가 필요함을 인식하여야 한다. <그림 1-17>은 위기 이전과 이후의 위기를 감지(感知) 및 대응하는 형태를 정리하였다.

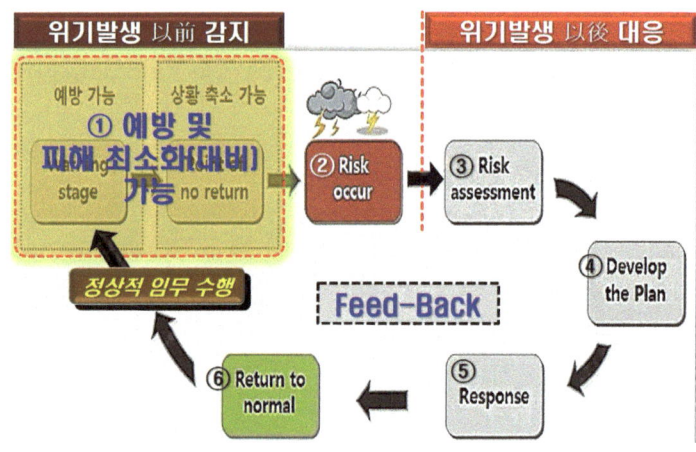

<그림 1-17> 위기 발생 이전·이후의 대응 프로세스(Process)

① 예방이 가능하다면, '경고단계'로 볼 수 있기에 시간적인 여유나 대비를 할 수 있는 과정이라고 판단된다. 이때 상황이 발생하더라도 최소화가 가능하거나, 축소가 가능하다면, '복귀한계점'에 이르렀다고 볼 수 있다. 정상적인 조직이라면 위기가 발생하기 이전 또는 직전에 어떠한 형태를 불문하고 감지(感知, perceive)가 가능한 상태여야 한다. ② 유·무형적인 위험(Risk)이 발생한다면, 위기가 시작되었다는 의미로 보면 된다. 여기까지는 예방 및 관리 개념을 적용할 수 있다. ③ 위기가 발생함과 동시에 '위험 평가(Risk assessment)'는 반복하여 진행되어야 하며, ④ 이의 진전(방향)과 계획을 확인하여 ⑤ 대처하면서 ⑥ 원래의 수준(정상 상태)으로 복귀하여 정상적으로 임무를 수행할 수 있도록 노력하는 데 초점을 맞춰야 한다. 이러한 상황은 계속 반복(Feed-back)하여야 함을 기억할

필요가 있다.

　이러한 대응 형태의 사례로 유명인 또는 연예인(운동선수 등)을 대상으로 하여 소셜미디어(SNS)에서 발생하는 위기 커뮤니케이션에 관하여 대응하는 체계를 살펴보자. <그림 1-18>은 소셜미디어, SNS와 관련하여 발생할 수 있는 위기 커뮤니케이션 대응체계를 정리하였다.

<그림 1-18> 소셜미디어, SNS와 관련한 위기 커뮤니케이션 대응체계도(예)

　① '발견단계'로서 최초 소셜미디어와 SNS 등에서 관련 내용을 확인하게 된다. 이때 가장 먼저 연관되는 특징이나 온라인상에서 관련된 대화가 발견되는지, 내용은 공격적인지, 긍정적 또는 부정적인지를 확인하면서 신속하게 기본적인 대응 방향을 결정하여야 한다.[34]

---

34) '소셜미디어(Social Media)'는 '콘텐츠와 의견, 관점 등을 인사이트(유사언론으로 페북, 트위터, 인스타그램, 카카오스토리 등의 SNS를 통해 뉴스를 제공하는 일체)와 미디어를 공유할 수 있는 온라인 도구'를 의미하고 있다. 'SNS(Social Network Service, 사회관계망 서비스)'는 '온라인에서 친구, 선후배, 동료 등 지인(知人)과의 관계를 강화하고 새로운 인맥을 쌓으면서 폭넓은 인적 네트워크를 형성하고 소통할 수 있도록 해주는 서비스'이다. SNS의 경우 2018년도 20대의 인터넷 주(週) 평균 사용시간은 24.12시간으로 일일 평균 3시간 27분을 사용하고 있다. 이마저도 계속 증가 추세에 있다는 점에서 생활에 상당한 비중을 차지하고 있음을 알 수 있다.

② '평가단계'로서 내용이 긍정적인지, 부정적인지에 따라 차이가 나게 된다. 먼저 긍정적인 내용이더라도 오히려 공격적인 댓글이 달리거나, 트위터 등을 공격한다거나, 또 다른 상황으로 번질 수 있기에 해당 콘텐츠에 대응해야 할지를 고민하여야 한다.

이때도 ③ Story를 공유하거나, 전략적 측면에서 대응하지 않는 방향으로 결정하게 된다.

④ 계속 관련 내용에 대한 모니터링을 진행하여야 한다.

⑤ 부정적인 내용이라면, 여론의 추이를 확인하면서 대응 방향을 결정하되, 단순한 불만이나 감정적인 비난은 곧 대응하기보다 잠시 예의 주시하는 행동도 필요하다. 정보가 잘못 전파된 오류이면, 사실을 해명할 때도 약점이 잡히지 않도록 치밀한 전략적 대응이 필요하다는 의미다.

⑥ 이때 고려할 방안으로는 다섯 가지로 입장표명, 정보의 오류는 정정(訂正), 올바른 연관 정보를 제공, 신뢰 관계의 회복, 필요할 경우는 법적 대응을 할 수 있도록 준비하여야 한다. 언제라도 전략적 무대응으로 전환하도록 준비해야 함이 기본이다.

⑦ 어떠한 경우가 되더라도 재대응이 필요한지를 반드시 검토하되, 대응방법(What)과 수단(How)은 다양한 네트워크를 통해 협력해야 함을 잊지 않아야 하며 지속하여 반복(Feed-Back)하여야 한다.

2.3. 국가위기관리의 범위와 변화 추세

'국가위기관리(National Crisis Management)'는 '국가 차원에서 발생한 위기를 국가가 주도하여 관리하는 행위(활동)의 전반(全般)'을 뜻한다. 1963년 박정희 대통령이 처음으로 '국가안전보장회의(NSC)'라고 하는 외교·안보 분야의 최고위급 협의기구를 창설하고 국가위기관리에 관하여 대응조치를 하도록 역할을 부여하였다. 명칭은 1947년 미국이 만든 '국가안전보장회의(NSC)'의 명칭을 그대로 가져와 사용하였다.

그러나 일부 역대 대통령의 독선으로 인해 정상적인 기능을 하지 못하다가 2004년 노무현 정부에서 이에 기반하여 처음으로 만들어진 공식문서가 「국가위기관리 기본지침(대통령 훈령 제124호)」이다. 이 문서는 이후 두 차례에 걸쳐 개선 및 보완되었다. <그림 1-19-1>은 2004년 최초에 만들어진 「국가위기관리지침(대통령 훈령 제124호)」의 범위이고, <그림 1-19-2>는 2011년 6월 10일에 개정한 「국가위기관리지침(대통령 훈령 제285호)」, <그림 1-19-3>은 2013년 8월 30일에 개정한 「국가위기관리지침(대통령 훈령 제318호)」으로 기간이 지나면서 분야 선정과 영역에 다소의 변화가 있었음을 알 수 있다.

<그림 1-19-1> 「국가위기관리 기본지침(대통령 훈령 제124호)」의 범위

한국의 「국가위기관리 기본지침」은 포괄적 안보개념을 적용하여 만든 최초의 문서로 국가의 위기관리시스템을 구축하는 데 있어서 가장 기본이 되는 문서이다. 이 지침에서 '국가위기관리'는 '국가위기를 효과적으로 예방·대비하고, 대응·복구하기 위하여 국가자원을 기획·조직·집행·조정·통제하는 제반 활동과정'으로 정의하고 있다. 이때 먼저 이해하고 접근해야 할 분야는 한국의 '국가위기관리 개념'은 '전통적 안보 중심'으로 엮어져 있다는 점에 있다.[35] 최근 학자들 사이에서는 탈냉전 이후 전통적 안보위협에만 집중하다 보면, 대규모의 자연·사회적 재난, 메르스(MERS), 사스(SARS), 조류 인플루엔자(AI), 코로나(COVID)-19 등의 각종 감염병과 테러리즘, 환경오염, 유해물질 유출 등의 비전통적 안보위협 증가에 따른 위기관리 영역을 확대하여야 한다는 주장이 힘을 얻고 있지만, 실질적인 효과가 있기까지는 시간이 필요하다.[36]

이 지침은 처음 만들 때 '국가위기'의 개념 및 해당 분야, 분야별 중점적으로 진행할 활동, 위기관리 의사결정기구 등에 관한 내용을 망라하여 '전통적 안보'와 '자연·인적재난'은 각 11개 분야로, '국가 핵심기반'은 8개 분야로 구성하였다.

'전통적 안보 분야'는 분쟁의 방지와 통일·외교·국방 분야에 대비하는 계획과의 연계성을 강화하는 데 두었고, '재난 분야'는 예방과 피해의 최소화, 현장 중심의 대응체계를 강화하는 데 두고 있다. '국가 핵심기반 분야'의 경우, 어떠한 상황에서도 최소 기능을

---

35) 김성진, 앞의 논문(2021), pp. 248~250.
36) 김성진, 앞의 논문(2021), pp. 243~244.

유지하면서 대체자원을 관리할 수 있는 체계를 구축·운영하는 데 두고 있다. 이러한 기반 위에서 국가 경보를 '관심-주의-경계-심각'으로 하는 제도가 도입되었다고 이해하면 좋을 듯싶다.

<그림 1-19-2> 「국가위기관리 기본지침(대통령 훈령 제285호)」의 범위

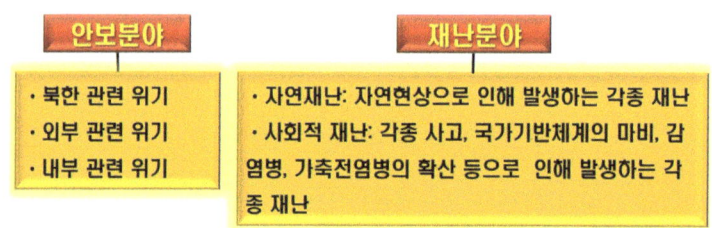

<그림 1-19-3> 「국가위기관리 기본지침(대통령 훈령 제318호)」의 범위

냉전체제가 붕괴하면서 전통적 안보위협을 중심으로 대비하던 기존 개념에 재난 대비 개념을 추가하였다. 산업·도시화의 영향으로 인하여 인적재난이 증가하고 지진·태풍·홍수 등 자연재해와 재난으로 인한 피해가 대규모로 확장됨에 따라 이에 관한 내용도 소홀히 할 수 없게 되었기 때문이다. 이때부터는 위기관리의 개념이 자연스럽게 초기의 국민방위(civil defense)에서 국민 보호(civil protection)로 전환되고 있다.[37]

미국, 영국, 일본 등의 위기관리선진국에서는 전통적 안보 분야보다는 재난 분야를 중심으로 하는 포괄적 위기관리체계를 채택하고 있다.[38] 반면에 한국을 포함한 중·후진국의

---

[37] '국민방위(civil defense)'는 직접적인 안보위협이 많은 중·후진국에서 '외부의 침입에 중점적으로 대응'하는 개념이라면, '국민보호(civil protection)'는 직접적인 안보위협이 별로 없는 선진국에서 '자연·인위적 재난으로부터 자국민을 보호'하기 위한 개념으로 보면 된다. 미국은 2001년 9·11테러 이후 전통적 안보위협에 더하여 테러와 재난 등의 다양한 위협에 대응하기 위하여 '포괄적 안보개념'을 확립하였다. 다시 말해 '국민방위'와 '국민보호' 개념을 합친 '국토방위(homeland security)'의 개념을 정립한 다음 2002년 국토안보부(DHS-Department of Homeland Security)를 창설하였다.

경우는 직접적 또는 직면하고 있는 전통적인 안보위협에 대처하는 형태를 갖추고 있다. 국가의 존립 및 국민의 안녕과 직결되기에 모든 역량을 결집해야 하는 군사적 안보개념이 필요한 시기였기도 하다. 이에 따라 전통적 안보개념을 바탕으로 재난관리를 포함하는 포괄적인 위기관리체계를 채택한 결과로 볼 수 있다.

소결론적으로 한국의 국가위기관리 체계는 남북이 군사적으로 대치하고 있는 분단 상황이기에 직접적인 적이 존재하지 않는 선진국의 재난 중심 개념과 유사하게 채택해야 한다고 고집하거나 주장하기만은 어렵다. 다만, 최근까지도 위기관리에 대한 기준법(母法)이 없다는 현실과 개별법, 준비 및 절차법, 평시·전시법 등이 제각기 움직이고 있기에 실효성이 없다는 측면은 시급하게 되돌아보고 개선할 필요가 있다.

---

38) 여기서 짚고 넘어가야 할 부분은 선진국과 개발도상국의 차이, 현재 직면하고 있는 적(敵) 또는 적대국이 있느냐, 없느냐의 차이에 있다는 점을 기준으로 삼아야 한다. 이러한 영향에서 벗어나 있는 국가는 '국민 보호' 개념을 채택하고 있으며, 반대의 경우는 '국민방위'와 2001년 9·11테러 이후 미국에서 채택하고 있는 '국토안보'의 개념 등을 채택함도 가능하다고 보면 될 듯싶다.

3. 국가위기관리 정책의 결정 과정에 대한 이해

3.1. 개요

'정책의 결정'이란 '권위를 가진 의사결정권자가 문제를 해결하기 위하여 여러 가지의 대안(代案) 가운데서 하나를 선택하는 행위나 과정'을 의미한다. 정책의 결정은 문제를 정의(定意)-대안(對案)을 탐색-평가-선택하는 네 가지의 단계로 구분하여 정리할 수 있다. 즉, 정책을 결정한다는 의미는 정책결정권자가 정책의 집행에 대한 우선순위를 매긴다고 보는 게 이해하기 쉬울 듯하다.

3.2. 조직에 의한 결정 모델

국가(집단과 개인)에 발생한 위기가 국가(집단과 개인)의 존립과 이익 추구에 커다란 위험을 내포하고 있음은 일반적인 사실이다. 따라서 위기관리를 책임지고 있는 의사결정 권자들은 위험을 회피하거나, 최소화 또는 감소시킴으로써 위기를 해소하는 노력을 실천 하여야 한다. 정책을 결정하는 모델은 개인이나 조직에 의해 결정을 시도하는 등의 다양한 모형이 존재[39]하고 있지만, 대표적 모델로 평가받고 있는 그레이엄 T. 엘리슨 모델을 채택하여 알아보기로 한다.

美 하버드대 교수인 그레이엄 T. 앨리슨(Graham T. Allison, 1940~) 박사는 국가안보 및 국방정책 분석가 등으로 활동하며 핵확산과 테러리즘 등의 美-러 간 협력적 위협 감축(CTR) 프로그램[40]에 관여하고 있는 인물이다.

1962년 소련의 니키타 흐루쇼프 서기장이 미국의 탄도미사일 위협을 감소시키기 위해 쿠바에 소련 미사일 기지를 설치하

---

[39] '개인에 의한 정책 결정' 모형은 여섯 가지로서 ① 합리 모델, ② 만족 모델, ③ 점증 모델, ④ 혼합 모델, ⑤ 최적 모델로 구분할 수 있다. 이는 사회복지정책을 결정하는 과정에서 많이 사용하고 있다. 구체적인 내용은 사회복지정책 분야를 참고하면 될 듯싶다.

[40] '협력적 위협 감축(CTR) 프로그램'은 'Cooperative Threat Reduction'의 약자로서 '한반도의 평화와 비핵화에 관한 프로그램'이다.

면서 불거진 美-蘇 간 쿠바 미사일 위기사태를 분석할 때 미국이 왜! '해상봉쇄(Quarantine)' 라는 대안(對案)을 채택할 수밖에 없었는지에 대한 설명을 위해 제시한 이론 모형으로 그 유용성이 입증되었다. <그림 1-20>은 그레이엄 T. 앨리슨 정책 결정 모델로서 크게 세 가지로 정리할 수 있다.

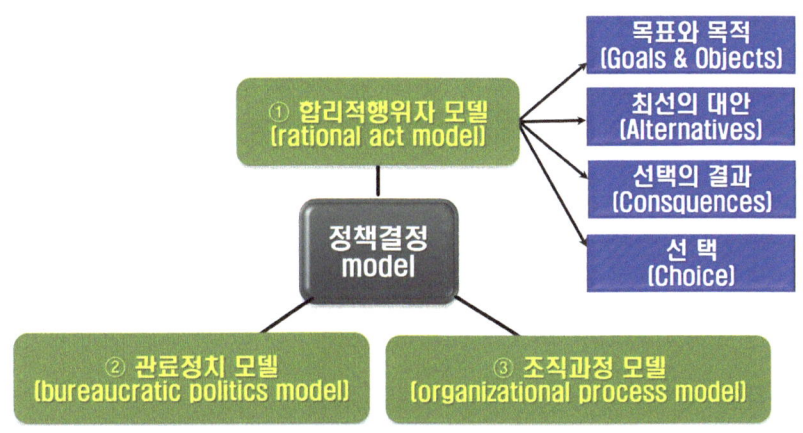

<그림 1-20> 그레이엄 T. 앨리슨의 정책 결정 모델

① '합리적 행위자 모델'은 주어진 제약 조건 가운데서도 가치를 극대화하여 일관성 있게 선택하는 개념이 정책을 합리적으로 결정하는데 긍정적이라는 가정(假定)을 높이 사고 있다. 즉, 주도적인 단일행위자(정부)에 의해 정책이 결정되고 있음을 강조하고 있다. 합리적 행위자가 조직과 통제가 잘되고 있는 유기체적 조직 즉, 정부조직임을 의미하고 있으며, 모든 계층을 대상으로 하고 있다. 현실적으로 모든 정책 결정을 이 모델에 적용하기는 제한되지만, 국가의 전체 운영과 관계되는 일부 외교·국방정책의 경우는 가능하다고 볼 수 있다.

이에 관한 핵심 개념은 네 가지로 정리할 수 있다. ①-1 행위자가 추구하는 이익과 가치인 목표와 목적이 있어야 하고, ①-2 주어진 상황에서 고려될 수 있는 몇 가지의 대안(代案, Alternatives) 혹은 선택지가 있어야 한다.[41] ①-3 특정 대안을 선택하였을 때 나타날 수 있는 결과가 뚜렷하며, ①-4 여러 대안 가운데서 선호도가 가장 높은 대안(代案)을 선택할 수 있다는 점이다.

② '관료정치 모델'은 '행정조직 관료들 간에 벌이는 정치 행위의 결과에 따라 정책이

---

41) 협상 용어로는 '배트나(BATNA-Best Altenative to Negotiated Agreement)'라고 하며 세부 내용은 김성진의 『군사협상론』 (2020), pp. 38~39.를 참고하기 바란다.

결정'된다는 모델이다. 임무를 담당하는 관료들의 집합체를 의미하는 것으로 회합을 통해 진행하는 정치적 타결 여부에 따라 정책이 결정되고 있다. 정치적 게임의 규칙을 정하고 타협, 갈등, 흥정, 양보 등의 용어로 정의할 수 있는 상위 계층들의 회합에서 정책이 결정된다고 봄이 타당하다. 대표적인 사례로는 중국의 양회(兩會, 두 가지 회의) 즉, '전국인민대표대회(전인대-全人代)'와 '전국인민정치협상회의(정협-政協)'을 들 수 있다.42)

③ '조직과정 모델'은 '조직의 표준운영절차(SOP)43)를 따르는 모델'로서 느슨하게 결합하고 있는 하위조직들의 연합체로 볼 수 있다. 합리성을 발휘하는 데 다소의 제약이 따르며, 북한 군부에 의한 선군정치(先軍政治) 모델을 대표적인 사례로 들 수 있다.

3.3. 위기관리의 의사결정 과정(Process)

국제사회에서 위기는 자국(自國) 및 상대국이 벌인 행위의 결과 때문에 발생하기 마련이다. 그러나 어떠한 국가라도 자국이 행한 특정한 행위가 위기가 발생하게 되었음을 인정하지 않으려고 노력한다. 책임이 따르기 때문이다. 따라서 여기서 명심해야 할 점은 위기사태가 발생하게 되면, 우선 그 유형과 성격을 이른 시일 안에 명확하고 올바르게 규명할 수 있어야 위기가 확대되지 않고 이를 예방하거나, 최소화할 수 있다. 먼저, <표 1-6>은 의사결정 과정에 들어가기에 앞서 필요한 일곱 가지의 고려할 요소를 정리하였다.

<표 1-6> 의사결정 과정 시 7대 고려 요소

① 보고된 정보의 평가 결과 ② 상대국에 대한 인식 ③ 상대국의 의도와 동기(motive) 분석 ④ 군사·경제력 비교 ⑤ 자국의 이익에 대한 위협의 정도 분석 ⑥ 선택된 대안(BATNA)에 대한 반응 분석 ⑦ 실행 수단의 선택 등

<그림 1-21>은 위기관리 단계에서 의사결정 과정을 이해하기 쉽도록 도식화하여 제시하였다.

---

42) '양회(兩會)'는 중국에서 1959년 처음 시작된 이래 매년 진행되는 '전국인민대표대회(全國人民代表大會)'와 '전국인민정치협상회의(中國人民政治協商會議)'를 의미하고 있다. '전인대'는 1954년 출범한 '헌법상 최고의 국가 권력기관'이고, '정협'은 1949년 출범한 '정책자문기구'이다.

43) '표준운영절차(SOP)'는 'Standard Operating Procedure'의 약자로서 '조직이 과거 적응과정에서의 경험에 기초하여 유형화한 업무추진 절차' 또는 '업무수행의 기준이 되는 표준적인 규칙이나 절차'를 뜻하고 있다.

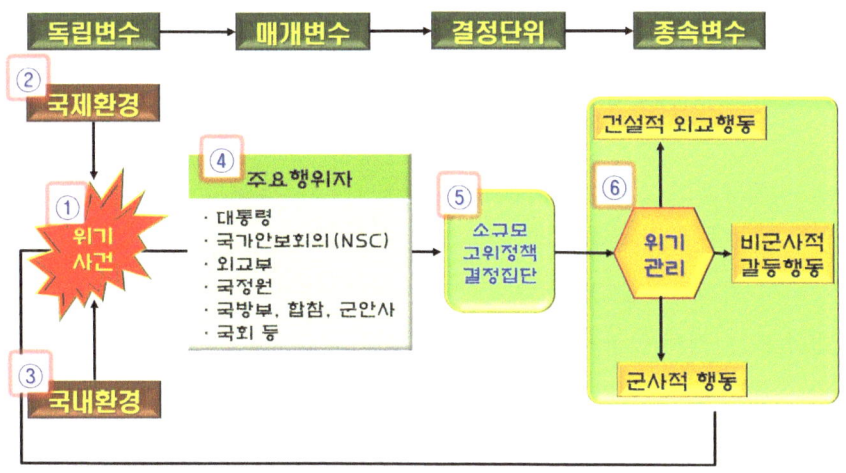

<그림 1-21> 위기 발생 시 위기관리 의사결정 과정(Process)

① 위기사건이 발생하면, 해당국(기업 또는 집단) 내부적으로는 자국의 어떠한 행위가 상대국을 자극하여 위기사태를 촉발하였는지 검토하게 된다. 이때 7대 요소를 최대한 고려하여 판단할 필요가 있다. 유의할 점은 상대국의 행위로 인하여 야기된 것으로 인식하려는 경향이 강하다고 보는 게 일반적인 현상이다. 그러함에도 자국의 어떠한 행위가 상대국이 우려할만한 위기사태로 발전할 수밖에 없었는지에 대한 내용은 심도(深度) 있게 고민하고 검토하여야 한다. <표 1-7>은 위기의 성격을 올바로 규명하기 위하여 고려해야 할 네 가지 요소를 정리하였다.

<표 1-7> 의사결정 과정 시 4대 고려 요소

- 원인(cause)　　● 위협의 강도와 지속시간
- 위기의 인식 정도와 평가 수준
- 주요 정책결정자들 간의 커뮤니케이션

의사결정을 할 때는 위기의 성격을 어떻게 규명하는가에 따라 결정의 승패(勝敗)가 달려 있다고 하여도 과언이 아닐 것이다. 따라서 다양한 정보를 분석하되, 정확한 원인을 진단한 다음 위기의 인식 정도를 평가하여야 한다. 이와 동시에 주요 정책결정권자들 간에 허심탄회한 '소통(communication) 환경'이 중요함을 잊지 않아야 한다.

② 위기결정권자들은 당사국과의 직접적인 관계뿐만 아니라 국제정치의 맥락에서 이해

하고 대응을 진행하게 된다. <표 1-8>은 이때 필요한 다섯 가지의 고려 요소를 정리하였다.

<표 1-8> 초기 위기결정권자들의 판단 과정에 필요한 5대 고려 요소

- 국제 정치체제의 현실
- 관련 강대국들과의 역학 구도
- 해당국의 지정학적(geopolitics) 특성과 현재의 입장
- 상대국(또는 적대국)과의 군사력 및 경제력 비교
- 국민 여론과 국제 여론 등

③ 국내환경 측면에서 최고정치지도자인 대통령의 개인적 경험이 무의식적으로 의사를 결정하는 데 반영될 수 있다. 정치적 측면에서 의식적인 위기관리 패턴은 변화되는 국민 여론(public opinion)에 따라 조정되기 마련이기 때문이다. 하지만 국익이 위협받는 정도에 따라 개인의 이익 추구는 제한을 받을 수밖에 없다. <표 1-9>는 정치지도자가 위기관리 과정에서 제한받을 수밖에 없는 여섯 가지 요소를 정리하였다.

<표 1-9> 정치지도자가 위기관리 과정에서 제한받는 6대 요소

- 국가안보에 미치는 위협의 정도   • 위기관리 수단
- 과거의 부정·긍정적인 경험의 존재 여부
- 국제정치세력들과의 역학관계   • 정치 이데올로기
- 여론(public opinion)

④ 주요 의사결정 행위자들은 관련 기관(단체)의 장들과 밀접한 관계를 맺고 있는 개인(stakeholder)과 기관(집단)들로서 위기관리 의사결정 과정에 영향을 미치고 있다. 이때 대중 매체(mass media)와 여론 등도 빼놓을 수 없는 요소이다. 그러함에도 의사결정 과정에서는 그 영향력이 일부 저하될 수 있음을 잊지 않아야 한다.

⑤ 소규모 고위정책 결정집단은 실제 의사결정을 수행하는 주체로서 의사결정을 할 때 최소한 일곱 가지 요소는 고려하여야 한다. <표 1-10>은 소규모 고위정책 결정집단이 의사결정 과정에서 고려해야 할 7대 요소를 정리하였다.

<표 1-10> 소규모 고위정책 결정집단이 의사결정 과정에서 고려해야 할 7대 요소

- 보고된 정보(intelligence)의 평가 결과
- 상대국에 대한 인식
- 상대국의 의도와 동기(motive) 분석 결과
- 군사·경제력 비교
- 자국의 이익에 대한 위협 분석 결과
- 선택된 대안(BATNA)에 대한 반응의 분석 결과
- 실행 수단(How)의 선택

4. 국가위기관리 전략의 채택

4.1. 개요

위기관리의 본질은 분쟁(전쟁)은 회피하되, 자국의 이익은 최대화하기 위함이다. 자국의 손실(損失, damage)을 최소화하기 위하여 강압과 회유, 타협 또는 양보하는 전략을 사태(상황)에 따라 적절한 비율로 구사하는 데 있다. 국가 간 위기는 '정치적 목적'의 달성과 '군사적 위기의 회피'를 위해 행위자 간 다양한 딜레마와 갈등으로 진전되기 마련이다. 따라서 조직이론의 문제로까지 이어짐에 유념할 필요가 있다. 따라서 원하는 목표와 성과를 달성하기 위해서는 사태 파악(정보)의 중요하며 정치-군사전략(politic-military strategic)은 합체(合體)되어 있다는 인식을 전제(前提)하고 있어야 한다. 즉, 위기관리 전략이라는 용어 속에는 '정치-군사'적인 의미가 항시 포함되어 있음을 이해하여야 한다.

4.2. 알렉산더 L. 조지 박사의 위기관리전략

<그림 1-22>는 알렉산더 L. 조지(Alexander L. George, 1920~2006)[44] 박사의 공세·수세적 위기관리 전략의 형태 및 종류다.

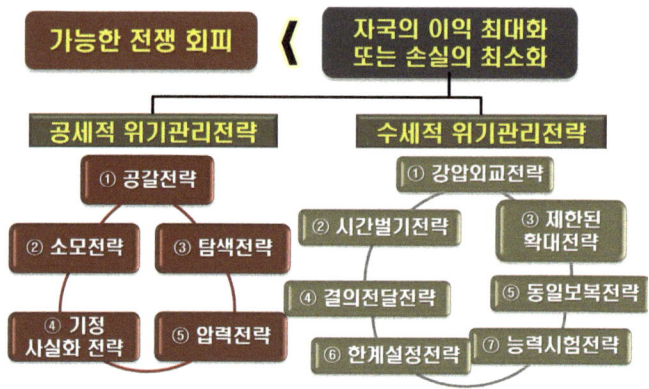

<그림 1-22> 알렉산더 L. 조지 박사의 공세·수세적 위기관리전략의 형태 및 종류

---

44) 알렉산더 L. 조지 박사는 심리 분석을 중시하는 시카고학파의 대표적인 국제정치학자로서 美蘇 쿠바 미사일 위기사태 등의 사례에 기초한 <강제 외교론>, <억제실패 이론> 등을 발표하면서 국가의 정책을 결정하기 이전에 안전보장이 우선 필요하다고 주장하고 있다. 그는 이론과 정책 간의 차이를 없애야 한다고 주장하면서 美蘇 간의 위기관리·방지정책을 비롯하여 안전보장 협력체계의 이론적 기초를 확립한 학자로 평가받고 있다.

알렉산더 L. 조지 박사는 상대의 희생을 강요하면서 상황을 변경하기 위해 시도하는 '공세적 위기전략'과 이와 같은 상황을 방지하거나 상황의 번복(또는 전환)을 시도하는 '방어적 위기전략'으로 자기의 주장을 설정하고 있다.

먼저, '공세적 위기전략'은 다섯 가지로 구분한다. ① '공갈 전략(blackmail strategy)'은 상대의 요구를 수용하지 않는 데 있으며, 대표적으로 1961년 6월 초의 비엔나(현재의 오스트리아 수도 빈) 회담과 8월 초에 벌어진 베를린 위기사태를 들 수 있다. 실패할 경우, 예상치 못한 위기에 빠질 수 있으며, 이는 1994년 북핵 문제 해결을 위한 남북회담 간 '서울 불바다' 발언과 2010년 북한이 심리전 방송을 재개하면서 또다시 '서울 불바다'라고 발언하였지만, 효과를 보지 못하였다는 점을 기억할 필요가 있다. 미국의 트럼프 정부도 워낙 많은 과시와 허세를 부리는 행위로 인하여 신뢰의 폭이 저하되었다는 점을 이해할 필요가 있다.

② '소모전략(the attrition strategy)'은 약한 행위자가 강한 상대에게 게릴라식 또는 테러리스트 행위를 수행하는 전략으로서 강한 상대가 분쟁의 확대를 시도하거나, 확전(擴戰, entering a war)을 시도할 경우, 오히려 시도한 측이 상당한 피해를 볼 수 있다. 대표적으로 1976년도에 발생하였던 '8·18 도끼 만행사건'을 사례로 들 수 있다.

③ '탐색 전략(the limited, reversible probe strategy)'은 제한적 전략으로서 오인 또는 오판할 가능성이 상대적으로 높아질 수 있기에 통제와 감시, 예측 여부에 따라 성패(成敗)가 좌우될 수 있음에 유념할 필요가 있다.

④ '기정사실화 전략(the fait accompli strategy)'은 도전자의 근본적인 정책 딜레마를 해결하는 데 가장 적절한 전략으로 볼 수 있다. 상대가 거부할 경우, 정반대의 상황에 직면할 수 있음을 깊이 인식하여야 한다. 1950년 북한의 한국 침공, 1982년 아르헨티나의 포클랜드 침공, 1990년 이라크의 쿠웨이트 침공이 실패할 사례를 대표적으로 들 수 있다.

⑤ '압력전략(the strategy of controlled pressure)'은 억제된 압력을 행사하는 전략으로서 도전하는 처지에서는 유리하지만, 방어하는 처지에서는 불리할 수밖에 없는 전략이다.

둘째, '방어적 위기전략'은 일곱 가지로 구분할 수 있다. ① '강압 전략(coercive strategy)'은 무력위협과 극히 제한된 군사력을 시범적으로 사용하는 등을 통해 상대가 양보하도록 유도하는 전략이다. 1962년 美·蘇 간 쿠바 미사일 위기사태 때 존 F. 케네디의 대응전략을 대표적으로 들 수 있다. 실패한 사례로는 1941년 미국이 극동군 사령부를 창설하고, 일본에 대한 경제제재와 원유(原油) 수입을 봉쇄한 사례를 들 수 있다. 결과적으로 일본 대본영(大本營)의 진주만 공습을 촉발하였다.[45]

② '시간벌기 전략(the strategy of buying time to explore a negotiated settlement)'은 협상 의사를 타진하는 전략으로서 1948년 소련의 스탈린이 서베를린을 봉쇄하겠다는 위협을 가한 사례를 대표적으로 들 수 있다. 이에 연합동맹국들은 보급품에 대한 공중수송을 급격히 증가하는 등을 통해 소련이 봉쇄 조치를 해제할 수밖에 없도록 하였다. 이의 성공 여부는 적의 전선 확대를 저지하기 위하여 같은 수준의 보복전략을 반복적으로 수행하는 정도에 달려있다.

③ '제한된 확대 전략(the strategy of limited escalation coupled with deterrence of counters escalation)'은 방어자가 자신에게 유리하도록 제한된 위기를 확대함으로써 위기를 빠져나가는 전략이다. 1973년 '10월 전쟁'에서 아랍 나세르의 공격이 시작되자 이스라엘이 오히려 이집트를 대상으로 하는 종심(縱深) 깊은 공격을 통하여 양측 모두에게 전쟁의 위기를 확대한 사례를 대표적으로 들 수 있다. 이를 통해 쌍방의 위기의식이 고조(高調)됨으로써 서로에게 이익이 되지 않는다고 판단하였기에 군사작전을 중지하였다.

④ '결의전달 전략(conveying commitment and resolve to avoid miscalculation by the adversary)'은 적의 오판(誤判)을 회피하는 전략으로 자주 사용하고 있다. 대표적인 실패 사례로 8·18 판문점 도끼 만행사태가 발생하기 이전에 美 본토에서 韓·美 연합사령부로 하달한 경고 전문을 한국에 주둔하고 있는 UN군 사령부에서 일반적인 경고 행위로 가볍게 취급함으로써 판문점 도끼 만행사태를 촉발하였다는 점을 들 수 있다.

⑤ '동일보복 전략(the tit for tat strategy, 또는 팃포탯-TFT 전략)'은 적의 도발을 초과하지 않는 수준에서 강력한 의지를 표명하는 전략이다.

⑥ '한계 설정 전략(the strategy of drawing a line)'은 대응하지 말아야 할 것과 반드시 대응(행동)해야 할 것을 구분하여 시행하는 전략이다. 실패한 대표적 사례로 1950년 1월 11일 미국 애치슨 국무장관이 발표한 '애치슨 라인(Achison Line)'을 들 수 있다. 한반도를 방어 지역에서 제외하자 북한을 비롯한 공산 측이 미국이 한반도와 대만을 포기한 결과로 인식하고 6월에 침공을 개시하였다. 즉, 명확하게 결정한 전략을 구사하지 않고 상대가 오해하게 함으로써 결과적으로 미국의 세계화 전략에 변화를 초래할 수밖에 없었기 때문이다.

⑦ '능력 시험 전략'은 저강도(low intensity conflict) 도전에 직면했을 때 상대가 유도하는 불리한 기본규칙과 제한 요소의 틀 내에서 자신의 능력을 시험하는 방안이다. 방어자가

---

45) 1937년 7월 7일 일본이 베이징(北京)에서 약 15lm 떨어진 교외에 있는 노구교(盧溝橋, 일명 마르코폴로 다리) 사건을 구실로 삼아 중일전쟁을 일으켰다. 그러나 중국이 항복하지 않고 버티는 가운데 미국과 유럽 열강의 움직임이 위협이었다. 1941년 7월 미국이 일본인 재산을 동결하고 영국을 비롯한 영국 자치령, 네덜란드의 인도식민지 등이 수출입 금지조치에 동참하였다.

상대의 시험 전략을 받아들이는 과정에서 적이 예상하는 결과를 넘어섬으로써 결국 상대가 실패를 인정하게 만드는 전략으로 보면 이해가 쉬울 듯하다.

소결론적으로 위기관리 전략은 다양한 위협의 근원을 해소 및 제거할 수 있는 방식이 필요하다. 사태에 따라 복합·융합적인 방식을 탄력적으로 적용할 수 있을 때 어떠한 환경(조건)에서도 유리한 입장을 가져올 수 있음을 반드시 이해하여야 한다.

5. 국가·군사 위기관리 체계의 구조적 속성 이해

5.1. 개요

1989년 동유럽 지역의 공산주의 체계가 몰락하였고, 이어서 1991년의 소련 해체는 국제사회의 냉전기(Cold War)를 단번에 무너뜨리고 탈냉전기(Post-Cold War)에 들어서게 하였다. 이제 제1·2차 세계대전과 같은 전면전(全面戰, Total War)의 형태가 발생하게 될 가능성은 현저하게 감소하였고, 국제정치체계도 큰 변화를 불러왔다. 그 결과 전통적인 안보위협을 중심으로 하는 적대관계는 줄어들었으나, 관련 국가들의 정치·경제적 실리와 국가의 이익을 추구 및 보호하기 위한 노력은 더욱 강화되는 추세이다.

탈냉전기는 대규모 전쟁의 발발 가능성을 줄였지만, 민주·자유화, 민족주의, 종교적 측면 등에 의한 지역분쟁은 오히려 증가하고 있다. 최근 새롭게 등장한 감염병의 확산을 비롯하여 비전통적 안보위협이 전 세계를 팬데믹(pandemic) 현상으로 몰아넣었고, 국가적 차원의 문제로까지 확대되고 있다.

탈냉전기 안보환경의 특징은 크게 세 가지로 정리할 수 있다. 첫째, 세계·정보화, 자유주의의 확장으로 상호의존도가 심화하면서 각종 테러리즘과 국가의 핵심기반을 침해(侵害)하는 사례는 증가하고, 국제적인 조직범죄와 마약, 난민(難民, refugees), 환경오염 등과 같은 비군사·초국가적 위협이 새롭게 등장하였다. 냉전기의 경우, 각종 무기체계와 과학기술이 국가 대 국가를 상대로 접근할 수 있었다면, 탈냉전기 사회로 진입하면서 국가에 더하여 비국가 행위자(NGO)와 개인 등도 모든 상황에 접근이 가능해졌다. 이로 인하여 유동성(liquidity)과 불확실성(uncertainty)은 더욱 증대하고 있다.

둘째, 전쟁의 양상이 이전과는 완전히 다른 형태와 방식으로 변화하였다. 과거보다 전면전의 가능성은 줄었지만, 다양하고 복잡한 갈등 양상으로 인하여 비전통적 안보위협에 대한 고민 또한 깊어졌다.

셋째, 국내정치적 측면에서 민주주의와 시장경제원리의 확산, 남북관계 등에 긍정적인 영향도 있지만, 집단사고(group-think)[46]와 진영논리를 양산하여 사회적 혼란과 소모적인

---

46) '집단사고(group-think)'의 사전적 정의는 '응집력이 있는 집단의 구성원일수록 토론이나 논쟁을 통하여 좋은 결정을 내리기보다 구성원들이 내린 결정이 최선임을 합리화하려는 경향을 보이면서 쉽게 한 방향으로 의견의 일

갈등 현상이 증폭되고 있다.

5.2. 국가위기관리체계의 구조적 속성

국가위기관리체계는 軍의 위기관리체계와도 맞닿아 있다고 볼 수 있다. 軍의 위기관리체계가 국가 위기관리 목표를 효과적으로 달성하기 위한 하나의 방법(What, 개념적 원리)과 수단(How, 실천적 원리)이며, 전통·비전통적 안보위협에 대처하기 위해서는 행정체계와 제도를 확립하는 노력이 필요하다는 점에서 제도적으로 접근하고 있기 때문이다. <그림 1-23>은 국가·군사 위기관리 체계의 구조적 속성(屬性, attribute)을 크게 네 가지로 정리하였다.

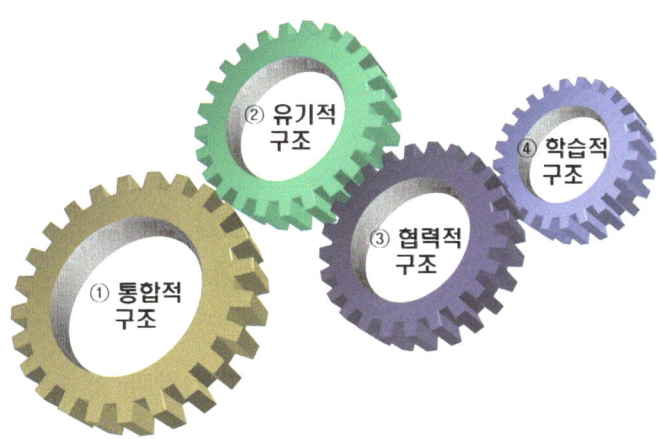

<그림 1-23> 국가·군사 위기관리 체계의 구조적 속성

① '통합적 구조(Coherent Structure)'는 통합과 효율성, 체계화와 통합된 중재 기능 전반(全般)을 포함하고 있다고 보아도 무방하지 않을까 싶다. 위기를 관리하는 방식에 따라 구분할 수 있으며, 전통·비전통적 안보위협의 정도에 따라 구체적인 방식은 달라질 수 있다. 첫째는 분산형 관리 방식, 둘째는 통합형 관리 방식으로 구분할 수 있다. <그림 1-24>는 분산(또는 유형별)·통합형 관리 방식을 비교한 도표이다.

치를 보는 현상'의 총합이다. 이는 미국 심리학자인 어빙 재니스(Irving Janis, 1918~1990)가 처음 만든 개념으로 '구성원들 사이에 의견을 일치시키기 위해 비판적인 생각을 하지 않는 상태'를 뜻하고 있다. 대표적인 사례가 1961년 미국의 존 F. 케네디 대통령이 결정한 쿠바의 '피그스만(Bay of Pigs) 침공 사건'을 들 수 있다. 세부적인 내용은 김성진의 『군사협상론』(2020), pp. 264~265.를 참고하기 바란다.

구 분	분산형 관리방식	통합형 관리방식
관련부처 및 기관	다수 부처 및 기관의 단순병렬	단일부처 조정하 병렬적 다수 부처 및 기관
책임범위와 부담	관리책임과 부담의 분산	관리 책임과 부담 과중
관련부처의 활동범위	특정분야에 대한 관리활동	종합적 관리활동 및 독립적 활동의 병행
정보전달 체계	정보전달의 다원화	정보전달의 일원화
상황 인지능력	미약, 단편적	강력, 종합적
장 점	• 다양한 정보채널 • 책임과 관리를 분산 • 축적된 경험과 전문성의 제고	• 총괄적 자원 동원 • 신속한 대응성 확보
단 점	• 복잡한 상황에 대처 한계 • 부처간 업무 중복 및 연계미흡 • 재원 마련과 배분의 복잡성	• 종합적인 체계 구축 어려움 • 관료적 이기주의, 기존조직의 반발 가능성이 높음 • 업무와 책임이 한 조직에 과도하게 집중

<그림 1-24> 분산・통합형 관리 방식의 비교

'분산형 관리 방식'은 전통적 안보위협에 대비하기 위함이다. 합리성을 목표로 하는 조직에서 전문화의 원리를 채택하고 있다는 점에서 대규모 조직에 적용할 수 있고 구성원의 동참의식을 조정 및 협조할 수 있게 유인(誘引)할 수 있다. 아울러 의사결정 기간을 단축할 수 있는 이점이 있지만, 복잡다기한 상황에 대처하기에는 한계가 존재할 수밖에 없다.

'통합형 관리 방식'은 대응중심으로 운영할 수밖에 없다는 위기관리체계라는 데 어려움이 있다. 단일 부처의 주도하에 병렬적으로 관련 부처(기관)가 신속하게 반응할 수 있다. 그러나 관료적 이기주의와 기존 조직의 반발 등이 부정적으로 나타나면서 특정 조직(부처)에만 업무와 책임 권한이 과도하게 집중된다는 점에서 또 다른 우려를 낳고 있음이 현실이다. 대형 재난의 경우, 분산형 관리 방식보다 효율성이 높다는 점에서 긍정적인 측면이 있다고 볼 수 있다.

② '유기적 구조(Organic Structure)'는 조직을 구분하는 데 있어서 중앙 집중도나 공식화에 대한 참여가 활발하게 이루어지는 특성이 있다. 이들 구성요소는 의도적으로 중첩함으로써 외부 환경에 대한 대응을 중첩하여 수행할 수 있게끔 고안(考案)한 결과물로 볼 수 있다. 특히 구성원의 합리성과 전문성을 인정하기에 의사결정에 누구나 적극적으로 참여할 수 있고 권한은 위임(委任)함으로써 효율성을 극대화한다. 이 구조의 특성은 중첩성(重疊性)과 분권성(分權性)[47]의 두 가지 요소로 정리할 수 있다.

---

47) '중첩성(重疊性)'은 '조직의 구조를 의도적으로 중첩하여 외부 환경에 대한 대응을 복합적으로 수행할 수 있도록

문제5) 업무의 '중첩성'이란 무엇을 의미하는 것인지에 관하여 실제 사례를 들어 설명하시오

> 목적) 어떤 사안을 진행하는 과정에서 '전문성(expertise)'을 고려하여 업무를 중첩함으로써 실수(잘못 또는 오판-誤判)를 방지하는 데 있다.
> * 사례: "00개 항목(또는 00 관련 프로젝트)은 00 기능(부서)의 의견을 포함하여 결정하기로 한다."

③ '협력적 구조(Cooperative Structure)'는 위기가 발생 시 즉각적이고 효과적인 위기 대응을 위하여 위기관리를 총괄하는 중앙 및 지방정부와 다수의 관련 기관들 사이에 법·제도적 장치를 보장하여 시기적절하게 정확한 정보(intelligence)를 공유하고 커뮤니케이션이 활발하게 이루어지게 하기 위함이다. 예를 들면, 자원봉사자, 비정부기구(NGO), 현장 전문요원, 기타 민간 전문기관과 단체를 아우른다고 보면 될 듯싶다.

④ '학습적 구조(Learning Structure)' 위기관리가 제대로 이루어지기 위해서는 위기관리 체계가 현장에서 적시(適時)에 정상적으로 작동해야 가능하다. 현장에 대한 경험이 축적된 가운데 학습을 통하여 새로운 환경에 대한 적응과 위기 상황을 융합할 수 있는 능력을 갖추어야 한다는 의미로 해석하면 된다. 이를 위해 철저한 사례 분석과 연구, D/B가 필요하다. 특히 위기관리 선진국의 축적된 지식과 운영 Know-how를 벤치마킹하되, 한국 고유의 전통 및 문화와 국민 정서를 잘 고려하여 결합한다면, 위기관리의 효율성도 그만큼 빨리 달성할 수 있지 않을까 싶다.

위기관리 조직은 즉각 대응이 필요하므로 어떠한 특정 조직이나 단일 기관의 능력만으로 해결하기는 제한될 수밖에 없다. 따라서 위기관리 담당 조직이나 중앙·지방정부, 다수의 관련 기관들 사이에 정확하고 필요한 정보의 공유, 의견 교환이 필수적이므로 이에 대한 학습이 이루어지지 않고는 현장에서 성과를 달성하기가 쉽지 않다.

하는 특성'을 갖고 있다. '분권성(分權性)'은 '조직원들의 의사결정 참여를 증진하면서 권한 위임을 더욱 확대하는 특성'을 갖고 있다.

문제6) 학습적 구조가 제대로 이루어지지 않는 실제 현장의 사례를 들고 설명하시오

* 사례1: 상급기관(부서 또는 지휘관)의 의도에 맞도록 모양(생색)내기에 급급하다.
  - 외형적 측면에서 완벽한 결과(성과)로 과대 포장하기
  - 책임자(지휘관)가 지시 및 의도하는 대로만 훈련(시범 또는 회의)을 진행
* 사례2: 훈련이나 시범을 '했다 치고' 방식으로 진행
  - 원칙과 기준 없이 책임자(지휘관)의 지시대로만 진행

5.3. 군사위기관리체계의 4대 특성과 구조적 속성

軍은 국가 피해가 최소화할 수 있도록 신속하게 안전한 상태로 복귀시킬 대책이 필요하다. 안보위협을 포함한 각종 국가적 수준의 재해·재난이 발생했을 때 군사위기관리체계는 국가위기관리를 수행하는 핵심 수단으로 효율적인 운영방책을 포함하고 있어야 한다. 군사위기관리는 국민의 생명과 재산을 보호함과 동시에 국가이익을 보장하는데 가장 중요한 부문을 담당하고 있다. 하지만 긴박성과 치명적인 피해가 동반되기에 신속한 의사결정과 자원(資源)의 동원이 적시에 이루어져야 하는 어려운 환경과 조건이 요구됨도 사실이다. 따라서 군사적 측면에서의 위기관리체계는 국가의 전통·비전통적 안보위협에 대한 전반을 관리하고 있다고 하여도 과언(過言)이 아니다.

군사위기관리체계의 특성은 네 가지로서 첫째, 군사위기 상황은 안보관리의 핵심 정책대상이며, 둘째, 전면전쟁의 위험 가능성이 항시 존재하고 있기에 동시다발적으로 대응해야 한다. 셋째, 최근 북한의 탄도미사일 시험 발사는 항시 반복적인 패턴으로 진행하고 있다는 점에서 지속적인 관리·대응 방안(수단)이 필요하고, 넷째, 국가가 주도하는 정치·외교적 목표와 수단을 중요한 요소로 하고 있다.

군사위기관리체계의 성공을 좌우하는 핵심 변수는 '통합성'과 '효율성'이다. 이전까지는 전통적 안보위협을 중심으로 구축되었으나, 최근 비전통적 안보위협이 날로 새롭게 변화함에 따라 빠른 적응이 필요한 시점이기 때문이다. 군사위기관리는 통합적 측면을 중요시하고 있다고 봄이 정확한 진단이다. 이때 '통합(integration)'이라는 의미는 2000년대 이전까지는 '중앙통제'와 '관료행정'이라는 인식이 깔려 있다. 명령과 통제, 지식정보의 독점, 자원의 집중 관리 등을 의미하고 있다는 말이다. 그러나 최근 대규모 자연재해·사

회적 재난을 비롯한 코로나-19 등의 각종 감염병이 새로운 안보위협으로 등장하면서 조정과 협력의 유인(誘因) 및 관리, 참여를 통한 권한과 책임의 공유 등으로 인식이 바뀌고 있음에 주목하여야 한다. 다시 말해 신뢰(belief)와 의사소통(communication), 조정력(coordination)[48]과 협력이 중요하다는 점을 염두에 두고 구조적 속성에 접근하여야 한다.

'통합성'은 전투력 극대화를 위한 제반 노력의 통합이라는 점을 먼저 이해하여야 한다. 이를 토대로 하여 조정과 통제, 지식정보와 자원의 적절한 배분을 통한 권한과 책임의 공유, 전문지식과 부서(기능) 간 갈등과 알력의 조정, 능률성과 생산성을 높이기 위한 조직관리 활동의 활성화, 현장의 경험과 조직 체계를 환경에 환류시켜 역동성(dynamics)을 제공할 때 군사위기관리체계의 속성도 활성화될 수 있지 않나 싶다.

합동참모본부(이하 합참)의 위기관리체계를 사례로 들어보자. 합참은 군사력이 요구되는 분야를 총괄하고 있으며, 위기상황이 전면전으로 확대되어도 군사지휘본부로 전환되기 이전(以前)까지 운용된다. 합참은 상황인식에서부터 관련된 명령의 하달과 감독에 이르는 모든 과정을 6개 단계로 구분하여 통합된 판단 및 조치 절차를 진행하고 있다. <그림 1-25>는 합참의 위기관리 절차 6단계를 정리하였다.

<그림 1-25> 합참의 위기관리 절차 6단계

---

48) '조정력(coordination)'은 기법과 전술을 익히고 완성하는 것뿐만 아니라 생소한 환경에서 효과적으로 적응하는데 필요한 체력적인 요소까지 포함하는 용어다. 생리학적 측면에서 보면, 민첩성(agility), 평형성(balance), 협응성(coordination), 유연성(flexibility)으로 분류할 수 있다.

위기상황 조치1

국가·군사적인 위기 상황이 발생하면, 초기에 인지된 상황의 강도(强度)에 따라 신속하게 '긴급조치조-초기대응반-위기조치반'을 운용하고 있다. '긴급조치조'는 즉각 조치를 보장하기 위해 작전 사령부급 이상 제대에서 정보·작전 관련 부서(기능)를 담당하는 과장급 이상의 핵심요원들을 우선 소집시켜 신속하게 초동조치를 하는 기능이다.[49]

'초기대응반'은 최초 위기가 발생했을 때 초동단계의 식별과 긴급한 조치 및 결심을 위해 소집하는 기구로 ① 상황을 신속하게 파악-분석-평가한 후 최초의 대응지침을 수립하며, ② 위기를 평가한 결과 및 대응지침을 합참의장과 장관에게 보고하고, ③ 위기조치반을 소집할 때까지 초기 단계의 위기상황을 관리하는 역할을 담당하고 있다.

위기상황 조치2

'위기조치반'은 ① 신속하고 정확한 상황 파악과 위기 관련 정보를 수집-보고-전파하며, ② 위기상황을 분석 및 평가-조치하고, ③ 위기평가서와 위기판단서 등을 작성한다. ④ 방책 발전 및 발전시킨 방책을 건의하고, ⑤ 이에 기초한 세부시행계획을 수립하며, ⑥ 작전 명령을 하달하고 이에 관한 수행과정을 조정 또는 통제하고 있다.

소결론적으로 국가위기관리체계와 군사위기관리체계는 종국적으로는 같은 목적으로 운영하고 있다. 다만, 위기사태가 발생한 이후에 또 다른 조직이나 기능을 개선한다는 명분으로 추가 설치하거나 일부를 보강하는 행태를 되풀이하고 있다는 점은 개선이 필요한 부분이다.

"勝兵 先勝以後求戰, 敗兵 先戰以後求勝"

(승자는 미리 이겨놓고 싸우지만, 패자는 전쟁에 임한 다음에야 승리하려 한다.)

---

[49] 세부 내용을 이해하려면, 김성진의 "한국군 軍事위기관리체계의 효율성 제고 방안 고찰: 통합방위체계를 주축(主軸)으로 하는 군사위기대응기구를 중심으로," 『군사논단』 제101호 (서울: 한국군사학회, 2020), pp. 153~154.를 참고하기 바란다.

강의_I 국가위기 발생과 경보단계에 관하여 이해합시다.

학습하기 이전(以前)에 요구되는 사항

1. '국가위기(National Crisis)'의 정의와 의미는?
2. '국가위기관리(National Crisis management)'의 개념은?
3. 전통·비전통적 안보위협의 개념과 의미는?
4. 국가위기가 진전되는 상황에서 '갈등(conflict)'과 '분쟁(dispute)'의 의미는?
5. '위협(threat)', '위험(risk)'의 차이점은?
6. 하인리히(1:29:300) 법칙이란?
7. 국가위기가 진전되어 가는 4단계 과정이란?
8. 국가위기 경보 발령기관에서 국가정보원과 軍(합참)의 정보발령 시 적용 대상에 차이가 나는 이유는?
9. '부대 방호태세'의 의미와 적용 단계는?
10. 한국(軍)과 미국(軍) 위기경보 단계의 차이점은?
11. 위기 발생 초기에 유념하여야 할 사안(事案)을 한마디로 표현한다면?

제2장

국가위기의 발생과 경보단계

제1절 개요

제2절 국가위기 상황의 전반(全般) 이해

제 1 절

개 요

　'국가위기'란 '국가의 주권(主權), 국가를 구성하고 있는 정치·경제·사회·문화 부문의 체계 등에서 핵심요소와 가치(value)에 위해가 가해질 가능성이 현저하게 커지거나, 가해지고 있는 상태'를 의미하고 있다. 국가의 본질상 어떠한 정치체제와 경제환경을 불문하고 국가이익을 추구하는 과정에서 상대국과의 경쟁과 분쟁, 충돌은 불가피하다. 국제관계에서 국가 간 갈등과 분쟁 요인은 항상 존재하기 마련이기 때문이다. 이러한 상황이 촉발되면, 언제든지 위기상황으로 진전될 수밖에 없다. 이는 예방적 단계인 위기관리와 사후적 단계인 대응전략의 수준으로 고조되는 과정에서 전쟁 또는 평화라는 결과로 이어지고 있다.

　1980년대 이전까지는 국민방위(National Defense) 개념을 중시하여 '전통적 안보위협' 즉, 군사적 측면을 중심으로 하는 안보개념을 많이 채택하였지만, 이후부터는 대규모 자연재해와 사회적 재난, 감염병 등을 비롯하여 정상적이지 않은 환경에서 발생하는 등의 이해할 수 없는 비군사·초국가적 위협[1]까지 발생하고 있음을 고려한 '비전통적 안보위협' 개념으로 확대해야 함이 불가피할 정도로 급격한 변화가 일고 있다. <그림 2-1>은 전통·비전통적 안보위협[2] 사례 중 대표적인 국가위기 사례이다.

---

[1] '비군사적 위협(non-military threat)'은 '국가 및 비국가 행위자가 군사력 이외의 수단으로 위협을 가하거나, 자연적 요인에 의해 국가안보를 위태롭게 하는 전반'을, '초국가적 위협(transnational threat)'은 '국가 또는 비국가 행위자가 군사력 이외의 수단으로 국가를 초월하여 야기(惹起)되는 비군사적 위협의 한 형태'로 정의하고 있다. '비전통적 위협(non-traditional threat)'은 '군사적 위협을 중심으로 하는 전통적 위협과 대비되는 의미로 사용하고 있으며, 대체로 비군사·초국가적 위협을 포괄하고 있다고 보면 될 듯싶다.

[2] '전통적 안보'는 국가 존립과 이익을 추구하는 목적적 위상을 갖기에 군사적 수단을 중요시하는 개념이고, '비전통적 안보'는 비군사·초국가적 위협인 대규모 자연재해·사회적 재난을 비롯한 각종 감염병 등에 대응하는 포괄적 안보개념을 포함하고 있다고 보면 되지 않을까 싶다. 조금 더 구체적으로 탐구하려면, 김성진의 "앞의 논문(2021)"을 참고하기 바란다.

<그림 2-1> 전통·비전통적 안보위협 중 대표적인 국가위기 사례

제 2 절

국가위기 상황의 전반(全般) 이해

1. 국가의 위기 상황이란?

18세기 유럽의 계몽주의를 대표하는 프랑스의 사상가 볼테르(Voltaire, 1694~1778)는 "숭고한 사람들에게 국가만큼 소중한 것은 없다. 국가는 우리가 마음 놓고 살 수 있는 터전이요, 생활의 바탕이며, 방패막이가 되기 때문이다."라고 설파하였듯이 국가란 국민에게 보호막의 결정체라고 볼 수 있다. 근본적으로 국가의 존재 이유가 국민의 생명과 재산을 보호하는 데 있기 때문이다. 여기에서 '보호(保護, protection)'라는 의미는 '안보·경제·재난·사회정의 등을 비롯하여 총체적으로 보호해야 한다.'라는 의미로 이해할 수 있지만, 가장 핵심 부분은 "국민의 생명을 보호한다."라는 점에 있음을 기억할 필요가 있다.

위기상황으로 진전되는 과정에서는 갈등(conflict)인지, 분쟁(dispute)인지의 두 가지 형태를 평가하는 과정에서 혼란이 발생하여 판단 및 대응하는 데 어려움이 가중될 수 있다. 여기서 '갈등'은 위험(risk)[3]을 내포하고 있으며, 쌍방이 추구하는 목표들이 상호 양립하기 어려운 내재적(內在的)이고 비가시적(非可視的)인 상태를 뜻하고 있다.

'분쟁'은 '위협(threat)'[4]의 의미를 내포하고 있으며, 갈등을 해결하려고 하지만 마찰이 있는 가시적인 상태를 뜻하기에 그렇다.

소결론적으로 국가의 위기 상황은 전쟁이든, 평화이든 어느 방향에서든지 극단적인 대결 상태로 전환되어 가는 과정에 반드시 존재하기에 항상 이를 관리 및 대응해야 할 필요가 있다.

---

[3] '위험(risk)'은 '예상되는 위협으로 인하여 자산에 발생할 가능성이 있는 손실(損失)에 대한 기대치'로서 '위협(threat)이 일으킬 수 있는 피해의 정도에 따라 예상되는 손실에 대한 기대치'를 뜻하고 있다. 위험은 줄이는 게 가능하기에 지속적인 위험관리를 통하여 조직의 자산에 대한 위험도를 최대한 낮추려고 노력하여야 한다.

[4] '위협(threat)'은 '자산에 손실을 발생하게 만드는 원인이나 행위'로서 크게 내부 위협과 외부 위협이 있으며, 제어(control)되지 않는 특징을 가지고 있다.

2. 국가위기의 전개 과정

국가위기는 국익을 추구하는 단계에 발생할 수밖에 없는 전쟁과 평화의 갈림길에서 의도적으로 잠재되어 있다가 서서히 나타나거나, 인식하지 못하는 사이에 갑작스럽게 등장하게 된다. 그러나 반드시 공식적인 경로나, 체계적인 단계를 거쳐 나타나지는 않음은 역사적으로도 증명되고 있다. 초기부터 다양한 조짐(징후)이 느껴지고 최소의 과정을 거치면서 발생하기에 어지간하면 느끼게 되어있다. 위기관리체계가 정립되어 있다면, 조기에 인지-예방-극복 또는 해결이 가능할 것이나, 그 반대의 체계라면 상당한 피해를 볼 수밖에 없음이 일반적인 사실이다.

국가의 위기 상황을 쉽게 이해하려면, 1930년대 미국 산업안전의 선구자로 활동했던 허버트 윌리엄 하인리히(Herbert William Heinrich, 1886~1962)의 '1:29:300 법칙'을 떠올리면 어떨까 싶다. 산업재해가 발생하여 중상자 1명이 나오면, 이전에 같은 원인으로 발생한 경상자가 29명, 그 이전에 같은 원인으로 발생한 잠재적 부상자가 300명이 있다는 사실을 확인하는 법칙이기 때문이다. <그림 2-2>는 하인리히(1:29:300)의 법칙을 도표로 정리하였다.

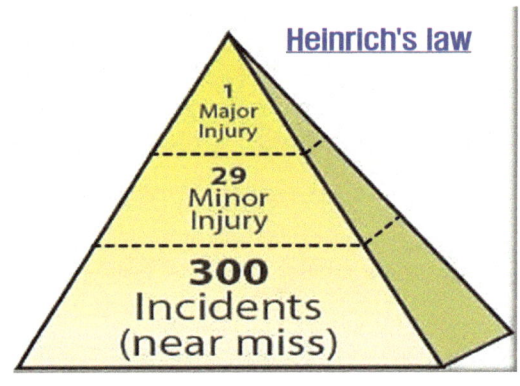

<그림 2-2> 하인리히(1:29:300)의 법칙

대형사고는 우연히 또는 갑작스레 발생하는 게 아니라 그 이전에 가벼운 사고들을 놓친 상태에서 위험도가 가중되면서 반복하고 있다는 점이다. 사소한 원인을 내버려 둘 때 대형사고가 발생한다는 의미다. 이 법칙은 각종 유형의 대규모 재난과 사고, 사회적 위기 및 위기관리의 실패와 관련된 법칙으로 널리 활용하고 있다. 이 법칙과 마찬가지로 국가의 위기사태도 별반 다르지 않다. <그림 2-3>은 국가위기 상황이 단계별로 진전(進展, escalate)되어 가는 과정이다.

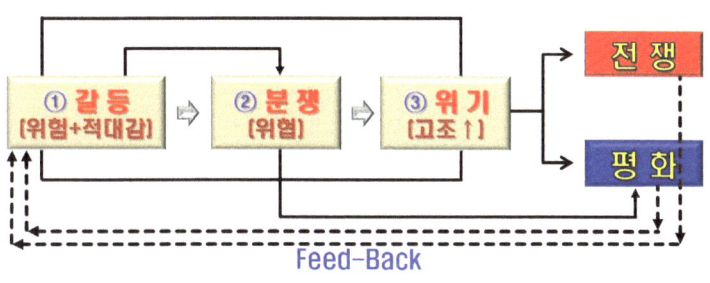

<그림 2-3> 국가위기의 발생과 전개 과정

① 갈등 단계에서 위험과 적대감이라는 의미는 <군사전략론>에서 배우는 클라우제비츠의 삼위일체라는 관점으로 접근할 수 있다. '삼위일체(三位一體)'란 '정부-군대-국민'을 뜻하며, 정부는 정치·경제적으로 국익을 추구하는 과정에서 균형 유지가 필수이기에 가능한 합리적인 이성(理性)을 갖추기 위해 노력하며, 군대는 우연성과 개연성[5]을 갖고 있으나, 무조건 승리해야 하기에 도박성에 가깝다고 표현하고 있다. 국민은 가족과 이웃이 상처받는 데 대한 적극적인 감성(적대감 또는 폭력성)을 갖고 있기에 이러한 부분이 서로 공감하지 못할 때 적대감 또는 폭력성으로 나타나기 마련이다. 이로 인하여 갈등이 생길 수밖에 없다는 것이다.

② 분쟁이 격화되면서 ③ 위기 단계는 계속 고조되기에 그간 진행하던 협상(Negotiation)의 진전 정도와 적극성 여부에 따라 전쟁 또는 평화(이전 단계로의 복귀)라는 갈림길에 들어서게 되어있다.

이러한 위기 상황은 최근 많이 강조되고 있는 포괄적 안보개념에 적용할 때 다섯 가지의 유형으로 분류할 수 있다. 첫째, 국익과 정치적 상황에 따라 일어나는 '정치·외교적 위기'로 각종 사건·사고 및 범죄, 파업(罷業, strike) 등을 들 수 있다.

---

5) '우연성(偶然性, accidentally)'의 사전적 정의는 '예측할 수 없는 우연한 성질'을 뜻하며, '개연성(蓋然性, probability)'의 사전적 정의는 '확실하지는 않지만, 아마도 그렇게 될 것으로 생각되는 성질'을 뜻하고 있다.

둘째, 사회적 혼란 및 심리적 공황(psychological panic)에서 발단이 되는 '사회·심리적 위기'로 기본권 파괴 행위가 기승을 부리는 현상 등을 들 수 있다.

셋째, 주요 자원의 부족과 경제 파탄 등으로 생겨나는 '경제적 위기'로 식량과 축산, 자원의 부족 현상 등을 들 수 있다.

넷째, 과학기술의 부족과 해외로의 기술 유출에서 발생하는 '과학·기술적 위기'를 들 수 있다.

마지막으로, 북한의 군사 도발과 핵미사일 실험 등 무력(武力)행사 위협에서 오는 '군사적 위기'를 들 수 있다.

3. 국가위기 경보의 발령(發令) 단계

국가위기 경보는 전통적 안보와 관련되거나, 각종 대규모 자연재해·재난 및 사회적 재난 등을 포함하여 안보 위기가 발생하는 유형과 종류에 따라 주관기관에서 발령하며 정부의 총괄 컨트롤-타워는 청와대 국가안보실(NSC)이다.

위기경보를 발령할 때 핵심 변수는 첫째, 위기관리 체계가 즉각 가동되어야 하며 '신속성과 적시성'이 필요하다. 둘째, 효과적인 위기관리를 위해서는 위기 이전의 단계부터 정확히 관찰하는 게 중요하며 이때는 '지속성과 연속성'이 필요하다. 즉, 위기가 진전되는 정도에 따라 적절한 위기관리와 대응전략의 준비가 필요하다. 이는 위기경보가 발령된 다음에 시작한다면, 늦을 수밖에 없기에 평시부터 준비하여야 한다. 이를 위하여 위기 이전의 단계에서부터 위기가 발생하는 시점까지 체계적이고 효과적인 관찰 체계와 위기경보체계가 필요하다. 다시 말해 정부 차원에서 통합된 시스템의 확립과 구조에 대한 개선 노력이 필요하다.

국가정보원(이하 국정원)에서 주관하는 대테러 위기경보 단계를 살펴보고 합동참모본부(이하 합참)에서 발령하는 부대 방호태세의 차이점을 비교하자. <그림 2-4>는 국가테러위기경보 발령의 4단계를 정리하였다.[6]

구분	내용	비고
관심 [Blue]	징후가 있으나 그 활동 수준이 낮으며, 가까운 기간 내에 국가위기로 발전할 가능성도 비교적 낮은 상태 ※ MODERATE: 보통의, 중간의	징후감시 활동
주의 [Yellow]	징후활동이 비교적 활발하고 국가위기로 발전할 수 있는 일정 수준의 경향성이 나타나는 상태 ※ SUBSTANTIAL: 상당한	협조체계 가동
경계 [Orange]	징후활동이 매우 활발하고 전개속도, 경향성 등이 현저한 수준으로서 국가위기로의 발전 가능성이 농후한 상태 ※ SEVER: 극심한	대비계획 점검
심각 [Red]	징후활동이 매우 활발하고 전개속도, 경향성 등이 심각한 수준으로서 위기발생이 확실시되는 상태 ※ CRITICAL: 대단히 중요한	즉각 대응태세 돌입

<그림 2-4> 국가테러위기경보 발령 4단계(국정원)

---

[6] 국가정보원 홈페이지(https://www.nis.go.kr:4016/) (검색일: 2021년 5월 5일)

명심하여야 할 사항은 국가테러 위기경보는 국정원에서 발령하지만, 강제 규정이 아니며, 일반적으로 한국 국적을 가진 모든 국민을 대상으로 하고 있다. 만약에 학습자가 軍 복무 중이라면, 외출한 상태에서는 국정원이 발령하는 대테러 위기경보를 외부에 있는 동안은 적용받을 수 있다. 그러나 군복을 입고 평일 부대 내부에서 정상적으로 근무하는 상태에 있다면, 적용 대상이 아니다. 국정원에서 발령한 위기경보 단계가 일반 국민 전체를 대상으로 하는 것으로 군인은 합참에서 발령하는 위기경보를 적용받아야 하는 대상이기 때문이다. 따라서 직업군인을 포함하여 모든 군인은 합참에서 발령하는 부대 방호태세7)의 적용 대상이다. <그림 2-5>는 합참에서 발령하는 부대 방호태세를 4단계로 정리하였다.

구 분	내 용	비 고
"넷"	· 부대 활동 정상 · 일상적인 감시 및 경계태세 유지	평시
"셋"	증가된 감시 및 경계 요구	징후 증가
"둘"	고도의 감시태세 요구	구체적 정보, 유사사건 발생
"하나"	· 테러 발생이 확실시되거나 발생 · 최고 수준의 감시경계태세 요구	확실 또는 발생시

<그림 2-5> 합참의 부대방호 태세 발령 4단계

합참의 부대 방호태세는 같은 군인이라도 국내와 해외 파병부대의 적용 단계와 명칭, 그리고 내용이 다 다르다. 지역과 부대에 따라 단계가 다르고 내용도 대상에 따라 적용하고 있다. 이는 국내·외의 환경적 특성과 임무 및 수행하는 역할 등에서 차이가 나기 때문으로 볼 수 있지만, 가능하다면, 유사하게라도 일치시키는 노력이 필요하지 않나 싶다. <그림 2-6>은 해외 파병부대에서 발령하는 부대 방호태세 4단계를 정리하였다.

---

7) '부대 방호태세'는 軍 자체에서 발령하는 위기경보로 이해하면 된다. 먼저, '방호(防護, protection)'는 '적의 각종 도발과 위협으로부터 인원·시설, 장비와 물자의 피해를 방지하고 모든 기능을 정상적으로 유지할 수 있도록 보호하는 제반 작전 활동'을 뜻하고 있다. '부대 방호(Force Protection)'는 '부대의 인원·시설·자원·정보(intelligence)에 대한 적대행위와 위험을 방자·경감·제거하는 제반 작전 활동'을 뜻하고 있다. 軍에서 사용하는 '방어작전(Defence Operation)'과는 다소 차이가 있다. '공세를 이전할 수 있는 여건을 조성하기 위하여 공격해 오는 적 부대를 가용한 모든 방법과 수단으로 지연·저지·격퇴·격멸하는 작전'이기 때문이다. 여기서 의미하는 '부대 방호태세'는 외부의 적대행위와 위험을 방자·경감·제거하는 차원에서 적용하는 내용이므로 국정원에서 발령하는 위기경보와 같은 의미로 생각하여도 큰 무리는 없다.

구분	내용	비고
"넷"	부대활동 정상, 규정에 의한 체류 한국인 및 현지인 관리	평시
"셋"	경계병력 증가 운용, 현지인 부대 출입은 제한적 허용, 체류 한국인 책임지역 外 기타지역 활동은 통제	징후 증가
"둘"	영외활동은 긴요한 업무 위주로 제한적 시행, 체류 한국인 외부출입 제한적 시행, 현지인 부대출입은 긴요인원 外 제한	대비계획 점검
"하나"	최대수준의 주둔지 방호, 체류 한국인 외부출입 전면 통제, 현지인의 내부출입 전면 통제, 의명 우발계획 시행(준비)	즉각 대응태세 돌입

<그림 2-6> 해외 파병부대의 부대 방호태세 발령 4단계

軍 방호태세의 경우 신분, 임무, 거주하는 지역(장소)이 어딘가에 따라 적용하는 수준과 방법이 다르기에 처음 접하게 되면, 상당히 복잡하고 헷갈리기 쉽게 되어있다. 이는 직업군인들도 관련 업무를 담당하지 않으면, 혼란스러울 지경이다. 한국 사회와 한국군 내에서도 모두 다르게 적용되기에 쉽게 정리할 필요가 있다. <그림 2-7>은 한국(軍)과 미국(軍)의 위기경보단계를 도표로 비교하였다.

한국(軍)				미국(軍)	
국정원	외교통상부	합참	해외파병부대	국토안보부	주한미군
-	-	-	-	1 (Green)	N
관심 (Blue)	1 (여행 주의)	넷	보통(Green) / 넷	2 (Blue)	A
주의 (Yellow)	2 (특별 유의)	셋	긴장(Amber) / 셋	3 (Yellow)	B
경계 (Orange)	3 (여행 제한)	둘	위험(Red) / 둘	4 (Orange)	C
심각 (Red)	4 (여행 금지)	하나	위급(Black) / 하나	5 (Red)	D

<그림 2-7> 한국(軍)과 미국(軍)의 위기경보단계 발령 수준과 차이점

2001년 美 본토에서 9·11테러가 발생하였을 때 주한미군(연합사)은 즉각 96시간 동안 'D(Delta)'를 발령하였다. 2004년 10월 21일에는 'B+'을 발령한 다음 3개 조항을 추가로 조치하였다. ① 함정에 소형함정이 접근하지 못하게 방책을 설치하고, ② 기지 내부로의 출입 통제와 반입 물품을 검색하였으며, ③ 생화학 관련 테러 물품의 반입 여부를 확인하기 위하여 특별 검색까지 추가시켰다는 점에서 상당한 강도를 절제하며 조치하고 있음을 느낄 수 있다.

  소결론적으로 같은 위기경보단계를 발령하면서도 국가와 적용하는 기관의 특성에 따라 용어와 모양, 부호 및 형태를 다 다르게 적용하고 있음을 알 수 있다. 실제 야전부대나 정책부서에서 근무하게 된다면, 가능한 통합된 명칭이나 발령 수단/관리에 대한 방법 등에 관하여 고민이 필요한 부분이 아닌가 싶다.

4. 국가위기의 특징과 위기관리 4단계

4.1. 국가위기의 특징

<그림 2-8>은 국가위기의 여섯 가지 특징을 정리한 내용이다.

<그림 2-8> 국가위기의 여섯 가지 특징

① 국가(중앙정부)의 모든 시스템이나 조직, 구조와 기능은 정형화되어 있기에 일상적으

로 생각하는 것과 같이 위기상황이 발생함과 동시에 바로 해결하기는 어려운 환경이 될 수밖에 없다. 따라서 관련 기관(기능) 및 전문가들의 협조와 협력 노력이 필요하다. 이를 위해 최근 확산 추세에 있는 퍼실리테이션(Facilitation)[8]을 軍도 적극적으로 채택 및 활용하거나, 활성화하는 노력이 필요하다.

② 사회 구성원 누구도 원하지 않는 돌발적인 상황으로 나타나며, 이러한 사건(사태 및 사고)의 성격과 사회의 제반 가치, 규범 및 문화 그리고 관계들을 갑작스럽게 변화하도록 이끌곤 한다.

③ 위기가 나타나는 대상은 한정되어있지 않다. 어떠한 국가나 조직(단체), 개인도 위기에서 벗어나 있거나, 자유로울 수 없으며, 자신도 모르는 사이에 직면(直面)하기 마련이다.

④ 위기는 반복적으로 발생한다. 이는 이전(以前)에 발생하였던 위기에 대한 학습과 관리

---

[8] '퍼실리테이션(facilitation)'은 1960년대 미국에서 학습을 촉진하는 기법(skill)으로 개발하는 과정에서 사용된 용어로서 효율적인 회의 진행이나 업무 혁신, 조직 문화를 개선하는 한 수단으로 활용되면서 발전하여왔다. 핵심요소는 '중립(neutral), 협업(collaboration), 참여(participation), 현실에 맞는 최고의 사고(thinking), 타당한 의사결정(decision-making)이다. 질문하고, 상대의 말을 경청(傾聽)하며, 모두가 알도록 기록하고, 관찰하는 기본 방법 및 기술을 익힘으로써 적용 능력과 주어진 성과를 극대화할 수 있다. 따라서 수직·배타적 조직인 軍에 가장 필요한 학습 기법이 아닐까 싶다.

가 미흡하다고 느끼는 순간 이전과 같거나, 유사한 위기가 또다시 발생할 가능성은 매우 크다. 이는 정부(軍 또는 기업)의 각종 위기 유형에 대처하는 '확증편향'9)과 '인지 부조화 현상'10)이 나타나는 순간 더욱 기승을 부리게 되어있다.

⑤ 위기는 언제, 어디서 발생할 것인지 예측할 수 없으며, 발생할 수 있는 요건만 갖추면, 시간 및 장소와 관계없이 발생할 수 있다.

⑥ 위기는 발생(촉발)하는 원인이 워낙 복잡하고 다양하다. 단순하게 하나의 원인으로 인하여 발생할 수 있지만, 대다수는 복잡·다양하기에 대비-대응-복구의 과정이 총체적이어야 하고 동시에 이뤄져야 한다.

2019년 등장한 코로나-19사태가 대유행을 거듭하면서 전 세계가 힘들게 대처하고 있지만, 반복된 팬데믹(Pandemic) 현상11)을 불러오면서 멘붕(mental collapsing) 상태로 몰아넣고 있음이 사실이다. 여기서 위기상황을 조기에 마무리하려면, 초기 단계가 시작되면서부터 '과도하다 느낄 정도의 강력한 조치와 대응이 필요하다.'라는 점을 반드시 기억하여야 한다. 이는 기본 중의 기본이다.

---

9) '확증편향(確證偏向, confirmation bias)'은 한자성어인 '아전인수(我田引水)'라는 말의 뜻과 같다고 생각하면 된다. '자신의 가치관, 신념, 판단 따위와 부합하는 정보에만 주목하고 그 외의 정보는 무시하는 사고방식'을 의미하는 것으로 '자신이 보고 싶은 것만 보고, 듣고 싶은 것만 들으려는 사고방식'이다.

10) '인지 부조화(cognitive dissonance)'는 '서로 모순되어 양립할 수 없을 때 자신의 믿음, 태도, 행동 등에 있어 일관성을 유지하려고 하는 자기 합리화'라고 이해하면 될 듯싶다. 이솝 우화에 보면, 여우가 나무에 열린 포도를 따 먹기 위해 노력해 보지만, 결국 실패한 뒤에도 "저 포도는 분명 덜 익어서 신 포도일 거야"라는 자기 합리화를 한다는 이야기가 있다. 바로 인지 부조화에 대해 가장 쉽게 이해할 수 있는 대목이 아닌가 싶다. 세부 내용은 김성진의 『경제포커스』 안보칼럼(2021. 7. 1.) "'양치기 소년'과 '확증편향(confirmation bias)'의 요지경"을 참고하기 바란다.

11) '팬데믹(Pandemic)'이란 '면역력이 형성되어 있지 않은 질병이 갑작스럽게 전 세계로 전염·확산하는 현상'을 의미하고 있다. 이전(以前)에도 장티푸스, 천연두, 페스트, 인플루엔자, 사스(SARS), 에볼라(Ebola) 등이 확산하면서 군사적 측면의 전통적 안보위협 개념에 '비전통적 안보위협(nontraditional security threats)'이라는 개념이 등장하는 촉매제가 되었음을 이해할 필요가 있다.

4.2. 국가위기관리의 4단계

<그림 2-9>는 국가위기관리 4단계를 정리하였다.

<그림 2-9> 국가위기관리 4단계

① '예방단계(prevention stage)'는 '과거에 발생한 위기 사례에 대한 분석 등을 통해 억제 및 방어하는 단계'로서 사전에 위기를 차단하기 위해 노력하는 과정이다. 즉, 위기가 실제로 발생하기 이전에 위기를 촉발하는 요인을 제거하거나, 위기 요인 자체가 표출되지 않도록 억제 또는 예방하는 단계를 의미하고 있다. 재해·재난관리를 통해 조짐(징후)을 완화함으로써 인명 및 재산의 손실을 예방하거나 감소시켜 사회적 혼란과 스트레스를 최소화할 수 있다. 또한, 중요시설물의 유지와 사회기반시설의 보호, 정신적 건강까지 보호하는 등의 성과를 달성함도 가능하다.

② '대비단계(preparation stage)'는 '위기가 발생했을 때 필요한 대응 활동 및 계획을 사전에 준비하여 평소에 교육 및 훈련을 진행함으로써 위기 대응능력을 개발하기 위한 활동단계'이다. 위기를 사전에 차단하지 못할 경우, 이로 인하여 상당한 문제에 맞닥뜨리게 됨을 가정하고 있다. 위기가 발생했을 때 대응하는데 필요한 자산을 사전(事前)에 확보하고 동원할 수 있는 계획 및 실행 준비를 하고 있다.

③ '대응단계(countermeasure stage)'는 '위기가 발생했을 때 사용할 수 있는 가용한 모든 자산을 효율적으로 활용하여 관련 기관들의 각종 임무 및 기능이 실질적으로 운용될 수 있도록 하는 단계'이다. 피해 확산을 방지하고 2차 위기의 가능성을 감소시키는 임무를

수행하는 단계로서 위기관리의 '골든-타임(golden-time)'으로 이해하면 되지 않을까 싶다.

④ '복구단계(recovery stage)'는 '위기가 발생한 직후 이전(以前)의 상태로 회복할 수 있도록 장기적 관점에서 활동하는 단계'이다. 대응 단계에서부터 피해의 정도를 파악하여 긴급 지원과 동시에 지속적인 복구작업을 진행하고 있다.

"진정으로 평화를 원하거든, 평시(平時)부터 전쟁에 대비하여야 한다."

강의_II 한국의 위기관리체계 중 법령(法令)에 관하여 이해합시다.

학습하기 이전(以前)에 요구되는 사항

1. 한국의 위기관리 의사결정기구를 확인하시오.
2. 정상적인 입법 과정과 절차를 이해하시오.
   * 정부 입법 과정: 정부에서 하는 경우
   * 의원 입법 과정: 국회의원이 하는 경우
3. 법과 법률, 법령의 개념과 의미는?
   * 법과 명령의 차이점과 순서를 나열한다면?
   * 법과 명령의 구속력이 미치는 범위와 대상은?
4. 전통·비전통적 위기 관련 법령의 종류와 특징은?
5. 위기관리 법제의 취약요인을 두 가지로 정리한다면?
6. 행정기관별 위기관리훈련 체계의 차이점은?
7. 한강 성수대교 붕괴 사고(1994)의 원인과 문제점은?
   * 위기관리 담당자로서 대응 자세와 조치의 문제점 식별
8. 금강산 관광객 피살 사건(2008)의 원인과 문제점은?
   * 위기관리 담당자로서 대응 자세와 조치의 문제점 식별
9. 세월호 침몰 사고(2014)의 원인과 문제점은?
   * 위기관리 담당자로서 대응 자세와 조치의 문제점 식별
10. 국가위기관리 법령이 현실적 한계에 부딪히는 원인은 무엇이라고 생각하는가?

제3장

한국의 국가위기관리체계(법령)

제1절 개요

제2절 국가위기관리와 관련한 의사결정기구

제3절 입법(立法) 과정 및 절차, 현실적인 한계

제4절 법과 법률, 법령(法令)의 차이점과 위계(位階)

제5절 전통·비전통적인 위기관리법령의 이해

제 1 절

개 요

모든 국가위기와 재난 안전관리의 출발점은 생명과 가치(value)[1]에 대한 존중, 국민에 대한 사랑과 연민(憐憫), 국가의 존재하는 본질적 가치와 의미에 대한 적극적인 인식에서부터 출발하여야 한다. 여기에 국가위기를 효과적으로 예방-대비-대응-복구하기 위한 국가자원의 기획·조정·집행 등을 통제할 수 있는 법률 체계가 뒷받침되어야 성과를 달성할 수 있다. 전통적 안보위협은 점차 재난 대비 개념으로 전환하고 있다. 미국도 2001년 이전까지는 전통적 안보위협을 중심으로 대비하였다. 9·11테러 이후 이에 더하여 테러와 재난 등을 포괄적으로 관리해야 할 필요성을 절감(切感)하였다. 머뭇거리지 않고 2002년 11월 국토안보법(Homeland Security Act)을 제정하고 국토안보부(Department of Homeland Security)[2]를 신설하는 등 신속하게 대응할 수 있는 기반을 구축하였다.

한국의 국가위기관리 체계는 어디에 명시되지 않지만, 전시대비와 평시의 위기관리체계로 구분하여 운영하고 있다. <그림 3-1>은 한국의 일반적인 국가 위기관리체계도이다.

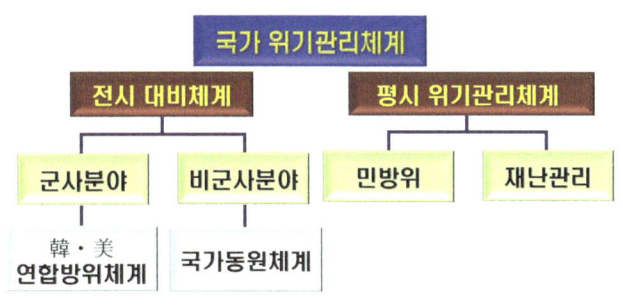

<그림 3-1> 한국의 국가 위기관리체계

---

1) '가치(value)'는 '사람이 어떤 사물·현상·행위 등에 대하여 의미와 바람직하다는 감정을 느끼게 하는 개념'으로서 '현실 세계에 대한 사람의 실천과 경험을 통하여 형성된 의식적인 관계가 축적된 결과'로 이해하면 되지 않을까 싶다.
2) 미국의 '국토안보부'는 테러에 따른 공격과 자연재해로부터 본토(home-land) 방호가 필요하여 등장한 산물이다. 2002년 11월 제정된 '국토안보법'에 근거하여 여러 연방 부처(기관)에 산재(散在)되어 있는 이민, 해안경비 등 국내의 각종 안보 관련 업무에 대한 총괄 기능을 담당하고 있다. 예하의 '연방 재난관리청(FEMA)'은 자연·인위적인 재난 부문을 전담하고 있으며, 예방-대비-대응-복구단계 전반(全般)을 탄력적으로 통합 및 관리하고 있다. 세부적으로 이해하려면, 김성진의 "한국 국가위기관리체계의 효율성 제고 방안 고찰: 통합방위체계와의 연계를 중심으로," 『군사논단』 통권 제99호 (서울: 한국군사학회, 2019), pp. 199~201.을 참고하기 바란다.

전시 대비체계에서 전통적인 안보위협 분야 즉, 군사 분야는 韓·美 연합 방위체계를 구심점으로 하며, 국방부와 합참을 중심으로 구축되어 있다.3) 비전통적인 안보위협 분야 즉, 비군사 분야는 중앙정부(행정안전부)가 주축이 되어 민방위와 재난관리 업무를 담당하고 있다. 여기에 해당하는 기본적인 법률은 『민방위기본법』, 『비상대비 자원관리법』, 『재난 및 안전관리 기본법』이다.

법령체계를 학습하기 이전에 먼저 짚고 넘어야 할 사실이 있다. 그동안 한반도는 남과 북이 이념·사상적 측면에서 첨예하게 대립하는 가운데 북한의 각종 군사적 도발행태 등을 비롯한 전통적 안보위협을 받아왔다. 이러한 와중에 지진과 태풍, 홍수를 비롯한 대규모 자연재해와 재난의 위협, 산업·도시화로의 급격한 발전으로 인한 대규모의 사회·인위적 재난과 감염병 등의 다양한 위협에 직면하고 있다. 그러나 위기 상황이 발생할 때마다 짜깁기식으로 법령들을 제정하다 보니 전체를 아우르거나, 통합 및 협력을 할 수 없도록 분산되어 있다. 다시 말해 국가위기관리 전반을 통합적으로 관리할 수 있는 기준법이 없다는 의미임을 전제하고 접근할 필요가 있다.

---

3) 2009년 9월부로 『통합방위법』을 적용하는 범위가 평시에서 전시까지로 확대되었다.

제 2 절

국가위기관리와 관련한 의사결정기구

1. 한국의 국가위기관리와 관련한 의사결정기구

한국의 위기관리와 관련한 의사결정기구는 1963년 박정희 대통령이 처음으로 대통령 직속의 자문기구를 설치하였으나, 이후 김대중 정부에 이르기까지 본연의 역할보다 단순히 대통령의 지시를 수행하는 한계를 벗어나지 못하였다. <그림 3-2>는 한국의 위기관리 의사 결정기구다.

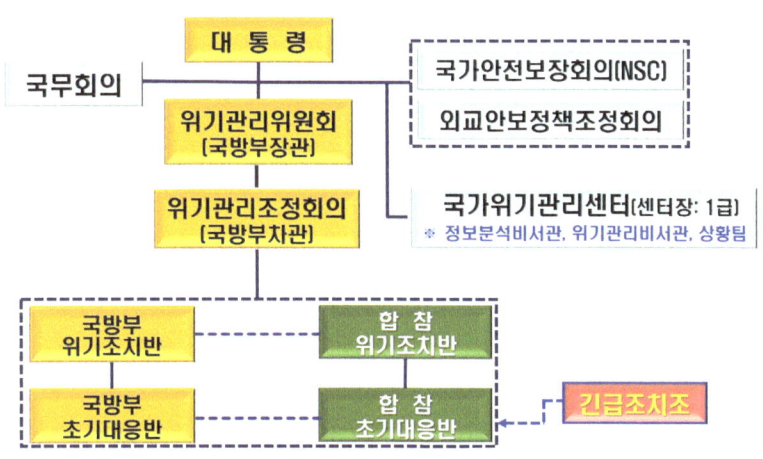

<그림 3-2> 한국의 위기관리 의사결정기구(2020)

국가위기관리 의사결정기구에서 국가위기관리센터장은 1급 상당의 고위직 공무원을 임명하고 있으나, 역대 정부에 따라 장군(준장~중장)이 보직되고 있다. 국방부와 합참은 위기상황이 발생하면, '초기대응반'을 소집하였다가 점차 상황이 진전됨에 따라 '위기조치반'으로 확대 편성하여 대응하고 있다. 그러나 내부적으로 보면, '초기대응반'이 소집되기 이전에 한 단계가 더 있다. 바로 '긴급조치조'다. 국방부와 합참의 정보・작전본부에서 초기대응반을 소집하기 이전에 즉각 대응조치가 가능한 과장급 이상 직위자를 일정 규모

로 편성함으로써 30분 이내에 소집되어 초기 대응을 하고 있음을 이해할 필요가 있다. 이를 통해 각종 대(對)테러 사건과 대규모의 자연재해·사회적 재난을 포함하여 해외에서 발생하는 대형사고까지 망라하여 필요한 준비 명령 또는 지시 등의 다양한 대응이 가능하다. <그림 3-3>은 한국의 역대 정부에서 국가안전보장회의(NSC)의 임무와 역할을 정리하였다.

구 분	재임연도	NSC의 임무 및 역할	
		전통적 안보	재해·재난
이승만정부	1948~1960	-	-
박정희정부	1963~1979	대통령직속자문기구(1963) 설치	
전두환정부	1980~1988	대통령 지시 수명기구 · 대통령이 가장 위대하다는 착각	
김영삼정부	1993~1998		
김대중정부	1998~2003		
노무현정부	2004~2007	컨트롤-타워 · 2004, 대통령훈령 제124호	
이명박정부	2008~2013	대통령실?	
박근혜정부	2013~2016	국가안보실(컨트롤-타워)	
		국가안보실?	행정안전부?
문재인정부	2017~현재	국가안보실(컨트롤-타워)	

<그림 3-3> 한국 역대 정부의 국가안전보장회의(NSC) 역할

2003년 3월 22일 노무현 정부는 『국가위기관리 기본지침』을 근거로 하여 국가안전보장회의(이하 NSC)를 설립하고 국가위기관리의 컨트롤-타워 역할을 담당하기 시작하였다. 2008년 이명박 정부가 들어서면서 NSC를 폐지하고 대통령실에서 전체를 총괄하는 컨트롤-타워 역할을 하는 방식으로 전환하였다. 그러나 2010년 천안함 폭침 사건과 연평도 포격 사건에 대응하는 과정에서 다수의 문제점이 드러나자 이에 관한 다양한 주장들이 분출하였다. 수많은 논쟁을 거친 끝에 국가안보를 총괄하는 기관으로 현재의 '국가안보실'을 발족하였다.

간략하게나마 지나간 사례를 살펴보자. 2008년 7월 11일 05:00경 금강산을 관광 중이던 박00씨가 북한군의 총격으로 피살된 사례이다. 이는 휴전협정 이후에 한국의 민간인이 북한군 총격으로 사망한 첫 사건으로 기록되었다. 당시 북한군이 발표한 내용에 따르면, 박씨는 05:00경 북한 장전항 북측 구역 내에 있는 기생바위와 금강산 특구 내의 해수욕장 중간 지점에서 북한군 해안 초소근무자가 정지하라고 요구했음에도 불응(不應)하고 도주하였다. 결과적으로 북한군 해안 초소근무자의 총격으로 사망하였음이 뒤늦게 밝혀졌다. <그림 3-4>는 2008년 현대아산에서 발표한 박씨의 피살사건을 정리하였다.

<그림 3-4> 현대아산에서 발표한 박OO씨 피살사건 개요(2008.7.11.)

04:18, 박씨가 숙소를 나와 해안가를 산책하던 중에 북한군 해안 초병이 발사한 총에 의해 피살되었다. 이후 북한 측에서 금강산 사업소에 관련 사실을 통보한 시간은 4시간 30분 후인 09:30경이었다. 금강산 사업소에서 현대아산에 통보한 시간이 11:00, 현대 아산에서 전파한 내용을 통일부가 접수한 시간은 13:10, '위기정보 상황팀(지금의 국가위기관리센터)'이 인지하여 대통령에게 최초로 보고한 시간은 사건이 발생한 지 9시간 45분이 지난 14:45경이었다.

사건이 발생하고 난 후 대통령이 인지하기까지 소요된 문제의 시간은 위기관리와 대응 측면에서 다시 한번 되돌아보고 반성할 필요가 있다. 이후에도 정부는 이틀이 지난 7월 13일이 되어서야 금강산 관광의 중단을 통보하고 금강산 관광객을 철수시켰다. 다시 말하면, 금강산에 머물던 관광객(국민)은 이틀 동안 북한군의 적대 행위에 무방비로 노출되어 있었다. 그러나 정부 부처 어디에서도 이들에 대한 안전 보호 조치는 취하지 않았다. 일부에서는 정부가 조치하는 데 시간이 걸릴 수밖에 없기에 이해가 필요하다고 하지만, 위기라는 생물(生物)은 참을성이 없기에 상대가 이해를 구하더라도 시간은 기다려주지 않음을 깨우칠 필요가 있다. '골든-타임'4)이라는 용어가 왜! 있는지 늘 기억하여야 한다. <그림 3-5>는 『국가위기관리 기본지침』에 기반(基盤)하여 정부의 국가위기관리체계와 의사결정기구를 정리하였다.

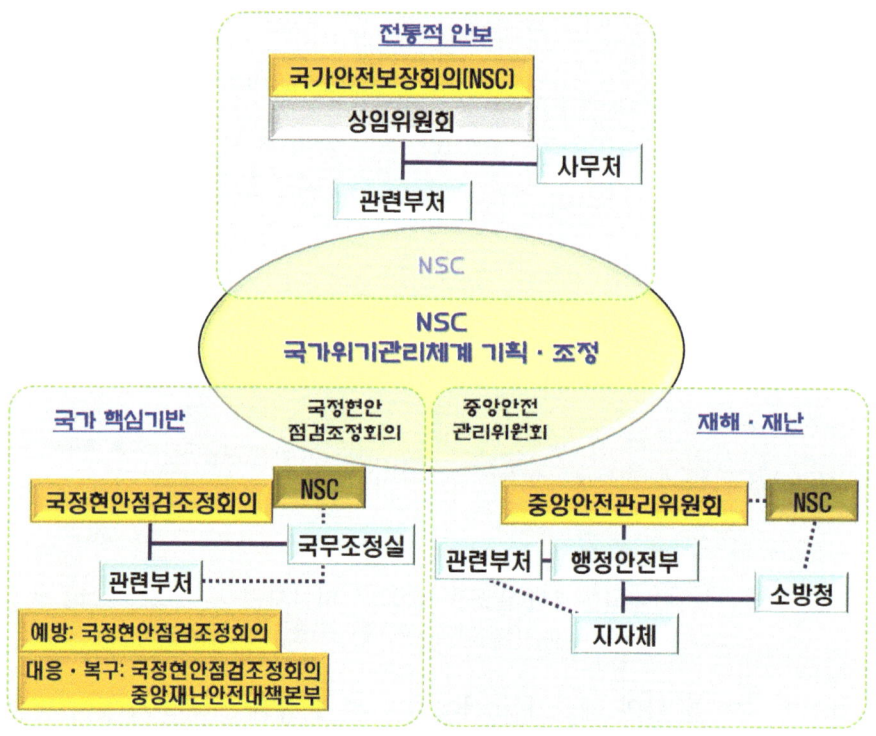

<그림 3-5> 정부의 국가위기관리체계와 의사결정기구도

---

4) '골든-타임(golden-time)'은 '생사(生死)의 갈림길에서 환자의 목숨을 살리기 위하여 다투는 시간'으로 병원 측면에서 보면, 심폐소생술(CPR)이 가능한 시간을 4~5분 이내로 보고 있다. 이는 軍의 '5분 대기조'와 경찰의 '112 타격대(5분 타격대)'와 같은 의미로 보면 될 듯싶다. 광고 측면에서 보면, 시청률이 가장 높은 19:00~21:00 어간의 2시간대를 의미하고 있다. 항공사 측면에서 보면, 90초 이내에 상황을 종결시켜야 중대 사고가 발생하지 않는 시간으로 평가하고 있다. 2014년 소방방재청(지금의 소방청)에서도 '골든타임제'를 도입하였다. '재난이 발생했을 때 환자의 생명과 화재 진압을 위해서는 5분 이내에 현장에 도착하여야 신속한 대응이 가능하다는 시각에서 목표에 도달하는 시간을 관리하기 위한 제도'이다.

2. 한국의 위기관리 법령

한국의 위기관리 법령은 위기가 발생할 때마다 제각기 제정 및 개정하다 보니 헌법과 법률, 훈령 등은 총 47종이 존재하고 있지만, 현실에서 효율성을 발휘할지는 의문이다. <표 3-1>은 위기관리 관련 법령 현황을 정리하였다.

<표 3-1> 한국의 위기관리 법령 현황(2021)

구분	법령 및 조문	제정·개정일	적용 시기	주관부처(기관)
헌법	대통령 긴급명령(제76조)	헌법 제10호 (1988.2.25.)	내우(內憂)·외환·천재지변, 재정·경제위기, 중대한 교전 사태	
	계엄법(제77조)		전시·사변, 국가비상사태	
	국가안전보장회의(제91조)		평시~ 전시·사변, 국가비상사태	
법률	징발법	법률 제1336호 (1963.5.1.)	전시·사변, 비상사태	국방부 (국유재산환경과)
	비상대비자원관리법	법률 제3845호 (1984.8.4.)	평시	행정안전부 (비상대비정책국)
	계엄법	법률 제69호 (1945.11.24.)	전시·사변, 비상사태	국방부 (기획총괄담당관실)
	재해구호법	법률 제1034호 (1962.3.20.)	자연·인위적 재해	소방청 (운영지원과)
	소방기본법	법률 제484호 (1953.3.11.)	평시, 재해·재난	소방청 (소방정책과)
	통합방위법	법률 제17686호 (2020.12.22.)	평시~전시	합참 (통합방위과)
	감염병의 예방 및 관리에 관한 법률	법률 제11645호 (1963.2월)	각종 감염병	보건복지부 (질병정책과), 질병관리청

법률	향토예비군 설치법	법률 제879호 (1961.12.27.)	평시~전시, 비상사태	국방부 (예비전력·동원기획과)
	병역법	법률 제2259호 (1970.12.31.)	평시~전시, 비상사태	병무청(규제개혁법 무담당관실)
	민방위기본법	법률 제2776호 (1975.7.25.)	비상사태~전시, 통합방위사태, 재난사태	행정안전부 (민방위심의관실)
	재난 및 안전관리 기본법	법률 제7188호 (2004.3.11.)	각종 재해·재난	행정안전부(재난안전관리본부)
	가축전염병 예방법	법률 제907호 (1961.12.30.)	가축 전염병	농림축산식품부(방역총괄과)
	자연재해대책법 (풍수해대책법)	법률 제4993호 (1995.12.6.)	자연재난	소방청 (방재대책과)
	지진·화산재해 대책법	법률 제14113호 (2016.3.29.)	지진·해일·화산	소방청 (지진방재과)
	국민 보호와 공공안전을 위한 테러방지법	법률 제14071호 (2016.3.3.)	각종 테러사태	국가정보원
훈령	국가 대테러 활동지침	대통령 훈령 제309호(2013.5.21.)	평시~테러사태	국가정보원
	국가위기관리 기본지침	대통령 훈령 제318호(2013.8.30.)	평시~위기	국가안보실
	국가전쟁 지도지침	대통령 훈령 제320호(2013.9.26.)	전시·사변	국가안보실

　법령을 제정한 순서대로 알아보면,『민방위기본법』은 1975년,『계엄법』은 1981년,『국가 대테러 활동지침』은 1982년,『비상대비 자원관리법』은 1984년이다.『통합방위법』은 1997년에 제정되었으며, 특이하게 <대통령 훈령 제28호(통합방위지침)>가 먼저 만들어지고 이후에 제대로 된 법을 만든 흔치 않은 사례다.『국가위기관리 기본지침』과『재난 및 안전관리 기본법』은 2004년에 처음으로 만들어졌다. 이 법령들은 크게 여덟 가지의 특징과 취약점을 가지고 있다. 첫째, 국가위기가 발생 시 이를 아우를 수 있는 기준법(母法)이 존재하지 않는다.[5] 이는 국가위기관리에 있어서 기본적으로 설정하여야 할 방향성

(identity)과 조직 체계 및 구조, 가용한 자원의 관리 등을 총괄하여 관리해야 하는 긴박한 현실과도 부합되지 않는다. 다시 말해 개별 법령을 적용할 때의 우선순위 판단, 조정·통제할 수 있는 여건이 불가능한 현실이다.

둘째, 위기가 발생할 때마다 각기 개별법으로 제정하고 있는 데다가 전통적 안보위협과 재난 분야 중심으로 이원화되어 있기에 위기관리·대응을 하는 데 유기·탄력적인 통합 및 협력이 제한받고 있다. 더욱이 법령마다 도입 개념이 제각각이기에 관련 법령을 적용할 때도 중복·혼선이 불가피한 측면이 있다.

셋째, 평시(平時) 법령과 전시(戰時) 법령으로 이원화되어 있기에 '뷰카(VUCA)'에 대비하기가 어렵다. 예를 들면, 평시의 자원관리는 1984년 처음으로 제정된 『비상대비 자원관리법』에 근거하지만, 필요한 자원을 동원(動員)하기 위해서는 전시 대기 법령인 『전시자원동원에 관한 법률안』을 적용해야 한다. 그런데 이마저도 전시 법령이다. 따라서 긴박한 상황이 발생하더라도 반드시 국회의 의결 절차를 거쳐야 공포(公布)할 수 있다. 이때도 발동할 수 있는 요건에 '중대한 교전 상태'라는 항목이 있는데, 해석과 기준이 명확하게 정립되어 있지 않다. 결과적으로 적용 과정에서 논쟁(論爭)으로 비화(飛火)할 수 있기에 정치적 입장에 따라 초점을 흐리게 할 할 소지가 많다.

넷째, 개별·절차법이다 보니 주무 기관이 분산되어 있고, 분야별로 각기 별도의 회의체(대책기구)를 운영하고 있다. 따라서 효율성이 떨어지기에 통합 관리 및 대비(대응)하기가 상당히 어렵다. <표 3-2>는 대표적인 국가위기관리 법령의 성격과 분산된 책임 기관을 정리하였다.

<표 3-2> 국가위기관리 법령의 성격과 책임 기관의 분산(2020)

구분	비상대비 자원관리법	계엄법, 통합방위법	민방위기본법	재난 및 안전관리 기본법	자연재해대책법	테러방지법	국가 위기관리·전쟁 지도지침
성격	평시준비법 (개별법)	평시/전시법	개별법	기본법	개별법	기본법	명령
책임	행정안전부	합참	행정안전부, 소방청			국정원	대통령실

---

5) '기준법(基法)'이 필요한 이유는 ① 국가위기관리의 기본방향을 설정, ② 조직 체계와 기능의 구성, ③ 자원의 관리, ④ 개별 법령을 적용할 때의 우선순위 결정, ⑤ 위기 양상과 형태에 따라 탄력적인 협력·조정·통제 등이 필요할 때 국가위기관리 전반(全般)을 총괄할 수 있기 때문이다.

특히 지방자치단체장(이하 지자체장)은 자체에 다수의 지역협의회가 설치되어 있다. 다시 말해 다양한 협의체를 동시에 개최 및 주관하여야 한다는 측면에서 현실적으로 실효성을 발휘하기 어렵다.

다섯째, 개별법을 적용할 때 조치하는 관련 조직이 분산되어 있다. 즉, 위기관리에 필요한 자원의 동원과 운영 능력도 각기 한정적일 수밖에 없다. 더욱이 법제(法制) 측면에서 효율성은 떨어지고 수요는 충족시킬 수 없기에 자원의 통합 및 대체 활용 등의 유기·탄력적인 통합 대응이 쉽지 않다.

여섯째, 최근 안보환경이 전통적 안보위협에 추가하여 대규모 자연재해와 사회적 재난의 증가, 과학기술의 발전과 더불어 새로운 위협들이 등장하고 있다. 글로벌사회로 들어서면서 전 세계가 인터넷으로 연결되다 보니 대다수 핵심기반시설은 컴퓨터시스템으로 제어되고 있다. 즉, 사이버 공간을 통해 불특정 다수에 대한 무차별적인 공격과 다양한 유형의 테러 위협이 날로 증가하고 있지만, 대책이 거의 없기에 난감할 따름이다. 새로운 유형의 다양하고 복합적이며 동시다발적인 신종 위기에 봉착하였음에도 효율성을 담보할 수 있 법 자체가 없다. 있는 법마저도 작동할 근거 자체가 명확하지 않기에 염려스럽다. 이러한 환경(여건)은 기본적으로 해야 할 초동조치 여건마저 어렵게 한다.

일곱째, 국가위기관리에 관한 기준법이 없는 상태에서 대통령 훈령(행정규칙)만으로 다양한 위기관리체계를 통합 및 관리하기는 한계가 있다.『국가대테러활동지침』은 2016년『국민 보호와 공공안전을 위한 테러방지법』이 제정되면서 제외할 수 있지만, 행정규칙으로 대통령 훈령인『국가전쟁 지도지침』,『국가위기관리 기본지침』으로 국가위기관리 전반을 총괄 통제 및 관리하고 있다는 현실은 법령체계 상 모순이다. 이를 따르는 자체가 문제라고 보여야 정상적인 인식과 사고라고 할 수 있지 않을까 싶다.

마지막으로, 한국은 전통적 안보위협 중심으로 대비하고 있다고 처음에 제기하였다. 그러다 보니 정보통신 기술이 발전하면서 대두된 사이버 분야에 대한 개념과 사이버 영역에 대한 대응 방식의 정립이 아직 불분명하고 관련 법률도 명확하지 않을뿐더러 존재하지도 않는다. 예를 들면, 평시의 사이버 침해 또는 테러 분야는 국정원에서 총괄하여 관리하고 있다. 그러나 전시에 진행되는 사이버전(Cyber warfare)은 군사작전 영역에 속한다. 이러한 기본적인 분야를 조기에 분명하게 정립할 필요가 있다. 관련 영역을 정립하지 못하면, 당연히 총괄 대응을 어떻게 해야 하는지? 에 대하여도 결정할 수 없게 된다. 이는 다른 행정규칙 등과 마찬가지로 효율적인 관리·대응에 대한 문제를 넘어 국가 존립과 국익 추구에 심대한 부정적인 영향을 초래할 것이 자명하다.

여덟 가지의 긍정적이지 못한 특징과 취약점을 먼저 언급하는 것은 "법을 믿을 수 없다."라는 단순한 문제를 뛰어넘어 취약점이 무엇인지, 총괄 컨트롤-타워가 문제라고 주장하는 연구자들의 이유가 뭔지를 정확히 알고 탐구하여야 한다. 무엇이 문제인지, 무엇이 취약한지 그 지점을 정확하게 진단할 수 있어야 해결책(solution) 또한 보이기 때문이다.

관련 법령을 적용할 때 무엇이 강점이고, 무엇이 문제이며, 어떻게 개선(보완)하여야 장애물(障碍物, obstacle)을 극복할 수 있는지 이해하는 과정이 바로 기본 원칙과 원리를 알아야 한다는 취지임을 분명히 하고자 한다. 일반적으로 학습하는 바와 같이 활용하는 방법 중심으로 탐구하다 보면, '숲을 봐야 전체 그림을 그릴 수 있는데, 단순하게 나무만 바라보라는 격'에 불과하게 됨을 유념하여야 한다.

소결론적으로 문제가 나타날 개연성(probability)이 있다면, 처음부터 문제가 될 수 있는 내용이 무엇인지를 알고 시작하여야 올바른 시각으로 숲을 보고 나무를 그릴 수 있음을 깊이 유념할 필요가 있다.

제 3 절

입법(立法) 과정 및 절차, 현실적인 한계

1. 개 요

'입법(立法)'은 '법을 제정하는 전반(全般)'을 일컫는 말로서 형식적인 측면으로는 '국회(또는 의회)의 의결을 거쳐 법률을 제정하는 행위 또는 절차'이다. 실질적인 측면에서는 법규를 정립하는 '입법권(立法權, legislative power)'을 의미한다. 일반적 의미에서 국가 작용의 세 가지 요소인 입법·사법·행정 중의 하나로 이해하면 될 듯싶다.

'입법 과정'은 '입법절차'로서 대의제(代議制) 민주주의 국가에서 국민을 대표하여 국가 정책을 결정하는 국회가 '법령6)'을 제정하는 과정이다. 법안 발의-심의-의결-대통령의 승인 또는 거부-공포하는 과정(절차)'으로서 이외에 폐지를 포함한 개정을 진행하고자 할 때도 반드시 거치게 되어있는 과정(절차)이다. 다시 말해 법령의 입안(立案)에서부터 공포에 이르기까지 진행하는 일련의 과정 전체로 이해하면 좋을 듯싶다. 입법의 개념은 크게 '실질설(주관설)'과 '형식설(객관설)'이라는 주장이 팽팽하게 대립하고 있으나, 명확하게 구분되지 않고 학자마다 주장하는 분야가 틀리기에 학습 목적상 언급하지 않기로 한다. 다만, 여기서는 국가기관이 실질적으로 성문법 규범을 정립하는 것으로 보고 진행하고자 한다.

입법(立法) 절차를 진행하는 과정에서 정치적 이해관계에 따른 집단(진영) 간 수많은 공방(攻防)과 집단사고(group-think) 또는 이해관계자들(stake-holders)이 개입하고 있음은 어제오늘의 일이 아니다. 2012년 11월 20일 『국가위기관리 기본법』이 의원 발의되었으나, 관련 부처(기관)의 강한 반대로 보류되었다. 2016년에 통과된 『테러방지법』도 관련 기관 간에 심한 논쟁과 알력으로 충돌하다가 상당한 기간이 지난 다음에야 겨우 통과하였음을 기억할 필요가 있다.

---

6) '법령(法令)'은 '국회의 심의를 받아서 만들어지는 법률과 시행령인 대통령령, 시행규칙인 총리령과 부령(部令)' 전체를 의미하고 있다.

2. 입법 과정(절차)에 대한 이해

현대 국가의 주된 경향을 한마디로 정리하면, '행정 국가화 현상'[7]이라고 할 수 있다. 실제 국회에서 제정하는 법률 현황을 살펴보면, 중앙정부(이하 정부)가 제안한 법률이 대다수를 차지하고 있음을 알 수 있다. 입법기관인 국회의 구성원(국회의원)이 법률안 제출권을 갖는 게 당연하지만, 정부도 법률안 제출권을 갖고 있다. 실제 행정 분야를 정부가 담당하기에 행정적 측면의 과제를 해결하려면, 관련 법률의 제정(개정)이 필요하다. 정부가 전문 인력(지식)까지 보유하고 있을뿐더러 입법 자료도 풍부하게 축적되어 있기에 나타난 현상이다.

'의원 입법'[8]은 법률안의 제출자를 중심으로 하는 개념으로서 '정부 제출'에 의한 입법 절차에 대응하는 개념으로 이해하면 될 듯싶다. 이에 따라 입법기관인 국회에 법안은 제안하는 과정은 두 가지 형태로 구분할 수 있다. <그림 3-6>은 국회의원과 정부가 법안을 발의하는 절차를 간략하게 정리하였다.

<그림 3-6> 국회의원과 정부가 법안을 발의하는 절차

---

7) 법(法)은 입법부(이하 국회)가 만들고 행정부(이하 정부)가 집행하는 게 정상이지만, 국회의 전문성이 낮다 보니 정부가 법을 만들고 국회는 법을 통과시키는 데 그치는 게 현실이다. 이러한 현상은 행정부의 영향력은 막강해지는 데 비해 국회의 권능(權能)은 상대적으로 떨어지게 만든다. 즉, 국가복지가 강조되자 정부가 '사회 안정자(stabilizer)'와 '사회변동의 촉진자(fertilizer of social change)' 역할까지 수행하면서 나타나는 보편적인 현상으로 보는 게 정상적인 생각이다.

8) '의원 입법'의 동기(motivation)는 국민의 여망과 일체감을 기반으로 하거나, 소속 정당의 정책을 표명 또는 실현하기 위한 목적, 관련 업계나 이해관계집단(stakeholder) 또는 지역구의 이익 대변, 개인의 가치관과 판단을 실현하고자 하는 등에서 진행하고 있다.

조금 더 세부적으로 들어가면, ① 국회는 국회의원 10인 이상이 연명하여 공동으로 발의할 수 있으며, ② 정부는 정부 명의로 입법제안서를 발의(發議)하는 방법이 있다. 그러나 ①번과 ②번을 불문하고 발의하는 주체만 다를 뿐 국회에서 법안 심의를 진행하는 절차9)는 똑같다. <그림 3-7>은 국회에서 법안 심의를 진행하는 절차다.

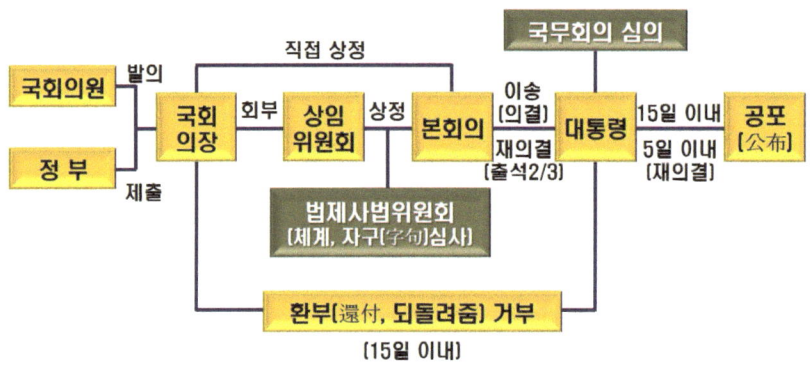

<그림 3-7> 국회에서 법안 심의를 진행하는 절차

국회의원 10인 이상이 발의하든지, 정부가 제출하든지를 불문하고 법안심사를 진행하는 절차는 차이가 없다. 이때 상임위원회는 안건을 심의하여 국회 본회의에 상정(上程)하는 임무를 수행하며, 혹여 통과되지 않더라도 다시 상정할 수 있다. 본회의의 심의를 거쳐 재적(在籍)의원 과반수의 출석과 출석의원 과반수가 찬성하면, 안건이 의결된다. 이후 정부로 이송되어 15일 이내에 대통령이 공포(公布, promulgation)하게 되어있다.

만약 법률안에 다른 의견이 있을 경우는 대통령이 15일 이내에 이의서(異議書)를 붙여 국회로 돌려보낼 경우, 국회에서 출석의원 2/3 이상의 찬성으로 재의결할 수 있다. 이후 대통령이 5일 이내에 공포하지 않으면, 국회의장이 공포하면서 효력이 발생한다. 공포한 다음 20일이 지나면 자동으로 법률로서 효력을 발생하게 된다.

---

9) 세부적인 내용은 대한민국 국회 홈페이지(www.assembly.go.kr/)를 참고하기 바란다.

제 4 절

법과 법률, 법령(法令)의 차이점과 위계(位階)

1. 법과 법률, 법령의 차이점과 특성

법령체계는 최고규범인 헌법을 정점으로 하고 있다. 또한, 헌법의 이념을 구현하기 위하여 국회에서 의결하는 법률을 중심으로 하되, 그 위임 사항과 집행에 필요한 대통령령, 총리령, 부령 등은 행정상의 입법으로 체계화되어 있다. <그림 3-8>은 법과 법률, 법령(法令)의 특성(character)과 차이점을 정리하였다.

법(法)	법률(法律)	법령(法令)
언제나 정당성을 보유	법에 일치할 수 있는 가능성만 내포	• 법률과 법규 명령의 합성어
명사적 표현 [00법]	형식적인 의미 (~에 관한 법률)	• 협의(狹意): 법 체계 상 下位의 규범 • 대통령령, 총리령, 부령 등
효력 상 차이는 없음		
"악법은 법이 아니다."	"악법도 법이다."	• 광의(廣意): 법률 이하의 모든 공적 법 규범을 포괄하는 의미 • 헌법을 뺀 나머지 부분
• 법적 효력이 인정되는 모든 규범 • 국회의원에 의해 의결되어 시행되는 형식적 의미의 법	• 법과 효력 측면에서 동일	
명령, 조례 등을 포함	국회에서 제정한 법률만 해당	

<그림 3-8> 법과 법률, 법령(法令)의 특성과 차이점 비교

먼저, '법(法)'은 '헌법(憲法)'으로 국가의 공동생활 질서를 구성하는 국가의 기본법[10]을 뜻하며, 국가 최고의 법적 기본질서를 가리킨다고 보면 된다. 넓은 의미에서 '법적 효력이 인정되는 모든 규범'임과 동시에 좁게는 '국회의원에 의해 의결된 후 시행하는 형식적인 의미의 법'을 뜻하고 있다. 즉, 언제나 정당성을 보유하며 공적(公的) 규범으로 인정받는 모든 것을 아우른다는 의미로서 명사적 표현인 '00 법'으로 불리고 있다.

---

10) '기본법(基本法)'은 ① 기본권에 관한 사항과 ② 통치구조에 관한 사항으로 구분하고 있다.

함무라비 법전(BC 1700년 경)

'법률(法律)'[11])은 국회의 의결을 거쳐 대통령이 공포함으로써 성립하는 국가의 법으로서 헌법 다음의 지위를 갖고 있다. 법적 효력에는 차이가 없으나, 형식적 측면에서 다소의 차이가 있다. 명사적인 표현 뒤에는 '~법'으로, '~에 관한'이라는 표현 뒤에는 '법률'이라고 기재하고 있다. 법률이 헌법(또는 법)에 위배(違背)될 때는 무효가 된다는 점을 이해하여야 한다.

'법령(法令)'[12])은 '법률과 법규명령'을 합성한 용어이다. 좁게는 법체계상 아래 규범인 대통령령과 총리령, 부령 등을 의미하지만, 넓게는 법률 이하의 모든 공적인 법 규범을 포괄하는 의미로서 헌법을 제외한 나머지 부분을 의미하고 있다. 따라서 법체계상으로 본다면, 하위(下位)의 규범으로서 '법규명령'[13])을 제정할 수 있는 근거라고 이해하면 좋을 듯싶다.

---

11) '법률(法律)'은 '헌법에서 법률로 정하도록 위임한 사항과 국민의 권리 의무에 관한 사항에 관하여 규정한 것'으로 반드시 입법기관(국회)의 의결을 거쳐야 한다.
12) '대통령령'은 법률에서 위임한 사항과 법률의 집행을 위하여 필요한 사항만을 규정할 수 있게 되어있기에 법률보다 높을 수는 없다. '총리령과 부령(部令)'도 마찬가지로 법률 및 대통령령에서 위임된 사항과 집행을 위하여 만들어진 것이기에 대통령령의 하위체계로 보면 좋을 듯싶다.
13) '법규명령(法規命令)'은 국가와 全 국민에 구속력을 행사할 권한을 갖고 있다.

2. 법 형식 간의 위계

법은 형식에 따라 상위법(上位法)과 하위법(下位法)으로 정해지며, 하위법을 집행하는 과정에서 그 내용이 상위법에 저촉되는 경우는 '상위법 우선의 원칙'에 따라 진행하고 있으며, 관념적으로는 통일된 체계를 형성하고 있다. <그림 3-9>는 법 형식의 위계를 정리하였다.

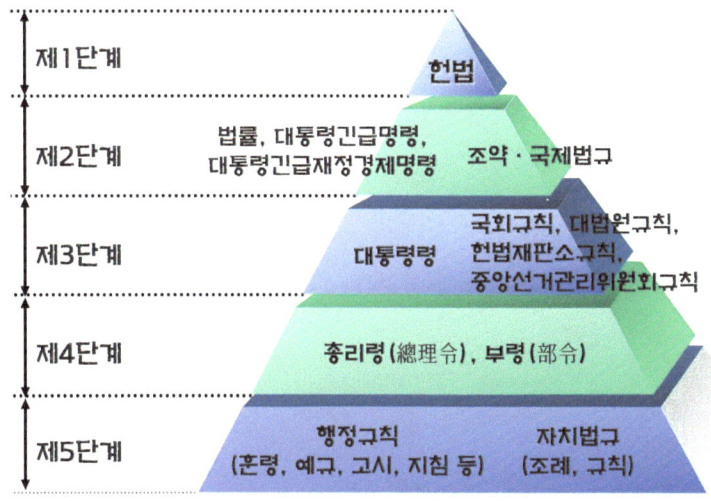

<그림 3-9> 법 형식의 위계(位階)

헌법은 모든 법의 최상위에 있으며, 그 아래로는 법률-대통령령-총리령, 부령-행정규칙과 자치법규의 순서로 이해하면 될 듯하다.

'명령(命令)'은 여러 가지로 다양하게 사용할 수 있는 개념이지만, 일반적으로는 법률과 상대되는 개념으로 사용하고 있다. 최상위의 명령은 '대통령령'이다. 이는 국가의 법령으로서 국회의 의결을 거치지 않고 행정기관에 의해 제정할 수 있다. 명령에는 법률로 위임된 '위임명령'과 그에 따른 집행을 위한 '집행명령'으로 구분하고 있다. 명령은 '법률보다 하위의 법'이므로 법률을 위배하거나, 상위에 있는 명령을 위배하는 때에는 무효가 됨을 인식하여야 한다. 법적 명칭은 '시행령'이라고 사용하고 있다.

'규칙(規則)'은 국가기관이 국회의 의결을 거치지 않고 제정하는 명령의 일종으로 넓은 의미에서 명령의 범주(範疇, category)에 포함한다고 보면 된다. 여기서는 최상위에 있는 대통령령의 하위명령을 의미하고 있다. 규칙에는 '집행규칙'과 '위임규칙'이 있으며, '명령'과 같이 상위명령을 위배할 수 없다.

'규칙'은 국회, 대법원, 헌법재판소 등의 헌법기관과 각 행정부처에서 제정할 수 있다. 행정부처에서 제정하는 규칙을 '부령(部令)'이라고 부르며, 명칭은 '시행규칙(施行規則)'으로 불리고 있음도 이해할 필요가 있다.

제 5 절

전통·비전통적 위기관리법령의 이해

1. 전통적인 위기관리법령의 의미와 종류

<그림 3-10>은 전통적 안보위협 및 위기관리에 관한 여덟 가지를 대표 법령이다.

<그림 3-10> 한국의 전통적인 위기관리와 관련한 법령 여덟 가지

① '계엄법'은 1949년 11월 24일 법률 제69호로 제정하였으며, 대통령이 선포하는 평시법(平時法)으로서 총 14개 조로 구성되어 있다. '전시, 사변 또는 이에 따르는(act on) 국가비상사태에 있어서 병력을 동원하여 군사 또는 공공(公共)의 안녕질서를 유지할 필요가 있을 때 그 지역 내의 행정·사법권의 전부 또는 일부를 군대에 맡겨 국민의 권리와 자유를 제한할 수 있도록 한 제도'이다. 1948년 10월 21일 여수·순천 사건으로 발효된 계엄령이 최초 사례였으며, 정권을 장악하거나, 유지하는 수단으로 악용되었다. <그림 3-11>은 계엄령을 선포한 주요 사건 목록이다.

선포 일자	주요 사건	비 고
① 1948.10.21.	여순반란사건	여수주둔 14연대 반란
② 1948.11.17.	제주 4·3사건	제주도 소요사태
③ 1952.5.25.	부산 정치파동	이승만 직선제 개헌
④ 1960.4.19.	4·19혁명	반독재 민주주의 운동
⑤ 1961.5.16.	5·16군사쿠데타	-
⑥ 1964.6.3.	6·3항쟁	한일협상 반대
⑦ 1972.10.17.	10월유신	박정희 장기집권 반대
⑧ 1979.10.18.	부마민주항쟁	유신독재 반대
⑨ 1979.10.27.	10·26사건	박정희대통령 피살
⑩ 1980.5.17.	5·17내란	신군부 정권 장악

<그림 3-11> 한국에서 계엄령을 선포한 주요 사건 목록

② '비상대비자원 관리법'은 1984년 8월 4일 법률 제3845호로 제정하였으며, 평시준비법이다. 현역과 예비군을 동원하기 위한 법으로 총 33개 조로 구성되어 있다. 비상기획관 또는 안전실장이라는 직책으로 운영하다가 1969년 1월 21일 김신조 일당의 청와대 기습사건(일명 1·21사태) 이후 '국가 비상기획위원회'로 발족하였다. 이후 중앙행정기관으로 있다가 2007년 4월 27일 '비상기획위원회'로 개편하였고, 2008년 2월 29일 행정안전부로 통합되며 폐지하였다. <그림 3-12>는 '국가 비상기획위원회14)'의 변천 과정이다.

- 1965. 2월, NSC 內 민방위개선위원회로 설치
- 1966. 5월, NSC 內 국가동원체제연구위원회 설치
- 1969. 3월, 민방위개선위원회 + 국가동원체제연구위원회 → 비상기획위원회로 통합 설치
- 1984. 8월, 비상대비자원관리법 제정, 국무총리실 소속기관으로 변경
- 2007. 4. 27, 비상기획위원회 → 국가비상기획위원회로 신설[新設]
- 2008. 2. 29, 국무총리실 → 행정안전부로 통합·폐지(이명박 정부)

<그림 3-12> '국가 비상기획위원회'의 변천 과정

③ '징발법'은 1963년 5월 1일 법률 제1336호로 제정하였다. '전시, 사변 또는 이에 준(準, act on)하는 비상사태하에서 군사작전을 수행하는 데 필요한 토지, 물자, 시설 또는 권리의 징발과 그 보상에 관한 사항을 규정'하고 있다.

④ '병역법'은 1970년 12월 31일 법률 제2259호로 제정하였으며, 총 97개 조로 구성되어 있다. '강제징집 주의'를 원칙으로 하면서 지원병 제도를 가미하고 있다. 병역의 의무에 관한 기본적인 사항을 규정하기 위한 법률로서 '전시·사변 또는 이에 준하는 국가비상사태에 부대의 편성이나 작전 수요의 충족을 위해 병력을 동원하고, 소집 및 전시 근로소집 등 국민의 병역의무에 관하여 규정'하고 있다.15)

⑤ '향토예비군 설치법'은 1961년 12월 27일 법률 제879호로 제정하였다. 1968년 1월 21일 북한의 김신조 일당에 의한 청와대 기습사태(일명 1·21사태)가 발생한 것을 계기로 하여 5월 29일 법률 제2017호로 전문이 개정되었다. 총 15개 조로서 '전시 및 무장공비가 침투 시 향토(鄕土, 고향마을)를 방위하기 위하여 향토예비군의 설치와 조직·편성, 동원

---

14) '국가 비상기획위원회'는 '국가비상사태에서 국가 차원의 인력과 물자 자원 등을 효율적으로 활용하는 비상대비 업무를 총괄·조정하기 위하여 설치한 국가기구'를 의미하고 있다.
15) 여기서 병역(兵役)은 현역, 예비역, 보충역, 제1·2국민역으로 구분하고 있다.

등에 관한 사항을 규정'하고 있다.

⑥ '민방위기본법'은 1975년 7월 25일 법률 제2776호로 제정하였으며, 개별법이다. 외부의 침공이나 전국·일부 지역에 인적재난이 발생했을 때 직장·지역 민방위대원을 동원하기 위한 법으로서 총 39개 조로 구성되어 있다. '민방위사태로부터 주민의 생명과 재산을 보호하기 위해서 정부의 지도하에 주민이 수행해야 할 방공(防空), 응급 방재·구조·복구를 비롯하여 군사작전에 필요한 노력 지원 등의 자위(自衛) 활동을 규정'하고 있다.

민방위의 본질은 첫째, 주민의 자위(自衛) 활동, 둘째, 인도적 활동, 셋째, 정부가 주도하고 있으나, 민간의 자율조직이며 비전투 장비와 기구를 사용하는 비군사적 활동을 추구하는 등이 활동의 핵심이라는 점을 이해할 필요가 있다.

⑦ '통합방위법'은 1995년 1월 1일 대통령 훈령 제28호(대(對) 비정규전 지침→통합방위지침)를 개정하면서부터 시작되었다. 1996년 9월의 강릉 잠수함 침투사건을 계기로 하여 통합된 '침투 및 국지도발대비작전' 수행의 필요성을 절감하였다. 이를 계기로 하여 기존의 훈령을 보완하는 과정을 거쳐 1997년 1월 13일 '통합방위법 및 시행령'으로 제정하였으며, 평시법이다.[16] 이 법은 현존하는 법 중 유일하게 대통령 훈령으로 사용하다가 법과 시행령을 뒤늦게 만든 대표적인 사례이다.[17]

적용 시기는 평시 적의 침투·도발이나 위협 또는 우발상황에서 통합방위사태를 선포하고 국가 총력전의 개념을 도입하였다. 이와 관련된 민·관·군·경, 향토예비군과 민방위대 등을 통합 운영하는 데 지장이 없도록 관련 사항 전반을 규정하고 있다.

⑧ '대통령 훈령'은 법의 하위체계로서 전통적 위기관리에 국한되지 않고 비전통적 위기관리까지 포함하는 포괄적 개념을 내포(內包)하고 있다고 보면 될 듯싶다. 훈령은 全 국민을 대상으로 적용할 수 없으며, 제한적으로 적용되는 한계가 엄연히 존재하고 있다.

---

16) 대통령 훈령의 적용 대상이 해당 부처(국방부)와 소속 구성원이기에 전 국민을 대상으로 적용할 수 없는 한계가 존재하였다. 다시 말해 구속력이 없었기에 통합방위사태를 진행하는 데 상당한 애로가 많았다. 이로 인해 뒤늦게 '대통령 훈령'을 '법'으로 보강하여야 한다는 인식이 확산한 결과물로 이해하면 될 듯싶다.
17) '통합방위법'은 원래 평시 법으로 전시(戰時, 데프콘-DEF)는 범위에 포함하지 않았으나, 2009년 9월 전시까지로 확대하면서 그 관련 범위가 한층 넓어졌다.

2. 비전통적인 위기관리법의 의미와 종류

비전통적인 안보위협 및 위기관리에 관한 법은 <그림 3-13>의 세 가지를 대표적으로 들 수 있다.

<그림 3-13> 한국의 비전통적인 위기관리와 관련한 법 세 가지

① '재난 및 안전관리 기본법'은 2004년 3월 11일 법률 제7188호로 제정하였다. 현행 법률 가운데 재난관리에 가장 기본이 되는 법률로서 포괄적인 안보개념을 반영하고 있다. 총 82개 조로 구성되어 있으며, 각종 재난으로부터 국토를 보전(保全)하고 국민의 생명과 신체, 재산을 보호하기 위하여 국가와 지자체의 재난 및 안전관리 체계를 확립하고 있다. 아울러 재난의 예방·대비·대응·복구와 그밖에 재난 및 안전관리에 필요한 사항을 규정하고 있다. 재난을 예방하고 재난이 발생하였을 때 그 피해를 최소로 줄이는 것을 국가와 지자체의 기본적인 의무로 규정하고 있음을 이해할 필요가 있다.[18]

② '자연재해대책법'은 1967년 2월 28일 최초로 법률 제1894호(풍수해대책법)로 제정하였다. 이후 1995년 12월 6일 법률 제4993호로 전면 개정하면서 명칭을 '자연재해대책법'으로 변경한 이후 총 52차례에 걸쳐 개정하였다. 총 79개 조로 구성되어 있으며, 태풍·홍수 등의 자연재해로부터 국토를 보전하고 국민의 생명·신체, 재산과 주요 기간시설(基幹施設)을 보호하기 위한 법이다. 자연재해를 예방·복구 및 그 외의 대책에 관하여 필요한 사항을 규정하고 있다.

③ '소방기본법'은 1953년 3월 11일 법률 제484호로 공포된 이후 26차례에 걸쳐 개정하였다. 2003년 5월 29일 단일법인 법률 제6893호로 재제정되었으며, 날이 갈수록 재난사고가 대형화하는 등 소방업무의 범위를 확대할 필요성이 제기되었다. 이에 따라 재난 안전을

---

18) 이러한 정신에 근거하여 기본 이념을 '모든 국민과 국가·지자체가 국민의 생명 및 신체의 안전과 재산 보호에 관련된 행위를 하는 때에는 안전을 우선으로 고려하여야 하며, 국민이 재난으로부터 안전한 사회에서 생활할 수 있도록 한다.'라고 명시하고 있다.

총괄하는 위험관리 즉, 예방점검과 사고통제, 구조·구급 기능 등 소방기능의 영역을 확대하기 위하여 소방법 체계를 새로운 법률 체계로 만들어 공포하였다.

  이 법은 화재를 예방·경계·진압하고, 화재·재난·재해 등의 위급한 상황에서 진행하는 구조·구급활동 등을 통해 국민의 생명·신체, 재산을 보호하기 위함이다. 공공의 안녕질서 유지와 복리 증진에 관한 사항을 망라하고 있다.

3. 논의 및 시사점

현행 국가위기관리 법령의 형태와 방식으로는 위기가 발생하더라도 관련 기관과 기능(영역)의 신속한 통합이나, 탄력·유기적으로 대처하기가 힘들다. 집단사고(group-think)와 이해관계집단(stakeholders)들이 미시적 관점에서 접근하는 것이기에 감수할 수밖에 없다. 위기관리 전반을 통할(統轄)하는 기준 법령이

없는 상태에서 각종 위기가 발생할 때마다 단편적인 시각에서 접근한 결과이다.

필요한 시기에 필요한 내용만 짜깁기하듯 만들어내는 법령으로는 뷰카(VUVA) 시대의 새로운 비전통적 안보 위기에 효율적인 대처를 할 수 없게 한다. 특히 법령의 발의나 집행과정에서부터 이해관계에 얽혀있기에 정작 위기 대응에 필요한 일원화나 통합된 기능과 역할을 엮어내는 자체가 불가능하다. 이러한 현실을 극복하지 못한다면, 유사한 사건·사고와 위기는 반복될 수밖에 없다. 국가(軍)를 위한 진정한 소명의식(calling)이 필요한 때이지 않나 싶다.

"기본에 충실해야 응용 동작과 과감한 결단력을 함께 발휘할 수 있다."

강의_III 한국의 국가위기관리 체계 중 '조직과 기구 편성'에 관하여 이해합시다.

학습하기 이전(以前)에 요구되는 사항

1. 한국 위기관리체계의 변천 경과와 특성을 이해하시오.
2. 한국의 국가위기 사태별 주관부처(기관)와 관계는?
3. 전통적인 위기관리기구와 조직도는?
4. 비전통적인 위기관리기구와 조직도를 이해하시오.
5. 국가재난 법령과 조직의 변천 과정을 이해하시오.
6. 행정기관별 위기관리훈련 체계의 차이점을 이해하시오.
7. 각 행정부처(기관)의 위기관리·대응과 관련한 조직을 이해하시오.
   * 소방·해경의 긴급구조 간 고유 역할과 영역은?
8. 국가재난관리체계를 이해하시오.
   * 중앙재난안전대책본부–중앙안전관리위원회와의 관계는?
9. 재난현장 통합지원본부의 운영체계를 이해하시오.
   * 재난사태와 특별재난지역의 차이점은?
10. 중앙재난안전대책본부와 중앙재난사고수습본부의 차이점을 이해하시오.
11. 국가위기관리기구의 취약요인을 이해하시오.
12. NGO와 INGO의 공통점과 차이점을 이해하시오.

제4장

한국의 국가위기관리체계(조직과 기구 편성)

제1절 개요

제2절 국가 위기관리체계의 변천(變遷) 과정

제3절 논의 및 시사점

제 1 절

개 요

국가위기관리 조직은 '과정을 중심'으로 운영하는 일상적인 관료조직과는 다르게 '결과를 중심'으로 운영되어야 한다. 이를 위해 현장 관리조직에 최대한 많은 재량권을 부여함으로써 필요한 조치가 제때 이루어져야 한다. 하지만 현실에서 이렇게 되는 경우는 거의 없다고 봄이 정확하지 않을까 싶다. 한국의 경우 위기관리 조직과 기구는 위기의 발생 유형과 관리단계별로 주무 부처(기능 또는 영역)가 분권화되어 있다.

청와대의 국가안보실이 총괄 컨트롤-타워 역할을 담당하고 있으며, 정부의 각 관련 부처가 사태의 유형에 따라 분야별로 위기관리를 담당하고 있다. NSC는 역대 정부의 성향에 따라 개편 및 폐지 등의 우여곡절을 겪고 있다. <그림 4-1>은 한국의 국가위기별 주관부처(부서) 현황이다.

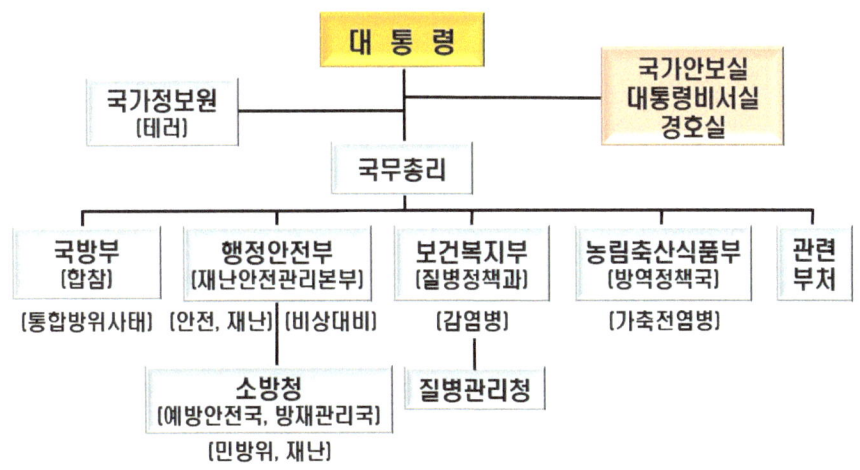

<그림 4-1> 한국의 국가위기별 주관부처(부서) 현황(2021)

국가안보실은 총괄 컨트롤-타워 역할을 맡고 있지만, 위기관리 선진국과는 달리 결심 및 대응을 위한 기구라기보다는 이견(異見)을 조율 및 종합하는 의사결정기구라고 봄이 더 정확하지 않을까 싶다. 전통적 안보 위기가 발생할 때는 NSC가 중심이 되어 활동하지만, 실질적인 대응조치보다는 대외적인 발표나 힘을 한 방향으로 모은다는 모양새를 갖추

는 모습에 치중하여왔음이 사실이다. 더욱이 비전통적 안보위협 즉, 비군사·초국가적 안보위협에 대하여는 관련 부처의 장(장관)이 분야별 위기관리의 컨트롤-타워 임무를 수행하기에 실질성과 실효성 측면에서 큰 성과를 내지는 못하고 있다.

통합방위사태가 발령되면, 합참은 「통합방위법」에 근거하여 국방부 소속에서 국무총리실 간사기관으로 전환하여 임무를 수행하게 되어있다. 안전·재난·비상대비와 관련한 사태가 발생하면, 행정안전부가 「비상대비 자원관리법」, 「민방위기본법」, 「재난 및 안전관리 기본법」에 근거하여 임무를 주도하고 있다. 이때 민방위와 재난 분야는 「자연재해대책법」, 「지진재해대책법」, 「재해구호법」, 「소방기본법」에 따라 소방청이 담당한다. 최근 새로운 안보위협으로 등장한 사스(SARS), 코로나-19 등과 같은 감염병이 발생하면, 「감염병의 예방 및 관리에 관한 법률」에 따라 보건복지부와 질병관리청이 관련 업무를 주도하고 있다.[1] 가축 전염병이 발생하면, 「가축전염예방법」 등에 따라 농림축산식품부(방역정책국)에서 임무를 주관한다. 테러 관련 사태는 국가정보원이 「테러방지법」에 근거하여 주도하고 있다. 이외에도 위기 유형에 따라 관련 부처의 장(장관)이 위기관리와 대응을 주관하게 되어있다.

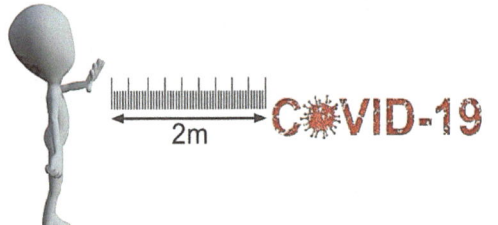

특히 국가위기를 관리하는 정부 부처의 장이 유사하거나, 같은 직책으로 중복된 현실은 예의 주시할 필요가 있다. 각종 의사결정 체계가 국무총리를 위원장으로 하는 위원회 형식으로 되어있는 방식과 정부 부처의 장이 관련 실무를 총괄하는 방식으로 정형화되어 있는 패턴은 외형에 치우쳐 있음을 나타내고 있다. <표 4-1>은 대표적인 국가·군사위기 유형별 관리체계 현황을 정리하였다.

<표 4-1> 대표적인 국가·군사위기 유형별 관리체계 현황

구 분	최종 책임	주무 책임기관장	관련 법
전시 국가동원	국무총리	행정안전부 장관 (이하 행안부장관)	비상대비 자원관리법, 전시자원 동원에 관한 법률
민방위 사태	국무총리 (협의회 의장)	행안부장관(본부장), 소방청장	민방위기본법, 재난·안전관리기본법

---

1) 학습 목적상 일반적인 의미에서 공개되어있는 정부 부처의 임무와 역할을 중심으로 개념을 정리하였다. 최근 회자(膾炙)되고 있는 '청와대 방역기획비서관'의 임무와 역할은 다소 모호한 부분이 존재하기에 제외하였다.

통합방위 사태	국무총리 (협의회 의장)	합참의장 (통합방위본부장)	통합방위법, 향토예비군 설치법
테러리즘	국무총리 (대책회의 의장)	국정원장 (대테러센터장)	테러방지법, 대통령 훈령 제47호
재 난	국무총리 (중앙위원회 위원장)	행안부장관(중앙대책조 정위원회 위원장), 소방청장	재난·안전관리기본법
국가기반 체계(안전)	국무총리 (중앙위원회 위원장)	행안부장관 (중앙대책본부장)	관련 분야별 법령
전자적 침해행위	국무총리 (위원장)	과학기술정보통신부장관	정보통신 기반 보호법

이러한 현상들은 평시의 예방 및 대비보다 사후(事後) 조치와 대응에 중점을 두고 있음을 여실하게 보여주고 있다. 더욱이 다양한 유형의 위기상황이 발생했을 때 정부 부처의 장이 각종 기구와 위원회 등의 책임자로 산만하게 벌려져 있는 문제점들을 종합적으로 검토하여 개선할 필요가 있다.

제 2 절

국가위기관리체계의 변천(變遷) 과정

1. 전통적인 위기관리기구의 변천

한국은 1953년 6월 최초의 국가안보정책 심의기구로 '국방위원회'를 설치하였다. 대통령이 10명[2])의 위원을 주재(主宰)하는 기구였으나, 휴전 이후 유명무실(有名無實)한 기구로 전락하였다. 이는 역대 대통령의 성향에 따라 차이가 난다고 봄이 정확한 평가다. 특히 박정희, 김대중, 김영삼 대통령 시절에는 개인적인 소신과 고집이 뚜렷했기에 해당 기구 자체가 본래의 개념에서 운영될 수 없었고, 고유의 역할을 하지 못했다.

1963년 12월 17일 안보회의를 관장(管掌)하기 위하여 새로이 사무국에 '정책기획실'과 '조사동원실'을 설치하고 사무국 직원 47명을 선발하였다. 1964년 11월 실무자 회의를 설치하여 관련 부처 간 원활한 실무 협조와 사전(事前) 조정에 노력하였으나, 결국 1969년 9월 폐지되었다.

1971년 8월 안보회의 산하에 동원업무를 전담하는 '비상기획위원회'를 설치하고 안보회의 업무를 담당하도록 34명을 다시 선발하였다. 1974년 12월 사무국을 2실 6담당관제로 확대하면서 정원도 88명으로 늘렸다. 1979년 위원회를 안보회의 산하에서 국무총리실 보좌기구로 전환하고 21명으로 축소하였다. 1981년부터 1986년에 걸쳐 사무국과 행정실을 폐지하면서 다시 15명으로 감축하였다.

2003년 3월 기존의 '사무처'와 '외교안보수석실'을 통합하고 80여 명으로 확대했다가 2006년 5월 30명으로 축소하였다. 2008년 2월 이명박 정부는 NSC의 '사무처' 기능을 '대통령실'로 이관하면서 아예 '사무처'의 기능을 폐지하였다.

2014년 박근혜 정부는 다시 'NSC 상임위원회'와 '사무처'를 설치하였으며, 2017년 사무처장을 비서관으로 상향 조정하면서 지금의 '국가안보실'과 'NSC'에 이르게 되었다.

---

2) ① 대통령, ② 국무총리, ③ 외교부 장관, ④ 통일부 장관, ⑤ 국방부 장관, ⑥ 국가정보원장, ⑦ 행정안전부 장관, ⑧ 대통령비서실장, ⑨ 국가안보실장, ⑩ 국가안보실 제1차장, ⑪ 국가안보실 제2차장

1.1. 국가안전보장회의(NSC)

NSC는 1963년 대통령의 자문에 응하기 위하여 설치된 대통령 직속의 자문기관으로서 헌법 제91조[3])와 정부조직법 제15조 1항[4])에 근거하고 있다. <그림 4-2>는 국가안보실 조직도이다.

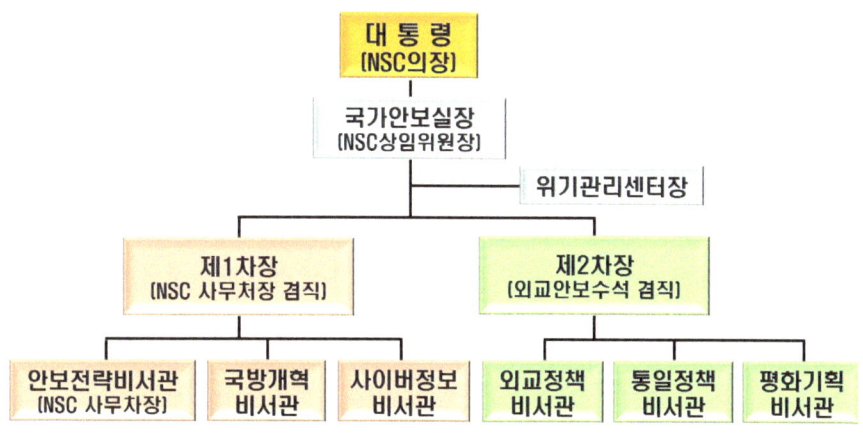

<그림 4-2> 한국의 국가안보실 조직도(2021)

국가안보실은 NSC 상임위원장을 겸임하는 국가안보실장과 NSC 사무처장을 겸직하는 제1차장, 외교안보수석이 겸직하는 제2차장으로 구성하고 있다. 국가안보실은 과거 대통령비서실에 있던 외교안보수석실을 확장한 형태로 이해하면 좋을 듯싶다.

1.2. 역대 정부 NSC의 주요 변천 과정

김대중(문민) 정부는 안보정책의 결정 과정을 체계화하고 국가위기관리 능력을 강화하기 위하여 1998년 NSC에 '상임위원회'와 '실무조정위원회', '정세평가회의'를 설치하였다. 노무현(참여) 정부는 NSC 사무국을 가장 큰 규모로 설치하고 운영하였다. 2004년 포괄

---

3) 헌법 제91조: ① 국가 안전보장에 관련되는 대외정책, 군사정책과 국내정책의 수립에 대하여 국무회의의 심의에 앞서 대통령의 자문에 응하기 위하여 국가안전보장회의를 둔다. ② 국가안전보장회의는 대통령이 주재한다. ③ 국가안전보장회의의 조직, 직무 범위와 같이 필요한 사항은 법률로 정하고 있다.
4) 정부조직법 제15조 1항: ① 국가안보에 관한 대통령의 직무를 보좌하기 위해 국가안보실을 둔다. 이 근거에 따라 국가안보와 국민의 안전을 위한 사령탑으로 총괄 control-tower 역할을 담당하고 있다.

안보 개념을 도입하면서 총 33개의 국가위기관리 매뉴얼을 만들고 실무 차원에서 시행할 수 있도록 조치하였다. 이때부터 위기를 관리 및 대응할 때 전통적 안보는 군사·정치 분야를, 비전통적 안보는 국가 핵심기반시설·재난 분야로 판단하는 계기가 되었다.

이명박 정부는 출범한 직후에 국정운영의 효율성을 기하고 대외·군사정책에 대한 대통령의 자문 기능을 강화하기 위하여 「국가안전보장회의법」을 개정하고 NSC 사무처의 기능을 대통령실장(지금의 대통령비서실장) 산하의 외교안보수석비서관실로 이관하고 NSC 사무처를 폐지하였다.[5]

박근혜 정부는 북한의 도발과 급변사태 가능성, 그리고 주변국의 긴장 상황 등을 고려하여 NSC 산하에 폐지되었던 상임위원회와 사무처를 다시 설치한 다음 '국가안보실'로 확대 개편하면서 '국가안보실장'을 장관급 직위로 격상하였다.[6]

문재인 정부는 참여정부 때의 NSC 기능을 복원시켰으며, 박근혜 정부 때 설치된 '국가안보실'의 기능을 그대로 유지하고 있다. 이는 대통령-국가안보실장으로 이어지는 위기관리에 대한 정상적인 통제 기능과 운영체계를 확립하고자 하는 목적이라고 강조하고 있다.[7]

---

[5] 금강산 관광객 피살(2008), 천안함 피격(2010), 연평도 포격(2010) 등이 발생했을 때 여러 가지의 문제점을 표출하였다.

[6] 개성공단 철수(2013), 세월호 침몰(2014), 메르스 사태(2015), 주한미군 사드 배치(2017) 등에서 여러 가지의 문제점을 표출하였다.

[7] 연평도 해역 공무원 피격 사망(2020), 남북공동연락사무소 폭파(2020), 북한 미사일 시험 발사, 韓·美 연합훈련 등에서 여러 가지의 전략적 모호성을 유지하고 있다.

2. 비전통적인 위기관리기구의 변천

2.1. 위기관리기구의 변천 과정

한국의 비전통적 위기관리는 전통적 안보 위기 이외에 재난, 국가 핵심기반에 대응하는 체계를 구축하여 진행하고 있다. 대규모 자연재해·사회적 재난 분야의 비전통적인 위기관리기구는 중앙정부(행정기관)와 지방자치단체(이하 지자체)의 위기관리기구로 이원화되어 있다. 중앙정부의 위기관리기구는 행정안전부의 '재난안전관리본부'가 모든 비전통적 국가위기 상황에 총괄-기획-조정하는 등의 통합 대응하는 역할을 담당하고 있다. 각종 재난과 민방위 운영, 안전관리정책을 총괄하면서 정책의 기획 및 제도 개선과 관련한 법령 전반을 정비하는 기구로도 운영하고 있다. <그림 4-3>은 국가재난 법령과 행정부처의 조직이 변천된 과정을 정리하였다.

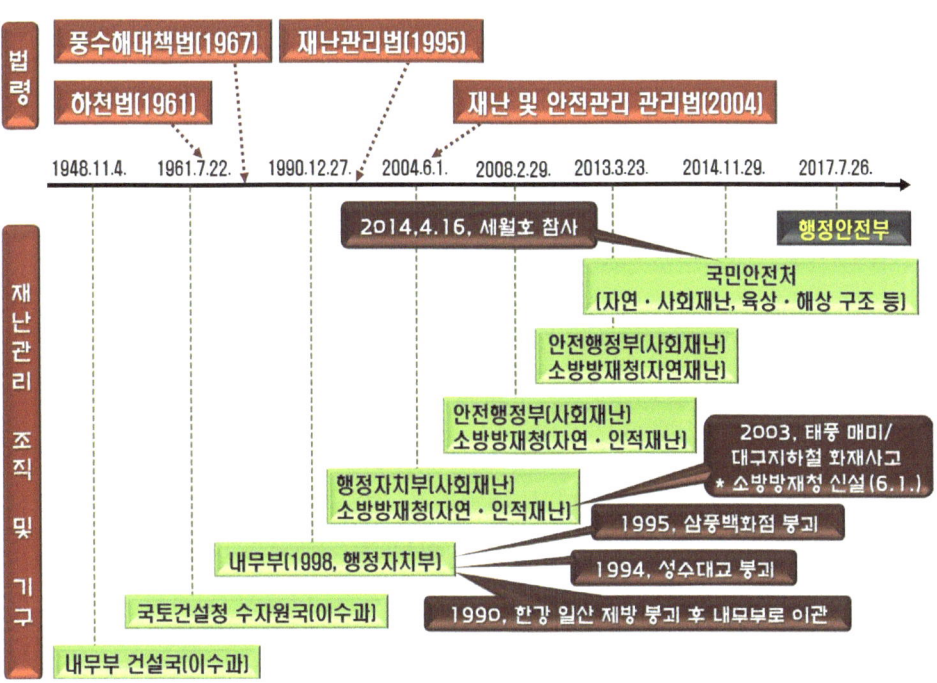

<그림 4-3> 한국의 국가재난 법령과 행정부처의 변천 과정

 범(凡)정부 차원의 통합된 대응이 필요할 때는 국무총리가 총괄기구인 '중앙재난안전대책본부'의 총괄본부장으로서 주도적인 권한을 행사하고 있다. <그림 4-4>는 국가재난에 대응하는 중앙정부- 지자체-軍 간에 종합한 국가재난 대응체계도다.

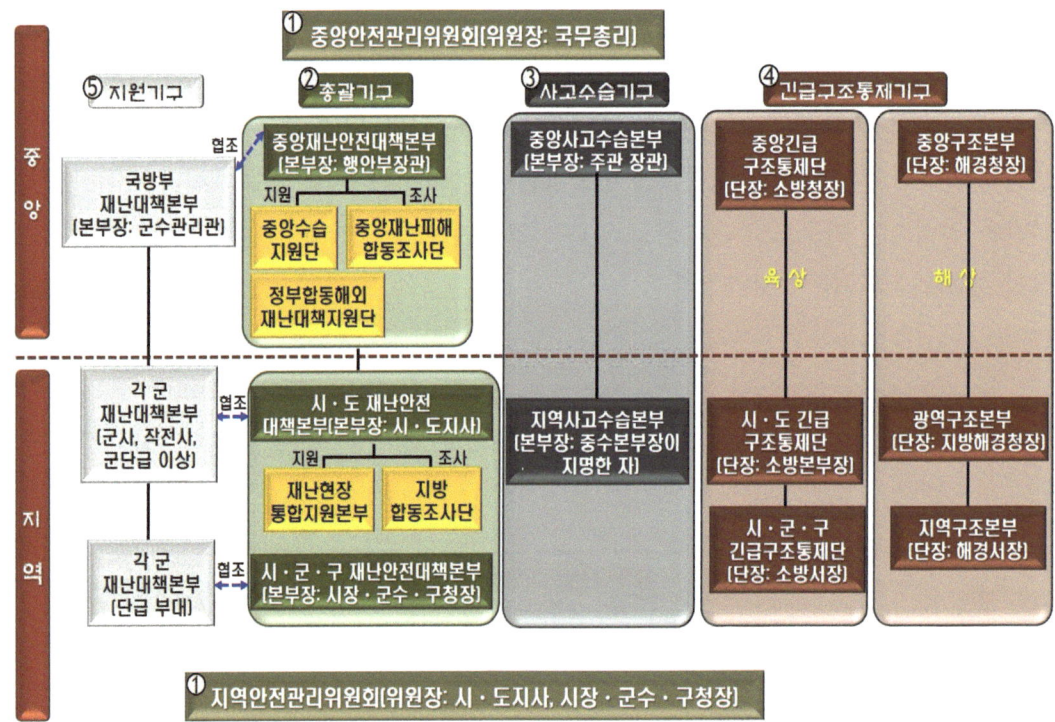

<그림 4-4> 중앙-지역-軍 간의 국가재난 대응체계도(2021)

 재난대응체계는 심의기구와 총괄기구, 대책기구, 지원기구로 구분할 수 있다. ① 심의기구는 '중앙안전관리위원회'와 '지역안전관리위원회'를 지칭하는 용어이다, <표 4-2>는 심의기구의 목적과 구성 등을 정리하였다.

<표 4-2> 심의기구의 목적과 구성, 주요 역할

구 분	'중앙안전관리위원회'	'지역안전관리위원회'
목 적	중앙단위의 재난 안전관리에 관한 주요 정책 등을 심의	지역별 재난 안전관리에 관한 주요 정책 등을 심의
구 성	위원장(국무총리)과 위원(중앙의 행정기관 및 관련 기관의 장)	위원장(지자체장)과 위원(지자체 주요 보직자) * 책임 관계기관과 단체장
주요 역할	재난사태와 특별재난지역의 선포에 관한 사항	재난사태와 특별재난지역의 선포를 건의 등

② '총괄기구'는 '중앙재난안전대책본부(이하 '중대본')'와 '지역재난안전대책본부(이하 '지대본')'로 설치 운영하고 있다. <표 4-3>은 '총괄기구'의 구성과 권한, 주요 기능을 정리하였다.

<표 4-3> '총괄기구'의 구성과 권한, 주요 기능

구 분	'중대본'	'지대본'
목 적	중앙단위 재난 안전대책과 조치, 지원·조사, 협조 등을 진행	지역단위 재난 안전대책과 조치, 지원·조사, 협조 등을 진행
구 성	<u>행안부장관(본부장)</u> * 대규모 재난 시 국무총리 등 상황에 따른 확대·개편이 가능	<u>지자체장(본부장)</u>
주요 기능	・중앙수습지원단: 전문가를 현장에 파견, 재난 수습을 지원 ・중앙 재난피해 합동조사단: 피해조사와 복구계획을 수립	・관할 구역의 책임기관장에게 필요한 지원을 요청 ・지역 재난피해 합동조사단을 운영

재난 수습의 일차적 책임을 지고 있는 시·군·구 재난안전대책본부장은 '재난현장통합지원본부'를 설치 운영하되, 긴급구조 통제 단장의 현장 지휘에 협력하여야 한다. 대책기구는 ③ '사고수습기구'와 ④ '육·해상의 긴급구조통제기구'로 구분할 수 있다. '사고수습기구'로는 '중앙사고 수습본부(이하 '중수본')'와 '지역사고 수습본부(이하 '지수본')'로 설치 운영하고 있다. <표 4-4>는 '사고수습기구'의 구성과 권한, 주요 기능을 정리하였다.

<표 4-4> '사고수습기구'의 구성과 권한, 주요 기능

구 분	'중수본'	'지수본'
구 성	재난관리 주관기관장 즉, 해당 부처의 장관(본부장)	중수본부장이 필요할 때 구성하여 운영
권 한/ 주요 기능	・재난 수습에 필요한 범위 내에서 지역재난안전대책본부를 지휘 ・재난관리 책임기관장에게 필요한 지원을 요청・협조	・중수본부장 책임하에 재난관리 책임기관장에게 필요한 지원을 요청・협조

중수본부장의 요청을 받은 재난관리책임기관장은 특별한 사유가 없는 한 요청에 따라야 한다. 그는 필요한 경우 시장・군수・구청장을 지휘할 수 있으며, 시・군・구 '지대본'이 운영되는 경우에는 해당 본부장을 지휘할 수 있다. 예를 들면, 코로나-19와 같은 감염병이 발생 시 주관기관장은 보건복지부 장관이고, 대형 산불은 산림청장이 주관기관장이다. 그리고 대책기구에 힘을 보태는 지원기관으로 ⑤ '국방부 재난대책본부'와 '각 군 재난대책본부'가 설치 및 운영되고 있다. 국방부의 재난대책본부장은 '군수관리관'이다. 각 군의 재난대책본부장은 군사령부는 군사령관이, 작전사령부는 작전사령관이, 군단급 이상 부대는 해당 지휘관이 본부장으로 지원 임무를 수행하고 있다.

2.2. 국민안전처[8])의 신설과 폐지에 대한 이해

2014년 4월 16일 세월호가 침몰한 이후 안전행정부의 안전분야와 소방방재청, 해양경찰청의 안전분야가 분산되어 문제가 된다는 판단에 따라 통합 및 일원화하기 위해 같은 해 11월 19일 '국민안전처'를 신설하였다. 당시 목적은 네 가지였다. 첫째, 안전 및 재난에 관한 정책 전반(全般)을 총괄하며 이에 관한 계획의 수립 및 조정, 비상대비와 민방위 업무, 소방 및 방재(防災) 업무, 해양에서의 경비와 안전, 오염 방제(防除) 및 해양사건과 관련한 수사를 전담하기 위한 통합 및 일원화가 필요하였다. 둘째, 대형 재난에 대응할 때 주무기관장을 국민안전처장이 아니라 국무총리(중앙재난안전대책본부장)로 하면서 대형 재난대응의 기준이 모호해져 지휘체계에 혼란이 발생하였다. 셋째, 해양경찰청을 해체하다 보니 독도를 비롯한 해상안보에 공백이 생길 수밖에 없었다. 넷째, 국무총리의 권한이 제대로

---

8) '국민안전처(MPSS-Ministry of Public Safety and Security)'는 안전 및 재난에 관한 정책의 수립・운영 및 총괄과 조정, 비상대비, 민방위, 방재(防災), 소방, 해양에서의 경비・안전・오염 방제 및 해상에서 발생한 사건의 수사에 관한 사무를 관장하던 중앙행정기관이다.

보장되어있지 않기에 국무총리에게 재난대응의 총괄 책임을 부여하는 것이 무책임하다는 지적 등이 있었다. 이후 여러 단계를 거쳐 2017년 7월 26일 행정안전부와 소방청, 해양경찰청이 다시금 부활 및 개편되면서 아예 폐지되었다.

2.3. 행정안전부

행정안전부는 1948년 11월 '내무부와 총무처'로 출범하였다. 1991년 11월 '경찰청'을 외청으로 신설하였고, 1998년 2월 내무부와 총무처를 통합하여 '행정자치부'를 설치하였다. 2004년 6월 '소방방재청'을 외청으로 하면서 2008년 2월에 일부 정부 부처의 기능을 통합시켜 '행정안전부'가 되었다. 2013년 3월에 '안전행정부'로, 2014년 11월 다시 '국민안전처'를 통합한 '행정안전부'가 재난대응의 주무 기관 역할을 한다. <그림 4-5>는 비전통적인 위기관리 분야에서 핵심적인 역할을 맡은 '재난안전관리본부'의 조직도[9] 현황이다.

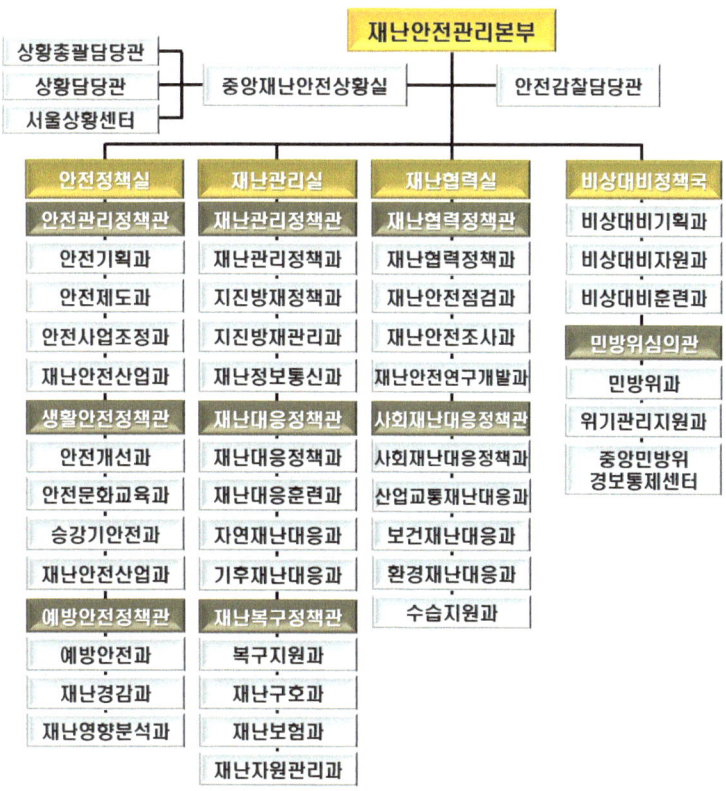

<그림 4-5> '재난안전관리본부'의 조직도 현황(2021)

---

9) 행정안전부 홈페이지(https://www.mois.go.kr/) (검색일: 2021년 3월 13일).

 잠깐, 재난의 유형(類型)과 요인(要因)에 대하여 구분할 수 있어야 하기에 문제7)을 풀이하면서 이해하는 시간을 가져보자.

> 문제7) 아래의 항목에서 '자연적 재난', '인위·사회적 재난'에 해당하는 항목을 선택하시오
> ① 태풍 ② 교통사고 ③ 화재 ④ 지진 ⑤ 낚싯배 충돌사고
> ⑥ 해상사고 ⑦ 미세먼지 ⑧ 대설(大雪) ⑨ 황사

* key-word
 - 자연적 재난: 지질·지형·기후적 요인
 - 인위적 재난: 환경·시설 요인
 - 사회적 재난: 사회·정책적 요인

2.4. 소방청

소방청은 미군정 시대인 1946년부터 1948년까지 '소방위원회'로 출발하였다. 정부가 수립된 이후인 1948년 내무부 치안국 '소방과'로 전환하였고, 1953년 3월 '소방법'을 제정하였다. 1975년 8월 내무부 '소방국'으로 승격하였다. 1992년 4월 '시·도 소방본부'가 설치되었으나, 1995년 1월에 지방직 공무원으로 신분이 전환되었다. 2004년 6월 '소방방재청'이 되면서 '소방방재청'은 국가직으로, '시·도 소방본부'는 지방직 공무원으로 확정하였다. 2014년 11월 7일 정부조직법을 개정하면서 '국민안전처'를 신설하는 과정에서 '소방본부'로 축소되는 등의 수많은 우여곡절을 거쳤다. 2017년 7월 26일 다시 '소방청'으로 재출범하였으나, 이때만 하여도 1973년 2월 '지방공무원법'의 제정으로 신분은 국가·지방직 공무원으로 이원화되어 있는 상태였다. 이는 새로운 비전통적 위협이 커지면서 책임소재를 두고 논란이 불거졌다. 공동 대응체계가 불가능하다는 현실은 위기 대응에도 상당한 어려움으로 작용하였다.

소방청은 '중앙119구조본부'를 포함한 21개의 '소방본부'와 '소방서'가 편성되어있다. '소방본부'는 각 시·도 직할 기관이기에 엄밀하게 말하면, 소방청의 소속기관이 아니라 지자체에 소속된 국가 공무원 조직으로 이해하면 좋을 듯싶다. <그림 4-6>은 '소방청'의 조직도10) 현황이다.

---

10) 소방청 홈페이지(https://www.nfa.go.kr/) (검색일: 2021년 3월 13일).

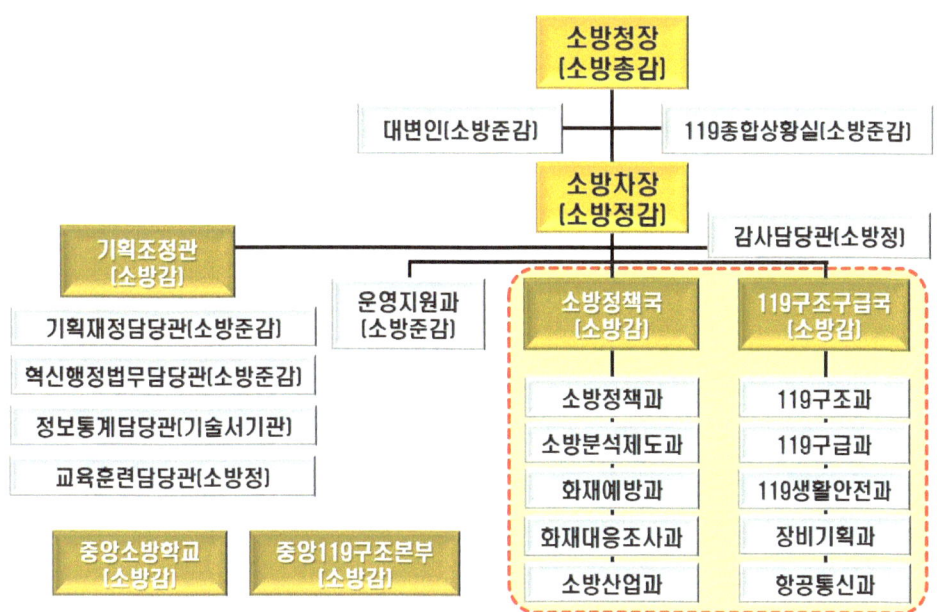

<그림 4-6> '소방청'의 조직도 현황(2021)

2020년 4월 1일부로 소방관의 신분이 국가 공무원으로 전환되었지만, 소방업무는 '자치사무(自治事務, 또는 지방 사무)'이기에 원칙적 측면에서 현행과 같이 업무를 진행하고 있다. 한편 시·도 소방본부에 대한 인사와 지휘·감독권은 시·도지사에 위임되어 기존과 같이 권한을 행사하지만, 신규채용 시험은 소방청장이 주관하고 있다.

2.5. 해양경찰청

'해양경찰청(이하 해경청)'은 1953년 12월 내무부 치안국 소속의 '해양경찰대'로 출범하여 1991년 7월까지 활동하였다. 이후 경찰청 소속인 해양경찰청으로 개편하고 임무를 수행하였으나, 1996년 8월 '해양수산부'의 외청으로 독립하였다. 2008년 2월 '국토해양부'의 외청(外廳)으로 전환되었다가 2013년 3월 '해양수산부'로 복귀하였다. 2014년 세월호 사고의 여파로 '국민안전처' 예하의 '해양경비안전본부'로 축소되었으나, 2017년 7월에 지금의 '해양수산부' 외청인 '해경청'이 되었다.

<그림 4-7>은 '해경청'의 조직도[11] 현황이다.

---

11) 해경청 홈페이지(http://www.kcg.go.kr/) (검색일: 2021년 3월 13일).

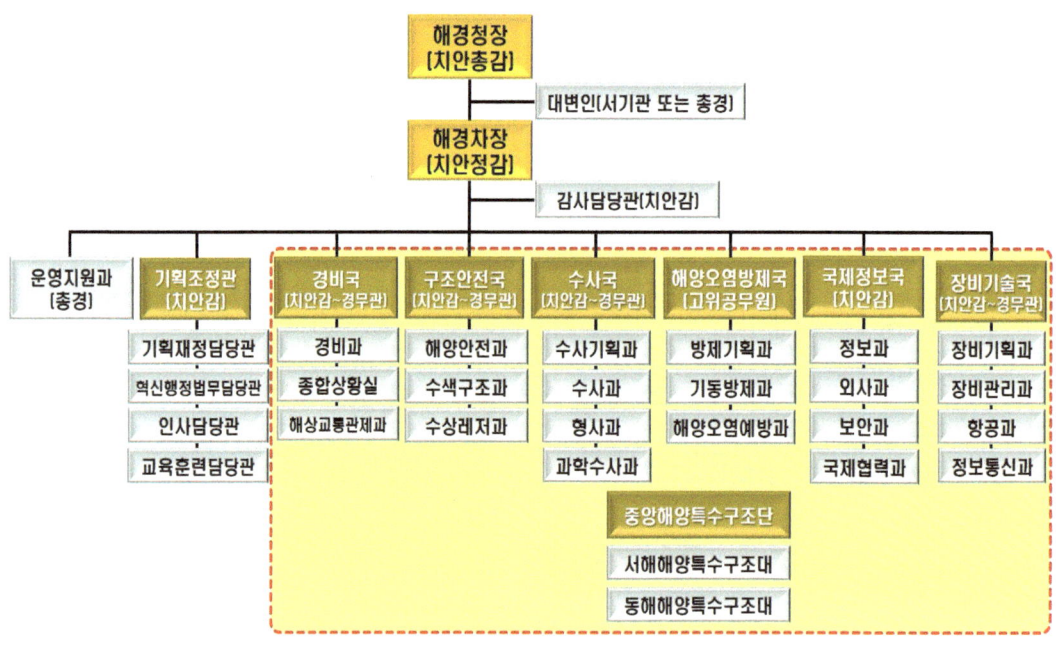

<그림 4-7> '해경청'의 조직도 현황(2021)

'중앙해양특수구조단'은 2014년 12월 23일 또 다른 대형 참사를 막기 위해 부산에서 창단하였다. 원래는 일본 해상보안청의 '특수구난대'를 그대로 답습(踏襲, copy)하여 해상 특수재난에 대응한다는 개념이었다. <표 4-5>는 일본 특수구난대와 한국의 중앙해양특수구조단을 비교한 현황이다.

<표 4-5> 일본 '특수구난대'와 한국 '중앙해양특수구조단'의 비교

구 분	일본의 '특수구난대'	한국의 '중앙해양특수구조단'
규모/위치	특수잠수사 36명(하네다 공항) * 1개팀(5~6명)이 항시 대기	특수잠수사 36명(김해공항) * 15km 이격, 1개팀(3명)이 대기
전용비행기(헬기)/격납고	전용비행기 　 전용격납고	없음
전용 훈련장	전용훈련장1 　 전용훈련장2	없음

 잠깐, 대규모 재해와 재난이 발생했을 때 정부 활동만으로 제한될 수 있는 현장에 비정부기구의 활동들이 상당히 활성화되어있다. 문제8)과 문제9)을 풀이하면서 이해하는 시간을 가져보자.

문제8) 비정부기구에서 NGO와 INGO의 차이점을 설명하시오
① NGO   ② INGO

문제9) NGO와 INGO 단체를 선택하고 주로 어떠한 활동을 하고 있는지에 대하여 설명하시오.
① 국경없는의사회   ② 참여연대   ③ 환경운동연합   ④ 경실련
⑤ 녹색연합   ⑥ 그린피스   ⑦ 국제엠네스티   ⑧ 월드비전

* key-word
 - NGO(non-governmental organization): 한 국가 내에서만 활동하는 단체
   예) 참여연대, 환경운동연합, 한국여성단체연합, 녹색연합, 경실련 등
 - INGO(International non-governmental organization): 여러 나라의 특정한 문제를 다루기 위하여 세계 여러 나라에 전진 기지들을 갖춰놓고 활동하는 단체
   예) 그린피스(핵무기 반대와 환경보호단체), 국제 엠네스티(인권단체)[12], 월드비전(기독교 민간구호단체) 등

---

12) 국제 앰네스티 한국지부 홈페이지(https://amnesty.or.kr/)

제 3 절

논의 및 시사점

국가위기관리에 대한 개념이 법과 제도, 조직 체계의 발전에 심대한 영향을 미치고 있음은 일반적인 사실이다. 한국의 국가위기관리 개념은 처음 형성될 때부터 위기와 재난의 개념이 혼재되었다. 이로 인하여 용어의 혼란과 국가위기의 수준과 영역은 정립되지 못한 상태로 있지 않나 싶다. 필요에 따라서 각기 개별 법령으로 제정되고 있기에 조직은 분산되고, 관련 기구와 체계는 중복되어 자원과 관리의 효율적인 운용도 어렵게 되어있다. <표 4-6>은 국가위기관리조직과 관련 체계를 발전하기 위해서는 개선 및 정립할 필요가 있는 여섯 가지 분야를 정리하였다.

<표 4-6> 한국의 국가위기관리체계와 조직의 정립 및 개선을 위한 여섯 가지 분야

첫째, 국가위기의 개념은 최대한 단순하고 명확하게 정립해야 한다.
  전통·비전통적 위기로 구분하되, 영역과 의미는 구체적으로 구분하여 정리할 필요가 있다.
둘째, 국가위기관리의 기본방향을 정립할 때 분야별 분산된 기능은 통합하여야 하고 위기 및 비상사태가 발생했을 때 운용되는 자원의 관리나 활용 분야는 최대한 일원화하여야 한다.
셋째, 관련 기관과 기능은 통합·유기·탄력적인 운영이 가능하도록 여건과 제도적 측면에서 뒷받침하여야 한다.
넷째, 총괄 컨트롤-타워의 기능을 강화하되, 법적 개념을 형성하는 과정을 소홀하게 취급하면, 실질적인 통합 운용이 어렵다는 측면에서 선진국 위기관리체계의 장점을 접목할 필요가 있다.
다섯째, 개별 법령에 근거하여 운영되는 각종 위원회 또는 기구 등은 최대한 통폐합을 할 수 있도록 노력해야 한다.
여섯째, 한국적 상황 및 여건을 고려한 개념과 조직 체계가 정비 및 개선되어야 함을 잊지 않아야 한다.

"기본과 원칙을 모르는 상태에서 승리를 논(論)하기는 불가능하다."

강의_IV 주요 국가의 위기관리 체계 전반(全般)에 관하여 이해합시다.

학습하기 이전(以前)에 요구되는 사항

1. 韓·美 간 위기가 발생했을 때 가지는 인식과 태도에 있어서의 공통점과 차이점을 이해하시오.
2. 미국의 국가 위기관리체계를 대표하는 기준 법령은?
3. 미국과 한국 국가안전보장회의(NSC)의 차이점이 있다면?
4. 미국의 국가위기관리 법령과 주요 기구의 역할과 특징을 이해하시오.
   * 위기관리 기구의 구성 및 체계는?
5. 미국의 국가위기 시 예방-대비-대응-복구를 주도하는 3대 기관(軸)의 기본 개념을 이해하시오.
   * 국토안보부(DHS)의 5대 기능과 통합재난관리시스템(IEMS)
   * 연방 재난관리청(FEMA)의 6대 목표는?
   * DHS와 FEMA의 관계 설정에서 강점(强點)은?
6. 일본 국가위기관리기구의 역할과 특징을 이해하시오.
   * 국가안전보장회의(NSC)와 내각관방의 역할은?
   * 긴급사태 발생 시 초기대응체계와 진행절차는?
7. 러시아 국가위기관리기구와 위기대응체계 및 수준을 이해하시오.
8. 이스라엘 국가위기관리기구와 대응체계를 이해하시오.
   * 연방정부의 위기관리 기구 구성 및 체계는?
9. 스위스 국가위기관리기구와 대응체계를 이해하시오.
   * 연방정부의 위기관리 기구 구성 및 체계는?

제5장

주요 국가의 국가위기관리체계

제1절 개요

제2절 미국의 국가 위기관리체계

제3절 일본의 국가 위기관리체계

제4절 러시아의 국가 위기관리체계

제5절 이스라엘의 국가 위기관리체계

제6절 스위스의 국가 위기관리체계

제7절 논의 및 시사점

제 1 절

개 요

　국가의 위기관리체계와 관련 기구는 안보환경의 변화에 맞게 구축되어야 실효성을 담보할 수 있다. 따라서 전통・비전통적 안보위협을 아우를 수 있게 포괄적 안보개념의 국가 위기관리체계를 설치 및 운영하는 주요 국가의 사례를 탐구하는 노력이 필요하다. 이를 통하여 한국 국가 위기관리체계의 현실적인 문제점을 진단하고 나아갈 방향성(directivity)을 구체적으로 설정할 수 있다.

　여느 국가를 가리지 않고 자신들의 환경과 특성에 맞는 고유의 위기관리 법령과 체계, 조직 구조와 핵심 기능, 그리고 운영 측면을 갖추려고 노력한다. 국가의 위기관리 시스템을 정립하기 위해서는 해당 분야에 필요한 법령을 제정하여야 하며 어떻게 능률적인 조직으로 편성 및 운영할 것인지가 중요하다.

　대다수 국가가 유사한 처지(환경)에 있지만, 한국은 세 가지 측면에서 더 변화 주기(transition period)가 가파르다. 첫째, 정부의 성격에 따라 정파적 이익을 국가이익에 우선시하는 경향이 많다. 둘째, 정파 내부적으로도 파벌(계파) 간 권력 다툼 현상이 유독 심하다. 셋째, 이해관계집단(stakeholders)의 물고 물리는 관계들이 집단사고(group-think)로 엮이고 있는 데다가 대다수 밀실・폐쇄적인 상태로 진행하고 있다. 이로 인해 긍정적인 산물이 나오지 않는 현상은 태생적으로 이합집산이 가능하도록 만들고 있다. 이는 위기관리 기준법과 관련 체계가 아직도 정립되지 못한 현실과도 궤(軌)를 같이하고 있다고 보면 된다.

　따라서 한국 위기관리체계의 현실적 어려움과 한계를 극복하기 위하여 주요 국가의 위기관리 체계를 통해 '왜(why)' 이러한 현상이 발생하는지, '어떻게(how)' 되어있으며, '무엇을(what)' 하고 있고 무엇을 해야 하는지에 대하여 탐구할 필요가 있다.

　가장 먼저 해야 할 일은 주요 국가들의 국가 위기관리 시스템 전반을 탐구하기 이전에 주요 혈맹(血盟) 관계인 한국과 미국이 국가 차원의 위기에서 어떻게 접근하고 인식하는지 등을 포함한 조치 패턴(pattern)에 대하여 알아보자. 6・25전쟁 이후에 맺어진 韓・美 연합방위체제는 양국 모두에 중요한 역할을 하고 있음에도 부작용 또한 만만치 않았음이 사실이다. 중요한 원인 중의 하나가 양국의 인식과 접근방식이 처음부터 다르다는 데 있다.

<그림 5-1>은 韓·美 간 위기에 대한 인식의 차이점과 대응 수준을 비교한 현황이다.

구분		위기 인식			비고 (당시 대통령)
		위협 인식	전쟁으로 進展 가능성	대응 수준	
① 1·21사태(1968)	韓	매우 높았음	낮았음	적극적	박정희
	美	낮았음		소극적	린든 B. 존슨
② 버마 랭군 폭파사건 (1983)	韓	매우 높았음	낮았음	적극적	전두환
	美	낮았음	매우 높았음	소극적	로널드 레이건
③ 강릉 잠수함 침투사건 (1996)	韓	높았음	낮았음	공동대응	김영삼
	美	낮았음			빌 클린턴
④ 연평해전 (1999)	韓	매우 높았음	낮았음	공동대응	김대중
	美	높았음	높았음		빌 클린턴

<그림 5-1> 韓·美 간 위기 인식에 대한 차이점과 대응수준 비교

① '1·21사태'는 1968년 북한 124군 부대 소속의 무장공비(31명)가 국군 복장으로 위장하고 침투한 사건이다. 청와대를 습격하기 위하여 이동 중 서울 세검정(창의문)에서 불심검문에 노출되며 10여 일간의 소탕(掃蕩) 작전으로 확대되었다. 작전 결과 27명을 사살하였고, 김신조는 생포하였으며, 3명은 북으로 도주하였다. 이때 생포한 김신조의 이름을 따서 '김신조 사건'으로도 불리고 있다. 종로경찰서장(최규식 총경) 등 36명이 전사하였고, 68명의 부상자가 발생하였다. 당시 한국은 강한 위협을 느껴 적극적으로 대응했으나, 미국은 이와 반대로 모든 위기의 가능성을 낮게 인식하고 있었다.

당시 韓·美 관계는 미국이 개입한 베트남 전쟁에 한국군(32만여 명)을 파병함으로써 미국도 한국을 적극적으로 원조해주는 우호적인 관계였다. 반면에 남·북 관계는 5·16 군사쿠데타로 집권한 박정희 정부가 정통성 측면에서 취약했기에 정치·경제적 안정이 절실한 형국이었다. 동시에 민족의 숙원인 남과 북을 하나로 통일하기 위하여 공산주의와 대결을 천명한 상태였기에 군사력 건설이 대단히 중요하였다. 이는 역설적으로 내부의 안보위협을 높이는 결과를 가져왔다. 북한은 남한의 경제력을 이용하되, 이념적 체제로 경쟁하려는 목적에서 잦은 도발을 감행하였다. 그러나 북한이 도발하더라도 남한 내부에서 응징(膺懲)하는 결기가 없었으며, 국내에 잠입한 간첩 소탕에만 집중하는 등의 수세적인 태도에 빠져 있었다.1)

아웅산 폭탄 테러(1983)

② '버마 랭군 폭파사건'은 일명 '아웅산 폭탄테러 사건'으로 불린다. 1983년 10월 9일 버마(지금의 미얀마)에 있는 아웅산 국립묘지에서 북한 공작원(3명)이 대통령을 암살하기 위하여 폭탄을 터뜨림으로써 한국인 17명과 현지인을 포함한 21명이 다친 사건이다. 당시 한국 내부에서도 위협 인식은 높았던 반면에 전쟁으로의 확대 가능성을 낮게 보았다. 그러나 이때의 미국은 한국과 다르게 정반대의 시각으로 접근하였다.

강릉 잠수함 침투사건(1996)

③ '강릉 잠수함 침투사건'은 일명 '강릉 무장공비 침투사건'으로 불린다. 1996년 9월 18일 간첩 활동에 투입되었던 북한 잠수함이 강릉 아야진 일대에서 좌초(坐礁)하면서 그 경로가 노출되었다.2) 독단적이고 고집이 셌던 김영삼 대통령은 구체적인 지침을 제시하지 않고 최종 의지만 피력하는 우(愚)를 범했다. 당시에 위기 대응 자체를 참모진에 위임하였다는 측면에서 아쉬운 부분이다. 미국은 위협에 대한 인식과 전쟁으로의 전환 가능성을 낮게 보았지만, 결과적으로는 공동으로 대응했다는 점에서 높이 평가할만하다.

④ '제1연평해전'은 1999년 6월 15일 서해 연평도에서 한국 해군과 북한 해군 간에 발생

---

1) 베트남 전쟁에서 왜! 미국이 역사상 처음으로 공식적인 패배를 인정하고 철수할 수밖에 없었던 필연적 이유와 궤(軌)를 같이한다고 보면 좋을 듯싶다. 당시의 현상과 같이 호치민(胡志明)이 주도하는 월맹(본질)에 대한 전략 폭격이나, 집중 공격을 하기보다 베트콩(보조수단)을 잡는 데만 집중함으로써 결국, 전투에서는 승리했지만, 전략 차원에서는 패배할 수밖에 없는 구도를 스스로 만들었다. 이러한 패착은 결국, 세계 최강대국이자 패권국인 미국을 국민과 반전여론에 밀려 철수하게 하였다.
2) 택시기사와 여자친구가 새벽에 강릉 아야진 부근의 해안 주변에서 밀회(密會)를 즐기다가 해상에서 움직이는 이상한 물체를 발견하고 경찰에 신고하면서부터 시작되었다.

제1 연평해전(1999)

한 교전을 의미하고 있다. 초기는 '연평해전'으로 부르다가 2002년 같은 해역에서 또다시 같은 유형의 교전 사태가 발생하자 제1·2 연평해전으로 구분하여 부르기 시작하였다. 2002년 전 국민이 월드컵으로 열광하던 시기에 북한 해군 경비정이 서해 북방한계선(NLL)을 2km 무단침범하면서 일어난 사건이다. 당시 김대중 대통령이 직접 사태를 주재(主宰)하지 않고 국방부 장관에게 위임하였다는 측면에서 아쉬운 흠결(欠缺, deficiency)이다. 한국은 전쟁으로의 전환 가능성을 낮게 보았으나 미국은 위협과 전쟁으로의 전환 가능성을 크게 보았다. 결과적으로 공동으로 대응했다는 점은 높이 살만하다.

제 2 절

미국의 국가위기관리체계

1. 개관(槪觀)

　미국은 1979년 이전까지만 하더라도 한국과 같이 국가위기관리체계와 기구가 분산된 형태를 취하였다. 이로 인해 각종 유형의 위기 및 재난에 대응하는 기반 자체가 취약하였다. 이때 까지만 하더라도 한국과 유사한 분산형 구조였으나, 위기 및 재난에 대응하는 효율성 측면에서 문제가 드러나자 '포괄적 재난관리 접근법(CEMS)'[3]을 채택하였다. 이마저도 현장 지휘가 제대로 되지 않는 문제점이 드러나면서 재차 개선하여 '통합적 재난관리시스템(IEMS)'[4]으로 전환하였다. 이러한 결과는 재해·재난에 신속하게 대응하기 위해서

9·11테러(쌍둥이 빌딩)

는 '포괄적'이라는 개념보다 '통합'에 기반(基盤)하여야 비로소 올바른 재해·재난관리가 가능하다는 경험적인 산물로 볼 수 있다.

　2001년 9·11테러가 발생하자 충격을 극복하고 이전까지의 안보위협 개념을 곧바로 전환하여 다음 해인 2002년 국토안보부(DHS)를 창설하였다. 결과적으로 최근에 수행하고 있는 3대 축으로 국토안보에 관한 기능을 주도(supported)와 지원(supporting)하는 기능을 구분하는 '신(God)의 한 수'를 발휘하였다.[5]

---

[3] '포괄적 재난관리 접근법(CEMS-Comprehensive Emergency Management)'은 '국가위기관리 활동을 모든 위협과 위험을 대상으로 하며 ① 예상되는 재난의 예방, ② 재난에 따른 피해를 경감(輕減), ③ 발생한 재난에 적절히 대응, ④ 재난피해를 조기에 복구하려는 범(凡)국가적 위기관리정책의 기조(基調)'를 포함하고 있다.

[4] '통합적 재난관리 접근법(IEMS-Integrated Emergency Management System)'이 제대로 역할을 하기 위해서는 컨트롤 타워의 수평적 리더십과 통제·조정 능력, 관계기관 및 기능 간 상호 존중과 신뢰가 절대적으로 필요하다. 한국의 경우 국가위기관리체계와 구조, 기능 및 운영 사례가 왜! 실패하고 있는지에 대한 해답은 명확하다. ① 명령과 통제 패러다임에 젖은 중앙(본부)중심주의적 접근방식, ② 계급과 직책을 우선으로 하는 서열주의, ③ 관료주의와 행정 중심주의, ④ 조직 이기주의(집단사고), ⑤ 형식주의(외형 만능주의), ⑥ 적당주의(땜질식 단기 처방), ⑦ 지휘 통제한 결과에 대하여 아무도 책임을 지지 않는 관행(慣行)이 만연되어있기에 실효성이 없다.

미국은 2002년 이래 전통적 안보(군사)위협과 비전통적 안보(자연재해, 사회·인위적 재난 등)위협에 대응할 수 있는 가장 발전된 시스템을 구축한 국가로 평가할 수 있다. 특히 주목해야 할 점은 2001년 이전까지는 전통적 안보위협에 중점적으로 대비했다면, 이후부터는 대규모 자연 및 사회·인위적 재난 등에 국가기반체계가 마비되는 위기사태를 해결(극복)하기 위한 관련 법령을 신속하게 개선하였으며, 조직 개편 등을 지속하여 추진하고 있는 진행형의 국가라는 점이다.

미국도 연방 법률에서 위기 대응과 관련한 내용을 직접 규정한 근거는 없다. 그러나 연방정부의 지원을 받는 조건의 하나로 '국가위기관리체계(NIMS)'와 '국가재난대응체계(NRF)'를 주 정부에서 받아들이고 있다는 점에 주목할 필요가 있다.

'국가위기관리체계(NIMS)'[6]는 ① 유연성(Flexibility)의 원칙과 ② 표준화(Standardization)의 원칙을 규정하고 있다. ①은 모든 유형의 위기에 이 체계가 적용될 수 있음을 의미하고 있다. 다양한 행정기관들 사이에서의 협력과 민간단체 또는 외국과의 협력이 요구될 때 꼭 필요한 원칙임을 인식할 필요가 있다. ②는 이 체계에 위기 대응과 복구단계 등에서 표준 매뉴얼을 제공함을 의미하므로 상반된 원칙이 아니란 점을 이해하여야 한다.

'국가재난대응체계(NRF)'[7]는 '국가위기관리체계(NIMS)'를 토대로 하고 있다. ① 적극적인 협력체계(engaged partnership)의 원칙, ② 대응할 때 필요한 계층적 대응(tiered correspondence)의 원칙, ③ 통일된 명령체계에 의한 행동 통일(unity of effort through unified command)의 원칙, ④ 즉각 실천(readiness to act)의 원칙 등으로 구분하고 있다.

이처럼 실용적 측면을 강조하고 있는 법령은 논리적이고 구체적으로 작성되어 있기에 일반 국민도 쉽게 접근할 수 있으며 이해하기도 편리하다.

한국 법령의 경우 법 전문가의 유권해석이 없으면, 문장을 이해하기가 쉽지 않으며 자구(字句)의 해석도 일반인이 개인적으로 하기는 상당히 어려움이 따르는 게 현실이다.[8] 이러

---

[5] 이때도 무턱대고 외형적으로만 국토안보부(DHS)를 창설한 것이 아님을 유념하여야 한다. 2001년 누구도 건드릴 수 없을 것이라고 호언장담하던 美 본토가 뚫렸다. 이로써 대규모 피해가 일어난 데 대한 국민의 분노가 정부를 향하였고, 한동안 불신이 커졌다. 이후 그들의 자존감에 상당한 상처를 입었다. 그럼에도 이들이 현명하고 지혜롭게 대처하였다는 점은 바로 국가위기관리체계와 기구를 즉각 교체하고 언제라도 대응하게 만들었다는 점이다.

[6] '국가위기관리체계(NIMS)'는 'National Incident Management System'의 약자이다. ① 현장 지휘, ② 각 행정기관 간 업무의 조정, ③ 공보체계 등 분야별로 대응절차를 규정하고 있다.

[7] '국가재난대응체계(NRF)'는 'National Response Framework'의 약자이다. 교통, 소방, 기름 유출, 에너지, 안보 등 15개 분야별 사고의 주무부서와 지원부서를 명시하고 있다. 이는 관련 사고가 발생했을 때 현장에서 신속하게 대응하고 관련 부서 간 책임을 명확하게 하려는 조치로 이해하면 될 듯싶다.

[8] 한국은 일본으로부터 해방되면서 촉박하게 법령(法令)을 만들다 보니 주로 미국과 일본의 법 형식과 내용에서 많

한 여건이다 보니 정부나 행정기관에서 판단(평가)하는 유권해석에 의존하고 있다. 더욱이 전문가집단이나 정부 기관의 전유물(專有物)이 되어있기에 법령을 집행하는 과정에서 정부 기관이나 특정 전문가집단에 의한 '집행 독재'가 발생할 개연성(蓋然性, probability)이 상당 부분 존재하고 있음을 부정하기 어렵다.

은 영향을 받았다. 특히 관련 조문들을 검토 및 채택하는 과정에서 여러 국가의 법조문을 가져오다 보니 일관성이 없었다. 여기에 내용의 의미를 깊이 있게 고려하기도 어려웠다. 따라서 두 나라의 법을 필요한 **내용만 발췌**하여 뒤섞어 놓았기에 혼란스럽고 이해하기가 어려움은 당연한 귀결이다. 따라서 이를 마냥 지식의 정도에 따른 문제로 치부하기는 어렵다. 영어(미국)와 한글(한국)은 소리가 나는 대로 적어놓은 '표음문자'이다. 반면에 중국의 한자(漢字)와 일본어는 그림이나 사물의 형상을 그대로 베껴 쉽게 보고 이해할 수 있도록 만든 '표의문자'이다. 이로 인하여 해당 국가들이 사용하는 문자(文字)와 문화(文化)의 차이에서 괴리(乖離)가 발생하고 의미를 따지는 기초적인 부분에서부터 혼란은 예고되었다. 정작 이러한 법을 만드는 당사자들만 몰랐을 뿐이다.

2. 전통·비전통적인 국가위기관리 법의 이해

2.1. 전통적인 국가위기관리 법의 의미와 종류

<그림 5-2>는 전통적인 안보위협 및 위기관리를 대표할 수 있는 네 가지의 법을 정리하였다.

<그림 5-2> 미국의 전통적 위기관리에 관한 대표적인 법령

① '국가안보법(NSA)'9)은 1947년 제정되었다. 총 17쪽 분량으로 제1부는 '국가안보협조기구(NSCO)'10)에 대한 편성이다. 이때 '국가안전보장회의(NSC)' 책임자는 민간공무원이지만 봉사직으로 판단하여 연봉은 최대 1.0만$로 제한하고 있다. '중앙정보국(CIA)'의 책임자도 민간공무원으로 임명하고 있다. 그러나 상황에 따라 현역군인이 임명될 경우와 '국가안보자문위원회(NSRB)'11)의 연봉은 최대 1.4만$이었다. 제2부는 '국방 군사조직'에 대한 편성이다. '육군부', '해군부', '공군부', '합참'으로 편성하고 있으며, 각부의 정원(定員)은 100명 이내로 균등하다. '전쟁위원회', '군수위원회', '군사개발위원회'는 국방부 장관에 정책을 조언하게 되어있다. 제3부는 추가적인 행정지침을 포함하고 있다.12)

② '국가비상사태법(NEA)'13)은 비상사태의 선포 등에 관한 대통령의 막강한 권한을 견

---

9) '국가안보법(NSA-National Security Act)'은 국방부와 공군 등의 주요 조직을 정비하였고, 육·해·공군이 각자 별도의 제원으로 생산하던 폭탄의 표준화를 가능하게 만들었다.

10) '국가안보협조기구(NSCO-National Security Cooperated Organization)'는 1949년 8월 10일 '국방성(MD-Ministry of Defence)'으로 개칭되었고, 1958년 '국방재조직법'에 의해 권한을 강화하였다.

11) '국가안보자문위원회(NSRB)'는 'National Security Resources Board'의 약자로 전시 또는 국가안보를 위한 추가 인력 동원과 산업 동원에 대비한 총력전 체제를 위한 통합하는 기능과 전시전환절차 등에 관한 조언을 하고 있다. 위원장은 대통령이 임명한다.

12) 한국군의 군사 관련 법은 美 육군의 '일반참모부 직제법(1903)'과 '국가안보법(1947)'을 모방하여 작성하였다. 이러한 과정을 거치면서 美 군사고문단의 지원을 받아 1948년 11월 30일 '국군조직법'이 완성되었다.

13) 전쟁 또는 천재지변이 발생했을 때 선포되는 미국의 '국가비상사태'는 '국가 비상사태법(NEA-National

제하기 위하여 1976년 의회가 주도하여 제정하였다. 국가비상사태를 선포 및 해제하는 절차와 비상사태에 관한 선포 등 비상사태에 대한 전반(全般)을 포함하고 있다.

③ '동원 관련 법령'의 가장 대표적인 사례로는 1950년 '방위물자생산법(DPA)'14)과 1982년 제정한 '연방 방위동원규정'을 들 수 있다.

④ '애국법(PA)'15)은 9·11테러가 발생한 이후 제정하여 테러 수사와 관련한 법 집행기구(FBI 등)의 국내·외 권한을 대폭 확대한 법으로 각종 위기 유형에 공격적으로 대응할 수 있는 여건을 보장하고 있다. 테러 혐의자 도청과 미행, 계좌추적 등을 허용하고 연방수사국(FBI)의 감청권을 확대, 유선·전자통신 감청, 정보공개 제한에 대한 예외 규정 등을 신설하였다. 이들은 각종 유형의 위기사태를 예방 및 대응하기 위하여 관련 기능을 통합하고 대통령에게도 포괄적인 권한을 부여하고 있다.

2.2. 비전통적인 국가위기관리 법의 의미와 종류

<그림 5-3>은 비전통적 안보위협 및 위기관리를 대표할 수 있는 다섯 가지의 법을 정리하였다.

<그림 5-3> 미국의 비전통적 위기관리에 관한 대표적인 법령

① '의회법(TCA)'16)은 1803년 연방정부가 주(州) 정부와 지방정부를 지원하도록 제정한 최초의 재난 관련 법이다.

② '홍수통제법(FCA)'17)은 1936년 연방-주-지방정부가 미국의 모든 강과 지류에서 발생하는 홍수 피해를 감소시키기 위하여 상호 협력하에 홍수통제 기능을 갖추도록 제정한 법이다.

Emergencies Act, 1976)'과 '스태포드법(1988)'에 근거하고 있다. 법을 제정한 이후 최근까지 총 61회가 선포되었는데, 제42대 대통령(Bill Clinton)이 17회로 가장 많이 이용하였다.
14) '방위물자생산법(DPA)'는 'Defense Production Act'의 약자이다.
15) '애국법(PA)'는 'Patriot Act'의 약자이다.
16) '의회법(TCA)'은 'The Congressional Act'의 약자이다.
17) '홍수통제법(FCA)'은 'Flood Control Act'의 약자이다.

③ '연방재난법(TFDA)'[18]은 1803년 이후 재해(Disaster)・재난(Emergency)이 발생한 직후 입법이 통과된 128개의 재해・재난관리에 관한 법이 별도로 존재하였으나, 1950년에 최초로 통합한 법이다. 실질적인 측면에서 접근하면, 재해・재난의 관리 및 지원에 관한 총괄법이다.

④ '재난구호법(DRA)'[19]은 1974년 개인과 가족 보조금 프로그램의 제도화, 재난 예방정책의 제도화, 재난(Disaster 또는 Emergency)을 통합적 측면에 초점을 맞춰 제정한 법이다.

⑤ '스태포드법(SA)'[20]은 일명 '연방 재난구제 긴급법'으로 불린다. 1988년 연방정부와 주(州) 정부가 재난으로 발생한 피해를 최소화하여 국민을 보호하기 위한 법이다. 이 법에 근거하여 재난대응 활동과 프로그램에 관한 모든 법적 권한을 '연방 재난관리청(FEMA)'에 위임할 수 있다. 대통령에 주요 재난 또는 비상사태를 선포할 수 있는 권한이 주어지고 선포를 위한 포괄적인 기준을 설정하는 등 대통령이 승인할 수 있는 지원 유형까지 구체화하고 있다. 언론 보도에서 접하고 있는 것처럼 이 법에 근거하여 재난이 발생한 지역을 '연방 재난지역'으로 선포하고 있다. 2000년 '재난경감법(Disaster Mitigation Act)'에 근거하여 재난 예방 및 구호 활동을 전개하였다.

소결론적으로 1979년 이전까지는 '분산형 구조의 위기관리체계'로 조치 및 대응을 하다가 1979년 이후 '총체적 재난관리'의 관점으로 전환되었다. 추가적인 문제점이 식별되자 '통합 재난관리 시스템'을 적용하여 '연방 재난관리청(FEMA)'을 창설하였다. 2001년 9・11테러의 발생으로 전통적 안보위협 개념에 집중하던 환경을 새롭게 개선하고 2002년 '국토안보부(DHS)'를 창설하였다. 이때 '연방 재난관리청(FEMA)'을 예하 기관으로 전환하는 신의 한 수를 선보였다. 미국은 통합 국가 위기관리체계를 완비(完備)한 상태이다.

미국의 전통적인 안보위기관리체계는 국가의 자존심과 국익을 유지하기 위한 산물로 전략군은 모두 해외에 배치하여 무력 개입은 반드시 국외에서만 수행하도록 하고 있다. 다시 말해 국내적 안보위기관리체계와 재난관리체계가 실질적인 국토안보체계이다.

---

18) '연방재난법(TFDA)'은 'The Federal Disaster Act'의 약자이다.
19) '재난구호법(DRA)'은 'Disaster Relief Act'의 약자이다.
20) '스태포드법(SA)'은 '재난구호 및 관리에 관한 법(The Robert T. Stafford Disaster Relief and Emergency Assistance Act)'의 약자이다.

3. 3대 국가위기관리체계에 대한 이해

3.1. 개 요

9·11테러 이전까지의 위기관리체계는 '위기관리(Crisis Management)'와 '대응관리(Consequence Management)'라는 이분법 체계로 단순하였으며, '연방수사국(FBI)'과 '연방재난관리청(FEMA)'이 상호 협력체계를 통해 대응해 왔다. 그러나 9·11테러가 발생하자 즉시 '국가위기관리체계(Crisis Management System)'를 전통적인 안보위기관리와 국내적 안보위기관리, 재난관리로 구분하였다. 그리고 3대 기관을 중심축으로 통합을 시도하였다. 이러한 업무체계는 국내·외를 지리적으로 구분하고, 재난관리체계는 과거와 별 차이가 없다는 점에서 일관성이 부족한 게 사실이지만, 전통·비전통적 안보위협에 대응하는 데 효율적으로 변화하였음도 사실이다. <그림 5-4>는 위기관리의 정보 통합 대응체계도다.

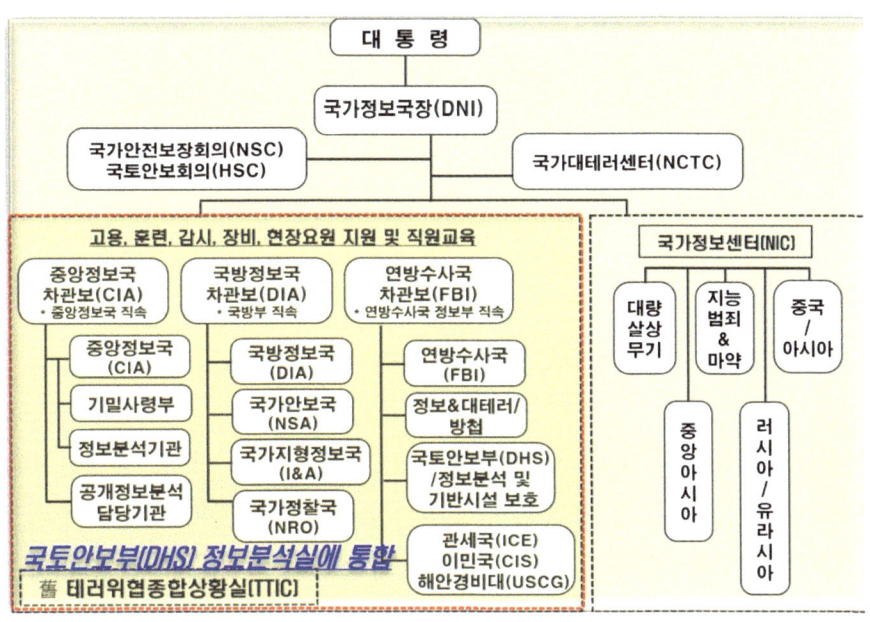

<그림 5-4> 미국의 국가안보·대테러, 위기관리 전반에 대한 정보의 통합 대응체계도

9·11테러가 발생하면서 이들의 위기관리체계는 획기적으로 변신(變身)하였다. 단적인 사례가 '중앙정보국(CIA)'과 '국방정보국(DIA)', '연방수사국(FBI)' 정보부의 통합·수집·분석 기능이 '국토안보부(DHS) 정보분석실'로 집중하였다는 점에 주목할 필요가 있다. 비

판적인 시각도 있지만, 위기관리를 위해 과감하게 결단·추진하는 노력은 높이 살 만하다.

3.2. 국가안전보장회의(NSC)

'국가안전보장회의(NSC)'는 국외의 전통적 안보위협에 관한 위기관리의 총괄 컨트롤-타워 역할을 담당하고 있다. <그림 5-5>는 미국의 '국가안전보장회의(NSC)' 구성과 운영기구도다.

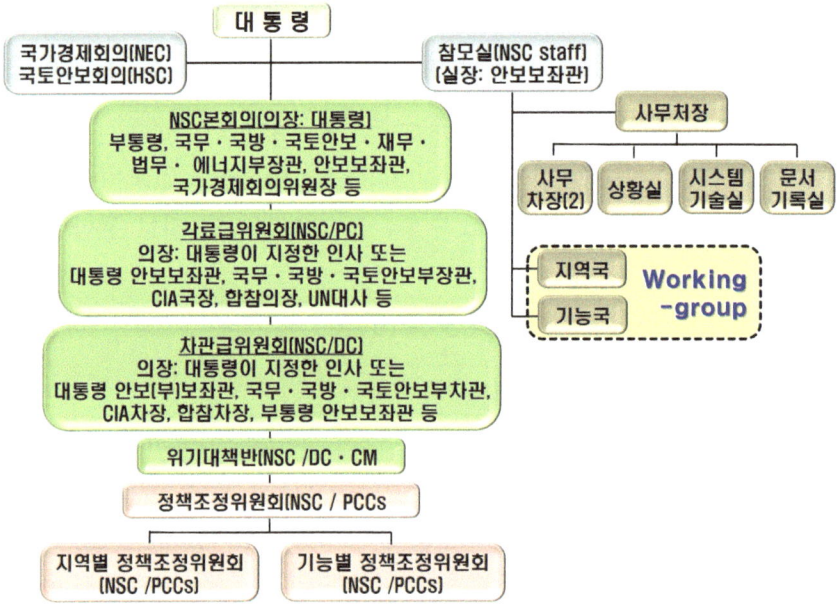

<그림 5-5> 미국의 '국가안전보장회의(NSC)' 구성과 운영기구도[21]

'국가안전보장회의(이하 NSC)'는 두 가지의 특성을 가진다. 첫째, 국가안보와 관련된 외교·국방·국내정책을 조정 및 통합하기 위한 협의기구다. 둘째, 대통령이 결정하는 정책은 NSC 하위(下位) 위원회에서 행정부처 간 사전 조율을 거친다. 이를 통해 다수의 정책 대안 가운데 하나를 선택하는 행위의 주체로서 정책의결 기구와 같은 역할(기능)을 한다. 주목해야 할 특징은 법적 기구이지만, 행정부가 교체될 때마다 조직을 개편하고 있는 점이다. 국가안보 상황과 대통령의 성향에 따라 자율성과 융통성을 갖게 하기 위한 배려로

---

21) '각료급 위원회'의 'PC'는 'Principle Committee'의 약자로 '본위원회'라는 뜻이고, '차관급 위원회'의 'DC'는 'Deputies Committee'의 약자로 '차석급 위원회'라고 이해하면 된다.

볼 수 있다.

NSC는 법률상 '사무처장'이 대표이지만, 참모조직의 핵심 기능이 정책의 조정·통합을 지원 및 보좌하는 기능이기에 실질적으로는 '국가안보좌관'[22])이 지휘·통솔하면서 운영하고 있다. 따라서 '사무처'는 '사무처장'이 중심이 되어 행정기능을 담당하며, '지역국'과 '기능국'은 '국가안보좌관'을 중심으로 임무를 수행하고 있다고 봄이 정확하다. '지역국'은 유럽과 러시아 등 9개 지역을 담당하고 있다. '기능국'은 국방정책의 전략기획 파트와 대량살상무기(WMD)의 확산 방지, 테러 및 글로벌 민주주의에 관한 전략의 수립, 전략 커뮤니케이션 등을 총괄하는 기능을 수행하고 있다.

NSC는 다섯 단계로 임무를 수행하는데 제1단계는 '실무 협조회의'를, 제2단계는 '정책검토회의'를 진행하며, 제3단계는 대통령이 주재하는 '본회의'가, 제4단계에서 '최종 결정'을 하면, 제5단계는 '대통령 훈령(Presidential Directive)'을 작성한 다음 수정을 거쳐 완성된 '지시문(Presidential Security Decision Memo)'을 하달하고 있다.

이때 대통령은 연방군을, 주지사는 주(州) 방위군을 동원할 수 있는 소집 권한(동원령)을 갖고 있다. 이들은 재해·재난이나 소요사태가 발생 시 동원하여 현장에 투입하고 있다.[23]) <그림 5-6>은 국방성의 위기관리와 대응 단계를 정리하였다.

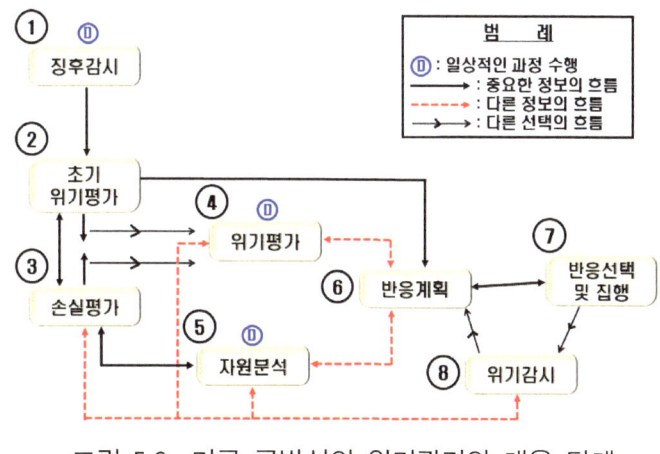

<그림 5-6> 미국 국방성의 위기관리와 대응 단계

---

22) 여기서 '국가안보좌관'은 두 가지의 특성을 가진다. ① 각료 신분이 아니면서 각료회의를 주재하고 있고, ② NSC가 아닌 백악관 소속인데도 참모부를 지휘하고 있다. 그러함에도 막상 임명 과정에서는 상원(上院)의 인준을 받지 않고 있다.

23) 美 합참 홈페이지(http://www.jcs.mil/) (검색일: 2021년 4월 2일).; 美 주 방위군 홈페이지(https://web.archive.org/web/20070228191819/http://www.ngb.army.mil/) (검색일: 2021년 4월 2일).

3.3. 국토안보부(DHS)

9·11테러가 발생한 직후인 2001년 10월 '국토안보국'을 창설하고 국토안보위원회 등이 구성되면서 안보 대응체계의 기반을 다졌다. 이후 해안경비대(Coast Guard), 이민귀화국, 세관, 연방 재난관리청(FEMA)[24] 등을 흡수하여 거대한 규모와 막강한 권한을 가진 '국토안보부(DHS)'[25]를 창설하였다.

'국토안보부(DHS)'는 美 본토에 대한 비전통적인 안보위협의 대응에 관한 총괄 기능을 수행하고 있다. 주요 임무는 크게 두 가지로서 첫째, 테러리스트를 포함하여 위험한 집단(사람들)으로부터 국가를 보호하고 중요한 국가의 핵심 기반시설과 인프라(Infra)를 보호하고 있다. 둘째, 국가급 대비태세 및 긴급사태에 대한 대응능력 강화 등에 목표를 두고 임무를 수행하고 있다.[26] <그림 5-7>은 '국토안보부(DHS)' 구성과 운영기구도다.

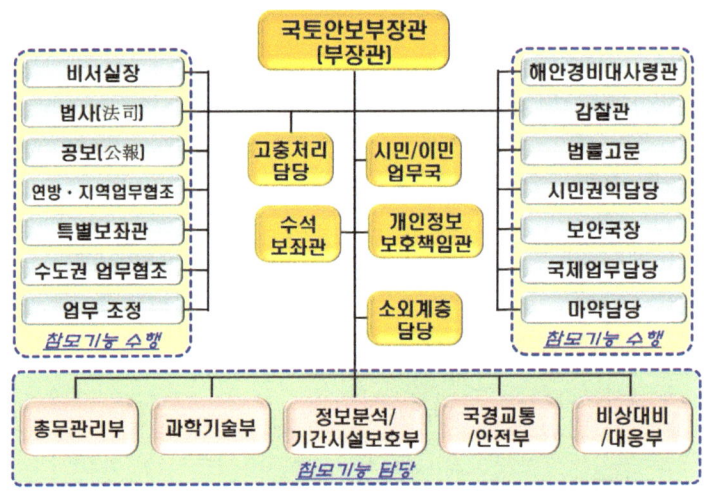

<그림 5-7> 미국의 '국토안보부(DHS)' 구성과 운영기구도

---

24) '연방 재난관리청(FEMA)'의 임무는 '재난에 따른 인명과 재산의 손실을 줄이고 대규모 자연·인적재난 등 모든 위협으로부터 국가를 보호'하는 데 두고 있다. 1803년에 제정한 『의회법』에 역사적 기원을 두고 있으며, 1930년 다양한 재난 발생에 대비하여 법·제도적 기반을 정비하였다. 그러나 1970년대 들어서면서 재난복구 활동이 원활하지 못하자 1979년 지미 카터 대통령이 분산되어 있던 각종 재난 관련 기관들을 통합하여 '연방 재난관리청'을 창설하였다. 이 '연방 재난관리청'이 2020년 '국토안보부' 창설의 근간이 되었다고 보면 된다.
25) 美 국토안보부 홈페이지(https://www.dhs.gov/interweb/assetlibray/book.pdf) (검색일: 2021년 7월 29일).
26) '국토안보법' 제101조는 국토안보부의 주요 임무와 테러 방지를 우선 명시하면서도 자연(natural)·인적(manmade) 재난에 대항하는 역할에 초점(focal point)을 맞추도록 같이 명시함으로써 국가를 위협하는 모든 수준(차원)의 재난에 총체적으로 대응하기 위함임을 분명히 하고 있다.

비전통적인 위기관리체계는 이들을 중심으로 구축되어 있으며, '연방 재난관리청(FEMA)'을 예하조직으로 편입하여 자연 및 인적재난을 위임하고 있다. <표 5-1>은 '국토안보부(DHS)'의 5대 임무를 정리하였다.

<표 5-1> 미국 국토안보부(DHS)의 5대 임무

첫째, 테러리즘 예방 및 안전보장 증진
둘째, 국정의 안전과 관리
셋째, 이민법의 집행과 관리
넷째, 사이버 공간의 보호와 안전
다섯째, 재난 대비 및 복구

'국토안보부(이하 DHS)'의 제1차적 임무는 테러리스트의 공격을 예방하는 데 있다. 이를 달성하기 위하여 테러리스트와 악의적 행위자들에 의한 테러행위를 억제-탐지-감시-분쇄하는 데 중점을 두고 있다. 동시에 폭력적인 극단・과격 주의자들의 활동을 예방-억제-완화하기 위하여 노력하고 있다. <그림 5-8>은 DHS의 임무 수행 6단계를 정리하였다.

<그림 5-8> '국토안보부(DHS)'의 임무 수행 6단계

① '제1단계(인지)'는 위협(threats)과 위험(danger 또는 risk)을 식별하고 확인하는 단계로써 취약요소를 평가하여 관련 기관과 국민에게 해당 정보를 제공하는 초기 단계이다.
② '제2단계(예방)'는 억제 및 완화하는 단계로서 연방정부와 주 정부, 지방정부, 각 관련 기관들과의 긴밀한 협력 및 의사소통(communication)을 진행하는 단계이다.
③ '제3단계(방호)'는 테러, 자연・인적재난으로부터 국민과 국가 기간시설을 보호하는 단계이다.
④ '제4단계(대응)'는 국가가 중심이 되어 대응을 선도(先導, lead) 및 조정(coordinated)하는 단계이다.
⑤ '제5단계(복구)'는 국가와 개인 차원의 영역에 이르기까지 모든 노력을 집중하는 단

계이다.

⑥ '제6단계(서비스 제공)'는 무역과 여행, 이민(移民) 등의 합법적 활동을 통해 국민에 봉사하는 단계이다.

3.4. 연방 재난관리청(FEMA)[27]

1979년 3월 31일 지미 카터(Jimmy Carter, 1924~) 대통령이 집행명령(제12127호)에 서명함으로써 창설되었다. 1974년 5월 22일 제정된 '스태포드법'에 근거하여 주 정부와 지방정부에 대한 연방정부의 체계·지속적인 지원을 제공하려는 목적이었다. 이전까지는 재난이 발생하면, 연방 헌법에 따라 해당 지역이나 해당 지역의 주 정부 책임으로만 보는 시각이 우세하였다. 그러나 점차 연방정부의 역할이 강조되면서 창설한 기구로 보면 될 듯싶다. <그림 5-9>는 '연방 재난관리청(FEMA)'의 구성과 운영기구도다.

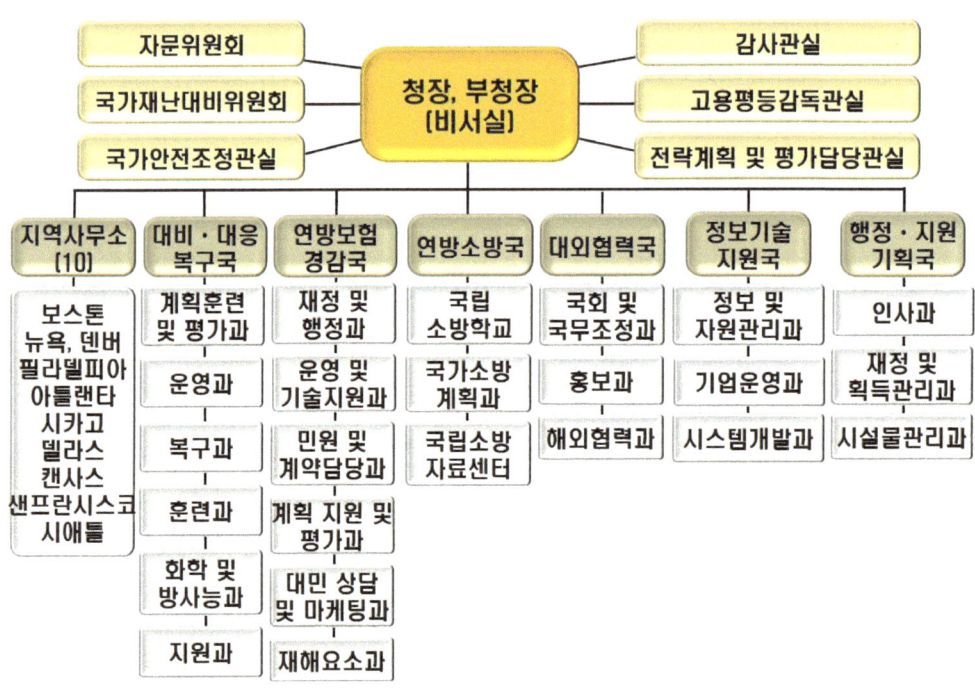

<그림 5-9> 미국의 '연방 재난관리청(FEMA)' 구성과 운영기구도

---

27) 美 연방 재난관리청(www.fema.gov/) (검색일: 2021년 7월 29일).

'지역 사무소'는 지역별 재난 예방 활동과 긴급 대응 및 연방-주 정부 간 연결창구의 역할을 하며 비상사태 시 관리 교육을 전담하고 있다. 이때 '연방 재난관리청(이하 FEMA)'이 담당하는 비상지원이나 임시거처 마련 등의 임무는 주 정부와 지방정부를 보조하는 역할이지 핵심업무가 아니다. 국가 자원이 심각한 재난을 당하거나, 주지사가 요청하는 관련 업무를 중점적으로 수행하고 있다.[28] 특히 연방정부 내 다양한 부서 간에 필요한 긴급 편성 및 조정(coordinated) 역할이 핵심업무다.

'대비·대응 복구국'은 재난 대비계획을 수립하고 훈련과 실제 대응 및 복구 활동을 담당하며, 화학·방사성 물질 사고를 같이 포함하고 있다.

'연방 보험경감국'은 홍수보험 프로그램과 이에 관련된 완화프로그램을 담당하고 있다.

'연방 소방국'은 화재 및 응급 의료서비스를 제공하고 교육 정책과 프로그램을 관할(管轄)하며, 국가화재 프로그램 등을 운영하고 있다.

'대외협력국'은 국회와 연방정부 기관 간에 이루어지는 업무 및 재난과 관련한 국제업무를 담당하고 있다.

'정보기술 서비스국'은 내부에서 운영하는 각종 프로그램을 관리하고 개발하며, 정보기술을 지원하고 있다.

'행정·지원기획국'은 FEMA의 인적자원을 관리하고, 전산시스템을 유지·보수하며, 재정 전반(全般)을 담당하고 있다.

<표 5-2>는 'FEMA'의 6대 핵심 목표를 정리하였다.

<표 5-2> 미국 FEMA의 6대 목표

첫째, 생명과 재산의 손실을 감소한다.
둘째, 재해·재난으로 인한 국민의 고통과 재물이 파괴되는 현상을 최소화한다.
셋째, 테러리즘의 결과에 맞추어 국가 차원에서 대응한다.
넷째, 위기관리에 대한 정보와 전문기술을 국가 차원에서 서비스한다.
다섯째, 직원들의 동기를 부여하고 업무 환경에 도전하는 노력을 증가시킨다.
여섯째, 세계 수준의 기관으로 만든다.

---

28) '연방 재난'이 선포될 경우 연방정부에서 재난복구비를 지원하게 되며, 재난복구비는 의회의 승인을 받아 특별자금으로 집행한다. 참고로 재난을 선포하는 과정은 10개 단계다.

<그림 5-10>은 FEMA의 임무 수행 4단계를 정리하였다.

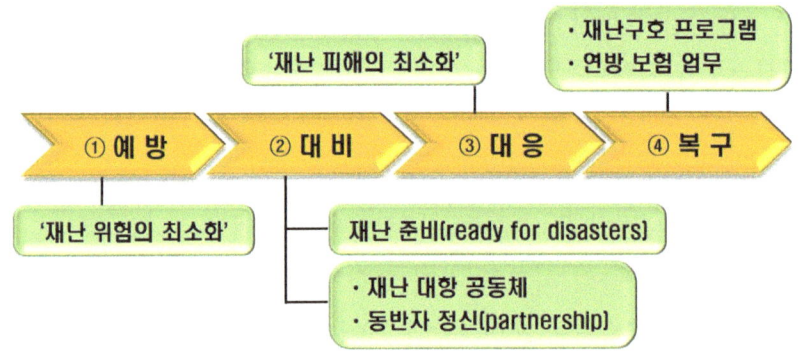

<그림 5-10> '연방 재난관리청(FEMA)'의 임무 수행 4단계

① '제1단계(예방)'는 '재해·재난 위험을 최소화'하기 위함이다. 이를 위해 홍수 지역에 발생하는 수위(水位)보다 높게 주택을 짓고 홍수 발생 빈도가 높은 지역은 이주(移住)를, 지진이 발생할 때는 가스 밸브와 전기 스위치를 내리는 등의 감소(제거) 노력을 진행하는 초기 단계이다.

② '제2단계(대비)'는 '재난을 준비'하는 단계로서 첫째, 재난대항 공동체, 둘째, '동반자 정신(partnership)'29)을 구축하는 단계이다.

③ '제3단계(대응)'는 '재난피해를 최소화'하는 데 있다. 이를 위해 재난 발생을 예측하여 재난이 예상되는 지역에 장비·물자·인원을 배치하거나, 신속하게 투입하여 대응하도록 조치하는 단계이다.

④ '제4단계(복구)'는 '재난구호 프로그램'과 '연방 보험업무'를 시행하는 데 있다. '재난구호 프로그램'은 피해를 본 개인들에게 필요한 자금을 융자해주고, 임시거처의 마련, 주택 수리 등에 대한 보조금의 지급, 법률 및 재난실업자를 지원하는 등이다. '연방 보험업무'는 홍수 등으로 피해가 있을 때 개인 또는 주택사업자의 보험만으로 재기(再起)하기가 어렵기에 연방정부에서 국가홍수프로그램(National Flood Insurance Program)을 운영하여 지원을 뒷받침하는 등 핵심 역할을 하고 있다.

9·11테러가 발생한 이후 모든 국가적 위기에 총체적으로 대응한다는 'All Hazards Approach(모든 위험 접근법)' 정책에 따라 FEMA도 2003년 3월 1일 국토안보부 산하 기구

---

29) '동반자 정신(partnership)'은 '재난으로부터 인명(人命)과 경제적 손실을 줄이기 위해 모든 미국인이 자신을 보호하기 위해서는 스스로 대책을 마련하여야 하는데 이를 성공적으로 달성하기 위한 정신 운동'이다.

로 편입되었다. 그러나 2005년 8월 허리케인 카트리나로 인해 감당하기 어려운 대규모 피해가 발생하자 구조적 원인을 분석한 결과 독립적 지위가 필요하다고 결론지었다. 2006년 연방정부가 주 정부와 지방정부를 지원하는데 필요한 FEMA의 역할을 강화하는 '재난관리개혁법(PKEMRA-Post-Katrina Emergency Management Reform Act)'을 입법하고는 '국토안보법'과 '재난구호법'을 개정하였다. 이에 따라 FEMA가 국토안보부 산하 기구이지만, 독립 조직(distinct entity)으로 활동하게 하였고, FEMA의 자산(資産)이나 기능이 국토안보부 내의 다른 기구로 전환되는 것을 금지한 대목에 주목할 필요가 있다.

4. 미국 연방·주·지방정부의 위기관리 조직과 주요 기능

미국의 위기관리체계를 이해하려면 먼저, 연방정부와 주(州) 정부, 지방정부의 위기관리체계를 전체적으로 조망(眺望)할 필요가 있다. <표 5-3>은 미국의 위기관리조직과 주요 기능을 정리하였다.[30]

<표 5-3> 미국 연방·주·지방정부의 위기관리조직과 주요 기능

구 분	위기관리조직	주요 기능
연방정부	· 국토안보부(DHS) · 연방 재난관리청(FEMA)	· 주·지방정부의 위기관리 활동을 지원 · 주·지방정부의 위기관리부서, 비영리 단체, 민간 집단과 함께 팀을 구성 · 12개의 비상지원기능(ESP)를 구비
주(州)정부	· 위기관리본부(OES) · 작전센터(SOC) · 조정센터(SCC)	· 연방-지방정부 사이에서 연계 역할 수행 · 지방정부 차원을 초과한 재난의 관리, 지휘·감독
지방정부	· 위기관리국(EMA)	· 위기관리의 일차적 책임 · 재난 발생 시 비상운영센터(EOC) 운영, 자체 현장 지휘체계(ICS)를 확립 · 재난에 대비한 기획 기능을 비롯한 경찰, 소방, 기타 서비스에 대한 조정 기능을 수행

미국은 50개 주(州) 정부와 84,955개의 지방정부로 구성되어 있으며, 위기관리는 연방 차원의 재해대책으로 판단함으로써 FEMA가 주도하도록 역할을 부여하였다. 이들은 보고체계도 일원화하여 재난복구 및 대책을 신속하게 마련할 수 있는 토대를 구축하고 있다. 50개 주를 10개 광역권으로 묶어 통제의 효율성을 더하고 있다. 특히 주목해야 할 점은 지역사회에서 재해를 대비(준비)하는 능력을 확보하도록 최대한 지원하고 있다. 2001년 이후 자연·인적·사회재난을 통합한 위기관리체계를 구성하고 있다는 점을 눈여겨볼 필요가 있다.

---

30) 美 국토안보부 홈페이지(https://www.dhs.gov/interweb/assetlibray/book.pdf) (검색일: 2021년 4월 5일).

소결론적으로 미국의 국가위기관리체계는 전통적 안보위협은 NSC에서, 본토(homeland)를 대상으로 하는 테러와 재해·재난 등을 포함한 비전통적 안보위협은 DHS와 FEMA에서 역할을 담당하는 3대 축으로 정립하였다. 이는 연방정부를 중심으로 원활하게 대응하는 기본 축이 되어있다. 이로써 법·제도적 측면에서 각 기능이 통합·유기적으로 구축되어 있기에 신속하고 효율적인 대응·복구를 가능하게 하는 시스템으로 평가할 수 있다.

제 3 절

일본의 국가위기관리체계

1. 개관(槪觀)

일본은 각종 자연재해의 위험성이 가장 높은 국가로서 지형과 지질, 기상 등의 특성으로 인하여 태풍, 호우(홍수), 폭설, 토사 재해, 지진 등이 빈번히 발생하고 있다. 1923년 '관동대지진(關東大地震)'[31] 이후 국가 차원에서 크게 관심을 기울일만한 대형 재난은 발생하지 않았다. 그러다가 1995년 한신·아와지(일명 고베) 대지진[32], 동경 지하철 사린(sarin)가스 살포사건을 비롯하여 북한에 의한 미사일 발사와 중국과의 조어도 분쟁[33] 등 중대한 사태가 연이어 발생하였다. 이로 인해 불안감이 증폭되면서 주변 사태로 인한 직접적인 안보위협도 증대하는 결과로 이어졌다. 또한, 국내·외의 테러집단에 의해 국가 핵심 기반시설에 대한 파괴 위협, 자연재해·인적재난 등 다양한 안보위협에 대응할 필요성이 대두되면서 국가 위기관리체계를 정비하였다.

전통적 안보위협에 관해서는 평화헌법 체제하에서 독자적인 대

---

[31] '관동대지진(關東大地震 일명 간토대지진)'은 1923년 9월 1일 관동지방에서 일어난 대지진으로 사망 및 행방불명자가 32,838명이나 되는 엄청난 인명과 재산 피해가 발생한 재난이다. 이때 일본은 이를 명분으로 계엄령을 선포한 다음 군대와 경찰, 자경단(自警團)을 조직하여 한국인 6,000여 명을 학살하였고, 사회주의자들을 탄압하였다.
[32] 일본 간사이(關西) 지방의 고베(神戶)·한신(阪神) 지역에서 발생한 진도 7.2의 지진을 얘기하는 것으로 아와지(淡路島)는 고베시 바로 앞에 있는 섬이다. 이때 6,434명이 사망하였고, 40,000만 명의 부상자와 20만 명 이상의 이재민이 발생하여 관동대지진 이후의 가장 큰 지진으로 평가되고 있다.
[33] '조어도(釣魚島) 분쟁'은 일본에서는 '센카쿠 열도 분쟁(Senkaku Islands dispute)', 중국은 '댜오위다오 분쟁'으로 불리고 있다.

응 및 관리를 하지 않고 있으며, 주로 미·일 동맹 체제에 의존하는 위기관리체계를 고집하고 있다. 재해·재난 분야에 대한 대응 및 복구는 중앙정부보다 지방정부가 주체가 되어 수행하기에 국가 차원의 위기관리체계는 그다지 효율성이 높지 않다고 봄이 정확한 진단이지 않을까 싶다.

　이에 따라 일본 내각도 조직을 정비하면서 이원화된 국가위기관리체계로 구축하는 패턴을 채택하였다. 결과적으로는 첫째, '국가안전보장회의(NSC)'를 강화하였고, 둘째, 자연재해·인적재난에 대응할 수 있는 방재조직을 대폭 정비하였다. 2001년 발생한 미국의 9·11테러는 내각 방재조직 개편(改編)에도 상당한 영향을 끼쳤다. 이에 따라 방재 총예산에서 절반 정도를 재해 예방 시스템 구축과 운영 분야에 배정하고 있다. 특히 방재 기관들이 필수적으로 공유해야 하는 정보 형식은 표준화(SOP)하였고, 이를 중앙정부와 지방정부, 공공기관, 국민의 개인정보를 DB화하여 정보의 접근성을 높인 '방재 정보 공유 플랫폼'을 구축하고 있으나 효율성은 다소 긍정적이지 못한 현상을 보여주고 있다.

2. 전통·비전통적인 국가위기관리 법의 이해

2.1. 전통적인 국가위기관리 법의 의미와 종류

<그림 5-11>은 전통적인 안보위협 및 위기관리에 관하여 대표적인 네 가지 법이다.

<그림 5-11> 일본의 전통적 위기관리에 관한 대표적인 법령

① '국가안전보장회의 설치법'은 1986년 5월 27일 법률 제71호로 제정하였다. 이를 근거로 하여 1986년 7월 1일 '국방회의'를 해체하는 결단을 보였다. 이후 곧바로 '국가안전보장회의(이하 NSC)'를 설치하는 등 새로운 국가안보 정책 결정체계를 구축하게 된다. 이때 '내각 관방장관'이 통제하던 안보회의 관련 지원기관은 모두 'NSC'로 단일화시켜 조정·통제토록 정비하였다. 결과적으로 업무 기능별 정보의 교환과 분석이 쉬워졌고, 정책 대안의 개발 및 협력도 원활해지는 효과를 가져왔다. 2003년 이를 개정함으로써 현재의 국가위기관리체계를 유지하고 있다.

② '테러대책 특별조치법'은 2001년 아프가니스탄을 침공한 미국의 작전이 장기화로 넘어가자 이를 지원하기 위하여 2년 기한을 명시한 한시법(限時法)의 형태로 제정하였다. 이 근거에 따라 테러 작전에 대한 후방 및 병참 지원을 할 수 있는 기반을 마련하였다. 중요한 점은 필요할 때 빠른 결단으로 기간을 단축하고 있다는 점을 이해할 필요가 있다.

③ '무력공격 사태법'[34]은 2003년 법률 제79호로 제정한 유사법제의 하나이다. 미국에서 9·11테러가 발생한 이후 이라크 전쟁과 북한의 핵무기 개발 및 실험, 영해(領海)와

---

34) '무력공격 사태법'은 '무력공격사태 등 존립이 위협을 받는 사태에 있어서 우리나라의 평화와 독립 및 국가 및 국민의 안전 확보에 관한 법률(武力攻擊事態等及び存立危機事態における我が国の平和と独立並びに国及び国民の安全の確保に関する法律)'의 줄임말이다. 일명 '무력공격사태 대처법' 또는 '사태 대처법'으로 불리고 있다.

관련한 안보 및 국방 위기 등에 대처하기 위한 법이다. 외국의 무장세력이나 테러조직이 일본을 공격했을 경우 민간인을 보호 및 긴급하게 피난시킴으로써 신속하게 사태를 종결시키는 데 목적을 두고 있다.

④ '국민보호법'은 2004년에 제정하였으며, 외국의 무력공격이 예측되는 사태와 대규모 테러 등에 신속하게 대처하기 위해 국민의 피난·구조 절차에 관한 결정, 정부와 지자체의 역할 분담 등을 포함하고 있다. 여기에는 시민에 대한 피난·구조가 필요하면, 소유자의 동의가 없어도 민간 토지와 건물을 징발할 수 있도록 사유권(私有權)을 제한하는 항목이 포함되어 있다. 특히 유사시 경보발령[35], 피난 및 구원 지시, 원자력 발전소 사고 및 '방사성 물질'[36]에 의한 오염방지 조치 등을 명기(明記)함으로써 국가가 주도적으로 권한을 행사하도록 하였다.

2.2. 비전통적인 국가위기관리 법의 의미와 종류

비전통적인 안보위협 및 위기관리에 관하여 제시할 수 있는 법은 '재해대책 기본법'을 들 수 있다. 1961년 11월 15일 법률 제223호로 제정하였다. 재해·재난에 관련되어있는 총 54개의 법 중 최상위법이다. 국토 및 국민의 생명, 재산을 보호하기 위하여 중앙정부와 지방정부, 공공단체 등에 필요한 체계를 확립하고 있으며, 책임 소재를 명확하게 적시(摘示)하고 있다. 방재계획의 작성과 재해 예방-응급대책-복구 및 방재(防災)에 관한 재정금융 조치, 추가로 필요한 재해대책 등을 망라하고 있으며, 총 10장 117개 조로 구성되어 있다.

이 법은 일본에서 많이 발생하는 지진(地震)으로 인하여 제정되었다고 생각하지만, 실제로는 1959년 태풍 베라(Typhoon Vera)[37]로 극심한 피해가 발생하면서 만들어진 법이다. 1980~1990년대까지 재해대책에 대한 바이블로 평가되어 다양한 국가에서 재해 관련 법률을 제정할 때 참고하고 있다.

---

35) 이에 근거하여 'J-ALERT(전국 순간 경보시스템)'와 'Em-net(실시간 정보시스템)'을 구축하였다.
36) '방사선'은 '방사성 물질에서 나오는 입자선(또는 전자기파)'으로 에너지를 가지고 있다. 방사선을 내보내는 능력이 '방사능'이며, 방사선을 내뿜는 물질이 바로 '방사성 물질'이다.
37) 최대 풍속이 85m/s이었고, 사망자만 4,580명으로 가장 극심한 피해를 보게 되자 이 법을 제정하여 비상사태의 선포와 긴급조치 시행령을 제정할 수 있었다.

3. 2대 국가위기관리체계에 대한 이해

3.1. 개요

메이지 천황

　일본을 역사적으로 살펴보면, '명치유신(明治維新, 일명 메이지유신)' 이래 근대화를 이루는 과정을 거치면서 끊임없이 의사결정 체계를 정비하고자 노력하고 있다. 그러나 내부적으로는 전쟁 지도와 용병작전의 지휘 전반(全般)을 '대본영(大本營)'이 주도했기에 정부의 의지라기보다는 군부(軍部)가 주도했다고 봄이 정확하지 않을까 싶다. 다만 '대본영' 주도의 체제는 제2차 세계대전의 패배로 역사의 유물로 되었음을 이해할 필요가 있다. 이후 '평화헌법'에 근거하여 이전과는 다르게 군사부문을 정치에 종속시키는 안보·군사체계로 정비하였다. 총리가 군령권을 행사하며, 국가방위(national defense)와 관련한 의사결정은 내각이 담당하도록 변경하였다. 이로 인하여 일본의 국가위기관리체계는 '국가안전보장회의(NSC)'와 '내각부 내각관방'[38]의 이원화 체계로 되어있다.

　전통적 안보위협은 평화헌법에 따라 독자적으로 수행하지 않고 美·日 동맹에 의존한 위기관리를 하고 있다. 비전통적 안보위협의 출현으로 확장 일로에 있는 재해·재난 분야에 대한 대응도 중앙정부보다는 지방정부가 주도하였기에 국가위기관리체계의 효율성은 그다지 높지 않은 수준이다. 이러한 위기관리와 대응체계는 에너지와 환경, 인권 등을 비롯한 포괄적 안보위협에 신속하게 대처하는데 효율성이 떨어진다는 지적이 많다.

　대외정책과 안전보장정책의 기본 방침은 '내각관방'에서 기획하고 입안(立案)하게끔 되어있다. 이를 위해 '내각관방'이 국정 상황에 관한 각종 정보를 종합하여 수집·분석·조정하고 있다. 아울러 국가 차원의 위기사태 즉, 외부로부터의 무력공격사태 또는 대규모 재해·재난이 발생하거나, 발생할 가능성이 있는 각종 유형의 긴급사태를 예방(방지), 대처하는 등의 업무를 전담하고 있다. <그림 5-12>는 국가위기가 발생했을 때 내각관방(또는 관방)에서 주도하는 초기 대응체계를 정리하였다.

---

38) 일본 내각관방 홈페이지(https://www.cas.go.jp/index.html) (검색일: 2021년 7월 26일)

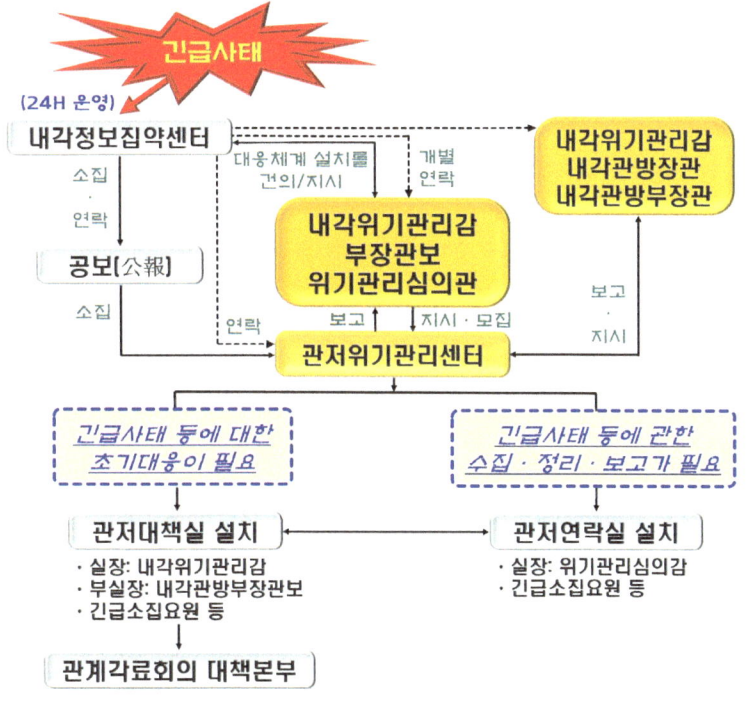

<그림 5-12> 일본의 국가위기 발생 시 초기 대응체계

     국가위기가 발생하면 모든 정보가 관계성·청과 매스컴, 민간·공공기관을 통하여 24시간 운영하는 '내각정보집약센터'[39]로 집중하게 되어있다. '내각정보집약센터'는 수집된 정보를 '내각총리대신', '내각관방장관과 부장관', '내각위기관리감'을 비롯하여 '관저위기관리센터'로 곧바로 전달한다. 그리고 위기관리와 관련한 각 성청(省廳)으로부터도 긴급사태를 속보로 보고한다. 이때 '관저대책실'[40]과 '관저연락실'에서 '내각위기관리감'을 비롯한 관계자들은 30분 이내에 '관저위기관리센터'로 소집하며, 대규모 지진이 발생한 경우는 관계되는 성·청의 국장을 자동으로 소집하고 있다. '관계각료회의 대책본부'는 국가안전보장회의(NSC)를

---

[39] '내각정보집약센터'는 '내각정보조사실 국제2부'를 변경한 명칭이다. 1995년 한신 대지진을 계기로 설치하였으며, 중대비상사태에 대비한 관련 정보를 관리하고, 관련 성청(省廳)과 행정기관에 주요사태(재해)에 해당하는 정보를 전파 및 조정하는 동시에 연락 및 대비체계를 확립하고 있다. 미국의 국토안보부 정보분석실 역할과 같다고 보면 이해하기 쉬울 듯싶다.

[40] '관저대책실'은 주요 보고내용을 요약하는 임무를 전담하고 있다. ① 사고(피해) 등에 대한 개요, ② 관계기관의 초기 대응과 관련한 정보 수집 및 분석 결과, ③ 관계되는 각 성청(省廳)의 초기 대응과 관련한 사항을 조정 및 통제하는 등의 임무를 담당하고 있다.

개최하고 있다.

3.2. 국가안전보장회의(NSC)

'국가안전보장회의(이하 NSC)'는 국방에 관한 중요 사안 및 외부의 무력공격사태 등에 의한 긴급사태가 발생할 긴박한 가능성이나, 발생하였을 때의 대처 등을 심의하는 기구다. 이를 통해 외교·안보 등에 관한 국가전략을 총리 주도로 신속하게 결정하고 있다.[41] <표 5-4>는 NSC의 역할과 특징을 세 가지로 정리하였다.

<표 5-4> 일본 NSC의 세 가지 역할과 특징

> 첫째, 안보위협 사태에 대한 즉각·직접적인 대응이 가능한 정책 결정기구다.
> 둘째, NSC는 지속적인 정비를 통해 실효적인 회의체로 정립하고 명확성과 위상을 강화하고 있다.
> 셋째, 미국과 마찬가지로 군사·전통적인 안보위협에 대한 대응뿐만 아니라 경제·테러, 재해·재난 등의 포괄적인 안보위협에 대한 대응 역할도 같이 담당하고 있다.

<표 5-5>는 급변하는 포괄적 안보환경에서 처한 일본의 두 가지 안보전략 목표를, <표 5-6>은 이를 실천하기 위한 안보전략의 방향성(directivity)을 네 가지로 설정하였다.

<표 5-5> 일본의 두 가지 안보전략 목표

> 첫째, 직접적인 위협이 미치는 것을 방지하고, 위협이 미치는 경우 그 피해를 최소화하여야 한다.
> 둘째, 국제적 위협 발생 요인을 감소시켜 재외국민과 기업을 포함하여 일본에 위협이 미치지 않도록 한다.

---

41) 2006년 10월 북한이 핵실험을 한 직후 '무력공격 사태법'의 적용을 논의하는 과정에서 보였던 적극적인 외무성과 소극적인 방위성 간의 대립은 대처의 효율성을 떨어뜨린 대표적인 사례였다.

<표 5-6> 일본 안보전략의 네 가지 방향성(directivity)

> 첫째, UN에 의존하는 방위전략을 과감히 탈피, 자주·적극적인 안보전략을 채택하고 있다.
> 둘째, 美·日 동맹의 수준을 끌어올리겠다는 의지에서 확대된 안보전략을 채택하고 있다.
> 셋째, 중국을 잠재적 위협국으로 간주하여 미국과 공동으로 보조를 맞추는 전략을 선택하고 있다.
> 넷째, 북한의 미사일을 실질적인 안보위협으로, 일본인 납치로 인해 테러에 대한 경각심이 높아지면서 북한을 자국 안보에 가장 위협이 되는 국가로 간주하고 있다. 이를 명분으로 하여 과감한 보수·우경화를 시도하고 있다.

첫째, 과거에는 '본토방위(homeland security)'를 위해 필요한 '최소한의 기반(基盤)이 될 수 있는 방위력'만을 유지하되, 핵무기 공격에 대한 방어는 미국에 의존한다는 전략을 구사하였다. 그러나 새로운 안보위협과 중국, 북한 등에 의한 위협에 대처하기 위해서는 방위력을 정비하는 등의 실효적인 조치가 필요하다고 판단하였다.

둘째, '전수방위(exclusively defense-oriented, 일명 지역방위)'라고 하는 본토 방어에 한정하는 원칙을 폐기하였다. 이후 아프가니스탄, 이라크 등지의 평화유지 활동과 인도양에서 발생한 해일(海溢) 및 재해 시 국제사회와 공동으로 대응하고 있다.

셋째, 21세기에 들어서면서 급속하게 부상하고 있는 중국을 견제하려고 美·日 동맹을 더욱 강화하고 있다.

넷째, 북한의 군사적 도발에 대응하기 위해 군사 첩보위성 등과 같은 전략무기를 과감하게 도입하고 있다.

일본의 NSC는 2007년 이전과 2007~20013년, 2013년을 기점으로 하여 세 차례의 큰 변화가 있었다. 이를 통해 외교·안보 측면의 국가전략을 총리가 주도하여 신속하게 결정할 수 있는 틀을 갖추고자 노력하고 있다. <그림 5-13>은 일본의 'NSC' 구성과 연도별 운영기구의 변천 과정을 정리하였다.

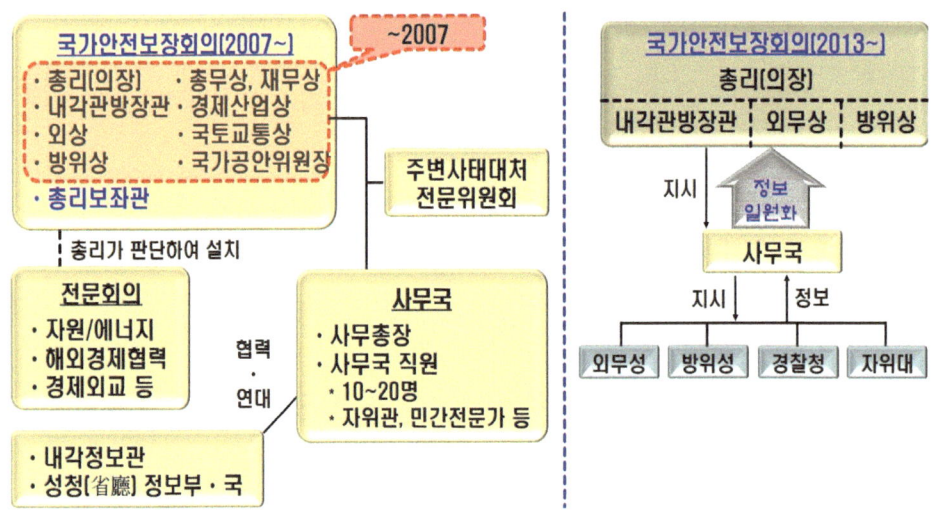

<그림 5-13> 일본의 'NSC' 구성과 운영기구 변천

일본의 '안전보장회의'는 2007년 '국가안전보장회의(NSC)'로 명칭을 변경하였다. 빨간색 점선(---)은 2007년 이전까지의 참석인원들이고, 청색의 '총리보좌관'은 2007년부터 참석하였다.

NSC의 직속으로 있는 '주변사태 대처 전문위원회'는 '관방장관'이 위원장으로 '국가안보와 관련한 사안의 신속한 심의와 신고받은 사안(事案)을 조사·분석하기 위하여 설치 및 운용'하고 있다. 이와 관련한 전문위원회와 긴급소집 요원은 '내각정보집약센터'의 '긴급참집(緊急參集)팀'에서 진행하고 있다. 이러한 조직과 구성은 2013년 다시금 일부를 조정하여 현재에 이르고 있다.

2007년 '총리보좌관'을 추가로 포함한 것은 2006년 10월 북한이 핵실험을 한 직후 '주변사태법' 적용과 관련한 외무성-방위성 간의 대립이 위기관리 과정에서 비효율성 논란을 불러왔기 때문이다. 따라서 이전과 유사한 사태의 발생을 방지하고 각 성(省)의 의견을 조정하기 위하여 안전보장을 담당하는 '총리보좌관'을 회의에 참석시키고 '사무국장 보직을 겸임(兼任)'하도록 하였다.

3.3. 위기·재난관리체계

<표 5-7>은 중앙정부 차원에서 관련 법령과 계획 등을 개정하여 국가위기·재난관리 기능을 강화하기 위한 노력을 정리하였다.

<표 5-7> 일본의 위기·재난관리 기능 강화를 위한 노력

첫째, 비상 재해가 발생한 경우 총리가 직접 '긴급재해대책본부를 설치', 행정기관장에게 지시할 수 있는 권한 등을 강화하였다. 아울러 '현지 대책본부'를 설치할 수 있는 권한을 부여하고 있다.
둘째, 유사시에 대비한 소집방법과 장소, 직무대행 등이 사전(事前)에 규정되어 있다
셋째, 재난 발생과 동시에 지자체장이 총리에게 직접 보고하여 자위대를 파견할 수 있도록 하면서도 절차는 간소화하였다.
넷째, 재해·재난과 관련한 각종 정보 전달 창구는 '관저 위기관리센터'로 일원화시켰다.

<그림 5-14>는 일본의 위기관리 체계도이다.

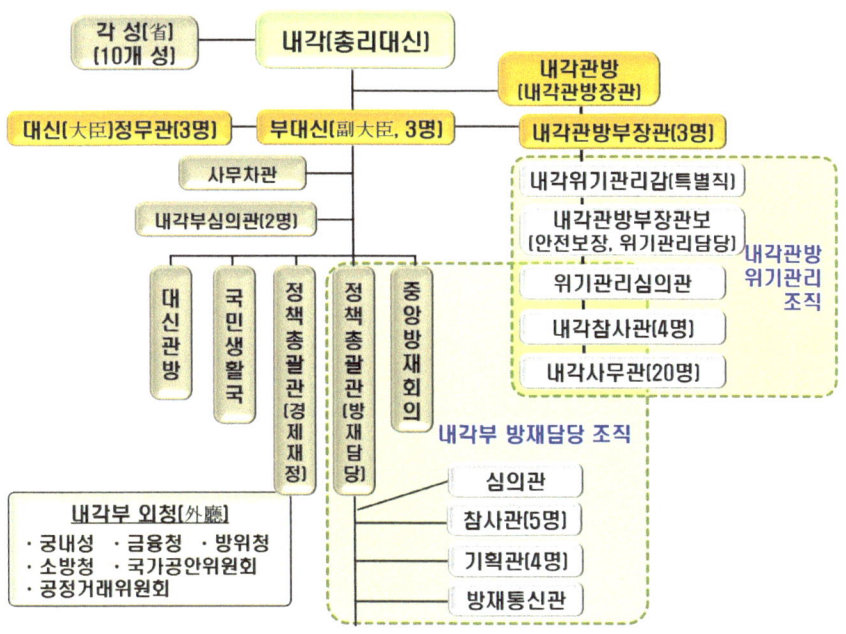

<그림 5-14> 일본의 위기관리 체계도

일본의 평시 사건·사고는 대다수 해당 지역의 행정기관이 책임을 지고 대응 및 조치하고 있으며, '중대한 위기'[42]가 발생하였을 경우 중앙정부가 총동원되어 조치하는 체계를

유지하고 있다. '대신관방(大臣官房)'[43])은 각 정부 부처에 설치된 조직의 하나로 '부처의 조직관리, 부처 내부의 연락 조정' 등을 담당하고 있다. '중앙 방재회의'는 한국의 '중앙재해대책본부'와 유사하다. <표 5-8>은 '중앙 방재회의'의 네 가지 임무와 역할이고, <표 5-9>는 중앙정부·지자체의 '재해대책본부' 설치 기준이다.

<표 5-8> 일본 '중앙 방재회의'의 네 가지 임무와 역할

첫째, 방재 기본계획을 수립 및 집행한다.
둘째, 비상 재해가 발생 시 긴급조치에 관한 계획을 작성 및 시행한다.
셋째, 총리·방재담당 장관의 자문에 따른 주요 사안(事案)을 심의한다.
  * 기본 방침, 주요시책의 종합·조정, 긴급재해사태 선포 등
넷째, 방재와 관련하여 총리 또는 방재담당 장관에 의견을 제출한다.

<표 5-9> 일본 '재해대책본부'의 설치 기준

중앙(내각부)	지자체
· 1단계: '비상재해대책본부' 설치 * 본부장: 방재담당대신 * 기준: 국가가 '재해응급대책'을 추진할 필요가 있을 때 · 2단계: '긴급재해대책본부' 설치 * 본부장: 내각부총리대신(부총리) * 기준: 재해가 매우 극심할 때	· '재해대책본부(위기관리대책본부)' 설치 * 본부장: 도·도·부·현지사, 시·정·촌장 * 기준: 재해 발생이 우려되거나, 재해가 발생했을 때

---

42) '중대한 위기'는 '내각법(內閣法)'에 근거하여 '국민의 생명과 신체 또는 재산에 중대한 피해가 발생하거나, 발생할 여지가 있는 긴급사태'를 의미하고 있다. 즉 ① 대규모 지진·풍수해, 화산 분화 활동, 설해(雪害) 등의 자연재해, ② 원자력과 기름 유출, 항공기, 독극물 등의 중대 사고, ③ 항공기 납치(hi-jacking), 대량살상 또는 무차별적인 테러 등과 같은 중대한 사건, ④ 재외국민의 피해 사태 등이 해당한다. 이를 위해 존재하는 기관이 바로 '내각관방'이다.

43) '내각관방(內閣官房, Cabinet Secretariat)'은 내각(총리)의 보조 기관으로 내각 사무, 주요 정책을 기획·입안·조정하고, 정보를 수집하는 업무 등을 담당하고 있다. '사무를 담당하는 내각관방 부장관'의 재임 기간은 10여 년으로서 다른 업무를 담당하는 부장관이 매 2~3년마다 교체되는 데 비해 위상(位相) 측면에서 상당한 차이가 있다.

이들이 위기관리에 대처하는 기본정신은 '재난의 규모와 상관없이 지자체가 주체로서 재난관리의 1차 책임을 지고 대응한다.'라는 점에 있다. 국가가 먼저 나서는 게 아니라 지자체의 요청에 따라 중앙정부가 움직이거나, 자위대가 파견되는 바텀-업(Bottom-up, 아래로부터 올라오는) 체계임을 이해할 필요가 있다.

재난이 발생하면, 1차로 시(市)·정(町)·촌(村)장을 중심으로 대응이 이루어진다. 따라서 「재난대책기본법」에 시·정·촌장에게 사전조치와 피난 지시, 경계구역의 설정, 토지·건물(또는 시설물) 등에 대한 일시 사용 및 제거, 인적 공용부담 등의 권한이 부여되어있다. 이들의 권한 행사가 곤란한 경우 지사에게 지원을 요청하게 되어있다. 이때 각 현(縣)에서는 중앙정부의 정책을 반영하여 총괄적 관리업무를 담당하고 있다.

재해가 발생하거나, 발생할 우려가 있어 재해대책을 일관적으로 시행할 필요가 있을 때 '지방 방재회의'와 '지방 재해대책본부'를 도(都)·도(道)·부(府)·현(縣)·시·정·촌장이 설치하도록 개선하였다.

4. 일본의 위기관리 조직과 주요 기능

일본의 위기관리체계는 중앙정부의 내각부에서 국가재난과 관련한 정책을 기획·총괄·조정하며, '지방 행정기관과 지정 공공기관'[44], 도(都)·도(道)·부(府)·현(縣)·시(市)·정(町)·촌(村)은 '지방 방재회의'를 설치하여 지역의 방재계획 및 재해대책을 시행하고 있다. <표 5-10>은 일본의 위기관리조직과 주요 기능을 정리하였다.[45]

<표 5-10> 일본의 위기관리조직과 주요 기능

구 분	위기관리조직	주요 기능
중앙 정부	·내각총리대신(또는 총리) ·중앙 방재회의 ·지정 행정기관 ·지정 공공기관	·방재계획을 수립·시행·종합·조정 ·방재 기본계획을 수립·시행 ·방재 업무계획을 수립·시행
도·도 ·부· 현	·도·도·부·현 지사 ·도·도·부·현 방재회의 ·지정 지방행정기관 ·지정 지방공공기관	·방재계획의 수립·시행·종합·조정 ·지역 방재계획을 수립·시행
시·정 ·촌	·시·정·촌장 ·시·정·촌 방재회의	·방재계획의 수립·시행 ·지역 방재계획을 수립·시행

일본 지방자치단체의 위기관리조직은 먼저 시·정·촌 단위를 중심으로 이루어지며, 도·도·부·현은 중앙정부의 정책을 반영하여 총괄하여 관리하고 있다. 도·도·부·현의 자치단체는 방재계획 및 행정, 시·정·촌의 방재 행정 전반을 지도 및 조언하고 있으며, 재해 발생 시 방재 무선시설을 활용한 긴급대책 수립과 복구, 자주 방재조직을 육성

---

[44] '지정 행정기관 또는 지정 공공기관'은 「재해대책기본법」에 따라 '총리가 독립행정법인, 인가법인, 특수법인 또는 민간회사 중에서 지정하여 각 기관의 업무와 관련된 재난 임무를 수행하는 기관'을 뜻하고 있다.
[45] 주한 일본 대사관 홈페이지(https://www.kr.emb-japan.go.jp/itprtop_ko/index.html) (검색일: 2021년 8월 3일).

및 지도한다. 도·도·부·현의 방재 회의는 지역의 재해 예방 및 응급대책, 재해복구 시 각 단계에 유효하게 대처하기 위한 방재계획을 수립하고 있다.

아울러 '지방재해대책본부'는 '지방 방재회의'와 긴밀하게 협조하여 재해 예방 및 재해 응급대책을 진행하고, 지자체의 '재해대책본부'는 재해·재난 예방 측면에서 재해·재난이 발생하기 이전(以前)에도 설치는 가능하게 되어있다.

소결론적으로 일본의 국가위기관리체계의 특징은 전통·비전통적 안보위협을 막론하고 NSC와 위기·재난을 통합시킨 체계로 운영하고 있다는 점에 있다. 1995년의 대지진 참사를 겪은 이래 경험에 근거한 방재조직을 강화하였음은 일반적인 사실이다. 특히 2001년부터 자연재난과 인위적 재난에 초점을 맞추고 내각 차원에서부터 재난대책을 통합하기 위한 노력을 지속하고 있다. 재난관리에 관한 법령도 단계·구체적으로 작성하고 있으며, 중앙정부와 지자체의 역할은 분권화하여 진행하고 있다.

착각하지 말아야 할 사실은 일본이 재난의 경험에 근거하여 각 조직·기능별 역할을 분장하고 있다는 측면에 집중할 때 한국과 유사하다고 볼 수 있지만, 여건과 환경이 같지 않다는 점이다. 다만 환경·에너지·인권 등의 포괄적 안보 상황에 관한 대처에는 미흡한 것으로 평가하고 있다.

제 4 절

러시아의 국가위기관리체계

1. 개관(槪觀)

러시아는 구소련 시대에 국방부에서 국가비상사태와 관련한 업무를 전담하였으나, 이후 「국가안전보장법」을 제정하고 대통령 직속의 국가안전보장회의(NSC)를 설치 운영하고 있다. 1990년 12월 27일 국가위원회급의 '국가구조대'가 긴급구조 업무를 담당하다가 1991년 11월 29일 '민방공, 재해·재난복구 국가위원회'로 명칭을 변경하였다. 1994년 1월 10일 '국가비상사태부(EMERCOM)'[46]로 승격하면서 민방위와 위기사태, 재난 구조 활동을 통합 관리할 제도적 근거를 마련하였다. 2001년 5월 30일 「재난사태에 관한 연방법」에 따라 정부 부처를 중심으로 '특별본부'를 설치하였다. 2013년 9월 27일 모스크바 지상군사령부 본부 내에 '국가방위 통제센터'로 통합 및 확대하여 정부와 비정부기구(NGO), 시민단체와 군조직 등을 직접 통할(統轄)하고 있다는 점이다.[47] <표 5-11>은 러시아 '국가비상사태부(EMERCOM)'의 임무와 기능을 정리하였다.

<표 5-11> 러시아 '국가비상사태부(EMERCOM)'의 주요 임무와 기능

> 첫째, 비상시에 영토와 사람을 보호하기 위한 국가정책의 주요 방향을
>   제안 및 현실화하기 위하여 노력한다.
> 둘째, 연방·지방정부, 범(凡) 러시아와 지역 비정부기구(NGO)의 구조
>   활동에 관하여 협력과 조율을 담당한다.
> 셋째, 비상사태의 방지와 해결을 위한 방위력과 예산을 준비한다.
> 넷째, 비상사태의 방지와 해결을 위한 국가적 사업을 항구적으로 관리한다.
> 다섯째, 비상시 러시아 연방의 법체계와 규율을 따르도록 관리·감독한다.

---

46) '국가비상사태부(EMERCOM)'는 'Ministry of the Russian Federation for Affairs Civil Defense, Emergencies and Disaster Relief'의 약자다. 정식 명칭은 '민방공, 재해·재난 복구부'로 불리고 있으며, 모스크바의 크렘린(Kremlin, 일명 비표준어인 크레믈린으로 호칭) 인근에 있다.
47) '국가방위 통제센터'는 '총참모부', '비상사태부', '원자력감독청', '수자원청', '기상홍보국' 등을 통합한 조직이다. 2002년에 '국가소방청'도 소속기관으로 전환하였다.

'국가비상사태부'는 국민 보호를 위해 법적 근거를 마련하여 인·물적 자원관리와 비축, 국민 행동요령에 대한 교육 및 홍보, 위기 예방 및 대응, 국제사회와의 상호 협력 등을 관장하고 있다. 즉, 국가방어 및 비상사태와 자연재난에 따른 영향력을 제거하는 업무를 주도하고 있다. 목적은 '연방정부와 도시·지역·기업이 각기 다른 수준에서 위기사태를 예방 및 대응할 때 노력·인력·자원을 통합하여 대응함으로써 위기 수준을 완화하고 피해를 감소'시키는 데 있다. <그림 5-15>는 러시아의 국가위기관리체계다.

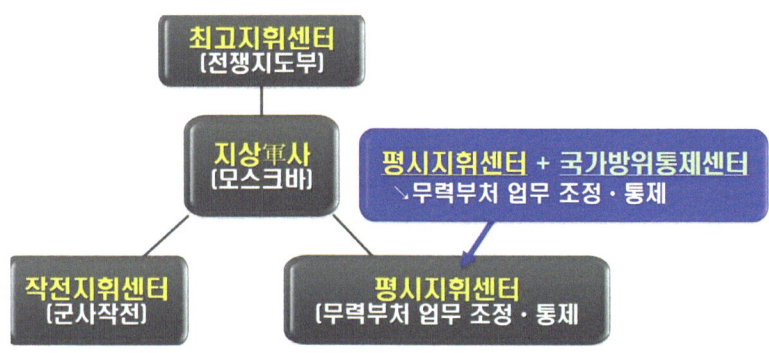

<그림 5-15> 러시아의 국가위기관리체계

러시아군 조직은 육군과 해군, 항공우주군, 공수군, 전략로켓군, 항공우주 방위군으로 편제되어있다. '평시 지휘센터'는 '무력부처의 업무를 조정·통제'하는 업무를 수행하지만, 2014년 12월 1일부터 '국가방위 통제센터' 임무를 추가하여 운영하고 있다. 이는 군사조직과 접목하여 획일·직접적인 통제가 가능하게 하려는 목적에서다. 이러한 위기관리 체계는 49개 정부 부처를 총괄 조정 및 지휘 통제를 가능하게 하였다.

2. 국가위기관리체계에 대한 이해

2.1. 개요

러시아의 위기관리 및 대응체계는 재난과 비상사태를 포함하여 軍과의 협력을 국가위기관리체계에 의해 조직적으로 통제하고 있다. 우발상황이 발생하면, 재난지역에 주둔하고 있는 군부대가 '국가비상사태부'와 상호 긴밀하게 협력하여 주도적으로 대응 활동에 투입된다. 또한, 대형 재난이 발생했을 경우 행정기관이 요청하면, 군부대를 동원할 수 있는 구조가 되어있다. 주목할 점은 사단과 연대급으로 편성된 '국민보호군'이 전국의 여러 지역에 주둔하고 있기에 유사시 즉각 동원할 수 있는 여건이다.

이들은 계획에 따라 다섯 가지의 대비수준으로 구분하며, 수준에 따라 자체적으로 조직을 조정하는 게 가능하다. <그림 5-16>은 러시아의 국가위기관리 대응체계와 수준을 정리하였다.

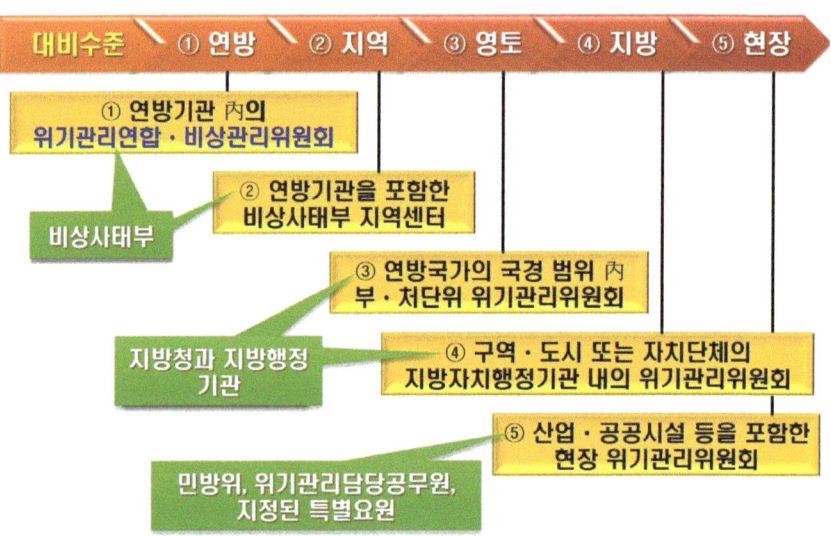

<그림 5-16> 러시아의 국가위기관리 대응체계와 수준

① 연방은 '국가비상사태부'가 주도하며, '위기관리 연합'은 연방 내각의 대표자와 연방 부처의 차관급이 참여하는 데 모든 기관을 강제할 수 있는 권한이 있다. ②는 '국가비상사태부 지역센터'가 주도하고, ③·④의 '지방청과 지방 행정기관'은 '지자체'에서 구성하되, 지방 또는 특별행정기관이 권한을 부여한 특별팀에서 담당하고 있다. 이러한 조직을 해당 위기관리위원회에서 지시·통제하는 구조로 되어있다. ⑤는 민방위와 위기관리 담당 공무원 또는 특별히 지정한 요원이 임무를 수행하고 있다.

2.2. 국가비상사태부(EMERCOM)

<그림 5-17>은 러시아 '국가비상사태부'의 조직도다.

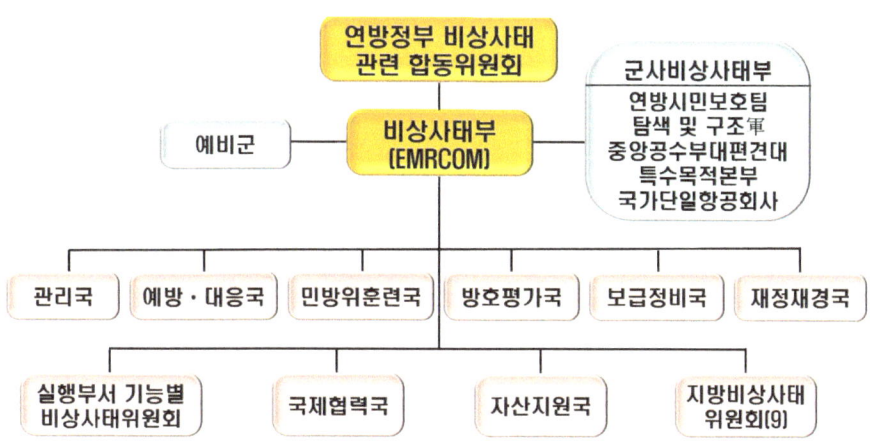

<그림 5-17> 러시아의 '국가비상사태부' 조직도

'국가비상사태부'는 국방부 다음으로 규모가 큰 부서로서 독자적인 예산 집행과 인력으로 구조 활동을 수행하고 있다. 관련 부서와의 협의를 통해 분야별로 임무를 부여하거나 총괄·조정한다. 아울러 장관은 '국가안보위원회' 위원으로 임무를 수행하고 있다.

소결론적으로 러시아의 국가위기관리체계는 '국가비상사태부'에서 전통·비전통적 안보위협을 통합(統轄)하고 있으며, 49개 정부 부처를 직접 관장한다. 이를 통해 획일·직접적인 지휘 및 통제를 할 수 있고 신속하게 대응·복구할 수 있는 시스템을 갖추고 있다. 다만, 이러한 환경은 사회주의 국가이기에 가능하다는 점을 이해할 필요가 있다.

제 5 절

이스라엘의 국가위기관리체계

1. 개관(槪觀)

이스라엘은 주변 국가들로부터 수많은 테러 및 전쟁 등의 실제 위기상황이 빈발하고 있는 국가이기에 상시 전시체제를 유지, 대비하고 있다. 이에 따라 1951년 제정된 「민방위법」에 따라 전·평시를 불문하고 군사 및 민방위, 위기관리에 관한 업무는 軍에서 일괄적으로 통합하고 있다.[48] 이를 위해 '민방위 사령부(HFC)'를 창설하여 테러와 재해·재난, 전쟁 등 포괄적 안보위협에 총괄적으로 대응하게 되어있다. 이는 軍을 중심으로 하는 획일적인 시민방위체제를 유지하기 위함으로 보면 될 듯싶다. <그림 5-18>은 이스라엘 연방정부의 위기관리(비상대비) 체계와 조직도다.

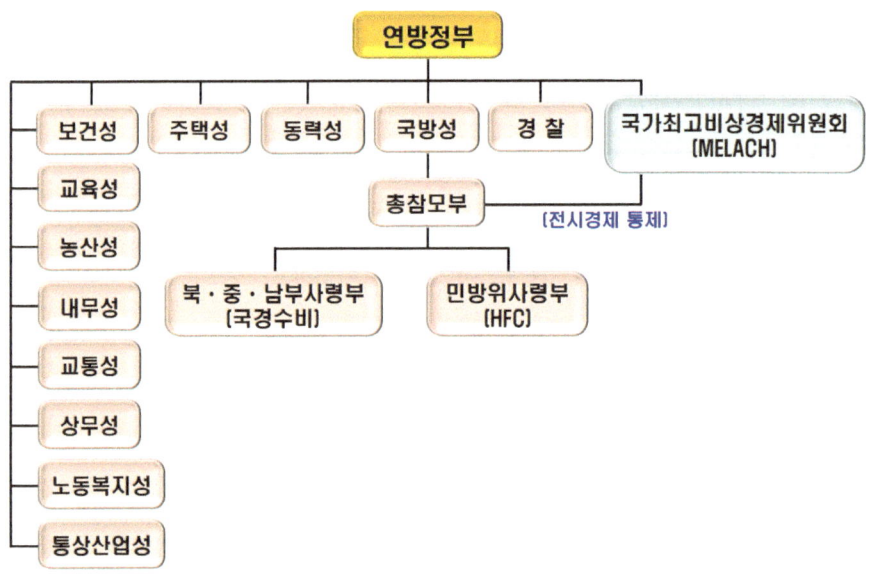

<그림 5-18> 이스라엘 연방정부의 위기관리체계와 조직도

---

48) 「민방위법」에 근거하여 모든 주택과 주거·산업용 건물에 의무적으로 방공호를 설치하였고, 다수의 가정과 건물이 하나의 방공호를 공유할 수 있도록 하였다. 특히 모든 주택과 공용 건물 내부에 '강화 콘크리트 안전방(미클랏 또는 마맘)'을 설치하여 로켓이나 미사일로부터 보호받게 되어있다. 2009년 모든 학교에 요새화된 방호벽 설치를 완료하였다.

이들은 전시 국가 총력전(Total War)을 원활하게 수행하기 위하여 경제자원 수급을 통제하는 데 지장이 없도록 독립된 '국가최고비상경제위원회(이하 MELACH)'[49]를 설치하여 운영하고 있다. 현대전의 양상을 고려한 전시 경제운영의 필요함을 인식하면서 1955년 최초로 위원회를 출범시켰다가 1972년부터 현재의 운영체계로 개선하였다. 국방부 장관이 위원장을 겸무함으로써 民-軍 간 인력·산업생산 등에서 유기적인 협력체계가 가능하다. <표 5-12>는 이스라엘 'MELACH'의 주요 임무와 기능을 정리하였다.

<표 5-12> 이스라엘 'MELACH'의 주요 임무와 기능

첫째, 전시 또는 국가비상사태하에서 국가 경제의 기능을 정상적으로 유지한다.
둘째, 필요한 필수물자의 생산 및 공급을 보장하기 위하여 민간경제를 조정·통제하고 기본계획을 수립, 발전 및 시행한다.
둘째, 정부 각 부처의 비상경제에 관한 주요 기능을 조정·통제한다.
셋째, 民·軍에 필요한 긴요 물자의 생산 및 분배계획을 수립·시행한다.

위원회의 국가 경제와 관련한 조정·통제권을 보장해주기 위하여 특별법을 제정하였다. 이에 근거하여 정부의 관련 부처 간 필요한 의무와 권한 등을 부여하거나, 제한할 수 있게 되어있음은 주목해야 할 부분으로 보인다.

---

[49] '국가 최고 비상경제위원회(MELACH)'는 'Supreme Emergency Economy Board'의 약자로 국민의 생활 안정과 군사작전 지원에 효율성을 기하는 데 있다. 이를 통해 전시체제 위주의 국가정책을 수행하는 데 별 제한사항은 발생하지 않고 있다.

2. 민방위사령부(HFC)에 대한 이해

'민방위사령부(HFC)'[50]는 육군 소장이 사령관으로 한국군의 지휘구조와 비교할 때 군사령부 수준으로 보면 될 듯싶다. 유사시 적과의 전투 임무 수행과 전국을 직접 지휘·통제하는 데 제한 상황이 발생하지 않도록 편성하고 있다. <그림 5-19>는 '민방위사령부(HFC)'의 편성 현황이다.

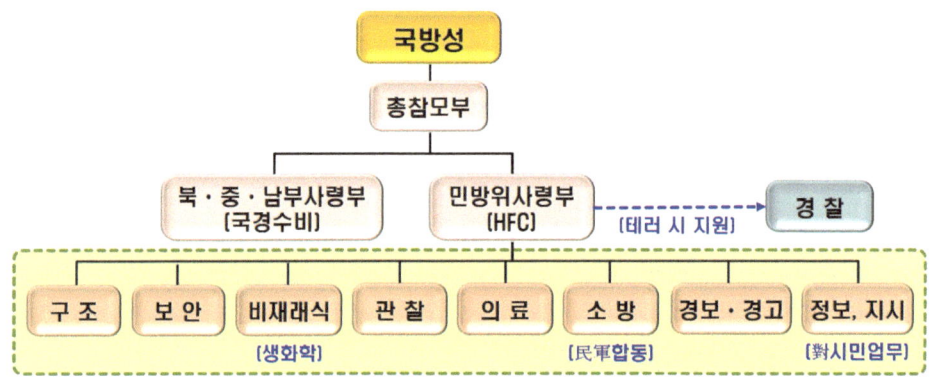

<그림 5-19> '민방위사령부(HFC)'의 편성 현황

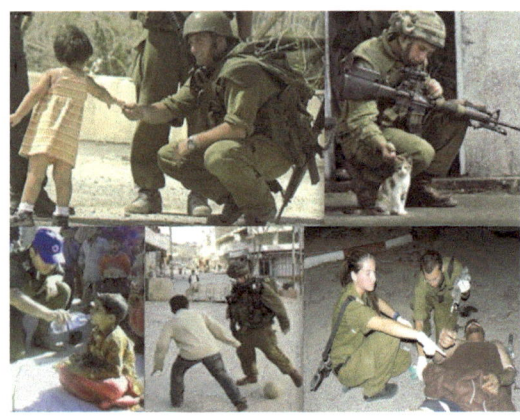

'민방위사령부(이하 HFC)'는 텔아비브 남쪽의 아시도트(Ashdot)에 있다. 병력 규모는 현역병 3,000명을 포함한 70,000명으로 편성되어있다. 이중 현역병은 전투부대로서 1차 구조 임무를 할 수 있게 되어있으며, 예비군의 평균 연령은 걸프전 이후 35세로 재편성하였다. <표 5-13>은 'HFC'의 주요 기능을, <표 5-14>는 'HFC'의 책임을 정리하였다.

---

50) '민방위사령부(HFC)'는 'Home Front Command'의 약자다. 이스라엘 총참모장 계급은 중장(lieutenant-general)이다.

<표 5-13> 'HFC'의 5대 주요 기능

> 첫째, 시민 방어 개념을 창출한다.
> 둘째, 국가비상사태에 대비하여 시민 교육과 지도 및 감독을 시행한다.
> 셋째, 모든 민·관·군 체계에 사태의 방지와 극복방법을 지도·안내한다.
> 넷째, 국가비상사태에 대비하여 후방전력이 대기 태세를 유지, 즉각 출동한다.
> 다섯째, 관할 영역 내에서 지역사령부로서 임무를 수행한다.

<표 5-14> 'HFC'의 4대 주요 책임

> 첫째, 최적의 국가적 대응을 위하여 사건(사고)에 관계된 모든 조직 간의 협력과 통제, 훈련 및 교리 개발을 담당한다.
> 둘째, 시민들에 대한 교육 및 필요한 내용을 공지한다.
> 셋째, 경보 체계를 계획 및 시행한다.
> 넷째, 테러가 발생 시 경찰 업무를 지원한다.

소결론적으로 이스라엘은 적대 국가들에 포위되어 있으나, 주어진 환경을 자국에 유리한 환경으로 만들기 위하여 연방정부와 국민이 한마음 한뜻으로 위기와 재난에 대비하고 있다. 이들은 HFC를 중심으로 하여 전시(戰時)와 같은 획일적인 시민방위체계를 유지하고 있으며, MELACH의 운영을 통하여 국가 비상경제 운영체계도 갖추고 있다. 따라서 국가 총력전 수행이 가능한 전시체제 위주의 국가정책을 모범적으로 수행하고 있음은 참고해야 할 부분이지 않나 싶다.

제 6 절

스위스의 국가위기관리체계

1. 개관(槪觀)

스위스는 강대국에 둘러싸여 있어 지정학적으로 불리한 위치에 있기에 외부로부터 원하지 않는 간섭을 받지 않고자 무장중립국(Armed Neutrality State)이 되었다. 이들은 국민개병제와 민방위 제도를 중심으로 하는 '총력 방위체계'[51]를 확립하고 있다. 1934년 최초로 민방위 개념을 형성하였으며, 1954년 '민방위령'을, 1962년 '민방위법'을 제정하였다. 이에 근거하여 유사시에 핵을 포함한 대량살상무기(WMD)로부터 국민을 보호하는 데 총력을 기울이고 있다. 1970년 대량살상무기와 재래식무기 위협을 동시에 대비하는 개념으로 발전시켰으며, 2011년 지하 방공호 촉진 법안까지 제정하였다. <그림 5-20>은 연방정부의 위기관리체계와 주요 기능을 정리하였다.

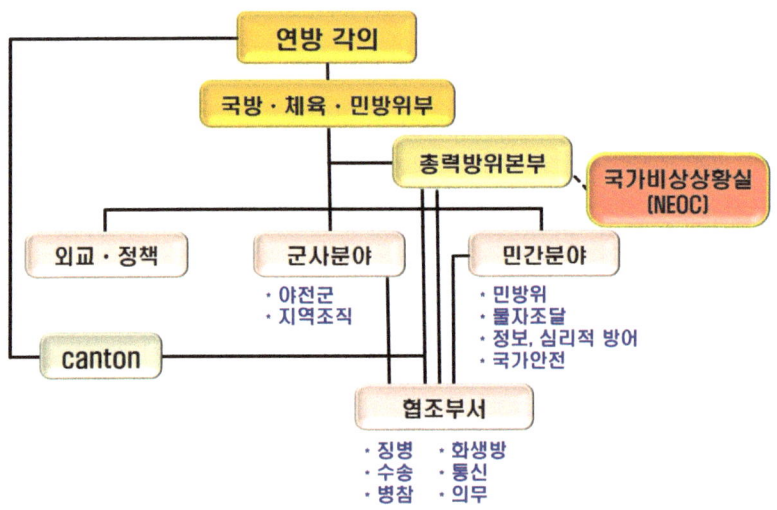

<그림 5-20> 스위스 연방정부의 위기관리체계와 주요 기능

---

51) '총력방위체계'는 경찰, 소방대, 공공보건부서, 기술지원부서, 보호지원대 등의 기관이 분야별로 임무를 수행하면서 유기적으로 협력하는 통합된 우산형 체계를 의미하고 있다. 이를 위하여 군사·경제·심리전·민방위를 유기적으로 연결함으로써 국가위기관리 체계를 강화하기 위하여 '연방 민방위청(FOCP)'을 설치 및 운영하고 있다.

2. 국가비상상황실(NEOC)과 민방위청(BZ)에 대한 이해

2.1. 국가비상상황실

'국가비상상황실(NEOC)'[52]은 평시 국방·체육·민방위부의 예하 기관이다. 평시 민방위부의 민방위청에 20명이 편성되어 비상대비 업무(과거 한국의 '비상기획위원회'와 같은 역할)를 주관하고 있다. 물리·화학 학자, 기상전문가, 컴퓨터·통신전문가, 기술 및 행정지원 요원으로 편성되어있으며, 2개국어 이상 능통한 요원들로서 전 세계의 방송 매체를 청취하고 있다. 전시(戰時)에는 의회에서 총사령관(4성 장군)을 임명하여 합참 조직을 토대로 작전지휘를 하도록 구성하고 있다.

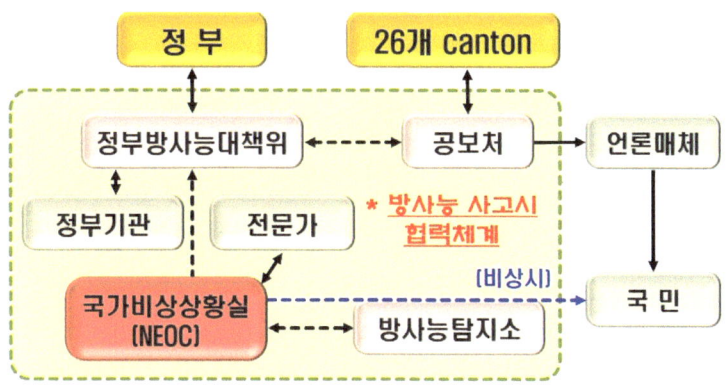

2.2. 민방위청

'민방위청(Bundesamt fur Zivilschutz)'은 300,000만여 명의 규모로 편성되어있으며, 평시 자연·인적재난 및 위기가 발생 시 지원하고 있다. 전시에 국민 보호와 국경 지역에 재난이 발생 시 인접 국가와의 협조 및 구조 활동 등을 담당하는 부서다. 전국에 1,790개소의

---

[52] '국가비상상황실(NEOC)'은 'National Emergency Operation Center'의 약자이며, 방사능·화학물질 사고 또는 댐 붕괴 등의 사고와 관련하여 정부의 각 기능을 통합하여 운영할 수 있도록 정부에서 조직한 기관으로 국방·체육·민방위부 차관 직속으로 운영하고 있다. 전시에는 200명이 추가로 동원되고 있다.

지휘소가 있으며, 지하에 위생·보건 관련 시설이 1,500여 개소, 107,000여 병상, 경보시설은 7,320여 개, 외부 차단에 대비한 자체 급수·전력 설비 등을 구축하고 있다. 위기가 발생 시 총 4단계로 조치하는데, 제1단계는 '즉각 대처' 단계로서 경찰, 의사와 구급차, 소방단이 출동한다. 제2단계는 소방단의 사후처리반과 민방위단이 '초동 개입'을 하는 단계다. 제3단계는 소방·민방위 단의 추가 지원과 지역 차원에서 동원 가능한 자원 및 물자가 지원되고, 마지막으로 軍이 제공하는 자원 및 물자 지원 등으로 조치하는 단계로 진행하고 있다.

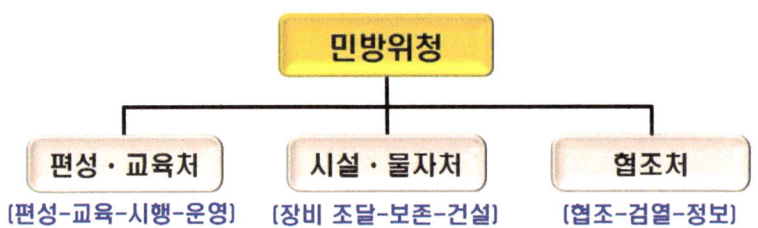

3. 연방정부와 주 정부(canton)에 대한 이해

3.1. 연방정부

연방정부는 세 가지 의무규정을 두고 있다. 첫째, 주택·건물의 신축 및 재건축을 할 때 반드시 피난시설을 설치하여야 한다. 둘째, 26개 주 정부(이하 칸톤-canton, 또는 캉통)[53]에 있는 3,000여 개의 자체 민방위 조직이 인명피해가 발생 시 구호·구조·치료 등의 임무를 수행한다. 셋째, 20~60세까지의 남성 중에 병역의무가 없어야 민방위대에 편성하며, 여성은 자원(自願)할 경우 복무할 수 있다.[54]

이들의 특성은 총 세 가지로서 첫째, 위기에 대한 경보뿐 아니라 보호 가능성 및 조치와 관련한 정보를 국민에 제공한다. 둘째, 경보발령과 행동요령을 알려준다. 셋째, 협조 기관과의 준비 및 투입을 조정·통제하고 지휘체계를 제공하고 있다. 민방위본부는 민방위·재난업무를 총괄하며, 칸톤은 행정을, 연방정부는 칸톤을 지원하도록 명확하게 규정되어 있다.

3.2. 주(州) 정부

<그림 5-21>은 칸톤의 위기관리기구도다.

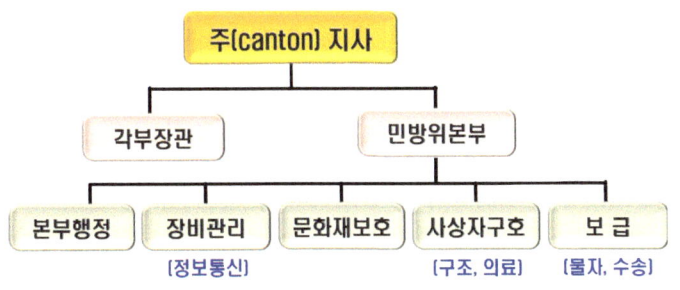

<그림 5-21> 스위스 칸톤의 위기관리기구

---

53) '칸톤(canton)'은 1848년 스위스 연방에 세워질 때 국방과 통화(通貨)를 포함하여 완벽한 자치권을 보장받았고, 이후에도 고유한 정치체계와 입법·행정권을 가지고 있는 '주(州) 정부'를 뜻하고 있다.
54) 개인 또는 종교적 사유로 병역의무를 이행하지 않을 때 민간공익사업에 투입하여 난민 보호, 청소년 선도 외에 민방위 업무를 지원, 자연재해 복구 지원, 해외파견 근무 등을 이행하고 있다.

민방위 본부장은 장관급 공무원으로 임명하며, 자치단체의 책임자는 민방위대원 또는 일반 국민이 의회를 통해 선임되고 있다. <표 5-15>는 연방정부와 칸톤의 업무영역을 비교하였다.

<표 5-15> 연방정부와 칸톤의 업무영역 비교

연방정부	칸톤(주정부)
・민방위 제도 연구 ・전염병, 핵폭발・테러, 지진 대비 ・민방위 시설과 장비의 기준을 정립, 물자・장비 지원, 문화재 보호 ・간부와 기술요원 교육 등	・재해・재난의 예방-수습-관리 ・민방위시설・장비 구축 및 관리 ・민방위대원 교육

칸톤의 민방위대원은 ① 행정 업무, ② 사상자 구호, ③ 장비 관리, ④ 보급 관리, ⑤ 문화재 관리 등의 5개 분야에 배속시키되, 임무가 명확하게 분장(分掌)되어 있다. 주목할 점은 민방위 대피 시설을 민간 전문업체에 의뢰하여 관리하고 있다는 점이다. 이를 통해 화생방 방호시설 등이 평시부터 전문업체가 시설을 관리하고 언제라도 쾌적한 상태에서 즉각 사용할 수 있게끔 되어있다. 또한, 극단적인 상황을 고려하여 침대와 모포, 세면・화장실 등의 편의시설도 갖추어져 있다. 이러한 시설들은 주민과 학생들의 안보현장 견학 코스로 활용한다. 초・중・고등학교 운동장은 설계 단계에서부터 지하대피소 등을 포함하여 설계하도록 권장하고 있다. 모든 주택과 빌딩의 95%는 지하 방공호로 구축되어 있으며, 주요 고속도로나 교량(다리)은 전쟁이나 적의 침공에 대비하여 언제든 필요할 때 폭파할 수 있도록 준비되어 있다.

소결론적으로 스위스는 무장중립국이지만, 강력한 안보태세를 구축하고 있으며, 칸톤을 중심으로 동원 및 전시대비 훈련과 재난대비 훈련을 진행하고 있다. 소방과 민방위본부는 2015년부터 통합 운영함으로써 유사시 업무의 통합・효율성을 최대한 높였다. 특히 주・시・군 단위로 민방위 대원을 포함한 5개 민방위 조직체가 협력하여 실질적인 훈련을 실기・실습 위주로 진행하고 있음을 주목할 필요가 있다.

제 7 절

논의 및 시사점

주요 국가의 위기관리체계가 상당한 수준으로 성공한 요인은 법과 제도, 조직 체계의 발전을 병행하였다는 데 있다. 미국은 2001년 9·11테러가 발생한 이후 이전까지의 안보 위협 개념을 포괄적인 개념으로 바꿔 성공한 모범적인 사례이다. <표 5-16>은 미국과 일본, 러시아, 이스라엘, 스위스의 국가위기관리체계를 비교하였다.

<표 5-16> 美·日·러·이·스위스의 국가위기관리체계 비교

구 분	미국	일본	러시아	이스라엘	스위스
국가이익	방향성(directivity)이 정립				
법령체계	확고하게 정립				
NSC	전문·안정성, 고유 영역이 확보				
제도 측면	일관·효율성이 유지				
운영 측면	영역·기능별 보장, 명확한 예산 배정 및 집행				
	NSC, DHS, FEMA	내각부에서 위기·재난을 통제	EMRCOM	HFC, MELACH	총력 방위본부

<표 5-17>은 국가위기관리조직과 관련 체계의 발전을 위해 한국이 느끼고 접목하여야 할 필요가 있는 여섯 가지 분야를 정리하였다.

<표 5-17> 주요 국가의 위기관리체계에서 느껴야 할 여섯 가지 분야

첫째, 탈냉전 이후 안보개념의 변화에 따라 국가위기관리체계를 고유의 특성에 맞게 개선한 가운데 9·11테러가 발생하자 바로 법령·제도·체계를 실천하고 있다.
둘째, 포괄적 안보개념을 채택하기 위해 위기관리 조직을 통합하고, 협력체계를 구축함으로써 국가위기관리 정책의 결정·집행과 조직이 현장에서 바로 활용될 수 있도록 개선·정비하였다.

> 셋째, 연방정부의 통합 기능과 총괄 컨트롤-타워 역할을 강화하였다.
> 넷째, 국가위기관리조직과 체계의 핵심 요소를 예방에서 복구단계까지 실질적으로 관리할 수 있는 수준으로 정비하였다.
> 다섯째, 국가위기관리체계는 각 국가가 바라보는 위협(위험)의 정도와 인식에 따라 조금씩 다르지만, 법령의 제정과 정비, 제도와 조직의 발전을 동시에 진행함으로써 성과를 거두었다.
> 여섯째, 비전통적 위협이 새롭게 등장함에 따라 위기관리조직의 중점 관리 대상을 대량살상 가능성이 큰 전시(戰時) 지원-테러리즘-대량피해가 예상되는 재해·재난 등을 탄력적으로 적용하고 있다.

국가들은 지정학적 특성과 여건에 부합하는 고유의 형태와 개념으로 국가위기관리체계와 조직, 기구 등을 조화롭게 정립함으로써 예방-대비-대응-복구할 수 있는 환경과 여건을 마련하였음을 느낄 수 있다.

직면하고 있는 위협(위험)의 정도에 따라 대비(대응)영역을 통합 및 분산하거나, 최소 몇 개의 축(軸)으로 결집하고 있다는 점에 유념하여야 한다. 중심축은 역사적 경험과 실천적 원리에 기반하고 있다. 다시 말해 상황과 여건에 맞게 분산 및 협력, 조정·통제가 가능하여야 한다. 유기·탄력적인 형태를 운영하기 위한 노력을 통해 위기에 접근(대처)하는 인식과 국가적 차원의 대비(대응) 자세는 심도 있게 학습할 필요가 있다. 이는 한국의 국가위기관리 인식과 각종 예방-대비-대응-복구 관련 요소에 접목해야 할 필수 요소로 봐야 하지 않을까 싶다.

> **"위기사태에 대비(대응)하기 위해서는 가장 먼저 해야 할 일이 최대한 그의 강점과 약점이 무엇인지를 가능한 구체적으로 파악하여야 한다."**

강의_V 한국의 위기관리훈련 체계에 관하여 이해합시다.

학습하기 이전(以前)에 요구되는 사항

1. 국가위기관리훈련의 의미와 개념이 무엇인지를 이해하시오.
2. 국가위기관리 훈련의 형태 네 가지에 관하여 이해하시오.
   * 도상연습, 실제 훈련, 토의형, 기타형
3. 국가위기관리훈련은 어떻게, 어떠한 절차로 도출하는지에 관하여 이해하시오.
   * 한국군과 미군이 훈련 시행에서의 차이점은?
4. 국가위기관리훈련의 3단계를 구분한다면?
   * 계획 및 준비단계의 핵심요소는?
   * 실시 및 통제단계의 핵심요소는?
   * 평가의 핵심요소 및 방법은?
5. 전통적 안보위협과 관련한 국가위기관리기구의 조직도와 체계를 이해하시오.
   * 한국의 전쟁 수행기구도는?
6. 각종 비상사태를 발령(선포)하는 명칭과 진행하는 절차를 이해하시오.
   * 국가(경찰) 공무원의 비상 근무체계, 충무사태, 동원령
   * 경계태세, 통합방위사태, 방어준비태세

제6장

한국의 위기관리훈련 체계

제1절 개요

제2절 국가 위기관리 훈련의 개념과 형태

제3절 국가위기관리훈련 시 준수할 사항과 훈련 방법

제4절 전통적 안보에 관한 국가위기관리기구와

      비상사태의 대비절차

제 1 절

개 요

정부는 최근까지도 각종 형태의 정부조직 개편과 조정 과정에서 국가위기관리 기능의 변화를 꾀하고 있다. 업무 수행과정을 통합 및 분산, 단순·체계화하는 등을 통해 시너지 (synergy) 효과의 기반을 마련했다고 자평(自評)하고 있지만 모호하다. 한국 고유의 특성에 부합되는 기본법령과 조직, 기구를 갖추고자 노력하고 있지만, 성과가 있다고 평가하기는 어렵지 않을까 싶다. 대형사고와 재난, 위기가 끊이지 않고 있기 때문이다. 전쟁과 대규모의 자연·인적재난, 테러, 감염병 등 다양한 비전통적 위협 양상이 날로 새롭게 등장하고 있기에 국민이 상당한 위기감과 피로감을 느낄 수밖에 없는 현실임을 부정하기 어렵다.

국내·외적 측면에서도 태안의 기름 유출(2007), 금강산 관광객 피살(2008), 일본의 독도 영유권과 중국에 의한 이어도(離於島)[1] 영토권 주장, 천안함 폭침과 연평도 피격(2010), 세월호 침몰 (2014), 헝가리 유람 선박 충돌 (2019), 중·러 군용기의 KADIZ 잦은 침범, 북한의 목선 진입 사례가 끊임없이 반복되고 있다. 軍의 경계작전과 국가안보 관련 기능의 역할 역시 아쉬움이 많이 남는다는 부정적 인식 등을 고려할 때 국가

위기관리체계의 시급한 정립과 실질적인 훈련이 필요함을 누구나 인정할 수밖에 없는 현실이다.

특히 금강산 관광객이 피습된 이후의 늦장 보고와 부실한 대응조치, 정보수집능력의 미약(또는 소홀), 수많은 전문가가 있지만, 정작 필요할 때 믿고 활용(투입)할 수 있는 위기관리 전문가[2]는 부족한 취약점 등은 국가 위기관리체계가 발전하였다는 홍보에도 불구하

---

1) '이어도'는 대한민국의 국토 최남단 마라도에서 서남 방향으로 149km 떨어진 수중 암초로 공식 이름은 '파랑도 (破浪島)'다. 중국이 주장하는 배타적 경제수역(EEZ)이 중첩되는 곳으로 영유권 분쟁을 하고 있다.

고 근본적인 원인이 해소되지 않았다는 방증(傍證)으로 볼 수 있다.[3]

2008년 이명박 정부가 정부조직의 개편을 통해 관련 기능과 영역의 통합을 시도하였지만, 비효율성을 해소하지는 못했다. 기능과 역할의 통합을 명분으로 내세웠지만, 법·제도적 장치가 미비한 상태에서 무조건 통합하였다고 관련 위기가 저절로 해소될 리는 없다. 위기는 살아 움직이는 고등 생물이기 때문이다. 위기를 해소하고 싶으면, 위기가 싫어하는 전문성과 과감한 결단력, 추진력을 갖추고 실천하여야 한다.

국가 주권을 보호하고, 국민의 안전한 삶에 위협을 가하는 전쟁·재난·테러·감염병 등의 다양한 위협(위험)에 대비하기 위해서는 현실적인 한계가 분명히 존재한다. 그러함에도 국가 차원에서 위기관리체계와 훈련을 통합하고 실질적으로 진행하는 노력이 필요함을 잊어서는 안 된다.

---

2) 명심해야 할 점은 軍에서 장기간 복무하면서 높은 계급이었거나, 정부 기관 또는 지자체(공공기관)에서 높은 계급(직책)으로 근무했다고 하여 무조건 전문가라고 인정하기는 어렵다. 예를 들면, 軍의 계급(직책)은 최종 결재권자이거나, 중간 결재권자(또는 중간관리자)라는 의미가 크기 때문이다. 따라서 관련 직책을 수행하였다고 전문가로 평가하기는 쉽지 않음을 이해할 필요가 있다. 내·외부적으로 전문가임을 인정받기 위해서는 특정 영역에 대한 근무(봉사) 연수(年數)가 아니라 현장·학문·이론적으로 합리적 논거(reasonable argument)에 기반한 전문성(Expertise)을 보유하였을 때 비로소 전문가로 인정받을 수 있다.

3) 세부 내용은 김성진의 "위기의 극복은 투명성(Transparancy)만이 답이다," 『경제포커스』 안보칼럼(2019. 11. 8.)을 참고하기 바란다.

제 2 절

국가위기관리훈련의 개념과 형태

1. 국가위기관리훈련의 일반적인 개념

'국가위기관리훈련'[4]은 개인·기관이 전시 또는 대규모 재난이나, 이에 준(準)하는 국가위기사태에 능동적으로 대처하기 위함이다. 이를 위해 '대비계획을 검토·보완하고 예방-준비-대응-복구 등의 업무 수행절차를 체계적으로 숙달하기 위하여 실시하는 훈련'을 뜻한다. 그러나 현실적 측면에서 보면, 기능 및 영역별로 나누어 실시하고 있는 위기관리훈련의 경우는 근본적으로 기본 개념과 절차부터 재정립할 필요가 있다.

현장에서 무엇이 문제인지에 대한 사례를 보자. 먼저, 정부 기관이 실시하는 훈련 중 행정안전부가 주관하는 '재난대응 안전 한국훈련'과 행정안전부에서 주관하는 '을지태극연습(충무훈련)'은 업무의 성격과 훈련 시기가 완전히 다르다. 그러함에도 훈련을 진행하는 내용은 유사하거나, 중복되어 진행한다. 제한되는 인력과 예산 측면에서 보여주기식 행사에 치우치고 있다는 시각이 많다는 점에서 불필요한 노력의 낭비로 볼 수 있다.

둘째, 軍에서 하는 대테러훈련을 보자. 테러가 발생하면, 법적 문제로 인하여 '국가에서 지정한 대테러부대(국가지정부대)'만이 내부로 진입하여 무력진압을 할 수 있다.[5] 그러나 현실은 작전 사령부급 이하의 부대에서 운영하는 군사경찰(SDT, 이전의 헌병 특수임무대)[6]이나 기타부대가 전부 무력진압하는 훈련을 진행하고 있다. 그러나 임무 성격이 완전히 다름을 분명하게 인식하여야 한다. 이들은 초동조치 부대로서 테러사태가 벌어진 현장의 원점(原點)을 보존하거나, 주변을 경계하는 임무를 수행하는 부대라는 점을 간과하고 있기 때문이다. 따라서 법적 책임을 피할 수 없고, 軍의 어떠한 제대 지휘관도 그러한 권한

---

[4] '위기관리훈련'은 아직 명확한 개념과 이론적으로 정립이 되지 않은 상태이기에 통상적인 차원에서 관행적으로 진행하고 있다고 봄이 정확하지 않을까 싶다.
[5] 국가에서 공식적으로 인정된 대테러 무력진압부대는 경찰 특공대(7), 해경 특공대(4), 707 대테러특임대대뿐이다. 이들도 간사기관장(국가정보원장)의 승인이 떨어져야 무력진압에 투입할 수 있음을 알아둘 필요가 있다.
[6] '육군 군사경찰 특임대(SDT)'는 이전의 '헌병특임대'로서 'Special Duty Team'의 약자다. 대테러 초동조치 부대로서 흑색 복장을 착용하고 있다. 그러나 공식적인 대테러 진압부대는 아니며 요인(VIP) 경호, 무장탈영병 체포, 일반 재난 구조 임무를 담당하고 있다.

을 갖지 못하기에 상당한 파문(波紋)을 일으킬 수밖에 없음을 인식할 필요가 있다. 법에 무지(無知)한 까닭(所致)이거나, 소홀하게 인식하였거나, 내가 해결할 수 있다는 불필요한 허세(과장)에 불과하다는 점을 명심해야 한다.

다시 말해 주관기관별 자신들의 기능과 영역에 관한 위기관리훈련 개념이 명확하지 않은 상태임을 깨우쳐야 한다. 현실의 훈련 진행 방법과 절차 등은 통상적으로 진행하여 온 내용 등을 별다른 생각없이 관례(慣例, custom)에 따라 진행하고 있다고 봄이 정확한 진단이지 않을까 싶다.

아울러 각종 형태의 국가위기관리 및 대비훈련 등도 해당 부처별로 각기 분산하여 실시함으로써 다양한 위협에 동시 대응한다는 취지와는 외떨어져 있다. 이로 인해 가용 자원의 통합과 일원화된 지휘·통제·통신이 제한되기에 포괄적 안보개념과는 맞지 않는다.

시·도, 시·군·구는 인력과 예산 부족이라는 만성·고질적인 병폐(病廢)가 더해져 정부가 통제하는 훈련이 과중한 부담으로 느껴 훈련에 피동적이거나, 과거 자료를 답습하는 데 그치고 있다. 특히 주관이 다른 정부 기관이나 지자체임에도 불구하고 훈련 내용은 거의 같은 맹탕 훈련을 하는 실정임을 기억하여야 한다. 그 결과 참가하는 기관이나 인원들도 "무엇 때문에?", "왜! 훈련하는 거지?"라는 의문을 가지고 있지만, 구체적인 목표와 당위성을 명확하게 인식시키기는 쉽지 않다. 이는 관련 기관과 관계자들의 적극적인 참여, 자발적인 협조를 어렵게 만드는 하나의 주요한 원인으로 볼 수 있다.

여러 가지의 복합적인 현실은 연례적인 반복·형식·타성에 젖은 훈련을 할 수밖에 없게 만들어 훈련수준이나 훈련성과의 향상을 기대하기는 어려운 환경이다. 따라서 이러한 국가위기훈련의 문제점을 개선하기 위해서는 전·평시 다양한 위협에 동시 대응이 가능(one-system multi-purpose)하도록 연계하거나, 조직과 기구를 통합하는 등 훈련 패러다임(paradigm)을 재설계할 필요가 있다. 이러한 점을 개선 및 발전하기 위해서는 현실을 정확하게 진단해야 하므로 관련 내용을 원리와 원칙 측면에서 접근하기로 한다.

2. 국가위기관리훈련의 형태와 도출 절차

2.1. 국가위기관리훈련의 진행 형태

<그림 6-1>은 국가위기관리훈련은 주로 네 가지 형태로 되어있다.

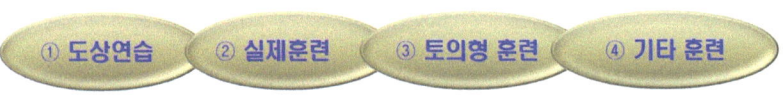

<그림 6-1> 국가위기관리훈련의 네 가지 형태

① '도상연습'은 각종 위기가 발생하면, 예상되는 상황과 유형별로 작성한 사태목록(MSEL)[7]을 가지고 진행하고 있다. 통제부를 편성하여 단계별로 훈련에 참여한 인원들이 도상(圖上, 지도)이나, 서면(書面)으로 부여하는 핵심 의미와 내용을 이해하게 하고, 조치 과정과 절차에 대하여 숙달하는 연습(또는 훈련)이다.

② '실제훈련'은 인력·장비·물자 등을 이동시켜 위기 대비계획이 시행되는 절차를 행동으로 숙달하는 방식이다. 대상 기관(개인)을 평가하기 위함으로 위기 대비계획의 실효성을 확인·점검하는데 가장 효과적인 방법이라고 할 수 있다. 다만, 인력·예산의 제한과 사회 환경의 발달로 일상생활을 방해받지 않으려고 하는 국민의 일반 정서를 고려하여 민원이 야기되지 않도록 시행할 필요가 있다.

③ '토의형 훈련'은 각종 위기 대비계획의 보완 및 발전과 법령의 제정, 이전(以前) 연도에 훈련(연습)을 진행하면서 식별된 문제점에 대한 해소 여부를 검토하고 추가로 필요한 부분이 있는지를 확인하기 위함이다. 관계기관(기능) 등이 참석하여 질의 및 토의를 통해 최적의 방안을 도출한다. 이때 각 기관의 임무와 특성, 훈련의 성격 등을 고려하여 최소한 2개 이상의 훈련 방법(또는 방식)을 혼용(混用) 또는 병행하여 진행하는 게 효과적이다.

④ '기타 훈련'은 軍의 개념을 준용하여 설명함이 이해가 빠를 것 같다. 군에서는 지휘소

---

[7] '사태목록(MSEL)'은 'Master Scenario Event List'의 약자로 '주요 사태목록'이 정확한 용어이다. 일명 '페이퍼 연습(Paper Exercise)'으로 부르기도 한다.

연습(CPX), 지휘소 기동훈련(CPMX), 지휘소 야외 기동훈련(CFX), 야외기동연습(FTX) 등으로 구분할 수 있다.8)

2.2. 국가위기관리훈련의 도출 절차

<그림 6-2>는 국가위기관리훈련을 도출하는 절차를 정리하였다.

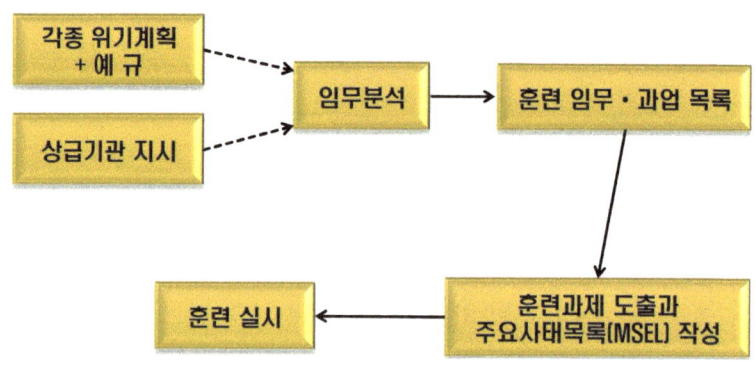

<그림 6-2> 국가위기관리훈련을 도출하는 절차

임무를 분석할 때는 관련한 각종 위기계획과 자체적으로 만든 예규(SOP)9), 상급 기관(부대)으로부터의 지시(지침) 등을 확인한 다음 진행할 훈련의 임무와 과업(task) 목록을 설정한다. 세부적 측면에서 훈련할 과제를 도출하면서 실질적인 훈련을 도모할 수 있는 주요 사태목록(MSEL)을 작성한다. 이때 시간·장소·기관(또는 기능 및 제대)별로 부여할 수 있도록 구체적인 요소를 선정하여 정리하고 지휘부의 결심이 완료되면, 훈련 진행에 사용하고 있다.

---

8) '지휘소 연습(CPX)'은 'Command Post Exercise'의 약자로 '각급 제대의 지휘관과 참모, 작전·통신 요원 등이 훈련하기 위한 연습'으로 주로 도상(圖上) 훈련이나 모의 연습(simulation)을 뜻하고 있다. '지휘소 기동훈련(CPMX)'은 'Command Post Maneuver Exercise'의 약자로 '각급 제대의 분대장급 또는 일정 직책 이상의 지휘조가 참여하여 훈련하는 연습'을, '지휘소 야외 기동훈련(CFX)'은 'Command Field Exercise'의 약자로 '각급 제대의 분대장급 또는 일정 직책 이상의 지휘조가 참여하여 야외에서 실제 기동하는 훈련'을, '야외 기동훈련(FTX)'은 'Field Training Exercise'의 약자로 '전 제대가 참여하여 야외에서 기동하면서 전술을 숙달시키는 훈련'을 뜻하고 있다.

9) '예규(SOP)'는 'Standard Operating Procedure'의 약자로 '표준운영절차'라고도 불린다.

3. 교육훈련관리의 개념과 절차에 대한 이해

3.1. 교육훈련관리의 개념

위기관리훈련을 이해하려면, 훈련을 어떻게 계획하고 수립하며, 진행하는지를 알아야 전체 모습을 이해할 수 있다. 따라서 기본적으로 교육 훈련은 인간이 사회생활을 영위하면서 자발·창조적인 잠재적 가능성을 끌어내 주는 지대한 효과를 가져오게 만든다.

따라서 위기관리훈련의 전반(全般)에 들어가기에 앞서 '교육훈련'과 '교육훈련관리'가 무엇을 의미하고 있는지? 에 대한 본질을 이해하는 게 바람직하다. 용어에 대한 기본적인 정의와 개념을 알아보자.

'교육(敎育, education)'은 라틴어인 'educare'에서 유래되었으며, 'e'는 '밖으로', 'ducare'는 '끌어내다'라는 뜻이 있다. '교육'은 이를 합친 합성어로서 '인간이 삶을 영위하는 데 있어서 사회생활에 필요한 지식이나 기술 및 바람직한 인성(人性, personality)과 체력을 갖도록 가르치는 조직적이고 체계적인 활동'으로 정의할 수 있다. 간단하게 말하면, '개인의 소질을 안에서 밖으로 끌어낸다.'라는 의미다.

'훈련(訓練, training)'은 '규정된 동작을 반복하거나, 예행연습을 통하여 평상시나 전시에 군인들이 임무를 수행할 수 있도록 준비시키는 일련의 행위'이다.[10]

'관리(管理, management)'는 일반적 의미로 '사람을 통솔하고 지휘 감독하는 일체의 행위나 행위자'를 뜻하고 있다. 다시 말해 '상황을 예측하여 계획을 수립한 다음 조직 체계를 통해 규정화한 명령으로 전달 및 통제하는 일련의 행위'다. 교육훈련 분야에서 지칭하는 뜻은 '기관에 부여된 임무(과업)를 능률적으로 완수하기 위하여 가용한 자원을 효율적으로 활용하는 과정'으로 이해할 수 있다.[11]

따라서 '교육훈련관리'는 '전·평시 기관(부대)에 부여된 임무를 성공적으로 완수할 수 있게끔 제한된 인원, 시설, 장비 및 물자, 시간, 예산을 효율적으로 활용하여 훈련 목표를

---

10) 세부적인 내용은 육군본부, 『교육훈련관리』 야전교범 7-10 (2004).; 국무총리비상기획위원회, 『비상대비훈련 실무 참고』 (2002). 를 참고하기 바란다.
11) '관리(management)'의 기능은 기획·조직·지시·통제·조정 기능을 탄력적으로 적용하여 임무를 달성하게 하는 지휘통솔 기법의 하나라고 보면 될 듯싶다.

달성하고자 하는 조직적인 활동 및 과정'으로 이해하면 될 듯싶다. <그림 6-3>은 교육훈련관리의 흐름과 체계도이다.

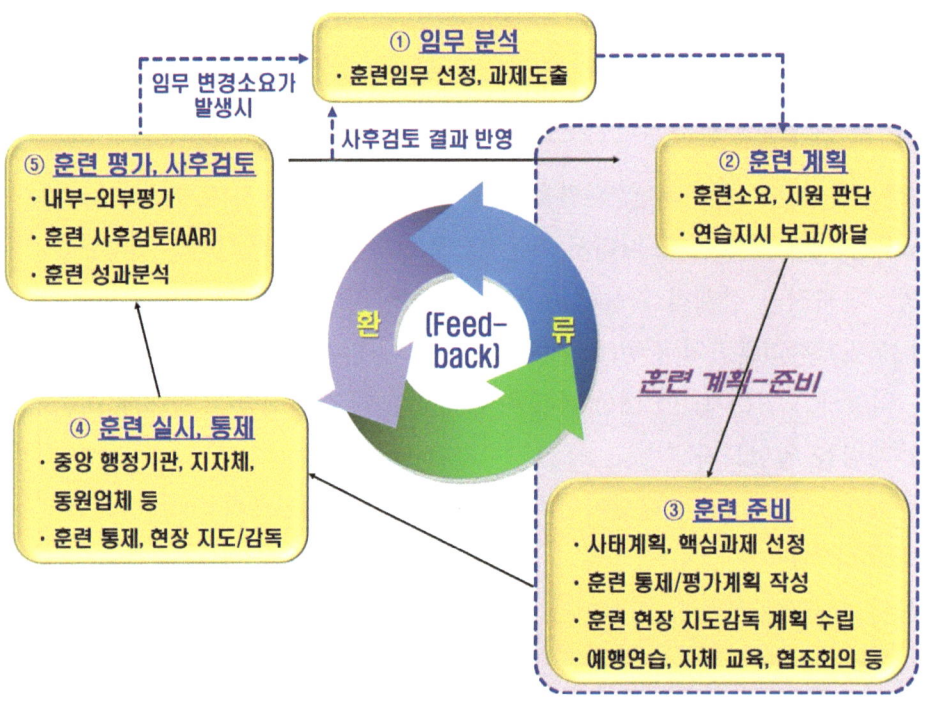

<그림 6-3> 교육훈련관리의 흐름과 체계도

① '임무 분석'은 기관(부서 또는 기능)에 부여되어있는 '명시된 과업(Specified Task)'과 '추정된 과업(Implied Task)'[12]을 이해하는 활동 전반을 뜻하고 있다. 계획 단계에서 훈련소요를 도출하기 위해서는 반드시 거쳐야 하는 기본적이고 필수과정이다. 군부대에서 연간 교육훈련 계획을 수립할 때 가장 먼저 고려하는 요소가 '임무 분석'이다. 각 제대·기관별 전시대비·재난·테러 등에 관하여 자체적으로 수립한 위기대비계획, 법규 및 예규, 상급기관 및 해당 제대(기관)장의 훈련 지침 등에서 염출하는 게 기본이다. 확인하여 도출하는 과정은 세부적으로 들어가면, 복잡하기에 일반적인 절차로만 접근하기로 한다.

'훈련과제의 도출'은 개인과 기관(제대)에 요구되는 임무 수행절차가 숙달될 수 있도록

---

[12] '명시된 과업'이라 함은 '계획상에 명시(明示)하여 기본적으로 달성해야 할 과업으로 상급부대(기관)의 계획에 기술되어 있는 과업'이다. '추정된 과업'이라 함은 '상급부대(기관)의 계획이나 명령에 기술되어 있지 않지만, 명시된 과업과 작전의 목적을 달성하기 위해서는 수행해야 할 추가적인 과업'을 뜻하고 있다(합동참모본부, 『합동·연합 군사용어사전』 (대전: 합동군사대학교 합동전투발전부, 2014), pp. 160, 568.).

단계적으로 체계화하기 위해 필수 목록을 작성하는 과정이다. 이를 토대로 하여 개인훈련에서부터 소부대-대부대훈련13)을 연계함과 동시에 영내훈련과 야외훈련 등을 실시할 수 있게 됨을 이해할 필요가 있다.

'훈련 계획'과 '훈련준비'는 동일체이나 기본적으로는 단계를 구분할 필요가 있다. 먼저 ② '훈련 계획'은 '목적(Why)'과 '무엇을(What)', '어떻게(How)', '어떠한(some)' 방법으로 진행할 것인지? 에 대하여 구체화하는 과정이다. ③ '훈련준비'는 '훈련 계획에 따라 효율성을 제고(提高)시키기 위하여 예산과 인력, 장비 및 물자 등을 비롯한 인·물적 자원의 획득과 제공, 관계기관과의 협조 회의 등을 준비하는 모든 과정'이다. 이때 예하 제대(기관)에 대한 불필요한 통제 및 간섭은 최대한 지양(자제)하여야 훈련의 효율성이 배가된다는 점을 유념하여야 한다.

'훈련 계획 및 준비'는 '당해연도에 훈련을 진행해야 할 소요와 가용 자원을 판단하여 연간 훈련 계획을 수립하는 과정이다. 훈련을 진행한 결과 식별된 문제점과 보완 및 발전시킬 분야, 훈련 이후에 변화된 각종 상황 및 조건, 나아가 국내·외 정세와 안보환경 등까지 망라하여야 한다. 다만, 이는 제대(기관)의 규모와 역할에 따라 차이가 있다.

④ '훈련실시, 통제'는 '위기 시 기관(개인)에 부여된 임무를 효율적으로 수행할 수 있도록 도상(圖上, 지도)연습과 실제 훈련을 통하여 위기관리 및 대비 능력을 배양시키는 핵심 과정'으로 보면 된다. 이때 해당 기관 및 예하 기관이 훈련을 진행할 때 사전에 수립해 놓은 훈련 계획을 적용하고, 준비한 사항을 활용하여 통제한다.14)

⑤ '훈련 평가, 사후검토(AAR)'15)에서 '훈련 평가'는 훈련 목적을 달성하였는지를 확인하기 위하여 평가 항목별로 계량화한 평가표를 사전에 작성함으로써 객관적이고 공정한 평가를 보장하는 데 있다. 이때 평가를 진행하는 방법은 두 가지가 있다. 자체에서 평가하는 '내부 평가'와 상급기관에서 실시하는 '외부평가'다. 평가에 포함하는 분야는 계획-준비-실시 및 통제-사후검토 및 처리단계 전반(全般)을 망라하여야 한다.

'사후검토(AAR)'는 제대(기관) 단위로 강평(講評)과 상황을 단계별로 쪼개어 분석→도출된 문제점을 제시→처리계획을 수립→결과보고서의 작성→다음 훈련 계획에 반영하는 절차를 적용하고 있다.

---

13) '소부대 훈련'은 개인에서 분·소·중대급 훈련까지를, '대부대훈련'은 대대급(소령~중령)에서 작전 사령부급(중장~대장) 제대까지의 훈련을 뜻하고 있다.
14) '훈련통제부'는 사태계획(MSEL)에 따라 통제계획표를 미리 작성하여 예상하지 못한 기상의 이변(異變), 안전사고 발생 요인 등의 다양한 우발(偶發) 상황에도 철저하게 대비하여야 한다.
15) '사후검토(AAR)'는 'After Action Review'의 약자로 이전까지는 '사후강평'으로도 호칭하였다.

잠깐, 이쯤에서 한국군과 미군의 훈련 계획-실시·통제-사후검토 및 처리 과정의 차이점에 대하여 문제10)을 풀이하면서 이해하는 시간을 가져보자.

문제10) 한국군과 미군이 훈련을 계획·실시하는 과정에서 나타나는 차이점이 있다면, 무엇일까?
 ① 훈련의 진행 및 통제 방식   ② 사후검토 및 차기훈련 반영

* key-word

구 분	한국군	미군
진행 및 통제 방식	외형(外形)을 중시	실용(實用)을 중시
	양(量)	질(質)+양(量)
	Red팀[16]을 형식적으로 운용	Red팀을 정상 운용
사후검토	통제 및 평가단(예하조직)	사후검토팀(독립 조직)

---

16) '레드팀(Red Team)'은 '아군 진영에서 적군이나 대항군 역할을 하는 팀'을 뜻한다. 상대의 전략·전술과 공격의 특징 등을 습득하고 있기에 아군 진영(블루팀-Blue Team)의 약점을 미리 들추어내어 보완하게 하는 역할을 담당하게 된다. 사례를 들자면, 2011년 4월 미군 특수부대 네이비실(Navy Seal)이 파키스탄으로 침투하여 오사마 빈 라덴을 사살하는 과정에서 CIA가 레드 셀(Red Sell) 팀을 운용했다. 이들을 통해 적의 관점에서 생각하면서 자신들의 굳어진 사고의 틀을 깨는 계기를 마련하여 성공하였다는 긍정적 평가를 받았다. 결과적으로 계획 수립과 이행과정에서 오차를 줄이게 되었고, 돌발사태에 대비한 모든 가정과 상황을 마련하여 취약점을 보완함으로써 결국 오사마 빈 라덴을 사살하는 쾌거를 이루었다. 세계적인 민간기업에서도 조직 운영의 효율성과 사업 추진의 실패 요인을 사전(事前)에 찾아내기 위해 필수적으로 운용하고 있는 게 레드팀임을 유념할 필요가 있다.

제 3 절

국가위기관리훈련 시 준수할 사항과 훈련 방법

1. 국가위기관리훈련 시 준수해야 할 네 가지 요소

<그림 6-4>는 국가위기관리훈련 시 준수해야 할 요소를 네 가지로 정리하였다.

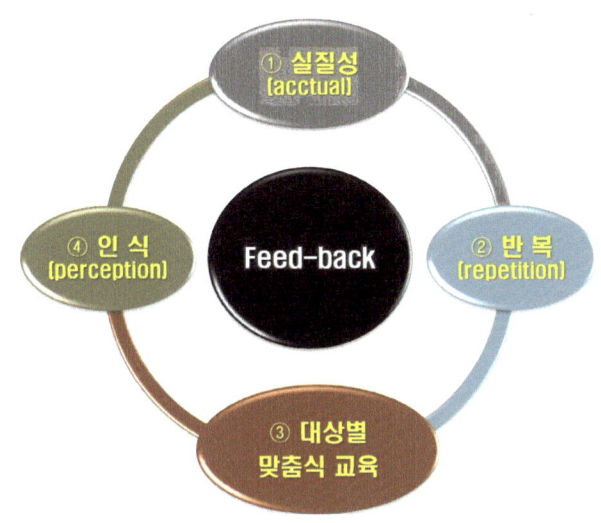

<그림 6-4> 국가위기관리훈련 시 준수해야 할 네 가지 요소

위기와 관련하여 어떠한 계획을 수립하거나, 훈련을 진행할 때 확증편향(確證偏向)이 개입되지 않도록 유의하여야 한다. 미국(軍)이 어떠한 인식과 태도, 자세로 위기에 접근하고 대응하는지, 위기에 대응(전투)하는 방식대로 진행하는 실용적인 태도를 접목할 필요가 있다. 이를 위해 가장 먼저 해야 할 일은 현장에서 실제 조치가 가능한지를 따져봐야 한다.

① '실질성'을 보장하기 위해서는 현장에 부합하는 계획의 수립과 실제 일어날 수 있는 상황을 상정(上程)하여야 한다. ② '반복'을 지겹다고 생각할 수 있지만, 이것만큼 중요한 과정이 없음을 기억하여야 한다. '평소의 땀 한 방울이 전투에서의 피 한 방울'이라는 문장을 자주 떠올려 보자. ③ '대상별 맞춤식 교육'은 대상·임무·기능에 부합하도록 차별화된 교육과 숙달이 필요하다는 것으로 '심화(深化) 교육'을 의미하고 있다. ④ '인식'은 가장

기본적으로 갖추어져 있어야 하는 요소로서 한국 사회가 간과하고 있는 점이 위기 대비와 관련한 훈련 비용을 소모성으로 치부(인식)한다는 데 있다. 이로 인하여 예산을 편성 및 배정하는 과정에서도 항상 뒷전에 미루는 사례가 다반사(茶飯事)라는 사실이다.[17] 훈련 계획과 진행에 드는 비용은 투자로 판단해야 할 사안일 뿐, 소모성이 아니라는 사실을 유념하여야 한다.[18] 다시 말해 '최소 비용으로 최대 효과를 거두는 지름길'임을 이해하고 실천할 필요가 있다.

---

[17] 국가의 큰 방향이 우선이라는 일반적으로 편향된 인식으로 인하여 국방비 중에서 전력 구입 관련 예산을 줄인다거나, '전략적 모호성'이 필요하다는 집단사고로 韓·美 연합훈련의 연기나 축소하는 등을 사례로 들 수 있다. 군사훈련은 전쟁을 방지하거나, 전쟁에 승리하기 위한 기본 요건이다.

[18] 세부 내용은 김성진의 "테러 발생 시 軍 테러 대응체계의 실효성 증대방안 고찰: 軍의 합동조사반(팀) 활동을 중심으로," 『군사논단』 제95호(2018 가을) (서울: 한국군사학회, 2018), pp. 192~220.을 참고하기 바란다.

2. 관계기관별 위기관리훈련의 방법과 형태

<표 6-1>은 정부 부처가 주관하는 위기관리훈련의 방법과 형태를 정리하였다.

<표 6-1> 정부 부처가 주관하는 위기관리훈련의 종류와 현황

구 분	전시대비 훈련	재난대응 안전한국훈련	민방위 훈련	상시 훈련	화랑훈련	위기대응훈련
주 관	행정자치부→국민안전처→행정안전부				국방부 (합참)	행정안전부
시기/ 소요	8월 /3~5일	5·10월 /3~5일	월 1회	연중	5·8·10월 (매 1주)	2008년부터 을지연습과 병행
참가 규모	전국단위	지역단위	전국 단위	대응 기관	전국·지역 단위	유형별 주무·관련기관
방 법	실제·도상		실제	도상	실제	도상
범 위	전시 자원동원	재난·안전 관리분야	민방위 사태	재난 대비	적침투·국 지도발	안보·재난·핵 심기반분야

'재난대응 안전 한국훈련'은 행정안전부가 주관하여 '중앙행정기관과 지자체, 지방행정·공공기관, 민간 관련 단체 등이 참여하는 합동훈련'이다. 민간시설(단체)은 자체적으로 진행하는 훈련 등을 통해 다양한 재난 및 사고 유형을 상정하여 대응훈련을 하고 있다. 이는 현장훈련의 실효성을 강화하고, 각본(scenario)이 없는 문제 해결형 토론과 지역 단위로 특화된 훈련의 진행, 권역별 우수한 기관이 준비한 시범 훈련을 발굴하는 등으로 활성화를 유도하고 있으나, 현실적으로 평가할 때 효과는 그다지 크지 않다.

'화랑훈련'[19]은 일명 '후방지역 종합훈련'으로서 '전·평시 후방지역에 대한 통합방위 능력을 증대하기 위하여 민·관·군·경·예비군 자원 등의 모든 국가방위요소가 참가하는 훈련'이다. <표 6-2-1>은 홀수 연도에, <표 6-2-2>는 짝수 연도에 화랑훈련을 진행하는 16개 특별·광역시와 특별자치시·도와 책임 부대 현황이다.

---

19) 합참(통합방위과)에서 업무를 담당하고 있으며, 통합방위사태가 선포됨과 동시에 국무총리실의 간사기관인 통합방위본부로 전환하여 임무를 수행한다. 세부적인 내용은 통합방위본부에서 발간한 『통합방위 실무지침서』 (서울: 통합방위본부, 2012), 86-87.을 참고하기 바란다.

<표 6-2-1> 화랑훈련을 진행하는 특별·광역시와 특별자치시·도, 책임 부대의 현황(홀수년도)

구 분	부산·울산	전 북	대구·경북	경남	인천·경기	서 울
지역 책임부대	제53사단	제35사단	제50사단	제39사단	수도군단	수방사
통 제	2작사			해작사	지작사	수방사

<표 6-2-2> 화랑훈련을 진행하는 특별·광역시와 특별자치시·도, 책임 부대의 현황(짝수년도)

구 분	대전·세종·충남	광주·전남	충북	강원	제주
지역 책임부대	제32사단	제31사단	제37사단	제2군단	제방사
통 제	2작사				해작사

화랑훈련은 특별한 사유가 없는 한 홀·짝수 연도에 계획한 그대로 진행하고 있다.

소결론적으로 한국은 각 영역에서 나름대로 노력하고 있지만, 위기대응능력을 감소시키는 여러 가지 요인이 산재(散在)하고 있음을 유념하여야 한다. 위기관리훈련의 문제점은 훈련(또는 연습)과 자원관리가 서로 연계되지 않거나, 분산된 환경(여건)이기에 효율성을 기대하기가 쉽지 않다.

> 행정안전부의 사례를 들어보자. '재난안전관리본부'의 '비상대비정책국(비상대비자원과)'은 현역군과 예비군 자원을 관리 및 동원하는 업무를 담당하고 있다. 그러나 현실적으로 현역군인은 국방부에서, 예비군은 행정안전부에서 총괄하고 있다. '민방위심의관(민방위과)'은 지역·직장민방위대원의 소집을 담당하며, '재난관리실'은 공무원을 동원 및 소집할 수 있다. 그러나 자원관리와 동원업무를 특정한 부처에 모두 몰아준다고 하여 현실적으로 가능한 업무인지는 깊이 있는 고민과 인식이 전환이 필요하다.[20]

---

20) 세부적인 내용은 김성진의 "앞의 논문(2020)", pp. 140~166.을 참고하기 바란다.

제 4 절
전통적 안보에 관한 국가위기관리기구와 비상사태의 대비 절차

1. 전통적 안보와 관련한 국가위기관리기구

<그림 6-5>는 전통적 안보위협과 관련한 국가위기관리기구를 정리하였다.

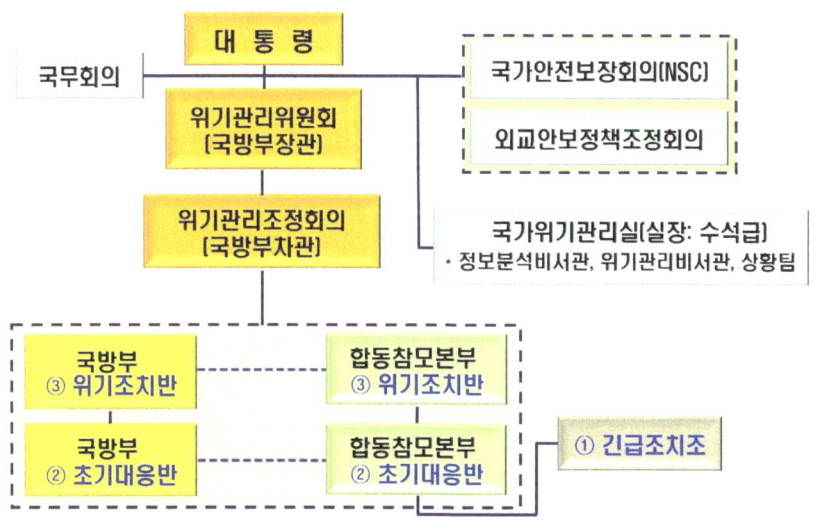

<그림 6-5> 전통적 안보위협과 관련한 국가위기관리기구

정부 차원에서는 NSC와 외교안보정책 조정회의 등에서 대외 정치·외교 중심으로 정책·전략적 판단을 진행하고 있다. 국방부 장관이 중심으로 하는 위기관리위원회는 국가·군사적 위기의 강도(强度)에 따라 긴급조치조-초기대응반-위기조치반을 설치하여 운용한다.

① '긴급조치조'는 즉각 조치(신속한 상황 파악-명령과 지시-전파 등)와 국방부와 합참에서 정보·작전 기능 중 선정한 과장급 이상 핵심요원 20여 명을 우선 소집하여 대응하는 기구다.

② '초기대응반'은 위기가 발생하면, 초동단계를 식별해야 하기에 긴박한 시간에 필요한 초동조치 및 결심을 위해 소집하는 기구다. <표 6-3>은 '초기대응반'의 위기관리 과정 및 대응절차를 정리하였다.

<표 6-3> '초기대응반'의 위기관리 과정 및 대응절차

첫째, 상황을 신속하게 파악하여 내용을 최대한 분석 및 평가한 후 초기 대응지침을 수립한다.
둘째, 최초의 위기평가 결과 및 대응지침을 작성하여 바로 합참의장과 장관에게 보고하고 추가 지침에 따라 발전된 조치를 진행한다.
셋째, 위기조치반이 소집될 때까지 위기상황을 관리한다.

③ '초기대응반'보다 다소 시간적 여유를 갖고 소집되는 '위기조치반'은 위기관리 및 대응을 위한 완전 구성체로 볼 수 있으며, 높은 수준의 심각한 대응이 가능한 기구이다. <표 6-4>는 '위기조치반'의 위기관리 과정 및 대응절차를 정리하였다.

<표 6-4> '위기조치반'의 위기관리 과정 및 대응절차

첫째, 신속하고 정확하게 상황을 파악하여 위기와 관련한 정보의 수집 · 보고 · 전파 주기(Feed-back)가 정상 이행되도록 조치한다.
둘째, 위기상황을 반복하여 분석-평가-조치하고 위기의 수준을 지속 평가한다.
셋째, 위기평가서와 위기판단서를 작성한다.
넷째, 방책(方策)의 발전과 발전시킨 방책을 상부(上部)로 건의한다.
다섯째, 이에 기초한 세부 시행계획을 수립한다.
여섯째, 작전을 수행하는 과정의 전반을 조정 및 통제한다.

2. 국가비상사태 발생 시 위기관리와 대비절차

2.1. 전통적 안보와 관련한 수행체계

국가비상사태에 관한 기본적인 내용을 중심으로 탐구하고자 한다. 이를 위해 먼저 전통적인 안보위협이 발생했을 때 필요한 국가 차원의 전쟁 수행기구가 어떻게 조직되어 있는지, 어떠한 체계로 구성되어 있는지에 대하여 이해할 필요가 있다. <그림 6-6>은 국가 차원의 전쟁 수행기구도다.

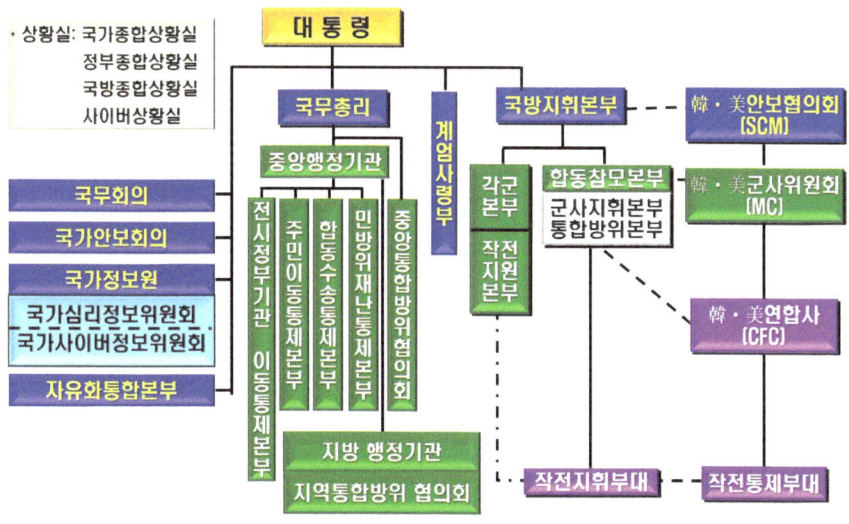

<그림 6-6> 한국의 전쟁 수행기구도

대통령을 중심으로 하여 중앙·지방 행정기관을 비롯한 각 계통과 기능에서 분야별 담당 영역에 대응하고, 전쟁을 수행하게끔 되어있다.

2.2. 국가비상사태 선포와 전환 절차에 대한 이해

국가비상사태는 평시의 국가위기관리와 전시에 이르기까지의 전시체제 전환, 전쟁 수행과 종결의 3단계로 진행하게 된다. 크게 두 가지로 구분할 수 있다. <그림 6-7>은 정부 차원의 사태와 군사 차원의 사태로 구분하여 정리하였다.

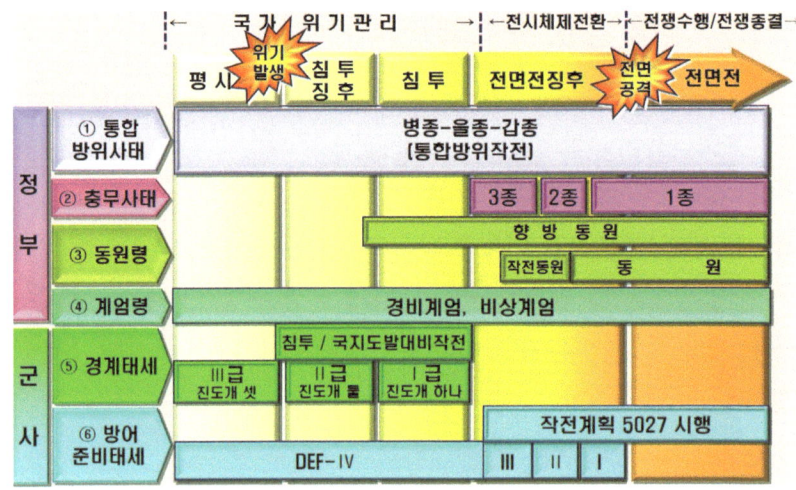

<그림 6-7> 정부와 군사 차원의 국가비상사태 명칭과 단계

① '통합방위사태'는 '적의 침투·도발이나 그 위협에 대응하기 위하여 각종 국가방위요소21)를 통합하고 지휘체계를 일원화하여 갑·을·병종으로 선포하는 사태'로서 상황에 따라 생략할 수도, 건너뛸 수도 있다. <표 6-5>는 통합방위 사태를 갑종-을종-병종 사태를 선포할 때 담당하는 기능과 역할을 정리하였다.

<표 6-5> 통합방위사태를 선포할 때의 담당 기능과 역할

구 분	주요 작전 수행 방식
'병종' 사태	적의 침투 및 도발이 예상되거나, 소규모 적이 침투하여 단기간 내에 치안 회복이 가능할 때 지방경찰청장, 지역군사령관(함대사령관)이 지휘·통제한다.
'을종' 사태	일부 또는 여러 지역에서 적이 침투 및 도발로 단기간 내에 치안 회복이 곤란할 시 지역군사령관이 지휘·통제한다.
'갑종' 사태	조직 체계를 갖춘 대규모 적이 침투 또는 대량살상무기(WMD) 공격으로 통합방위본부장(지역군사령관)이 지휘·통제한다.

<그림 6-8>은 통합방위작전을 수행하는 체계를 쉽게 정리하였다.

---

21) '국가방위요소'라 함은 『통합방위법(2012)』 제2조 2항에 따라 '국군, 경찰(陸警, 海警), 국가기관, 지자체, 향토예비군, 민방위대, 통합방위협의회를 두는 직장'을 의미하고 있다.

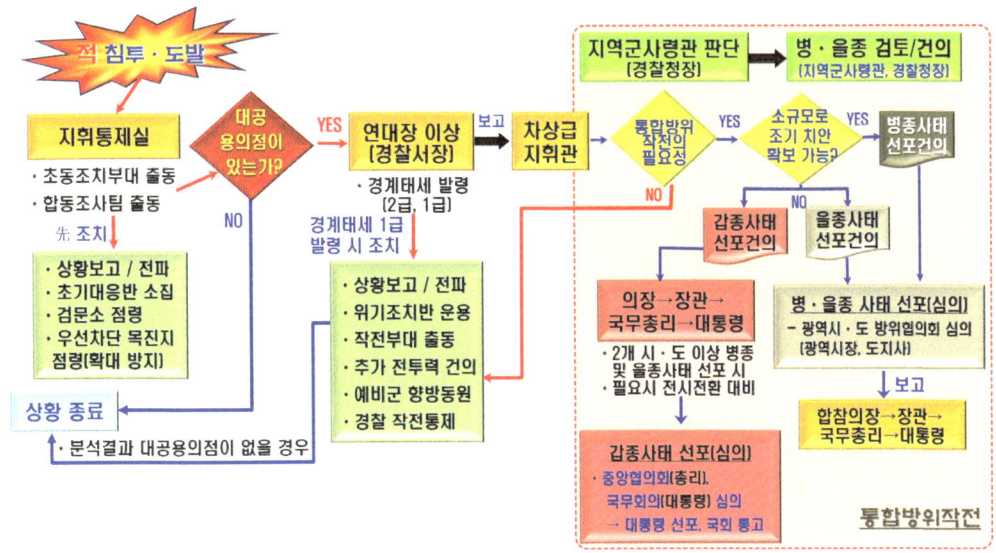

<그림 6-8> 통합방위사태를 선포 및 심의하는 체계

한마디로 요약하면, 통합방위사태가 선포되어 통합방위작전22)을 수행해야 하는 상황이 벌어지는 사태다. <그림 6-9-1>은 대통령(중앙정부)이, <그림 6-9-2>는 광역시·도 지자체장이 선포하는 통합방위사태 절차이다.

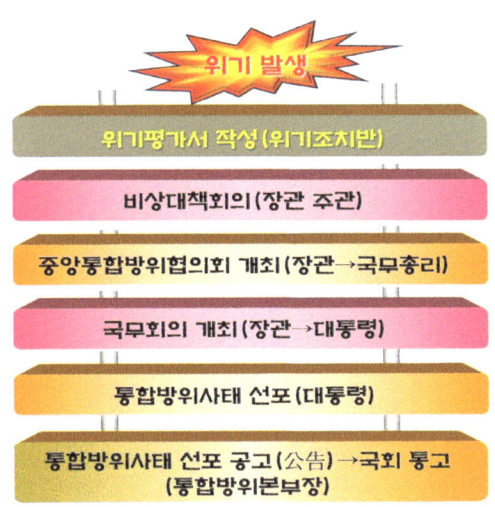

<그림 6-9-1> 대통령(중앙정부)이 통합방위사태를 선포하는 절차

---

22) '통합방위작전'은 '통합방위사태가 선포된 지역에서 작전지휘관(통합방위본부장, 지역군사령관, 함대사령관 또는 지방경찰청장)이 국가방위요소를 통합하여 지휘·통제하는 방위작전'을 의미하고 있다(통합방위본부, 앞의 지침서(2012), p. 274.).

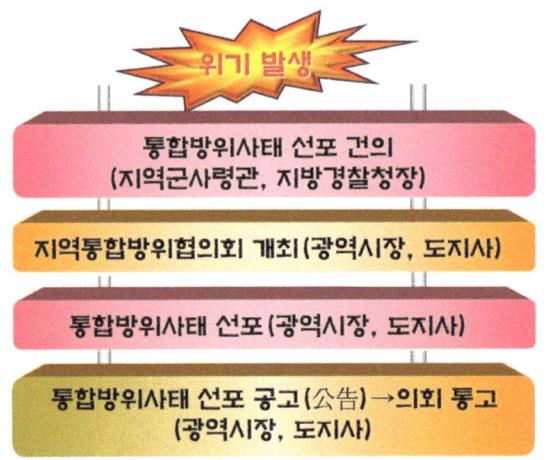

<그림 6-9-2> 광역시·도에서 통합방위사태를 선포하는 절차

② '충무사태'는 전면전에 대비하여 정부가 총력전 차원에서 전쟁을 준비하기 위한 조치사항을 선포한다. '국가안보에 중대한 영향을 미칠 수 있는 비상사태가 발생할 때 각급 기관의 행동 기준과 필요한 사항을 정하기 위해 선포하는 충무 3종-2종-1종의 국가비상사태'이다. '을지태극연습'과 통합하고 있다.23) <그림 6-10>은 '충무사태' 선포 절차다.

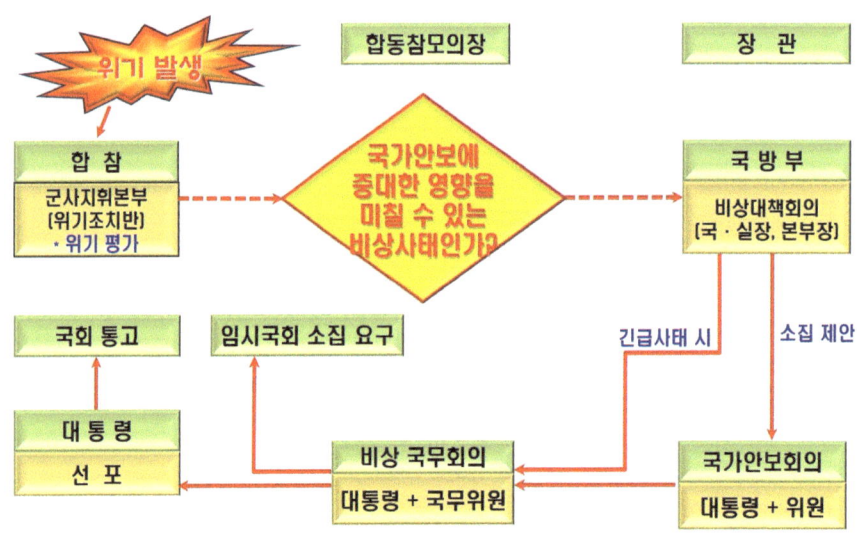

<그림 6-10> '충무사태'를 선포하는 절차

---

23) '충무훈련'은 국무총리가 총괄하는 비상대비 종합훈련이고, '을지태극연습'은 각급 행정기관과 중점관리업체 약 40만여 명이 참여하는 전국단위의 연습으로 군사연습과 병행하고 있다.

핵심적인 요소는 '국가안보에 중대한 영향을 미칠 수 있는 비상사태인가?'에 달려있다. 충무사태 선포에 대한 심의는 국방부 장관이 제안한다. <그림 6-11>은 '충무사태'의 종류와 조치 분야이다.

<그림 6-11> '충무사태'의 종류와 주요 조치

'충무계획'은 '전시·사변 또는 이에 준하는 국가비상사태가 발생했을 때 적용하기 위한 비상대비계획'으로 국가비상사태가 발생 시 각급 기관의 행동 기준과 사전에 필요한 조치들을 수록하고 있다. 이 계획의 목적은 첫째, ① 정부의 기능을 지속 유지하고, ② 군사작전을 효율적으로 지원하며, ③ 국민의 생활 안정을 도모하기 위함이다. 둘째, 국가의 안전보장을 달성하는 데 있다. <그림 6-12>는 '충무계획'에서 목적으로 하는 세 가지 핵심분야를 정리하였다.

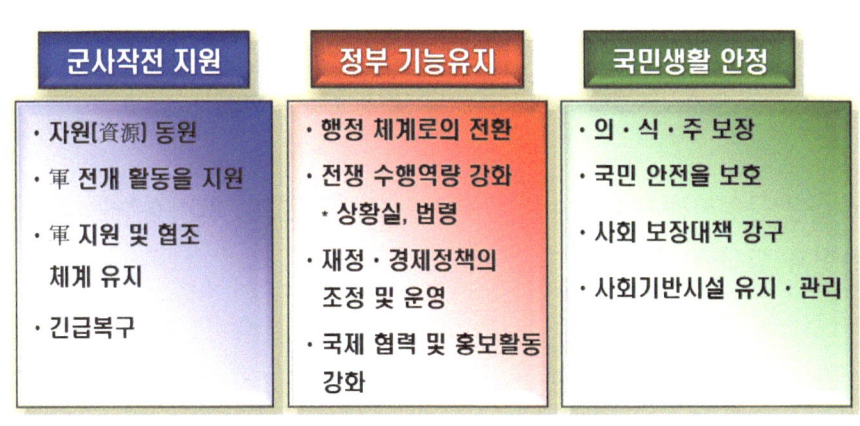

<그림 6-12> '충무계획'이 목적으로 하는 세 가지 핵심분야

③ '동원령'은 '전시·사변 또는 이에 준하는 국가비상사태가 발생하면, 인·물적 자원과 기타 제반 자원을 국가 안전보장에 기여하도록 효율적으로 통제·관리·운용하기 위한 국가의 긴급명령'이다. 여기서 '동원(Mobilization)'은 특정한 목적을 위해 현재·잠재적인 국력(國力)을 가동하는 의미로 사용한다. 원래는 군사용어로서 '군대의 전부 또는 일부를 평시편제로부터 전시편제로 전환하는 국가 차원에서 이루어지는 행위 일체'를 뜻하는 용어다. 이를 선포하는 목적은 군사작전을 우선 지원함으로써 국민 생활의 안정을 도모함과 동시에 경제력을 지속 확보함으로써 총력전(Total War) 수행에 기여하는 데 있다.

이는 '국가 동원'과 '군사동원'으로 구분할 수 있다. '국가 동원'은 '전시·사변 또는 이에 준하는 국가비상사태하에서 국가안전보장상의 목표를 달성하기 위하여 국가의 인력, 물자, 재화(財貨) 및 용역 등의 자원을 효율적으로 관리·통제하는 국가권력 일체'를 뜻하고 있다. '군사 동원'은 '군대의 전부 또는 일부를 전쟁이나 기타 비상사태에 대응할 수 있는 태세로 전환하는 일체'를 의미하고 있다. <그림 6-13>은 '동원령'을 선포하는 절차다.

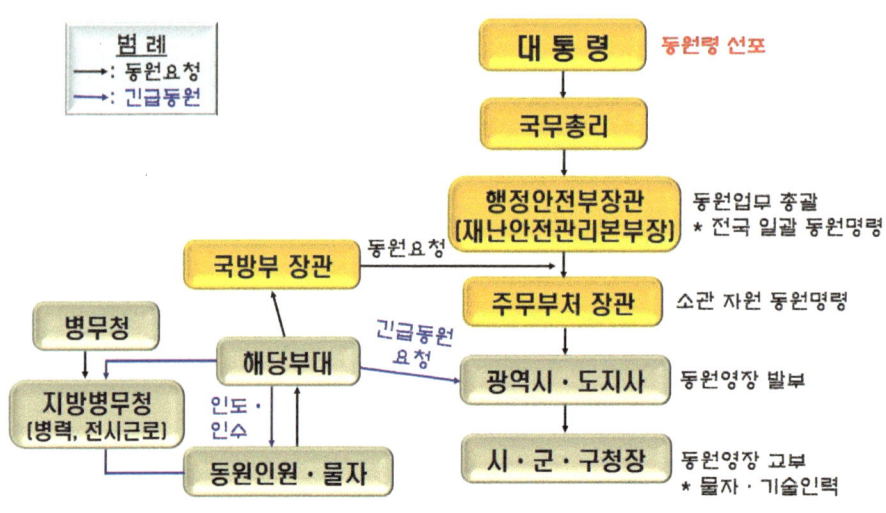

<그림 6-13> '동원령'을 선포하는 절차

<표 6-6-1>은 동원되는 형태에 따라 구분하여 정리하였고, <표 6-6-2>는 전·평시와 동원하는 유형과 방식에 따라 분류하였다.

<표 6-6-1> 동원하는 유형과 방식에 따른 분류

구 분		내 용
범위	총동원	동원 대상인 모든 유·무형 자원을 동원
	부분동원	동원대상이 되는 자원 또는 지역 일부를 동원
시기	전시동원	전시 상황에서 국가 동원령에 따른 동원
	평시동원	전쟁 이외의 비상사태 시 동원
형태	정상동원	동원령 선포 시 사전계획에 의거 동원
	긴급동원	동원계획에 차질이 있거나 추가 소요가 발생할 때 동원
방법	공개동원	각종 홍보 매체를 통한 동원령 선포로 동원
	비밀동원	동원대상자에게 별도 통보하는 동원
대상 자원	인적동원	병력 및 인력동원
	물적동원	인적동원 이외의 동원 즉, 산업·수송·통신시설, 재정금융, 홍보매체, 업체의 동원 등 물자·업체를 포함하는 동원
목적	민수동원	국민 생활의 안정을 위한 동원
	관수동원	정부의 기능을 유지하기 위한 동원
	군수동원	군사작전을 지원하기 위한 동원

<표 6-6-2> 전·평시 동원업무의 차이점 비교

- 평시: 軍에서 소요제기와 훈련을 담당하고, 수임군부대[24]는 예비군의 관리와 운영을 담당한다.
- 전시: 軍에서 소요를 제기하면, 행정기관에서 동원을 집행하여 필요한 자원을 동원하게 되면 軍에서 해당 자원을 활용한다.

④ '계엄령'은 '전시·사변 또는 이에 준하는 국가비상사태에 군병력이 군사상 필요하거나, 공공의 안녕과 질서를 유지할 필요가 있다고 판단되었을 때 대통령이 선포하는 일체의 조치'를 의미하고 있다. 계엄이 선포되면 전방 지역은 각 군단에서, 후방지역은 각 향토사단에서 해당 위수지역의 계엄사령부의 역할을 하게 된다.

계엄의 종류는 '경비계엄'과 '비상계엄'이 있으며, 사회질서를 유지할 수 없을 때 발동하며 경찰력이 투입된다. '경비계엄'은 계엄군이 해당 지역의 군부대가 사법·행정권을 행사

---

[24] '수임군 부대'는 '국방부 장관으로부터 예비군의 관리·운영에 관한 권한을 위임받아 당해 지역을 관할(管轄)하는 여단급 이상의 군부대'이다(합동참모본부, 『합동·연합작전 군사용어사전』 (서울: 합동참모본부, 2014), p. 275.).

한다.25) '비상계엄'은 대통령이 임명한 계엄사령관이 해당 지역의 모든 사법·행정권, 기본권까지 제한할 수 있는 막강한 권한을 갖게 된다. 과거에는 육군참모총장이 군령(軍令)·군정(軍政)권을 가졌기에 계엄사령관으로 임명되었으나, 현재는 군령권을 합참의장이 갖고 있기에 합참의장이 계엄사령관으로 임명하게 되어있다.

⑤ '경계태세'는 '국지적인 위험상황이 발생하였을 때 발령되는 경보 조치'로서 이전의 명칭인 '진도개(이하 경계태세)'와 통합하여 사용하고 있다.26) '경계태세 2급'은 '진도개 둘', '경계태세 1급'은 '진도개 하나'와 같은 수준으로 보면 된다. <표 6-7>은 경계태세 등급을 정리하였다.

<표 6-7> 경계태세의 단계별 수준

구 분	경계태세 '3급'	경계태세 '2급'	경계태세 '1급'
수 준	·군사적 긴장이 있으나, 침투·가능성은 낮은 상태(평시)	·침투·도발이 예상되거나, 인접 지역에 상황이 발생	·침투·도발 징후가 확실하거나, 특정 지역에 상황이 발생

'경계태세'는 '적의 침투·도발 및 그 위협이 예상될 때 발령함으로써 통합방위작전을 준비하는 예방적 차원에서의 사전(事前) 조치'의 성격이 강하다. 다시 말해 '제한된 작전을 수행하는 일체의 군사 활동'을 의미하고 있다. 발령 권한은 육군의 연대장과 해·공군의 독립 전대장(戰隊長)급, 경찰서장급 이상 지휘관이 행사하게 되어있다. <그림 6-14>는 '경계태세'를 선포하는 절차이다.

---

25) 합참 직제(職制)의 제2조 12호에 보면, 계엄 업무를 담당하는 부서가 있지만, 육군본부 직제에는 해당 부서가 존재하지 않는다. 다만, 이해해야 할 사실은 '경비계엄'과 '비상계엄'이 서로 연계되어 선포된 적은 있지만, 단독으로 선포된 전례(前例)는 없다. 계엄은 재적 국회의원 과반수가 요구할 경우, 대통령이 바로 계엄을 해제하여야 한다. 이를 무시할 경우 헌법을 위배하는 것이 되어 탄핵 소추의 사유가 된다.

26) '진돗개'가 아니라 '진도개'로 써야 하며, 용어 사용이 정확하여야 혼란과 오해를 피할 수 있다.

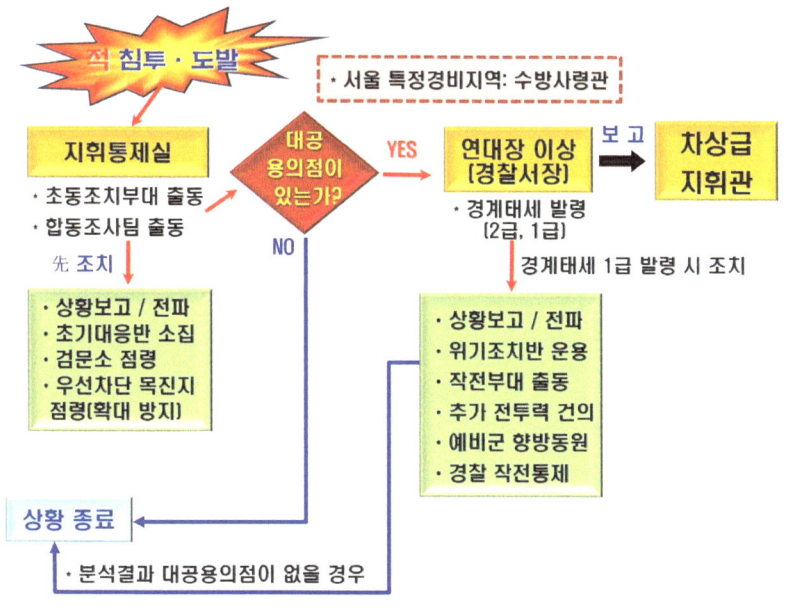

<그림 6-14> '경계태세'를 선포하는 절차

'경계태세 2급'은 '출동 준비태세'로서 軍과 경찰 간에 지휘 관계는 형성되지 않는다. '경계태세 1급'은 '탄약을 휴대한 상태'로서 軍의 책임하에 작전을 수행하며, 위임받은 경찰 작전요소를 '작전통제(Operational Control)'[27]하게끔 되어있다. 경찰이 관할(管轄)하고 있는 지역은 경찰이 軍의 작전요소를 위임받아 작전 통제한다. 이때 예비군의 향방 동원 권한은 국방부 장관이 위임한 수임군 부대장[28]이 軍의 편제·지휘계통에 따라 위임된 권한을 행사하게 된다.

참고로 경찰직을 포함한 국가 공무원은 두 가지로서 첫째, '경력직 공무원'은 일반·특정(법관, 군인, 경찰 등)·기능직으로 구분하고 있다. 둘째, '특수경력직 공무원'은 정무·별정·계약·고용직으로 구분하고 있다. 이에 기초하여 <표 6-8>은 경찰·국가 공무원의 비상 근무체계를 정리하였다.

---

27) '작전 통제'는 작전지휘에 포함된 지휘 권한으로 행정과 군수, 군기(軍紀)가 해당되며, 내부 편성과 단위부대의 훈련 등에 관한 책임 및 권한은 포함되지 않는다.
28) '수임군 부대장(受任軍, Mobilization Mission Appointee Command)'은 '국방부 장관으로부터 예비군의 관리운영에 관한 권한을 위임받아 담당하는 지역을 관할(管轄)하는 여단급 이상의 부대장'을 의미하고 있다.

<표 6-8> 경찰·국가 공무원의 비상 근무체계

구 분	근무체계의 명칭	주요 조치 수준
국가 공무원	비상근무 제1호	연가 중지, 소속 공무원의 1/3 이상 투입
	비상근무 제2호	연가 중지, 소속 공무원의 1/5 이상 투입
	비상근무 제3호	연가 중지, 소속 공무원의 1/10 이상 투입
	비상근무 제4호	연가 억제, 필요한 내용의 통보에 따라 투입
경찰 공무원	갑호 비상령	치안 질서의 극도 혼란, 모든 경력(警力)이 투입
	을호 비상령	치안 질서가 불안, 경력의 50% 이상을 투입
	병호 비상령	질서 혼란이 우려, 경력의 30%를 투입

⑥ '방어준비태세(Defense Readiness Condition, 이하 데프콘-DEF)'는 '당면한 상황에 대처할 목적으로 부대를 일정한 준비태세로 유지하는 활동'을 의미하고 있다.29) <그림 6-15-1>은 '데프콘'의 변경 절차에서 상황 및 여건에 여유가 있을 경우를, <그림 6-15-2>는 상황 및 여건에 여유가 없을 경우이다.

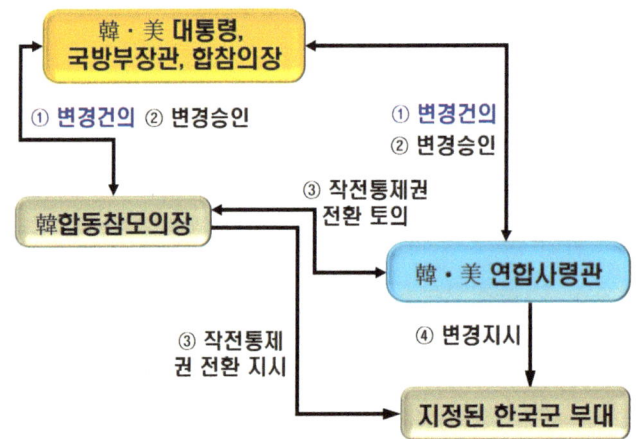

<그림 6-15-1> '데프콘'의 변경 절차(상황 및 여건에 여유가 있을 때)

---

29) 'DEF' 명칭은 실제 전시(戰時) 상황에서 사용하는 것으로 평시 훈련 때의 명칭이 아님을 이해하여야 한다. 'D-Ⅳ'는 평시 상태로 'Double Take'로 '대비상태'라는 뜻이다. 'D-Ⅲ'의 훈련 명칭은 '라운드 하우스(Round House, 준전시 상태)'이고, 'D-Ⅱ'는 '화스트 페이스(Fast Face, 전쟁 임박단계)', 'D-Ⅰ'은 '칵크트 피스톨(Cocked Pistol, 전시상태)'이다. D-Ⅲ단계부터 전시작전권(또는 전작권)이 연합사로 넘어감을 기억하기 바란다.

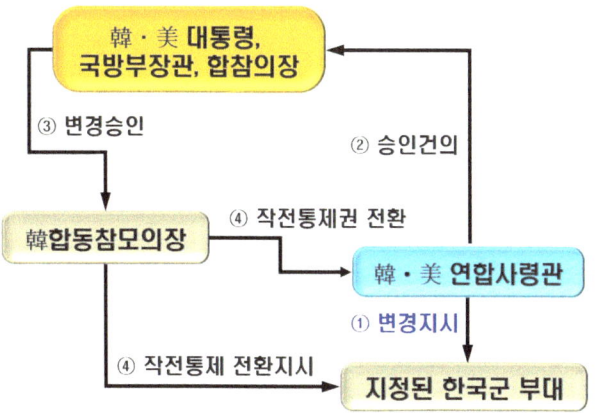

<그림 6-15-2> '데프콘'의 변경 절차(상황 및 여건에 여유가 없을 때)

다시 말해 '적의 기습을 방지하고, 전쟁 초기(初期)에 피해를 최소화하면서 조직적인 전투력을 발휘할 수 있게 하는 군사작전의 전반(全般)'으로 합참의장과 韓·美 연합군사령관 또는 그 상급권한자가 발령하고 있다. 단계는 V~I 까지의 다섯 단계로 구분하며, 상항의 긴박성과 진전에 따라 높은 단계로 전환된다. <그림 6-16>은 '데프콘'의 단계별 주요 특성과 영역별 역할을 정리하였다.[30]

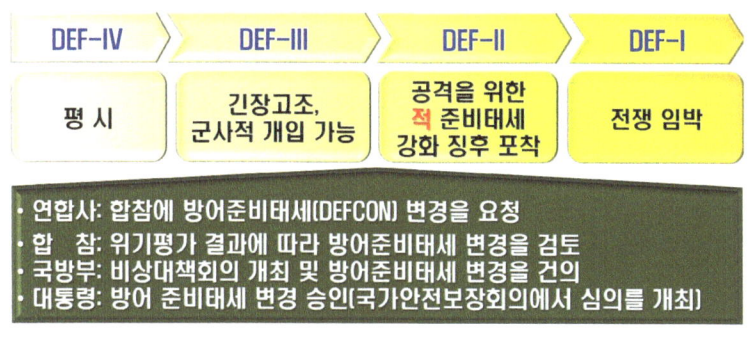

<그림 6-16> '데프콘'의 단계별 주요 특성과 영역별 역할

2.3. 국가비상사태의 발생 시 시기별 차이점 비교

<그림 6-17>은 위기가 발생했을 때 정부와 군사 차원에서의 조치 시점과 영역별 차이점

---

30) 韓·美 연합사, 「韓·美 연합위기관리 합의각서」 제2호 (서울: 韓·美 연합사령부, 1998.4.3.); 연합사 위기조치예규.

을 도표로 정리하였다.31)

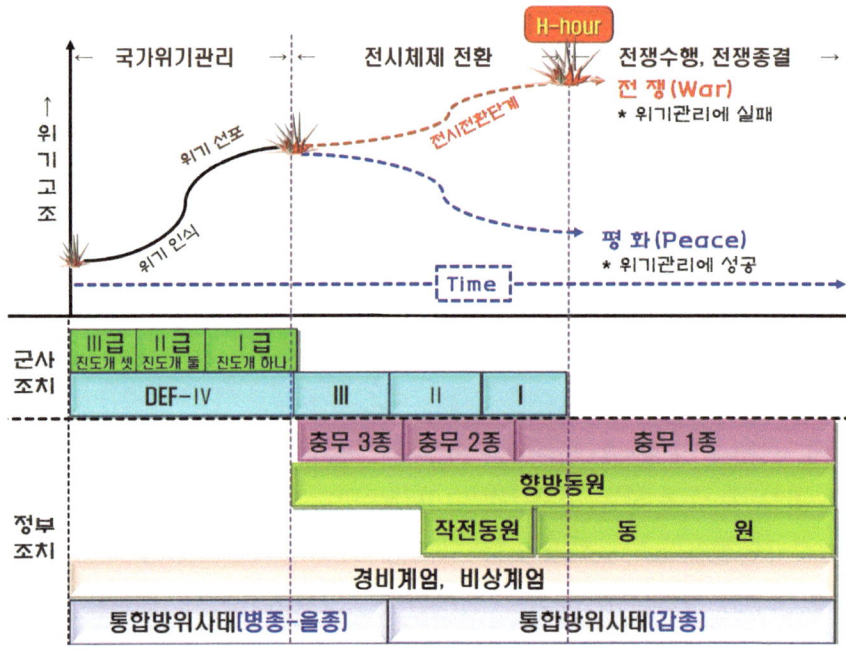

<그림 6-17> 정부·군사 차원의 조치 시점과 영역별 차이점 비교

위기(Crisis)가 고조됨에 따라 국가위기관리·대응-전시체제로 전환-전쟁을 수행(또는 이전의 평시 상태로 복귀)하게 되겠지만, 협상(Negotiation)을 포함한 위기관리와 대응하는 노력의 정도에 따라 결과가 달라짐을 인식하여야 한다.

소결론적으로 군사·정부의 조치가 어떠한 단계에서 어떠한 비상대비체계와 사태를 선포(발령)하여야 하고, 변경이 필요할 때 무엇을, 어떻게, 어떠한 방식(절차)으로 해결을 모색되어야 하는지 구분할 수 있어야 한다. 이는 전·평시에 관련한 업무를 수행하는 기초를 제공해 줄 것이다.

"평시(平時)의 땀 한 방울이 전시(戰時)의 피 한 방울이다."

---

31) 사태 영역의 구분과 선포(발령) 절차와 조치 요령 등은 정리된 자료를 거의 볼 수 없는 현실이기에 정부기관(단체) 또는 지자체, 軍에서 관련 업무를 수행할 때 도움이 될 것이다.

강의_Ⅵ 美-蘇 쿠바 미사일 사태 시의 위기관리 사례에 관하여 이해합시다.

학습하기 이전(以前)에 요구되는 사항

1. 미국-쿠바-소련의 국내·외 정세와 주변 환경을 이해하시오.
2. 피그스만 침공작전(1961)의 배경과 실패 원인을 이해하시오.
3. 주요 지도자들의 성향과 특성을 이해하시오.
   * 미국의 존 F. 케네디(J. F. Kennedy) 대통령
   * 소련의 니키타 흐루쇼프(N. Khrushchyov) 공산당 서기장
   * 쿠바의 피델 카스트로(F. Castro) 총서기
4. 국가위기관리 전략이 결정되는 단계와 기능을 이해하시오.
   * 美·蘇가 힘의 불균형을 바라보는 시각은?
   * 흐루쇼프의 고민과 아나디르(Anadyr) 작전의 의미는?
5. 美-蘇가 위기관리전략을 결정 및 전개하는 과정 전반을 이해하시오.
   * 美·蘇의 위기관리체계와 대처하는 태도의 차이점은?
6. 초기에 위기가 고조된 배경 및 원인을 이해하시오.
   * 미국이 쿠바의 핵미사일 설치를 식별한 원인과 이유는?
   * 소련의 보안이 허술한 근본적인 원인과 이유는?
7. 美?蘇의 쿠바 미사일 위기관리 사례가 성공적이지 않음을 느끼게 된 배경과 원인이 무엇인지 이해하시오.
   * 존 F. 케네디, 흐루쇼프 공산당 서기장의 처신과 대응
   * 대응의 문제점은?
8. 영화 〈D-13(Thirteen Days, 2001)〉, 〈엑스맨: 퍼스트 클래스(X-Men: First Class, 2011)〉를 시청하시오.

제7장

美-蘇 쿠바 미사일 사태 시의 위기관리 사례

제1절 개요

제2절 미국과 소련이 사태를 바라보는 시각

제3절 주요 인물에 관한 이해

제4절 국제 정세와 주변 환경

제5절 위기사태의 발단(發端)과 본질

제6절 위기관리전략의 결정과 주요 경과

제7절 위기관리전략의 전개 과정

제8절 위기관리전략의 종결 과정

제9절 평가 및 교훈 도출

제 1 절

개 요

美-蘇의 쿠바 미사일 위기사태는 1962년 10월 14일 미군 첩보기(록히드 U-2)가 쿠바에 건설하던 소련의 SS-4 준중거리 탄도미사일(MRBM)을 공중촬영하는 데 성공하면서 공식적으로 시작되었으며, 다양한 채널과 영역에서 첨예하게 대립한 사태 전반을 의미하고 있다.

1960년대의 美-蘇 관계는 악화일로였다. 미국이 터키와 이탈리아에 구소련(이하 소련)을 목표로 겨누는 미사일 기지를 설치하였으며, 거리는 5,500km였다. 당시 미국이 이들 기지에서 미사일을 발사하여 공격하겠다는 마음만 먹으면, 모스크바는 언제라도 타격당할 수 있는 사정거리였다. 반면에 소련은 미국 본토에 도달할 수 있는 미사일을 보유하지 못했기에 상당한 위기감으로 작용하던 상황이었다.[1] 이러한 현실은 서로가 '치킨 게임(Game of Chicken 또는 Chicken Race)'으로 대립하면서 양보하지 않고 정면 대응하는 방식으로 흐르게 하였다.

美·蘇 쿠바 미사일 사태가 위기관리의 교과서로 언급되는 이유는 두 가지로 정리할 수 있다. 첫째, 위기관리의 과정에서 발생할 수 있는 거의 모든 상황이 위기관리전략으로 결정하는 과정에서 나타났으며, 이를 해결하는 과정 역시 반복되고 있다는 점이다. 둘째, 위기가 고조되는 상황 속에서도 존 F. 케네디 대통령이 매 순간 고독하게 결심하는 리더십을 발휘했다는 점이다. "무능한 지도자는 위기를 만들지만, 유능한 지도자는 위기를 해결한다."라고 했던가! 존 F. 케네디 대통령의 재임 기간은 2년 10개월로 그다지 오랜 기간은 아니었지만, 긍정적인 정치가로 안타깝게 암살로 숨진 비운의 대통령이었다. 그러나 쿠바 미사일 위기사태 속에서 그가 행동으로 보여준 용기와 지혜, 책임감 등은 상당히 긍정적으로 회자(膾炙)되고 있다.

美-蘇 쿠바 미사일 위기사태를 겪으면서 '위기관리'라는 용어가 정식으로 부각(浮刻)했다는 측면에서 상당히 의미가 있는 사례다. 당시에 직면하고 있던 국제사회의 불안감을 잠재

---

[1] '대륙간탄도미사일(Intercontinental Ballistic Missile)'은 '다른 대륙에 있는 적의 기반시설을 공격할 수 있는 미사일'로서 美·蘇 경쟁 시대에 양국 간의 거리가 5,500km이었기에 이후 기준이 되는 기본 사거리로 정하고 있다. 1957년 5월 소련에서 우크라이나 과학자인 세르게이 코롤료프(Sergei Korolev, 1906~1966)가 세계 최초로 R-7 세묘르카(Semyorka) 미사일을 개발하였고, 이에 충격과 공포를 느낀 미국이 1959년 실용화를 완성하였다.

우기 위해서라도 제1차적 측면으로만 평가한다면, 괜찮은 해결책으로 여겨질 수 있다. 그러나 양측이 현실의 위기에서 벗어나기에 급급했던 부분은 현대적 시각에서 되돌아볼 필요가 있지 않나 싶다. 시대적 변화상이 녹록지 않기 때문이다.

다만 변할 수 없는 사실로서 존 F. 케네디 대통령이 중대한 위기사태에 직면해서도 침착하게 판단하고 절제된 행동을 보일 수 있었던 이유는 세 가지 측면에서 추정할 수 있다. 첫째, 대통령 취임 초기인 1961년에 겪었던 피그스만 침공작전(Bay of Pigs Invasion)을 결정한 하버드대 동문에 의한 집단사고(group-think)의 폐해와 침공작전의 실패를 들 수 있다.2) 전임(前任) 아이젠하워 대통령에 의해 진행했던 작전으로 그가 결심하였기에 취임 4개월 만에 국제적 망신을 초래한 이 사건은 CIA와 군부, 하버드대 동문(同門) 참모진의 안일한 확증편향(確證偏向)3) 의식과 무모한 판단도 한몫했음은 알려진 사실이다.4) 이후 케네디는 삶을 마감하는 그날까지 누구도 믿지 않고 나 홀로 고뇌하는 대통령이었다.

둘째, 존 F. 케네디가 1962년 바바라 터크먼(Barbara W. Tuchman, 1912~1989)이 쓴 『8월의 포성-The Guns of August』을 읽은 다음 제1차 세계대전이 발생한 원인5)에 대하여 많은 생각과 나름대로 깨우친 부분이 많았다. 한 국가의 경고가 다른 국가의 섣부른 판단에 영향을 미치게 되면서 전쟁을 촉발한다는 대목이 상당한 충격으로 다가왔기 때문이다.

Barbara W. Tuchman

셋째, 존 F. 케네디가 태생적으로 가지고 있던 본연의 굳건한 의지를 무시할 수 없다. "스스로가 오판하면 안 된다. 내가 강하고 경솔하게 몰아붙인다면, 오히려 그들(흐루쇼프 서기장과 소련)이 상황에 떠밀려 반격하는 어리석은 행동을 부추기는 격이 되기 쉽다."라는 인식이 끝까지 작용한 결과가 아닐까 싶다.

그러나 항상 사물(事物)에는 양면성(兩面性, double-edged sword)이 있음을 이해할 필요가 있다. 이는 위기사태의 명칭을 통해서도 느껴진다. 미국이나 미국의 영향을 받는 국가에서는 지금처럼 '쿠바 미사일 위기'로 불리지만, 소련을 비롯한 동구권(東歐圈) 국가들 사이에서는 '카리브해의 위기'로, 쿠바에서는 '10월 위기'로 불린다는 점이다.

---

2) 세부 내용은 김성진의 "집단사고(group-think) 실상과 위기대응체계의 허(虛)와 실(實)," 『경제포커스』 안보칼럼 (2020. 5. 6.).을 참고하기 바란다.
3) '확증편향(確證偏向)'은 '자신의 가치관과 신념, 판단에 부합하는 정보만 주목하고 이 외의 정보는 무시하는 사고방식'이다. 즉, "보고 싶은 것만 보고, 듣고 싶은 것만 듣는다."
4) 미국이 쿠바에 5,300만$의 의료품을 지원한 다음에야 겨우 붙잡힌 포로들을 데려올 수 있었다.
5) 세부 내용은 김성진의 『세계전쟁사』 (서울: 백산서당, 2021), pp. 247~254.를 참고하기 바란다.

제 2 절
미국과 소련이 사태를 바라보는 시각

1. 개 요

위기관리전략에 관한 토의를 진행하는 과정에서 강경파와 온건파 간의 대응 방식에 이견(異見)이 상당하였다. <그림 7-1>은 당시 미국의 국가안전보장회의 집행위원회(Ex-Comm)[6] 위원들의 구성 현황이다.

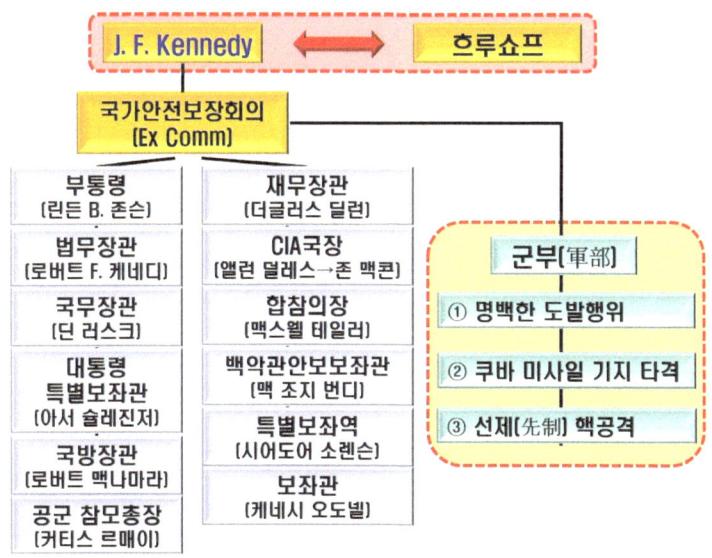

<그림 7-1> 미국의 국가안전보장회의 집행위원회(Ex-Comm) 멤버의 구성

린든 B. 존슨 부통령은 존 F. 케네디 대통령의 경쟁자였으나, 영입되어 사후에 재선 대통령을 지냈다. 국무장관 딘 러스크(Dean Rusk, 1961~1969년까지 재임)는 6・25전쟁 당시 한반도의 38도선을 획정했던 실무자였다. 커티스 E. 르메이(Curtis E. LeMay, 1961~1965년

---

[6] '집행위원회(Ex-Comm)'는 케네디 대통령이 피그스만 침공작전의 실패를 교훈으로 삼아 국가안전보장회의 내부에 자타(自他)가 인정하는 최고 전문가 12명으로 구성한 회의체 명칭이다.

까지 재임) 공군참모총장은 존 F. 케네디를 가장 많이 공격한 대표적인 강경파였고 대통령의 지시를 받지 않고 공군 전략사령관에게 DEF-Ⅱ를 발령하였다.7) 또한, 존 F. 케네디에 대한 뒷담화를 제일 많이 한 인물이었으나, 그가 이를 문제로 삼지는 않았다. 전임 CIA 국장 앨런 덜레스(Allen W. Dulles, 1953~1961년까지 재임)는 1961년 실패한 '피그스만 침공작전(Bay of Pigs Invasion, 일명 브루투스 작전)'8)을 주도적으로 추진한 인물임을 이해할 필요가 있다. 여느 국가를 막론하고 유사한 분위기겠지만, 군부도 상당히 강경한 태도였다. 하지만 이러한 긴박하고 냉·온탕을 오가는 가운데서도 존 F. 케네디 대통령은 자신의 태도를 흐트러뜨리지 않았으며, "진정한 용기란 숱한 매파들 사이에서도 유연하고 냉정한 사고력을 잃지 않는 것이다."라는 말을 남겼다.

---

7) 당시 全 미군에 발령된 전투 준비태세의 수준은 DEF-Ⅲ였다.
8) CIA의 주도로 쿠바에서 망명한 약 1,500여 명의 지원을 받아 '2506 여단'이라는 부대를 만들었다. 과테말라에 있는 비밀 캠프에서 군사훈련을 하고 쿠바 해안에 상륙시켜 반미주의자인 카스트로 정권을 전복시키는 계획이었다. 그러나 오히려 쿠바의 피그스 만(Bay of Pigs)에 상륙한 병력 중 114명이 사살되고 나머지 1,189명은 포로로 잡히면서 완벽하게 실패한 작전으로 끝나고 만다. 이를 통해 카스트로는 집권 초기 더욱 권력을 확고히 다지는 결과를 가져왔고, 존 F. 케네디는 굴욕을 맛보았다. 그럼에도 이후 미국은 카스트로 정권을 전복시키기 위한 '몽구스 작전(Operation Mongoose)'을 오랜 기간에 걸쳐 진행하게 된다.

2. 힘의 불균형을 바라보는 시각

2.1. 당시의 국제 정세와 주변 환경에 대한 이해

제2차 세계대전 직후만 하더라도 소련을 중심으로 하는 동구권(東歐圈) 국가들과 미국을 중심으로 하는 서구권 국가들도 직접적인 대립만은 의도적으로 회피하였다.[9] 그러나 당시 전력(戰力)의 규모와 중심은 국제사회 측면에서 보아도 미국 측이 더 우세하였다.[10] 그러나 정작 당사자인 미국은 스스로에 대한 믿음과 자신감이 다소 부족하였다.

1957년 10월 4일 소련이 세계 최초의 인공위성(스푸트니크 1호)을 발사하는 데 성공하면서 미국 전역(全域)을 공포와 공황(恐慌, panic)에 빠트렸다. 물론 이로 인하여 이듬해 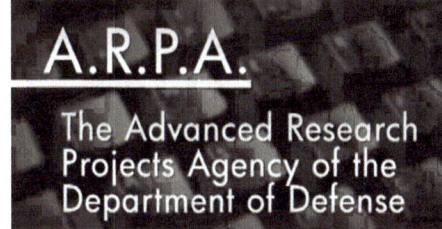 대통령 직속 기구인 항공우주국(NASA)을 설립하고 우주개발과 아폴로 계획을 성공시키면서 과학발전의 원동력으로 작용하는 결정적인 계기가 되기도 하였다. 또한, 탄도미사일에 대응하기 위한 '아파넷(ARPAnet)'[11] 개발은 현대 인터넷의 시발점이었다.

이러한 사태가 진전되어 온 일련의 과정을 조금 더 살펴보자. 제2차 세계대전의 결과로 독일은 동·서독으로 분리되는 과정에서 동독은 자신들이 이상적인 사회주의 체제이기에 서독과 비교할 때 이념·경제 측면에서 월등하게 우세할 것으로 생각하였다. 그러나 생각과 다르게 서독과의 경제적 격차가 계속 벌어지자 1961년 8월 13일 동독 주민들의 이탈을 막기 위해 동·서베를린 사이에 장벽을 구축시키고 주민들의 이동과 왕래를 금지하였

---

9) 세부 내용은 김성진의 『세계전쟁사』 (2021), pp. 341~343.을 참고하기 바란다.

10) 당시의 핵무기 투발은 대형 폭격기를 이용하는 항공 폭격 위주였기에 공군력이 압도적인 미국의 핵전력이 당연히 우세를 점하고 있었다. 그러나 소련이 인공위성을 쏘아 올리면서 폭격기가 갈 수 있는 이상으로 우주 공간에서 지구촌 어디라도 타격할 수 있게 되자 미국은 과학에서의 열등감이 아닌 국가안보 자체가 심각한 위협에 처하게 되면서 공황(panic)이 발생할 수밖에 없게 되었다.

11) '아파넷(ARPAnet)'은 '알파넷'으로 표현하기도 하지만, 'alpha net'으로 혼동될 수 있기에 '아파넷 또는 아르파넷'으로 불리고 있다. 1969년 냉전 시대에 나온 개념으로 대형서버를 통합하였을 때 핵폭탄이 떨어지면 심각한 피해가 예상되기에 서버를 여러 장소에 분산하여 연결하는 개념을 적용하여야 한다는 필요성에 따라 만들어졌다. 이에 따라 미국의 4개 대학(캘리포니아 대학교-로스앤젤레스 캠퍼스(UCLA), 산타바바라 캠퍼스(UCSB), 스탠퍼드 연구소-SRI, 유타대학교-U of U)에 서버를 두고 이를 연결하도록 하는 프로젝트를 진행하면서 초기 형태의 인터넷이 탄생하였다.

다.[12] 쿠바에 미사일 기지를 설치하는 사태가 발생하기 이전인 1961년도 축조된 베를린 장벽의 총 길이는 약 155km로 서베를린-동베를린 경계에 세워진 장벽은 그중 약 43km에 달했다. 이후 3~4차례에 걸쳐 개량하였다. 이러한 과정 중에 존 F. 케네디 대통령과 흐루쇼프의 오픈 게임이 시작되었다. 존 F. 케네디 대통령은 동독과 단독으로 평화 협상을 진행하겠다고 으름장을 놓으면서 동원령을 선포하는 강수를 두었다. 이러한 대응은 흐루쇼프가 평가할 때 "아직 젊고 경험이 적은 대통령이기에 강하게 나가면 지레 겁을 먹고 먼저 물밑 협상을 제안할 것이다"라는 자신감이 있었다. 그러나 처음부터 이러한 판단과는 정반대 양상으로 흘렀다. 존 F. 케네디 대통령이 오히려 강하게 밀어붙이는 강수를 지속하였기 때문이다. 흐루쇼프는 예상과 다르게 행동하는 존 F. 케네디의 기세에 밀려 어쩔 수 없이 위협을 먼저 취소하게 되면서 앙금(鴦衾)이 쌓였다. 미국의 젊은 대통령이 원하는 대로 따라올 것이라고 만만하게 보다가 벌어진 촌극이기도 하다.

2.2. 미국이 소련을 바라보는 시각

미국은 1957년 소련이 스푸트니크 인공위성 발사에 성공하게 되면서 받은 충격으로 인하여 이전까지와는 다르게 소련의 과학기술 수준을 예상보다 높은 상당한 수준으로 착각하였다. 이는 소련의 핵무기 보유 수준마저 실제 보유한 수량 이상으로 과대평가하게 만드는 시작점이었고, 상황을 오판하게 만든 결정적인 이유였다.

전임 드와이트 D. 아이젠하워(Dwight David Eisenhower, 1890~1969)[13] 대통령도 이러한 판단에 따라 각종 국제회의에서 접촉하게 되는 흐루쇼프 서기장이 도발하는 자극적인 행

---

12) 초기 동독은 모두가 평등한 사회주의 이상을 품었기에 서독 주민들이 사회주의 체제인 동독으로 넘어올 것을 기대했지만, 결과는 정반대였다. 오히려 1940년대 말부터 1961년까지 동독 주민 250만여 명이 서독으로 탈출을 시도하여 동독 사회주의 진영에 상당한 충격을 주었다.
13) 드와이트 D. 아이젠하워는 제2차 세계대전 시 참모총장과 연합군 최고사령관으로서 노르망디 상륙작전을 지휘하였고, 미국의 제34대 대통령(1953~1961)을 지냈다.

위에 신중한 태도를 보임으로써 그가 핵전쟁의 두려움에 겁을 먹었다고 착각하도록 만들었다. 이러한 결과는 후임 대통령으로 당선된 존 F. 케네디를 대하는 흐루쇼프의 안하무인 격 태도에서도 읽어낼 수 있다.

1960년대 초기까지 미국과 소련의 핵무기 보유량은 실제 많은 차이가 있었던 게 사실이다. <표 7-1>은 1960년대 초 미국과 소련이 실제 보유한 핵무기 현황과 당시의 현실적인 측면을 정리하였다.

<표 7-1> 1960년대 미국과 소련의 핵무기 보유 현황

구 분	미 국	소 련
종류 및 규모	· ICBM: 180기	· ICBM: 20기
	· SLBM: Polaris 원자력 잠수함 12척 　* 1척당 미사일 12기 장착	· SLBM: 잠수함 6척 　* 미사일 66기
	· B-52전략폭격기: 630대 　* 본토와 유럽, 아시아 동맹국에 　　고루 배치되어 있음으로써 소련에 　　대한 전방위적 공격이 언제라도 　　가능 · 전략 핵탄두: 1,830기 · 서유럽 지역에 중거리 핵미사일 배치	· 전략폭격기(Bomber): 200대 　* 전진 배치한 공군기지가 　　없고, 공중 급유능력도 　　미보유
	· MRBM · IRBM: Jupiter IRBM은 　영국, 터키, 이탈리아에 배치하여 운영	· 보유하고 있는 핵무기의 사정 　거리가 미국 본토까지 도달 　하지 못함.
비 율	17 : 1	

당시 미국은 구체적인 정보를 수집하였으나, 합리적인 판단이나 평가를 진행하려는 노력은 볼 수 없었다. 전혀 예상하지 못했던 소련의 스푸트니크 1호 발사에 따른 충격과 공포심, 위기감이 앞서다 보니 기본적으로 요구되는 냉정함(hardheadedness)과 침착함(composedness)은 유지하지 못했다. 대통령에 취임하자마자 혹독한 신고식을 치른 존 F.

케네디는 임기 초부터 선거 유세 당시에 자신이 하였던 여러 가지의 이상적이고 진보적인 공약이 의회와 논쟁하는 과정에서 어려움에 부딪혔다. 하지만 이를 극복 및 해결하고자 노력하는 과정을 통해 스스로 냉정함과 침착함이 필요함을 느끼게 되었다. 이후 신중하고 침착한 태도를 유지하기 위해 상당한 노력을 기울인 것을 위기사태에 대응하는 과정에서 볼 수 있다. 그가 읽은 바바라 터크먼의 『8월의 포성-The Guns of August』도 위기를 판단하고 결심하는 과정에 상당한 영향을 끼쳤음이 여러 가지의 자료를 통해 사실로 확인되고 있다.

2.3. 소련이 미국을 바라보는 시각

흐루쇼프는 1961년 7월부터 9월까지 핵전쟁까지 불사하겠다는 의지를 표출하며 동독에 이어 서베를린마저 위성국으로 만들려는 욕심으로 콘크리트 장벽을 구축하였다. 이를 통해 미국 대통령을 굴복시키려는 의도를 분명히 하였다. 그러나 존 F. 케네디가 곧바로 1,500여 명의 병력을 서베를린에 진주시킴과 동시에 군사력을 증강하는 초강수(超强數)를 둠으로써 정치·군사적 기세에서 밀릴 수밖에 없었다. 내심 복수를 꿈꾸던 흐루쇼프였지만, 현실적으로는 고민이 따를 수밖에 없는 여건이었다.

주피터미사일(터키)

여기서 흐루쇼프는 두 가지를 심각하게 고민하게 된다. 먼저, 미국이 이탈리아와 터키에 미사일 기지를 설치한 상태였다. 따라서 언제든 미국의 의지에 따라 모스크바에 대한 핵미사일 발사가 가능하다는 두려움이 존재하고 있었다. 이는 그를 선택할 수밖에 없도록 만들었다. '① 무조건 항복'할 것인지, 아니면 '② 저항(resistance)'을 선택할 것인지의 갈림길이었다. 둘째, 미국은 제2차 세계대전을 겪으면서 자신들이 투하한 핵폭탄의 위력을 보았다. 이는 장차 벌어질 핵전쟁에 대한 두려움을 갖게 하였다. 결과적으로 흐루쇼프는 이에 기반하여 '② 저항'을 선택하는 모험을 하기로 했다. 다시 말해 미국의 턱밑이라고 할 수 있는 쿠바에 자신과 소련이 느낀 것과 똑같은 수준의 공포심을 느낄 수 있는 아킬레스건을 만드는 게 유리하다고 판단했기 때문이다.

그러나 이 과정에서 또다시 두 가지 과제를 고민할 수밖에 없었다. <표 7-2>는 소련의 흐루쇼프 서기장이 고민했던 두 가지의 과제다.

<표 7-2> 소련 흐루쇼프 서기장이 고민한 두 가지 과제

첫째, 미국의 계속되는 쿠바의 카스트로 정권에 대한 전복(顚覆) 활동을
　　　중지하게 만드는 방법은?
둘째, 공산정권의 방어선을 확보하고, 핵 공격 능력을 증강하는 방법은?

1961년 4월 17일 미국이 감행한 쿠바의 피그스만 침공작전 시도는 실패로 끝났지만, 흐루쇼프의 고민은 더욱 깊어졌다. 미국의 카스트로 정권에 대한 전복 활동이 계속되었기 때문이다. 따라서 어떻게 하여야 카리브해 지역의 유일한 신생 공산정권(쿠바)을 보호할 수 있을 것인지? 가 그의 최대 고민이었다.

1962년 5월 불가리아에서 하계휴가를 보내면서도 뾰족한 방법이 떠오르지 않던 그는 마침내 13개월의 고민을 끝낼 참신한 아이디어를 떠올렸다. "미국의 턱밑에 있는 쿠바 내에 소련의 핵미사일 기지를 건설한다면, 설사 건설하는 중에나, 건설한 이후에 케네디가 이를 알게 되더라도 파괴하는 데는 신중할 수밖에 없을 것이다. 또한, 한꺼번에 전체를 파괴하기는 어렵기에 몇 개만 남더라도 남은 핵무기로 사거리가 미치는 뉴욕 대부분을 날려버릴 수 있다. 미국은 핵전쟁에 대한 공포로 인하여 먼저 물밑 협상을 요청해 올 것이다."라는 데까지 생각이 미쳤다.

흐루쇼프는 곧바로 카스트로와 비밀협의를 진행한 결과 5월 21일 쿠바의 영토 내에 소련의 핵미사일 기지를 건설하는 것으로 최종 합의하였다. 이후 흐루쇼프와 카스트로는 5개월여에 걸쳐 '아나디르 작전(Anadyr Operation)'[14]을 비밀리에 시행하게 된다. <표 7-3>은 소련이 7월부터 10월 초에 이르기까지 쿠바에 수송한 핵 관련 장비와 물자 현황 등이다.

---

14) 비밀작전의 명칭을 '아나디르'라고 한 것은 시베리아 베링해 쪽에 있는 강 이름이기에 설사 미국이 첩보를 입수하더라도 소련 내부에서 진행하는 작전인 것처럼 잘못 인식하도록 유도함으로써 실제 작전을 추진하는 데 지장이 없도록 하기 위함이었다.

<표 7-3> 소련이 7월~10월 초까지의 핵 관련 수송 장비와 물자 현황

① 중거리 미사일 42기 ② 장거리 폭격기 42대 ③ 핵탄두 162개,
④ 병력 5,000여 명, ⑤ 전투기와 지대공 미사일 다수
⑤ 군사고문단과 기술자 등 다수

쿠바에 설치하려고 계획한 소련의 핵미사일은 R-12와 R-14 미사일이다.15) R-12 미사일은 9월 8일까지 6기를 설치함으로써 미국 동남부 즉, 플로리다까지 사정권 내로 들어왔다.

미하일 쿠지미치 얀젤

R-14 미사일은 9월 16일까지 3기를 설치하면서 이제는 워싱턴을 제외한 美 본토 전 지역에 타격이 가능해졌다. 흐루쇼프는 이를 통해 서베를린 위기 때 케네디 대통령에 밀렸던 위상을 되찾겠다는 의지가 분명하였고, 가능한 것으로 느꼈다. 그러나 예상치 못한 부분에서 취약점이 노출되었다. 관련 첩보를 접한 미국이 의구심과 동시에 침착하게 대응하면서 쿠바 미사일 위기사태는 흐루쇼프가 판단했던 처음의 의도와는 완전히 다른 방향으로 흘러가기 시작하였다.

---

15) 'R-12 미사일'은 소련의 미하일 쿠지미치 얀젤(Михаил Кузьмич Янгель, 1911~1971)이 설계하였다. 소련이 최초로 개발한 액체 추진체 연료를 사용하는 이동식 탄도미사일이다. 최대사거리는 1292mile로서 쿠바의 칼라바자르데사과 미사일 기지에서 뉴욕의 맨해튼까지의 거리가 1,290mile이었다. 연료를 완전히 충전한 상태에서 최대 1개월을 유지할 수 있도록 설계되었으며, 카운트-다운에 30분이 걸렸다. 장착하는 폭탄은 1메가톤(MT)으로 지표면에서 폭발하는 경우 305m(폭)×60m(깊이) 정도의 구멍이 만들어지고, 반경 2.7km 내에 있는 건물과 아파트단지, 공장, 다리 등의 모든 것이 파괴된다고 생각하면 될 듯싶다. 'R-14 미사일'은 美 본토의 워싱턴 주를 제외한 全 지역에 핵 타격이 가능한 미사일이다.

제 3 절

주요 인물에 관한 이해

1. 쿠바의 피델 A. 카스트로(Fidel A. Castro) 평의회 의장

피델 A. 카스트로(Fidel Alejandro Castro Ruz, 1926~2016)는 북한의 김일성이 권력을 장악한 기간이 22년(1972~1994)인데 비해 49년간 쿠바를 통치했던 강력한 최고의 권력자다.16) 그의 아버지는 사탕수수와 곡물을 재배하던 중산층으로 이주민이었으며, 첫째 부인이 사망한 뒤 가정부를 둘째 부인으로 맞아 낳은 자식이 5명인데, 그중의 둘째 아들이었다. <그림 7-2>는 피엘 카스트로의 생애를 정리하였다.

① 1926, 쿠바 오리헨테州 마야리 시에서 출생
② 1947, 쿠바 인민당에 입당
③ 1947~1948, 침공 및 폭동사건에 연루
④ 1953~1958, 혁명세력 조직,
　　　　　　軍병영 공격 실패 → 징역
⑤ 1959.2월, 총리 취임
⑥ 1959~1960, 미국기업 자산[資産] 몰수,
　　　　　　미국과의 경제교류 일체 중단
⑦ 1961.4월, 미국의 피그스만 공습을 격퇴
⑧ 1962, 소련 핵미사일 기지 건설
⑨ 1976, 국가평의회 의장 취임
⑩ 1978, 에티오피아를 침략한 소말리아軍 격퇴
⑪ 2008~, 평의회 의장/제1서기에서 은퇴
· 2014, 美-쿠바 간 국교 정상화

<그림 7-2> 쿠바 피엘 카스트로 평의회 의장의 생애

---

16) "카스트로, 쿠바 국가평의회 의장 퇴임," 『뉴시스(https://news.v.daum.net/v/20080219171015019)』 (2008.2.19.) (검색일자: 2021년 6월 22일).

그는 베들레헴 대학(Bethlehem College)으로 진학하여 대학 생활 간 정치조직에 몸담았으며, 1947년 쿠바 인민당(Partido Popular de Cuba)에 입당하였다. 부친이 매우 무식하고 권위적이었기에 둘의 사이는 아주 좋지 않았다. 1958년부터 경제난이 계속되면서 정부의 신뢰가 떨어지자 혁명군에 가담하였다. 이를 기반으로 점차 정치적 영향력을 키워나갔다. 경제난으로 바티스타 정권이 국민의 신뢰를 잃게 되자 카스트로는 무력혁명으로 권력을 장악한 다음 미국 기업이 쿠바 내에 가지고 있는 모든 자산을 몰수하는 강력한 정책을 추진하면서 반미(反美)주의를 주장하였다. 소결론적으로

20세기 중반 중남미를 휩쓸었던 공산·사회주의 혁명 1세대인 피델 A. 카스트로는 권위주의적이고 적극적인 성향의 소유자로서 열정과 지성(知性)까지 겸비한 집념의 인물이었다.

현대적인 시각에서 쿠바 미사일 위기사태의 최대 수혜자는 바로 이 사람으로 봄이 정확하지 않나 싶다. 왜냐하면, 위기사태가 마무리되고 나서 미국의 존 F. 케네디 대통령과 소련의 흐루쇼프 서기장 모두 소외당하게 되었다. 결과적으로 존 F. 케네디는 1963년 11월 암살당하였다. 흐루쇼

프는 1964년 10월 레오니트 브레즈네프(Леонид Ильич Брежнев, 1964~1982 서기장 재임)와 알렉세이 코시긴(Алексе́й Никола́евич Косы́гин, 1964~1980 수상 재임)[17] 등에 의해 결국 실각(失脚)하였고, 가택에 연금된 상태에서 삶을 마감하였다. 반면에 그는 미국의 수십 년에 걸친 암살 시도와 전복 및 파괴 활동을 버텨내면서 권력의 최정상에서 2016년 국민의 존경과 사랑을 받으면서 삶을 마감하였다.

---

17) 레오니트 브레즈네프는 1960~1964, 1977~1982년까지 최고 평의회 주석을, 1964~1982년까지 서기장을 지냈다. 알렉세이 코시긴은 소비재공업을 비롯한 경제 전문가로 1964~1980년까지 수상을 지냈다.

2. 미국의 존 F. 케네디(Jone F. Kennedy) 대통령

　존 F. 케네디(Jone Fitzgerald Kennedy, 1917~1963) 제35대 대통령은 1960년 선거에서 승리하면서 미국 역사상 최연소 대통령이 되었다. 대표적 정치명문가인 케네디 집안에서 태어났으며, 단 한 번도 선거에서 패배한 적이 없는 인물로 묘사하고 있다. 아이젠하워 대통령의 임기 말에 쿠바의 카스트로 정권이 들어서면서 공산국가를 천명하자 친미정권으로 바꾸기 위한 전복(顚覆) 활동의 하나인 '피그스만 침공작전'을 CIA 주도로 추진하였다. 이후 그가 취임한 초기에 작전 실행을 결정하였으나, 실패하면서 상당한 부담을 초래하였다. 이때 주변 참모진이 정치 생명의 연장을 위한 행태를 겪으면서 느낀 바가 많았다. 이를 통해 주변에 대한 신뢰가 무너지면서 이후 혼자서 고뇌(苦惱)하였고, 중요한 정책적 사안은 독단적으로 결심을 하게 된다.[18] <그림 7-3>은 존 F. 케네디 대통령의 생애를 정리하였다.

① 1917, 미국 매사추세츠 州에서 출생
② 1938, 부친(駐英대사)의 비서(6개월)
③ 1941~1945, 해군 장교로 근무
④ 1947~1953, 하원의원(3선)
⑤ 1954, 상원의원, 퓰리처상 수상(1957)
⑥ 1950년대 후반, 상원외교분과위원
⑦ 1960~1963, 35대 대통령(44세)
⑧ 쿠바 피그스만 공습 실패
⑨ 1962, 쿠바-소련 핵미사일 위기
⑩ 1963, 美-英-蘇 핵실험금지조약 서명
⑪ 1963.11.22, 저격범에 의한 암살
　· 리하비 오스왈드 ← 잭하비

<그림 7-3> 미국 존 F. 케네디 대통령의 생애

---

18) 세부 내용은 김성진의 『군사협상론』 (2020), pp. 263~265.를 참고하기 바란다.

Joseph P. Kennedy

존 F. 케네디는 주영(駐英) 미국 대사인 부친 조지프 P. 케네디(Joseph P. Kennedy, 1888~1969)[19]의 비서로 있다가 해군 대위로 전역한 이후 정계로 진출하였다. 그는 대통령 후보로 수락 연설을 하면서 '뉴프런티어(New Frontier-신 개척자) 정신'을 선거 구호로 내세우며 자유무역을 강조하였으나, 큰 호응을 얻지는 못했다.

아이젠하워 정부에서 쿠바의 공산정권을 무너뜨리기 위해 전복 활동을 계속 추진하다가 결정하지 못한 상태에서 퇴임하자 선거 유세 때 이를 비판하였지만, 곧바로 본인이 책임을 감수해야 할 위치가 되었다. 초기에는 상당한 자신감과 주변 참모진들과의 학연(學緣)으로 맺어진 집단사고를 믿고 피그스만 침공작전 등을 일사천리로 추진하였으나, 실패로 돌아가면서 상당한 충격과 번민이 교차하는 시기를 맞았다. 1960년 5월 소련 영공에서 정찰하던 U-2기가 격추당하며 조종사가 포로가 되자 미국은 수세에 몰렸다. 더욱이 대통령으로 취임한 초기였던 1961년 4월 야심 차게 시도한 피그스만 침공작전이 또 실패하면서 더욱 어려움에 봉착하였다. 이후에도 Ex Comm 참모들이 서로 책임을 회피하는 현상들과 대면하면서 상당한 배신감을 느끼게 되었다. 이후 직접 결심하고 직접 움직이는 태도로 변화하였다.

소결론적으로 케네디 가문은 응집력과 결속력이 뛰어났으며, 존 F. 케네디 자신도 의지와 담력의 보유자임과 동시에 소신이 뚜렷한 집념이 강한 지도자로 평가할 수 있다. 또한, 美-蘇 쿠바 미사일 위기사태는 성공한 위기관리 사례로 호평받고 있다. 다만, 내부적으로는 명확하지 않은 수습책으로 인한 여파와 국제·장기적 측면에서는 군비(軍備)를 확장할 수밖에 없도록 자극한 사건이었음을 주목할 필요가 있다.

추가로 그는 언론매체를 잘 활용하였으며, 대중 연설과 이상적인 사고방식, 선전 선동(Propaganda & Agitation)에 능한 정치가였다. 그러나 대통령으로서 볼 때 의회와의 관계는 매끄럽지 못했고, 군부 강경파의 지지(支持)를 받지 못하였다. 공군참모총장이 공개적으로 D-Ⅱ를 격상할 때조차 사전에 보고받지 못했다. 그리고 피그스만 침공작전의 실패를 만회하고자 쿠바를 침공하지 않겠다고 약속한 다음에도 카스트로 정권을 제거하기 위한 전복

---

[19] 존 F. 케네디의 부친인 조지프 P. 케네디(Joseph Patrick Kennedy)는 긍정적인 평가만 있는 인물은 아니었다. 월스트리트에서 주식 시세를 조작하는 전문가로 알려져 있으며, 증권거래위원회 위원장으로서 불법적인 활동을 한 인물로 부동의 거부로 존재하였다. 그러나 당시의 시대 상황에서 불법적이고 용납될 수 없는 상황들이 지금은 합법적으로 변화되고 있음을 생각할 때 당시로 봐서는 놀라울 정도의 기가 막힌 판단력과 재테크를 뭐라고 할 수 있을까 하는 고민도 해봄 직하다.

활동과 파괴 공작인 '몽구스 작전(Operation Mongoose)'에 계속 집착하고 있던 점은 의외로 느껴질 수 있는 대목이다.[20]

또한, 소련과 협상을 진행하는 와중에 터키에 배치한 주피터 미사일 기지의 철수 문제를 당사국인 터키와 사전에 단 한 차례도 협의하지 않았다는 점이다. 이는 최근까지도 유럽과 터키와의 관계 설정을 어렵게 하는 대목이 아닐까 싶다. 특히 흐루쇼프와의 약속을 공식적인 문서로 남기지 않는 등 일반적인 정치·외교적 사례로 보기는 힘든 측면이 있다. 이는 제9절 3.의 현대적 프레임(Frame)으로 재구성한 팩트-체크(fact-check)에서 다시 살펴보기로 한다.

---

[20] 실제로 존 F. 케네디 정부 때 시작된 쿠바에 대한 경제봉쇄는 버락 오바마(Barack H. Obama, 2009~2017년까지 재임) 정부 때까지 계속되었으며, 카스트로에 대한 끊임없는 암살 시도와 정권에 대한 전복 활동을 진행하였다.

3. 미국의 맥 조지 번디(McGeorge Bundy) 백악관 안보담당 특별보좌관

맥 조지 번디(McGeorge Bundy, 1919~1996) 는 매사추세츠주 보스턴에서 태어났으며, 1940년 예일대학교를 졸업하고 하버드 대학교의 석사과정을 졸업하였으며, 제2차 세계대전에 정보장교로 참전하였다. 1949년 하버드 대학교에서 정치학 강의를 시작하여 1953년 박사학위가 없는 상태에서 유일하게 인문대학(문리대) 학장을 지냈다.

1959년 피델 A. 카스트로가 미국을 방문하자 문리대 학장으로서 카스트로를 만찬에 초대할 정도로 긍정적 인물로 평가하였지만, 이후 미국 자산을 국유화하고 표현의 자유와 정적(政敵)을 억압하는 현실을 접하면서 극명하게 인식이 변했다.

그는 존 F. 케네디 정부와 린든 B. 존슨 정부에서 안보담당 특별보좌관을 지내면서 미국의 대외정책 입안에 강력한 영향력을 행사한 인물이다. 美-蘇 쿠바 미사일 위기가 발생하여 Ex-Comm 회의에서 처음으로 매파(the hawks)와 비둘기파(the doves)라는 용어를 사용한 인물로도 전해지고 있다. 위기사태 초기에는 봉쇄(blockade)를 주장하였으나, 점차 쿠바 미사일 기지 자체를 폭격하자는 공군참모총장(Curtis E. LeMay)의 주장에 동조하면서 주변 참모들을 혼란스럽게 만들었다. 또한, 자신의 주장만 옳다고 고집하며 너무 밀어붙이는 성격이다 보니 대통령과의 충돌도 발생하였다. 사태 말기에는 쿠바의 소련 미사일 기지와 터키에 설치한 미국의 미사일 기지 철수와 교환 협상을 진행하는 존 F. 케네디의 판단과 협상 노력에 불만을 표출하면서 완강하게 반대하는 등으로 내부적으로 상당한 진통을 발생하게 만든 장본인이다.

4. 소련의 니키타 S. 흐루쇼프(Nikita Khrushchev) 서기장

니키타 세르게예비치 흐루쇼프(Nikita S. Khrushchev, 1894~1971) 서기장은 1953년부터 1964년 실각(失脚)당할 때까지 소련의 최고 권력자였다. 일부에서는 우크라이나에서 출생했다고 하지만, 실제로는 토종 러시아인이다.

좋지 못한 가정형편으로 인하여 '무학(無學)'이었다. 15세 때부터 생업에 뛰어들어 판금공이 되었다. 그나마 20대 후반이 되어서야 겨우 글쓰기가 가능했다고 알려졌다. 이러한 환경과 자신의 실체에도 불구하고 독학으로 공부하였으며, 대단한 지략가였음을 그와 경쟁하던 정적(政敵, political opponent)들도 인정하고 있다. <그림 7-4>는 소련 니키타 흐루쇼프 서기장의 생애를 정리하였다.

① 1894, 러시아 쿠르스크州 칼리높카에서 출생
② 1900, 연관공으로 생활(15세)
③ 1917, 노동자 조직에 가입
④ 1918~, 공산당원(볼세비키)으로 활동
⑤ 1922, 소비에트 노동자 학교에 입교
⑥ 1922, 세 번째 결혼
⑦ 1931, 모스크바 시당 제1서기
⑧ 1939, 정치국 위원
⑨ 1953, 스탈린 사후 당권 장악(말렌코프 敗)
⑩ 1958, 소련 수상에 취임
⑪ 1962, 쿠바 핵미사일 기지 건설-철수
⑫ 1964.10.15, 당과 정부에서 사임
⑬ 1971.9.11, 심장마비로 사망

<그림 7-4> 소련 니키타 흐루쇼프 서기장의 생애

스탈린이 사망한 이후 그를 격렬하게 비판함으로써 스탈린체제의 억압적인 측면을 표출하는 등을 통해 영향력 확장을 시도하였다. 그러나 상대적으로 권력 기반이 약화할 수밖에 없게 만드는 양면성도 있었음이 사실이다. 주민 생활을 개선하기 위한 경공업을 추진하여 경제성장률을 높이게 되면서 소련이 비로소 살만한 나라로 만들었다는 일부의 평가도

있다.

　그러나 1962년 소련이 쿠바에 핵미사일 기지를 설치는 과정에서 변수가 생겼다. 전임인 아이젠하워 대통령과 회담하는 과정을 거치면서 미국이 핵전쟁에 대한 두려움을 가진 심리적 상태를 알고 난 다음부터는 공공연하게 핵전쟁을 거론하면서 아이젠하워로부터 양보를 받아냈다. 이후부터 거침이 없는 대화와 안하무인(眼下無人) 격의 태도를 보였다. 그러다 보니 최연소 대통령으로 취임한 존 F. 케네디를 '애송이' 또는 '부잣집 도련님'으로 취급하며 무시하기 일쑤였다. 그러나 동・서 베를린 장벽 구축 사건에서 존 F. 케네디의 강수(强數)에 굴복한 이후 계속 복수를 꿈꾸어 오다가 쿠바에 핵미사일 기지를 설치하는 것으로 앙갚음하려고 시도하였다. 그러나 과정에서 또다시 자존심은 구겨졌다. 결국, 그는 정적(政敵)들에 의해 공산당 서기장 직에서 물러날 수밖에 없었다.

　소결론적으로 니키타 S. 흐루쇼프는 지나칠 정도로 과격한 성격이면서 앞뒤를 생각하지 않고 밀어붙이는 막무가내(무대포-無鐵砲)식의 호쾌한 성격을 가졌다. 그러나 생각 없이 막 나가다 보니 주변과 외부에서 보기는 너무 즉흥적이고 자유분방하였으며, 독설과 편견에 지나치게 사로잡혀 있는 성격의 소유자로 인식되어 있다.[21]

　유념해야 할 사항은 흐루쇼프가 노련한 정치가라고 이해하기 어려운 정황을 많이 식별할 수 있다는 점이다. 예지력(豫知力, foreknowledge)은 약하고 감정적・충동적인 정황들이 여러 사례 등에서 드러나고 있기 때문이다. 아울러 쿠바 미사일 위기를 촉발하였고, 이오시프 스탈린의 최측근으로 있으면서 공개적으로 야심을 드러내지 않다가 마지막 기회가 왔을 때 권력을 차지하는 기회주의적인 인물일 수도 있지 않나 싶다. 마지막에 저항해보지도 않고 스스로 자진(自進)하여 해임 및 자택연금을 당한 사례는 또 다른 이면(裏面)으로 느낄 수 있지 않나 싶다.

---

[21] 1960년대 초기에 니키타 흐루쇼프 서기장을 취재하던 한 이집트 기자가 시가(cigar)를 피우자 흐루쇼프는 시가를 빼앗아 꺼버렸다. 기자가 왜 그러냐고 항의하자 "이건 자본주의의 상징이오 당신은 나세르(Nasser, 이집트의 군인・정치가)의 친구니 시가를 피우면 안 돼."라고 강하게 호통을 쳤다. 그런데 몇 년 후에 쿠바 혁명 이후 해당 기자가 그와 인사를 하게 되었는데 흐루쇼프가 웃으면서 시가 한 상자를 선물로 주었다. 기자가 "놀랍습니다, 서기장 각하. 지난번 저에게 하신 말씀을 기억하십니까?"라고 흐루쇼프에게 말하자 그는 "물론이오. 그러나 카스트로 동지가 혁명을 이룩한 이후로 이 시가는 마르크스-레닌주의의 시가가 되었다오."라고 하였다는 일화를 기억해 보자.

제 4 절

국제 정세와 주변의 환경

1. 소련-쿠바의 정치·군사·경제적 측면에 관한 인식

<표 7-4>는 소련-쿠바와의 정치·군사·경제적 측면과 인식을 종합적으로 정리하였다.

<표 7-4> 소련-쿠바와의 정치·군사·경제적 측면과 인식

구 분	주요 경과

쿠 바	• 미국의 반식민지적 행태로 인한 반미감정의 고조(경제적 부패)
	• 1942~1952, 집권자(파티도) 정권의 부패로 사회 혼란이 절정
	• 1953~1958, 집권자(바티스타) 정권의 부패로 사회의 혼란이 다시 고조
	• 1959.1.1.~, 카스트로의 혁명 성공과 집권
	  * 미국의 중남미 정책이 위기에 직면
	• 1960, 소련-쿠바 간 무역협정 체결 → 무기 등을 공급
	  * 1961.12.2., 카스트로가 스스로 공산주의자임을 선언

소 련	• 쿠바를 라틴아메리카 지역에서 공산 활동의 주요 거점으로 인식 • 피그스만 침공사태 이후 쿠바에 군사시설의 확충 필요성을 절감 • 1960.6월~1962.9월, 미사일 부품 등을 포함한 무기 공급

파티도 정권의 부패를 빌미로 미국을 후견인으로 하는 풀헨시오 바티스타(Fulgencio Batista y Zaldívar, 1901~1973)라는 친미(親美) 정권이 들어섰으나, 이들마저도 부패의 온상이 되자 피델 카스트로가 무장혁명을 통해 집권하면서 공산정권이 들어섰다는 점에서 흐루쇼프는 대단히 고무되었다. 소련 공산당과 군부(軍部)도 쿠바의 카스트로 공산정권에 대하여 전폭적으로 지지를 보냈다. 흐루쇼프도 "카스트로 정권은 적극적으로 보호해야 하는 우선적인 대상이다."라고 생각하였다.

2. 미국의 쿠바에 대한 정치·군사·경제적 측면에 관한 인식

미국은 쿠바 권력의 정점에 있던 친미(親美) 정권이 무너지고 카스트로가 집권했지만, 쿠바 장악에 대한 자신감을 잃지 않았다. <표 7-5>는 쿠바에 대하여 미국이 가진 인식이다.

<표 7-5> 미국의 쿠바에 대한 정치·군사·경제적 측면과 인식

구 분	주요 경과
인 식	・본토에서 94mile에 있는 쿠바의 지정학적 위치는 미국의 존립에 심각한 위협을 초래(招來)할 것이라는 위기감이 고조 * 소련의 해군력이 쿠바 항구를 활용한다면, 상당한 위해(危害) 요인으로 작용할 것을 판단
정치·군사 ·경제적 측면	・현실적 측면에서 아직은 군사적 지배 < 경제적 지배가 우선 <table><tr><td>구 분</td><td>공공사업</td><td>광산, 목축업</td><td>석유사업</td><td>사탕수수</td></tr><tr><td>지분율(%)</td><td>80</td><td>90</td><td>100</td><td>40</td></tr><tr><td>비 고</td><td>-</td><td>1,550만$</td><td>-</td><td>3,000만$</td></tr></table> ・피그스만 침공사태 이후 쿠바에 군사시설의 확충 필요성을 절감 ・1960.6월~1962.9월, 미사일 부품 등을 포함한 무기 공급

라틴아메리카

미국이 對 아메리카 정책 목표를 달성하기 위하여 주도적으로 임하되, 일관성을 유지하기 위해서는 세 가지가 필요하였다. 첫째, 본토와 근접되어있는 적대세력(쿠바)의 영향력을 근본적으로 배제해야 한다. 둘째, 경제적 이익의 증진과 이를 보호를 위해서는 다방면의 외교적인 노력이 필요하다. 셋째, 라틴아메리카 지역의 정치적 안정은 미국이 계속 주도하여야 한다. 다시 말해 "쿠바가 미국 땅의 일부가 되어야 안보위협에서 벗어날 수 있다."라고 인식하고 있었다고 봄이 정확하지 않을까 싶다. 다만, 당시 미국은 군사적 측면의 통제가 아니라 경제적으로 통제할 수 있다는 자신감이 있었다.

제 5 절

위기사태의 발단(發端)과 본질

1. 흐루쇼프의 쿠바 핵미사일 기지 설치에 대한 이해

당시 흐루쇼프는 어떻게든 존 F. 케네디에게 구겨진 자존심을 되찾고 자신이 주도하는 현실을 회복하고 싶었다. 일차적인 노력으로 미국이 쿠바 카스트로 공산정권을 대상으로 벌이는 카스트로에 대한 암살 시도와 반미정권에 대한 전복(顛覆) 활동 등을 차단하는 것이었다. 이어서 미국도 자신들과 같이 핵무기의 공포와 두려움을 느끼게 되기를 원했다.[22] <표 7-6>은 흐루쇼프가 쿠바에 핵미사일을 설치하려는 목적을 세 가지로 정리하였다.

<표 7-6> 흐루쇼프가 쿠바에 핵미사일을 설치하려는 세 가지의 목적

첫째, 공산 동맹국을 보호함으로써 소비에트 연합의 군사력에 대한 자신감을 대외에 입증(立證)하고 싶었다.
둘째, 미국에 소련과 동등한 공포와 두려움을 주고 싶었다. 미국이 보유한 핵전력보다는 약하지만, 두려움을 같이 갖도록 하는 것은 가능하다고 보았다.[23]
  * "엉클 샘(U.S.)[24]의 바지 안에 고슴도치를 넣어보자!"
셋째, 정치적 거래가 가능할 것으로 보았다. 미국은 핵전쟁을 두려워하기에 먼저 쿠바에 핵무기가 일부라도 설치[25]되면, 다급해진 미국이 공식·비공식 경로를 통해 물밑접촉을 해 올 것으로 예상하였다.
  * "라이벌인 중국에 대하여 확실한 우위(優位)를 확보할 수 있다."

---

[22] 카스트로가 바티스타 정권을 전복하는 과정은 이탈리아에서 무솔리니가 집권한 과정과 같다.
[23] 바로 '상호확증파괴(MAD-Mutually Assured Destruction) 전략'이다. '적대관계에 있는 쌍방이 확실하게 파괴할 수 있는 전략을 세워 서로에게 손해를 끼칠 수 있는 상태'를 뜻하는 것으로 핵 억제의 이론적 개념이다. 다시 말해 '적이 선제적으로 핵 공격을 해오더라도 100% 파괴할 수 없기에 남은 핵무기로 상대편도 전멸시킨다는 보복 핵전략'을 뜻하고 있다.
[24] '엉클 샘(U.S.)'의 유래는 여러 가지 속설이 있다. 19세기 초 미국의 뉴욕주 트로이에 있는 정육점 주인 이름이 '샘 윌슨(Sam Wilson)'이었다. 주인이 잠시 자리를 비운 사이에 병사 한 명이 고기를 사러 왔다가 고기를 싸주는 종이에 'U.S.'라고 찍힌 단어를 보았다. 궁금한 병사가 어리숙한 직원에게 "'U.S.'가 무슨 뜻인가요?"라고 물었다. 이 직원이 "네. 사장님 이름이 '엉클 샘(Uncle Sam)'인데요."라고 대답하면서 시작되었다. 이후 미국의 제국주의

흐루쇼프는 쿠바에 핵미사일 기지를 성공적으로 설치한다면, 미국의 턱밑에 고슴도치 역할의 핵미사일 기지로 위협을 가한다는 원대한 목적이 달성될 줄 알았다. 그러나 시일이 지나면서 '아나디르 작전'을 진행하는 초기에서부터 상당한 오류가 있었음을 인식하였다.

그는 존 F. 케네디의 선제(先制) 대응에 얽매여 끌려다니는 신세가 되었음을 뒤늦게 깨달았지만, 권력의 중심에서 물러나는 후과(後果)를 가져왔다. 그의 근거 없는 자만(自慢)과 과신(過信)으로 존 F. 케네디에 대한 선입감부터 잘못되었음을 알았지만, 이미 돌이킬 수 없는 지경에 이르렀다. <그림 7-5>는 쿠바에 설치하던 R-12 미사일과 R-14 미사일이다.

<그림 7-5> 쿠바에 설치하던 R-12 미사일과 R-14 미사일

9월 8일과 16일 R-12 미사일과 핵탄두, 전문 인력 및 장비가 쿠바에 도착을 완료하였고, 이후 40개의 사일로(silo)를 설치하였다.26)

를 상징하는 단어로 정착되면서 軍의 군수물자를 비하하는 의미에서 'United State'를 'Uncle Sam'으로 많이 사용한다는 점을 알고 있던 흐루쇼프가 미국을 비하하는 의미로 사용하였다.
25) 흐루쇼프는 쿠바에 R-12 미사일 발사기지 6개소, R-14 미사일 발사기지 3개소 등 총 9개소의 미사일 발사기지의 설치를 추진하였다. 당시 R-14 미사일 3개 연대가 주둔하였는데 1개 연대당 발사대 8개, 미사일 12기로 3개 연대라면, 총 24개의 발사대와 미사일 36기가 배치되었다고 보면 될 듯싶다.
26) '사일로(silo)'는 '핵무기 등의 위험 물질을 지하에 보관하는 저장고'이다.

2. 미국이 쿠바의 핵미사일 설치를 발견할 수 있었던 이유

<그림 7-6>은 소련이 쿠바에 설치하고 있던 핵미사일 기지 장면을 미군 정찰기가 항공사진으로 촬영한 일부 장면이다.

<그림 7-6> 소련이 쿠바에 설치하고 있던 핵미사일 기지 장면

이러한 현장을 발견할 수 있었던 이유는 크게 두 가지로 정리할 수 있다. 첫째, 너무 보안을 강조하다 보니 비밀을 유지하는 데만 급급하여 서로 모른 척하기 일쑤였다. 특히 같은 기지 내의 요원들끼리도 서로 하는 일을 감추다 보니 취약한 측면이 노출되어도 알려고 하지 않았고, 보이더라도 아예 무시하였다. 사례를 들면, 농촌 지역의 도로상에 군용트럭이 줄지어 지나가고, 숙영시설(텐트)도 열과 오를 맞춰 정렬하고 있다. 더욱이 보안을 유지한다면서 각 부대는 표식(標識)을 지면(地面)에 세워 놓았다. 이처럼 주변 지형과 조화되지 못한 상태로 미사일 기지 건설에만 집착하면서 전술의 기본인 '은폐(隱蔽)의 원칙'마저 준수하지 않았다. 다시 말해 노출되지 않는 게 비정상일 수밖에 없었다.27)

---

27) 소련의 KGB가 보안을 강조하면서도 정작 기지 건설 과정에서 취약점이 드러난 것은 이들의 태생적 특성에서 찾아야 한다. KGB는 민간인 비밀경찰 출신들로 구성되어 있다. 반체제 인사들을 탄압하기 위한 목적으로 설립되었으며, 초기 명칭이었던 '체카(Cheka)'에 기반하고 있다. 체카는 마르크스 레닌이 10월 혁명 이후에 반혁명 기도자들을 분쇄하거나, 혁명재판소에 회부(回附)하기 위하여 설립한 기관으로 민간인들로 구성하였다. 반면에 미국의 CIA는 제2차 세계대전 당시 군사 정보기관(OSS-Office of Strategic Service)을 모체로 하여 군부(軍部)에서 전환된 군사 정보요원들이기에 습관적으로 보안에 민감했다는 점에서 차이가 있다.

둘째, 쿠바에서는 일일 평균 16~18시간을 집중하는 등 공사의 속도를 강조함으로써 점차 집중력이 떨어졌다. 이러한 취약한 상황에서 美 정찰(U-2F)기가 6개의 미사일 기지 중에서 5개 미사일 기지를 탐지하는 상황이 발생하였다.28) <그림 7-7>은 쿠바에서 미사일 기지가 건설되고 있음을 탐지한 이후 진행된 주요 경과를 정리하였다.

❖ 1962.7월, 美, 소련 → 쿠바로 미사일 수송관련 첩보를 인지
❖ 8.29, U-2정찰기, 쿠바 내 핵미사일 기지 건설 정보를 입수
❖ 10.14, 쿠바 내 탄도미사일 배치 사실 확인(항공사진 촬영)
❖ 10.22, 케네디 대통령, 全 세계 TV연설
❖ 10.24, 해상 격리조치 유효화의 시행
❖ 10.25, 소련 선박 35척 中 34척 정지 또는 회항
    • 부카레슈티호(유조선) 통과
❖ 10.26, CIA국장(J. A. McCone) 보고
    • 週中 미사일 장착 / 실전 배치 완료(예상)
❖ 10.27, 케네디 → 흐루쇼프에게 멧세지 전달
❖ 10.28, 흐루쇼프 → 케네디에게 미사일 기지 철수 통보

<그림 7-7> 쿠바의 미사일 기지가 건설을 탐지한 이후의 주요 경과

---

28) 美 CIA가 1961년부터 공중급유가 가능한 U-2F기를 쿠바 상공에 투입하여 항공 정보를 수집하던 중 1962년 8월 쿠바에서 소련제 SA-2 SAM 포대를 일부 발견하였다. 이에 추가로 투입하여 정보를 수집한 결과 MIG-21기와 미사일 포대를 식별하였다. 10월 14일 리처드 S. 헤이저(Richard S. Heyser) 소령이 조종하는 U-2F기가 처음으로 중거리탄도미사일(MRBM)을 포착하면서 쿠바 미사일 위기사태가 본격적으로 진행되었다.

3. 美-蘇 내·외부에서 위기사태를 바라보는 인식

1962년 10월 초 영국의 이중 첩자로 활동하던 KGB의 올레크 블리디미로비치 펜콥스키(Oleg V. Penkovsky, 1919~1963) 대령29)이 소련 당국에 체포되기 직전에 이미 미국 측에 쿠바로 향하는 소련 선박에 미사일부대 요원과 해당 전문가 등이 포함되어 있다는 첩보를 전달하였다. 이에 따라 미국은 소련이 쿠바 내부에서 모종의 비밀작전이 추진되고 있다는 심증(心證)을 갖고 있었다. 그러나 명확한 활동 내용을 확인할 수 없었기에 쿠바 상공을 중심으로 공중정찰을 강화하던 중 리처드 S. 헤이저(Richard S. Heyser) 소령이 조종하는 U-2F 정찰기가 쿠바에서 핵미사일 기지를 건설하는 장면을 촬영하게 되면서 NSC도 긴박하게 움직이기 시작하였다.

본토에서 94mile 거리에 있는 쿠바에 소련의 핵미사일 발사기지가 설치된다면, 당장 미국 본토의 안보에 심각한 위협이 되는 것은 불을 보듯 뻔했기 때문이다. 당장 피그스만 침공작전에서 실패함으로써 자존심을 구긴 강경(매)파와 온건(비둘기)파의 주장과 압박이 강하게 작동할 것은 불을 보듯 뻔한 사실이 되었다.

흐루쇼프는 나름대로 상당한 압박감과 동시에 기회로 여기고 있었다.30) 왜냐하면, 예상보다 빠르게 핵미사일 발사기지가 노출되었지만, 자신이 원하던 대로 이미 R-12 미사일 발사기지는 일부가 설치를 끝낸 상태였다. 한편으로 다소 느긋한 심정을 유지할 수 있었던 이유는 그가 바라보는 존 F. 케네디라는 인물에 대한 인식 때문이었다. 그가 바라보는 존 F. 케네디라는 인물은 정치명문가에서 태어났을 뿐 정치 경륜은 없는 풋내기였고, 허영

---

29) 올레크 펜콥스키 대령은 독소전쟁 당시 최연소 연대장으로 활약한 인물이다. 군부 실세(바렌초프)가 장인이었기에 출세는 떼놓은 당상이었다. 그러나 아버지가 적백내전 당시 전사한 백군 장교로 밝혀지면서 당국으로부터 불이익을 받게 되었다. 결국, 소련 체제에 환멸을 느끼면서부터 서방세계에 협조하는 이중 첩자로 전향하였다. 결국, 1962년 10월 간첩혐의로 체포되어 1963년 KGB 본부 지하실에서 처형당하고 만다.

30) 소련과 흐루쇼프는 쿠바에 카스트로 정권 이전만 하더라도 라틴아메리카(쿠바)에 관심이 없었다고 함이 정확한 평가다. 대표적으로 1952년부터 1960년까지 쿠바의 수도인 아바나(Havana)에 대사관을 설치하지 않았다는 데서도 이러한 생각을 엿볼 수 있다. 그러나 카스트로가 집권하면서 공산정권을 표방하면서 사정이 달라졌다. 모스크바가 미국의 핵미사일에 위협받고 있는 상황에서 이를 뒤집을 수 있는 상황이 되었다고 판단했기 때문이다. 쿠바를 잘 활용한다면, 美 제국주의 턱 밑에 자신들의 힘을 투사할 수 있었다.

심과 바람기가 많은 젊은 부잣집 도련님으로만 알았기에 자신이 유도하는 대로 끌려올 것으로 믿고 있었다. 결국, 소련 흐루쇼프의 허망한 바램은 존 F. 케네디의 고민과 냉정한 판단과 덧대어져 불리하게 전개되었다.

제 6 절

위기관리전략의 결정과 주요 경과

1. 쿠바 미사일 위기사태의 전반(全般)에 대한 이해

1962년 7월 미국이 소련과 영국의 이중 첩자(Oleg V. Penkovsky 대령)로부터 1950년대 말부터 1960년대 초에 이르기까지 소련이 쿠바 영토에 핵미사일 발사기지를 설치하고 있다는 첩보를 입수한 바 있다. 그러나 추가적인 내용을 확인할 수 없었기에 공식적으로 거론하기는 모호하였다. <그림 7-8>은 이후 진전(進展)된 주요 진행 상황과 美-蘇의 대응조치 상황을 핵심적으로 정리하였다.

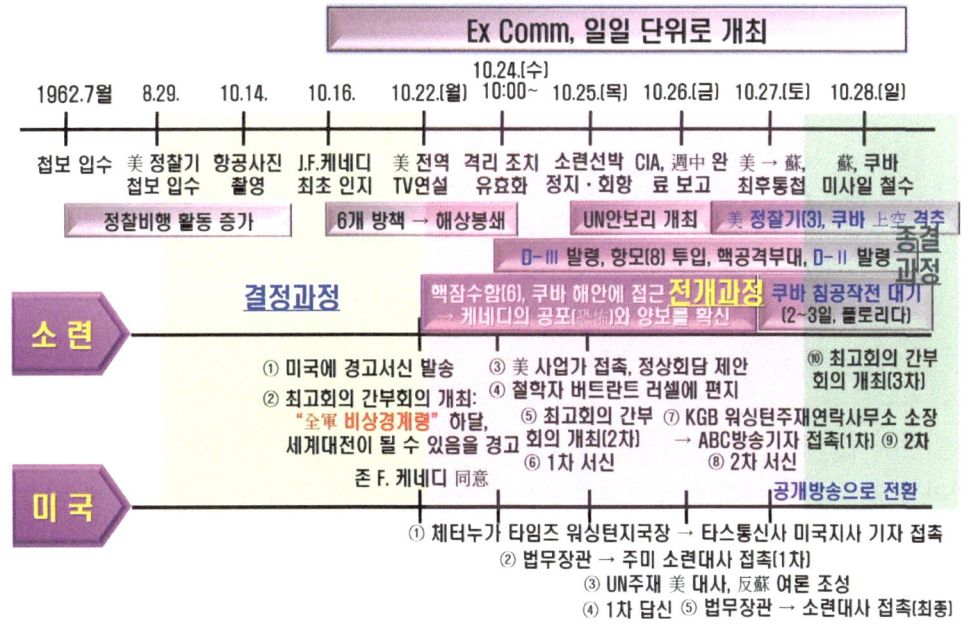

<그림 7-8> 쿠바 미사일 위기사태에 따른 주요 진전(進展) 상황과 대응조치

1962년 7월 관련한 초기 첩보를 접수하였으나, 직접 현장 증거는 확보하지 못한 상태에서 시간만 계속 흘러갔다. 3개월이 지나고 직접 항공촬영에 성공하면서 긴박한 상황이

전개되기 시작하였다. 이러한 단계를 거치고 TV 방송을 내보내기까지는 '위기관리전략을 결정하는 초기 과정'으로 평가할 수 있다.

10월 22일 존 F. 케네디의 탁월한 선택과 결심을 통해 야간 TV 방송을 한 이후부터 위기사태가 종결된 10월 27일까지는 '위기관리전략을 본격적으로 실시하는 중간 과정'으로 볼 수 있다.

흐루쇼프가 쿠바에서 핵미사일 기지 설치를 번복하는 시간까지는 '위기관리전략의 종결 과정'으로 보면 좋을 듯싶다.

10월 16일 항공사진을 촬영하는 데 성공하자 합참은 국방부와 백악관으로 동시에 보고하였다. 보고서를 받은 백악관 안보보좌관(McGeorge Bundy, 1919~1996)이 식사를 하고 있던 존 F. 케네디 대통령에게 보고하였다. 쿠바 미사일 위기사태가 시작된 시간이다. 즉각 '국가안전보장이사회(NSC) 집행위원회(Ex Comm)'가 소집되었다. 난상토론(難上討論, debate)을 벌이는 과정에서는 주로 강경 일변도의 주장이 많았다. 회의를 마친 결과 "국가 초유의 위기사태를 전(全) 국민에게 공표하여야 한다. 내용을 모르는 상태에서 두려움과 공포를 확산시키기보다는 대통령이 직접 국민에게 알림으로써 국민 여론을 결집하는 게 효과적이다."라는 데 의견이 모였다.

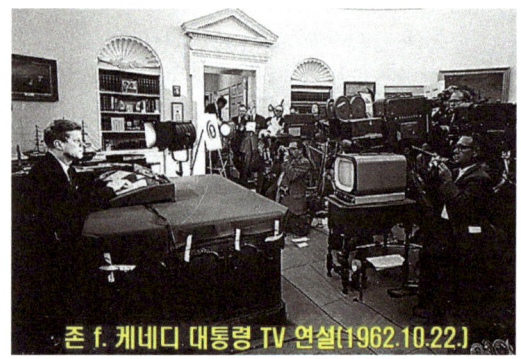
존 f. 케네디 대통령 TV 연설(1962.10.22.)

10월 22일 야간, 존 F. 케네디는 TV 생중계 연설을 통해 쿠바의 핵미사일 발사기지 설치와 관련하여 확인된 내용을 설명하고 국가안보에 긴박한 위기사태가 발생했음을 차분한 어조로 설명하였다.[31]

"지난주, 쿠바에서 핵미사일 기지가 건설되고 있다는 확실한 증거를 포착했습니다. …우리는 미국의 안보에 막대한 위협을 가져올 수 있는 가공스러운 무기들이 있는 세상에 살기를 바라지 않습니다. 어떠한 국가로부터 큰 위협이던, 작은 위협이던, 용인할 수 없습니다. …핵무기는 대량파괴, 특히 탄도미사일은 너무 빠르기에 평화에 결정적인 위협이 될 수 있습니다. …우리는 이러한 위험한 무기들이 본토는 물론이고 다른 국가에서도 사용되지 못하도록 예방하고 제거해야 합니다. …"

---

31) 다수의 연구자료에 따르면, 이때쯤에는 벌써 이중 첩자(Oleg V. Penkovsky 대령)로부터 쿠바에 설치하는 핵미사일 기지에 관한 자료를 넘겨받은 상태였고, 쿠바 망명자들에 의해 관련 첩보를 인지하고 있는 상태로 평가할 수 있기에 다소의 의문점이 남는다. 결론은 전문 연구자의 몫이 아닐까 싶다.

당시만 하여도 美-蘇는 비공식적인 의사소통 채널은 가지고 있지 않았다. 그러나 필요성을 절감하자 존 F. 케네디의 친동생인 로버트 케네디 법무부 장관이 체터누가 타임스 워싱턴 지국장(찰스 바틀릿-Charles Bartlett)을 내세워 소련 타스(Tass) 통신사의 미국지사 기자(게오르기 볼샤코프-Georgi Bolshakov)32)와 비공식 접촉을 시도하였다. 미국이 판단할 때는 타스 통신사 기자가 자신들의 의견을 듣기만 할 뿐 별 반응을 보이지 않았기에 실망한 측면도 있다. 그러나 존 F. 케네디가 생각할 때 국민의 분노가 들끓고 있기에 위기를 해결하기 위해 대화의 문을 열어놓고 있다는 점을 흐루쇼프에게 알리려는 의도를 가졌다.

소련의 흐루쇼프는 자신이 사전에 예측했던 시나리오와 정반대로 흘러가는 현실이 당혹스럽고 화가 났다. 당황했다고 하는 편이 정확한 표현이지 않을까 싶다. 그러함에도 자신이 계속 저돌적으로 강하게 압박을 가한다면, 부잣집 도련님으로만 보이는 존 F. 케네디가 어쩔 수 없이 끌려올 것으로 믿고 싶었다. 대표적인 사례가 미국이 쿠바 해안에 핵잠수함 6척을 접근시키자 흐루쇼프가 곧바로 '최고회의 간부회의'를 개최하고 맞불 작전으로 전략 미사일부대에 '전군 비상 경계령'을 곧바로 하달한 경우다.

대다수 정치지도자의 경우 전통적인 안보 위기가 발생했을 때 상대보다 하나 혹은 그 이상의 우위를 차지하기 위해 위기를 고조(악화)하며 위협하거나, 엄포를 놓으려는 유혹에 빠질 수 있다. 핵 우위에 있는 국가가 이러한 행위를 꺼리는 것은 상대국가의 무장을 해제하려고 시도하는 공격이 언제나 100% 성공하기는 불가능하기 때문이다. 즉, 완전히 파괴하지 못했을 때 파괴되지 않은 나머지 핵무기로 보복공격을 당할 경우, 상대국가와 똑같이 심각한 피해가 올 수 있다는 점을 고민하지 않을 수 없다.

존 F. 케네디가 초유(初有)의 긴박한 위기사태 속에서도 침착하고 냉정하게 위기관리와 협상을 진행할 수 있었던 이유는 <표 7-7>과 같이 두 가지로 정리할 수 있다.

<표 7-7> 존 F. 케네디가 위기관리 및 협상을 할 수 있게 만든 두 가지 이유

첫째, 美 정찰기가 쿠바에 핵미사일 발사기지를 설치하는 장면을 촬영하는데 성공했을 당시 해당 미사일 기지는 완성된 단계가 아니었다.
둘째, 최초 Ex Comm의 토의 이후 CIA의 보고에서 완성되려면 10여 일이 남았기에 합리적인 판단 및 결심할 수 있는 시간적인 여유가 있었다.

---

32) 게오르기 볼샤코프의 실제 신분은 소련 군사정보국(GRU-Glavnoye Razvedyva telnoye Upravleniye)의 워싱턴 담당 책임자다. 참고로 군사정보국(GRU)의 정식 명칭은 '적군(赤軍) 참모본부 정보기관'으로 1918년에 설립된 소련군의 비밀 정보기관이다. 대부분 대사관 직원으로 위장하여 첩보 활동을 하고 있다.

회의를 거듭하는 동안 강경파와 온건파의 주장에 여러 가지의 혼선과 혼란한 상황이 거듭되었지만, 그의 명확한 입장표명과 기다림의 미학, 결단력이 빛을 발하는 순간이 많았다. 특히 10여 일 남은 기간을 활용할 수 있다는 심리적인 여유는 조급하고 성급한 결정이나 행동을 자제하는 이유가 되기에 충분하였다.

2. 위기관리전략을 결정 및 집행하는 데 오류(誤謬)가 촉발된 요인

위기관리전략을 진행하는 과정에서 다양한 오류가 발생하지만, 쿠바 핵미사일 발사기지의 설치와 관련하여서는 상당한 긴장과 실패, 오류의 연속이었다고 봄이 정확한 평가라고 생각한다. 이의 연장선에서 본다면, 지휘·통제체계 측면에서 군사적 위기가 발생할 경우, 얼마나 많은 다양한 변수가 생겨날지는 탐구를 통한 간접적인 경험에서 추론(推論, inference)할 수 있다.

2.1. 미국

긴박한 위기관리 및 대응조치를 진행하는 과정에서 정찰기들의 임무 수행과 관련하여 위기가 반복되었다. <표 7-8>은 미국이 위기에 대응하는 과정에서 오류가 발생할 수밖에 없었던 다섯 가지 사례를 정리하였다.

<표 7-8> 미국의 위기대응과정에서 오류가 발생한 다섯 가지 사례

> 첫째, 10월 26일 캘리포니아 반덴버그(Vandenberg) 공군기지에서 ICBM을 시험 발사하였다.
>   * 중국과 소련을 목표로 하였지만, 국가지도부에서 인지하지 못했다.
> 둘째, 10월 27일, 美 U-2 정찰기 1대가 소련 영공을 무단으로 침범하면서 美↔蘇 전투기가 대치하였다.
> 셋째, 10월 27일, 美 U-2 정찰기 1대가 소련 군함의 지대공 미사일에 격추되었다.
>   * 양국군(兩國軍) 수뇌부가 미처 인지하지 못했다.
> 넷째, 10월 27일, 美 U-2 정찰기 2대가 쿠바 상공을 정찰 비행하다가 쿠바군의 대공포 사격에 격추되었다.
>   * 양국군 수뇌부가 미처 인지하지 못했다.
> 다섯째, 10월 28일, 플로리다 방공훈련을 소련의 선제 핵 공격을 했다는 경보가 접수되자 핵 보복공격을 해야 한다고 건의를 준비하는 중에 자체훈련프로그램으로 확인되었다.

공대공 핵미사일을 탑재한 미국의 F102기가 현장에 긴급출동하면서 베링해 입구에서 소련의 MIG기와 상호 대치하는 상황이 되었다. 연방정부의 통제권은 무력화될 수 있고 이제는 전쟁 상황으로 갈 수 있다는 심각한 우려가 제기되었다. 맥나마라 국방부 장관은 모든 공군 정찰기의 비행 일정을 중지시키는 등에도 우려할만한 혼란한 상황은 연속으로 발생하였다. 점차 군부에서는 핵 공격 등을 사용하는 강력한 군사적 조치가 필요하다고 촉구하며 공세적인 분위기로 압박하였고, 내부의 긴장은 갈수록 험악해졌으며, 고조되었다.

2.2. 소련

<표 7-9>는 소련이 위기에 대응하는 과정에서 오류가 발생할 수밖에 없었던 다섯 가지 사례를 정리하였다.

<표 7-9> 소련의 위기대응과정에서 오류가 발생한 다섯 가지 사례

> 첫째, 미국이 비공개 상태에서 물밑접촉을 먼저 해올 것으로 기대하였으나, 공개적인 경고 및 압박 전술로 위협하였다.
> 둘째, 흐루쇼프는 최초 미국이 핵 공격목표가 '민간시설'로 인식하였으나, '군사시설'이 공격목표라는 보고를 받고 자신의 판단이 틀린 데 대하여 상당한 충격을 받았다.
> 셋째. 10월 26일~27일 새벽, 카스트로의 전문(電文)이 모스크바에 도착했다.
> "24~72시간 이내에 미국이 공습할 테니 즉각 핵 보복공격을 해달라."
> 넷째, 10월 27일, 카리브해에서 미국이 훈련용 폭뢰로 핵잠수함(이하 B-59)을 강제로 부상(浮上)시키는 과정에서 함장이 실제 폭뢰로 오인하여 핵 어뢰를 발사하려고 하자 당시 부장(바실리 아르히포프-Vasili Alexandrovich Arkhipov 대령, 1926~1998)이 강력히 반대하였다.
> 다섯째, 모스크바의 중앙당 관리들이 가족들을 지방으로 대피시키자 지방 관리들까지 사태를 인지하면서 소련 전역(全域)에 혼란이 발생했다.

흐루쇼프는 처음부터 자신의 판단이 빗나간 데 대하여 상당한 충격을 받았다. 한편 존 F. 케네디 대통령은 피그스만 침공작전을 실패한 학습효과로 공개적인 접촉만이 문제를 해결할 수 있다는 생각을 가졌고, 다른 위원들에게도 일관성을 강조하였다.

카리브해에서의 핵 어뢰 발사 소동은 쿠바 인근에 있던 B-59를 美 해군 구축함(이하 USS Beale)이 추격하는 과정에서 발생하였던 세기의 사건이다.33) 당시 잠수함 부장인 바실리 아르히포프 대령의 노력이 없었다면, 핵전쟁이 발발했을 것으로 추측된다.

USS Beale은 쿠바 근처의 바다 밑을 지나가는 미확인된 잠수함이 어느 국적(國籍)인지 알고 싶었다. 이를 위해 훈련용 폭뢰를 투하하자 B-59 함장이 전쟁이 발발하여 美 USS Beale이 실제 폭뢰를 투하한 것으로 오인하여 핵 어뢰를 발사하려는 상황으로까지 긴장이 고조되었다.

U-2 정찰기가 쿠바 상공에서 격추된 날 바실리 아르히포프 대령은 카리브해에서 USS Beale의 눈을 피해 잠항(潛航)하는 B-59의 부장으로 임무를 수행하고 있었다. USS Beale이 B-59를 수면으로 올라오게 하려는 목적으로 훈련 폭뢰를 발사하자 함장(발렌틴 사비츠키-Balentien Savitscky 대령)은 전쟁이 터져 실제 폭뢰가 투하된 것으로 오인(誤認)하였다. 즉시 핵 어뢰를 발사하고자 했지만, 같이 있던 바실리 아르히포프 부장이 강하게 반대하였다.34) 또한, 잠수함을 수면 위로 부상하게 조치함으로써 소련군 본부와 교신한 결과 서로 오해를 풀고 복귀하였다.

이제 흐루쇼프의 입장이 상당히 곤혹스러워졌다. 모스크바에서 지시를 내리지 않았음에도 중앙당 관리와 가족들이 전쟁이 일어날 거라는 루머(rumor)와 혼란이 겹쳐지면서 갑작스럽게 모스크바를 떠나 지방으로 이동 및 대피하기 시작하였다. 내부 정국(政局)은 삽시간에 얼어붙었다. 흐루쇼프는 서방(西方)과 공존(共存, coexistence)을 선택하였다는 비난과 여러 가지의 구설, 또 쿠바 미사일 기지 건설 문제로 인하여 공산당 간부들과 인민들의 신뢰가 무너질 수 있다는 점을 심각하게 고민할 수밖에 없는 지경으로까지 내몰렸다.

---

33) '바실리 아르히포프'는 '바실리 아르키포프'로도 불리며, 일부 자료는 당시의 핵잠수함이 K-19로 기록하고 있으나, 착오로 보인다. 1961년 아르히포프는 658호텔급 핵잠수정(K-19)의 부장으로 있다가 대령으로 진급하며 줄루급 핵잠수함(이하 B-59)으로 임명된 상태였기 때문이다.

34) 핵 어뢰의 발사를 결정할 때는 함장(발렌틴 사비츠키), 정치장교(이반 세모노비치 마슬레니코프, 1918~1954), 부장(바실리 아르히포프) 3명 전원(全員)이 동의하여야 한다. 이때 부장만이 강력하게 거부하였다.

3. 위기관리전략의 결정

Ex Comm(美 연방 문서보관소)

Ex Comm은 위기관리 및 대응전략을 토의하는 과정에서 시간적인 여유가 없다는 막다른 심정이 과도한 스트레스와 경직된 사고(思考)로 나타났고, 내부도 상당히 혼란스러운 상태였다. 따라서 대응과제(Agenda)도 단순히 ① 쿠바 기지를 폭격할 것인지? ② 폭격하지 않을 것인지? 라는 두 가지 의제로만 나뉘었다. 하지만 이 와중에도 한 가지 조건에는 전원(全員)이 동의하였다. "조심스럽게 접근하여야 한다." 나중에 존 F. 케네디 대통령은 회고록에서 "만약 우리가 초기 24시간 이내(수요일)라는 시간에 얽매여 행동할 수밖에 없었다면, 아마 마지막으로 결정한 전략만큼 현명한 선택을 하기는 어려웠을 것이다."라고 심정을 밝혔다. 그만큼 당시의 상황이 긴박했다는 의미로 해석할 수 있는 대목이다.

3.1. Ex Comm에서 난상토론 끝에 결정한 여섯 가지의 방책

존 F. 케네디 대통령이 냉정하게 상황을 판단하고 예지력을 유지할 수 있었던 결정적인 계기는 CIA에서 보고한 내용 때문이었다. CIA가 정보를 종합 및 분석한 결과 "쿠바의 핵미사일 기지는 현재로부터 최소한 10일은 지나야 실전에 배치할 수 있는 단계에 도달할 것이다."라는 내용을 결론지은 것이다. <표 7-10>은 한결 여유가 생긴 Ex Comm이 토의하면서 결정한 여섯 가지의 방책을 정리하였다.

<표 7-10> Ex Comm 토의에서 결정한 여섯 가지 방책

① 아무것도 행동하지 않는다.
② 소련에 대한 외교적 압력을 시행한다.
③ 쿠바에 밀사를 파견하여 카스트로와 접촉, 소련에서 이탈하도록 요구한다.
④ 공중정찰과 경고를 강화하고 해상봉쇄를 시행한다(Slow Track).

⑤ 미사일 또는 미사일 기지 등 한정된 목표에 폭격한다(Fast Track).
⑥ 쿠바에 대한 직접 침공작전을 개시한다.

여섯 가지의 방책 중에서 ①·②·③안은 실효성이 없다고 판단하여 제외하였고, 나머지 ④·⑤·⑥안으로 심도 있는 토의를 진행하였다. 결과적으로 ⑤안은 목표물에 대한 집중 타격이 가능하더라도 최대 90%까지만 파괴할 수 있다고 보고가 이루어지면서 수행할 수 없다는 것으로 결정되었다. 나머지 파괴하지 못한 핵무기로 미국에 반격을 가해 올 경우, 심각한 피해가 예상되었기 때문이다. ⑥안은 매우 심각한 상황을 유발하여 오히려 사태를 악화시킬 가능성이 커질 우려가 다분하였다. 카스트로와 흐루쇼프가 과격하고 극단적인 성향이기에 더 강한 충돌은 가능한 회피하는 게 타당하다고 보았다. 결과적으로 ④안이 무난하여 최상의 안으로 선택하였다. 소련에 미사일을 철수할 기회를 부여함과 동시에 어느 정도는 소련이 행동의 자유를 확보할 수 있었다. 이를 통해 선택의 폭을 개방함으로써 그들의 움직임을 확인할 수 있는 동시에 대외적으로 미국의 유연성을 표출할 수 있다는 장점이 주목받았기 때문이다.35) 이때 강경한 태도를 보이던 백악관 안보보좌관(McGeorge Bundy, 1960~1967년까지 재임)과 공군참모총장(Curtis E. LeMay, 1961~1965년까지 재임)은 강력하게 반대하는 태도를 표출하였다.36) 이러한 유연한 방식으로는 흐루쇼프를 당해낼 수 없다는 논리였다. 당시 결정된 ④안의 봉쇄도 일반적인 의미의 '봉쇄(blockade)'가 아니라 단지 떨어뜨린다는 의미의 '격리(quarantine)'였다는 점에 유념할 필요가 있다.

---

35) 당시 백악관 안보보좌관(맥 조지 번디)과 공군참모총장(커티스 E. 르메이)이 강력하게 반대한 이유는 첫째, 쿠바 기지에 수송된 모든 장비와 부품이 거의 도착한 데다 설치도 대부분 완료된 단계였다. 둘째, 단판 승부가 필요한 단계에 들어온 지금 유연하게 대처하게 되면, 시기를 상실할 우려가 크다는 점이었다. 존 F. 케네디도 내심으로는 '봉쇄(blockade)'만으로도 미사일을 완전히 철수시키기는 어렵다고 판단하였으나, 폭격으로 미사일을 완전히 제거 또는 철수하기가 불가능하다면, 어쩔 도리가 없다는 심정에서 유화책(宥和策)으로 결정했다고 봄이 정확하지 않을까 싶다.
36) 세부적인 내용은 데이비스 헬버스탬 著, 송정은·황지은 옮김, 『최고의 인재들』(파주: ㈜글항아리, 2014), pp. 91~130.을 참고하기 바란다.

3.2. 살얼음판을 걷는 듯한 현실 인식과 분위기

존 F. 케네디 대통령은 "우리가 절대 먼저 오판(誤判)해서는 안 된다. 흐루쇼프를 경솔하게 몰아붙이면 저들도 어쩔 수 없이 상황에 떠밀려 반격할 수밖에 없게 된다. 이러한 어리석은 행동을 해서는 안 된다."라고 강하게 주문하였고 일관성 있게 밀어붙였다. <표 7-11>은 美-蘇 양국이 위기가 고조되는 초기 단계에서 조치한 내용을 정리하였다.

<표 7-11> 위기가 고조되는 초기 美·蘇 양국의 조치 수준

구 분	주요 조치
미 국	• 강경파, 해상봉쇄라는 유화적 조치로 미사일의 제거는 불가능 • 해군함정 300척: 카리브 해역과 남대서양 일대에 배치 • 지상군(180,000여 명): 플로리다에 집결, 쿠바 침공 준비 • 미사일부대: 명령과 동시에 핵미사일을 발사할 수 있도록 대기 • 핵 방공호: 비상식량과 식수, 의약품 보급 • 본토 전역에 방송할 연설문 준비 등
소 련	• 전략 미사일부대: '비상 경계령' 하달 • 쿠바 항행 선박: 진로 변경 없이 항로(航路)를 유지 • 크렘린 최고회의 간부회의 개최: '제3차 세계대전도 불사(不辭)'

대응수준을 살펴보자. 초기에 결정한 주요 조치들은 최악의 상황으로 갔다고 상정해 볼 때 조치가 미진할 경우 전쟁이 불가피할 것이라는 각오를 하고 접근하고 있다는 점이다. 존 F. 케네디는 전년도의 피그스만 침공작전(1961)이 실패함으로 인하여 자신에 대한 국민의 불신이 한층 높아진 상태임을 너무 잘 알고 있었다. 따라서 자신이 사태에 대응하는 과정에서 침착·냉정함이 무너질 경우, 더는 물러날 곳이 없다는 정치·심리적 압박감이 상당하게 작용했을 것임이 자명(自明)하다. 따라서 존 F. 케네디 자신이 잘할 수 있는 언론을 활용하는 방책을 앞으로 내세워 두 마리의 토끼를 동시에 잡는 방향으로 진행했다고 보는 게 타당하지 않을까 싶다.

제 7 절
위기관리전략의 전개와 주요 경과

10월 22일 존 F. 케네디 대통령은 TV 연설을 활용하는 공개적인 방식을 선택하였다. 그러자 소련의 흐루쇼프와 공산당 지도부는 자신들의 판단이 처음부터 꼬였음을 확인하고는 당황하는 분위기가 역력하였다. <표 7-12>는 존 F. 케네디의 TV 연설 내용에서 필요한 부분만 정리하였다.

<표 7-12> 존 F. 케네디 대통령의 TV 연설 요지(要旨)

> 첫째, 소련이 쿠바에 설치하는 미사일 발사기지는 전략핵무기의 균형에 변화를 초래하여 세계 평화와 미국의 안전에 위협을 준다.
> 둘째, 쿠바 미사일 발사기지 철거 요구 시한은 한정하지 않고, 강력한 제재(制裁)조치 등은 언급하지 않았다.
> 셋째, 1단계 조치가 안 된다면, 단계를 강화하겠다는 측면을 강조하면서도 2일간의 여유가 있음을 공개적으로 발표하였다.

TV 연설의 핵심은 세계의 여론과 미국민이 느끼게 될 심리적 공황(panic)을 예방하기 위한 고도의 정치적 배려라고 봄이 정확하다. 특히 연설 중 모조리 쓸어버리겠다는 의미인 'wiping-out(一掃)'이라는 강한 용어를 선택하지 않고 일반적으로 사용하는 'strike(공격)'로, '봉쇄(blockade)'를 '격리(quarantine, isolate)'로 표현하는 등 흐루쇼프가 명분을 갖고 후퇴할 수 있는 정치적 배려와 외교적 수사(修辭, figure of speech)로 순화하였다는 점은 되새길 필요가 있다.

그러나 유화적으로만 접근한 게 아니다. 따끔한 일침(一針, needle)도 빼놓지 않았다. "격리 및 일련의 조치는 제1단계 조치로 공격용 미사일 준비가 계속되고 있기에 서방측에 위협이 증대한다고 판단된다면, 더 이상의 추가적인 행동도 정당화된다. 나는 전군(全軍)에 어떠한 사태에도 가능하도록 준비태세를 갖출 것을 명령하였다."라고 강한 문장으로 표현하고 있다.

다음 날인 10월 23일 야간이 되자 쿠바 연안에서 격리 선(quarantine line)의 위치를 800mile에서 500mile로 축소 및 조정하도록 재지시하였다.37) 격리 대상도 군사용 장비나 기재를 탑재한 선박으로만 한정시키되, 격리할 때도 선박의 키(key)와 추진기(screw propeller)만 해체하여 혹시 모를 인명의 손실이나 선박의 침몰이 예방되도록 최대한 자제하였다. 동시에 흐루쇼프에게는 친서를 통해 "서로 신중한 태도를 견지하여 사태를 관리하기 어렵게 만드는 일체의 행위가 없기를 바랍니다."라고 정중하게 제안하고 있다. 이는 위기가 걷잡을 수 없을 정도로 확대되는 현상을 방지하고자 하는 목적에도 부합하고 있다.

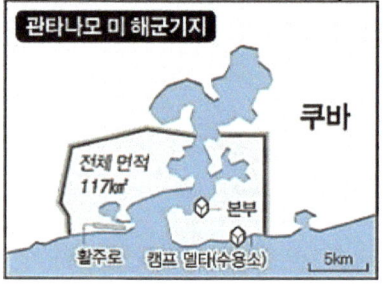

내부적으로 Ex Comm은 너무 느슨한 봉쇄 작전으로는 위기사태를 해결할 수 없다며 강력한 검색이 필요함을 거듭 주장하였으나, 존 F. 케네디는 초기의 지시와 판단을 그대로 유지하였다.

이후 소련의 선박 한 척(부쿠레시티호)이 격리선(quarantine line)으로 진입하였을 때도 "단지 한 척만이 격리 구역에 들어오고 있다. 이것은 유조선으로 핵무기를 운반하는 선박이 아니다. 일부의 사람들이 군사력으로 대응하여야 한다고 느끼지만, 우리는 흐루쇼프에게 고민할 시간을 조금 더 줄 필요가 있다."라고 강조하였다. 이는 신중하게 접근함으로써 추가적인 긴장을 조성하지 않겠다는 제3의 결정으로 볼 수 있다.

물론 10월 26일 CIA 국장의 보고를 받은 결과 "이번 주말에 미사일 발사를 위한 실전 배치가 완료될 것으로 예상한다."라는 내용과도 밀접하게 연계되어 있다. 존 F. 케네디는 이때도 그냥 격리에 치중한 게 아니라 <표 7-13>과 같이 두 가지를 고려한 끝에 결심하였다.

---

37) 당시 미군은 10월 22일 쿠바의 관타나모 미군 기지에서 '미군 가족 후송 작전(NEO)'과 미국령인 푸에르토리코에서 가상 상륙 훈련을 하였다. 이에 카스트로도 10월 23일 쿠바군에 최고경계태세를 발령하고, 국민 총동원령을 선포하였다.

<표 7-13> 존 F. 케네디 대통령이 격리선에 근접하는 소련 선박의 조치를 유보한 이유

> 첫째, 격리선에 접근하고 있는 소련 선박의 선장에게 소련 측이 새롭게 지시할 시간이 필요하다.
> 둘째, 소련 정부가 미국과의 정치 협상을 고민할 새로운 시간적 여유가 필요하다.

한편 Ex Comm 강경파들에 의해 긴장과 불안감이 고조되는 현실을 무시할 수 없었기에 이들을 달래는 조치를 병행하고 있다. <표 7-14>는 존 F. 케네디 대통령이 소련 선박을 검색하지 않으면서도 이들의 불만을 무마시키는 추가 조치를 하였다. 이는 크게 세 가지로 정리할 수 있다.

<표 7-14> 존 F. 케네디 대통령이 최악의 상황에 대비하기 위해 내놓은 세 가지의 추가 조치

> 첫째, 쿠바에 대한 항공정찰을 1일 1시간 → 매 2시간당 1회로 격상한다.
> 둘째, 야간 조명탄을 계속 투하하여 쿠바에서 건설 중인 미사일 발사기지에 대한 공중촬영 활동을 지속한다.
> 셋째, 쿠바에 대한 반입금지 품목은 석유와 윤활유로 확대한다.

<표 7-15>는 10월 26일 흐루쇼프의 모스크바 방송에 발표한 주요 내용이다.

<표 7-15> 흐루쇼프의 모스크바 방송에 발표한 핵심 내용(10월 26일)

> 첫째, 쿠바 미사일 기지와 미국이 터키에 설치한 미사일 기지를 동시에 철거하자.
> 둘째, 소련이 터키를 침략하지 않을 테니 미국도 쿠바를 침공하지 않는다고 선언하자.

CIA 국장의 보고로 다소 여유를 찾고자 노력하던 해당일에 또다시 발표한 흐루쇼프의 모스크바 방송 내용으로 위기와 내부 혼란이 다시 고조되는 조짐을 보였다. 존 F. 케네디는 상당히 곤혹스러웠다. 흐루쇼프의 강압적인 요구를 들어줄 경우, 북대서양조약기구(NATO) 내부의 분열이 눈에 보듯 뻔했기 때문이다. 그러함에도 그는 실망하지 않고 흐루쇼프에게 마지막 친서를 전달하려고 마음먹었다. 이때 전달자가 바로 친동생인 로버트 케네디 법무부 장관이었다. 그는 주미(駐美) 소련대사(아나토리 도브리닌-Anatoly

Dobrynin)를 직접 대면한 자리에서 최후통첩이자 마지막이 될 수도 있는 협상을 시도하였다. <표 7-16>은 로버트 케네디 법무부 장관이 흐루쇼프에게 최후통첩한 내용이다.

<표 7-16> 로버트 케네디 법무부 장관이 주미(駐美) 소련대사에게 최후통첩한 내용

첫째, UN 감독하에 쿠바의 미사일 기지 철거 및 공개하자는 약속에 동의한다.
둘째, 격리 조치를 신속하게 해제하고 쿠바를 침공하지 않겠다는 보증에 동의한다.

제 8 절
위기관리전략의 종결과 주요 경과

10월 26일 야간, 駐美 소련대사(Anatoly Dobrynin)는 로버트 케네디 법무장관의 메시지를 즉시 흐루쇼프에게 보고하였다. <표 7-17>은 로버트 케네디 법무장관이 駐美 소련대사에게 마지막으로 통보한 전언(傳言)이다.

<표 7-17> 로버트 케네디 법무장관이 주미 소련대사에 전달한 메시지

> "우리는 이들 미사일 발사기지의 철거에 관한 확약을 내일까지 얻어야 한다. … 시간은 흘러가고 있다. 이제 2~3시간의 여유밖에 없을 것 같다. 우리는 남은 시간에라도 귀국(소련)으로부터 회답을 얻기를 기대하고 있다."

10월 27일 오전(소련시각으로는 10월 28일), 흐루쇼프는 '최고 회의 간부회의'에서 전날 밤에 접수한 주미 대사의 보고서 내용에 긴장감이 증대되었다. 자신이나 존 F. 케네디 모두가 지금의 사태를 제3차 세계대전이나 핵전쟁으로 몰고 갈 마음이 처음부터 없었다.

전쟁이라는 고등 생물이 우발적으로 진전될 수는 있겠지만, 쌍방이 가진 최종 목적과 의도 자체가 상대를 벼랑 끝으로 몰고 갈 생각은 전혀 없었기에 극도로 당황할 수밖에 없었다. 흐루쇼프도 현시점에서 더 미루었다가는 생각하지도 않았던 전면전쟁으로 확대될 수밖에 없는 지경에 이르렀음을 깨달았다. 이제는 시급하게 미사일 기지를 철수해야 할 시점이라고 판단하고 위기사태를 끝내기로 하였다. <표 7-18>은 흐루쇼프가 쿠바 현지에 주둔하고 있는 소련군 사령관에 직접 지시한 내용이다.

<표 7-18> 흐루쇼프가 쿠바주둔 소련군 사령관에 직접 지시한 내용

> 첫째, 아무도 미사일 근처에 접근하지 못하게 하라!
> 둘째, 전쟁을 일으킬 수 있는 일체의 상황을 배제하고 내가 직접 지시하는 이외는 다른 누구의 지시도 따르지 마라!

　흐루쇼프가 직접 지시한 다음인 해당일 16:00에 국방부 장관(로디온 말리노프스키, 1957~1967년까지 재임)도 쿠바주둔 소련군 사령관에 "돌이킬 수 없는 사태가 오기 전 가장 이른 시간에 쿠바에 있는 미사일 발사기지를 해체하라!"라고 지시하였다. 소련은 17:00에 라디오 방송을 통해 미국의 요구에 전격적으로 동의한다는 내용을 발표하면서 위기사태는 진정 국면으로 접어들었다.

제 9 절

평가 및 교훈 도출

1. 긍정적인 측면

<표 7-19>는 쿠바 미사일 위기사태의 긍정적 측면의 교훈은 다섯 가지로 정리하였다.

<표 7-19> 쿠바 미사일 사태의 교훈(긍정적 측면)

> 첫째, 넓은 전략적 시각과 일관성을 유지하였다. 특히 존 F. 케네디가 흐루쇼프를 압박하기 위한 목적으로 TV 연설을 사전에 예고하여 무게감을 높였고, 국제적 이슈(issue)로 부각하는 데 성공하였다.
> 둘째, 강경파의 압박 및 요구에도 불구하고 합리적으로 전략을 선택하였고, 이를 끝까지 유지하였다.
> 셋째, 행동의 자유를 확보하였고, 언론매체를 활용하여 정치적인 비방을 적기(適期)에 잘 활용하였다.
> 넷째, 소련에 전달한 최후통첩에 대한 신뢰성이 높았기에 효과가 입증되었다.
> 다섯째, 장·단기적 측면에서 상당히 긍정적인 성과를 가져왔다.

첫째, 힐즈 먼에 따르면, "봉쇄에 대한 큰 장애는 합동참모본부(이하 합참)가 여전히 공습 또는 침공을 요구하고 있는 점이다. …대통령이 최종 결정을 지연시킨 것은 주로 합참이 봉쇄에 대한 반대를 요구해서라기보다 폭력적인 행동을 지양(止揚)케 하기 위한 것으로 생각할 수 있다. 당시 작성된 기록 중의 몇 개는 이런저런 주장이나 입장을 대통령에게 제기하기 위함이 아니라 오히려 대통령이 그것을 직접 듣고 있었기에 기록에 남기기 위함이 분명하다."라고 한 회고록의 일부 내용으로 대신할 수 있다. 당시 군부(軍部)의 주장대로 직접적인 침공을 감행했을 경우 상당한 정치적 어려움에 부닥쳤을 것은 그간 비밀이 해제된 자료나 학자들의 각종 연구자료를 통해 알 수 있다.

둘째, 존 F. 케네디는 위기관리와 대응 전략을 결정하면서 하나의 전제(前提)에서 출발하고 있다. '흐루쇼프도 합리적인 사고력을 가지고 있고, 건전한 판단과 정상적인 인식을 보유하고 있다.'라고 생각하면서 끝까지 일관성을 유지하였기에 합리적인 판단과 결정을 굳게 지킬(固守) 수 있었다.

셋째, 초기에 '격리'를 결정하는 과정에서 위원들에게 점차 단계를 고조시키겠다는 결의를 지속하여 강조하였다. 이를 위해 병력은 25만여 명, 폭격기는 2,000여 대, 함정 100척 등을 실제로 동원하였고, 전략 공군과 잠수함 전력도 경계태세를 강화하도록 지시문을 하달하였다.

넷째, 초기에는 신중하고 유화적인 태도를 보였으나, 효과가 없음을 느끼자 점차 강경파의 압력에 따라 최후통첩 카드를 꺼냄으로써 대단히 절박한 위기임을 자연스럽게 강조하는 효과를 가져왔다.

다섯째, 전략적 목적을 달성하였다고 볼 수 있는 대목은 크게 다섯 가지로 정리할 수 있다.

① 흐루쇼프에게 최후통첩을 통보한 후 기한이 지날 경우, 군사력을 직접 투입하는 것으로 결정하였다.

② 흐루쇼프의 침략적 행위에 대하여 중지 및 철거하지 않을 경우, 제재와 강제하겠다는 강한 위협과 약간의 정치적인 양보를 시도하였다.

③ 미국의 이익이 저하(低下)되지 않는 범위 내에서 흐루쇼프가 요구하는 만큼 정치적으로 양보하였다.

④ 소련이 미국에 '굴복(屈伏, succumb)'했다는 인식을 주지 않기 위해 노력하였다. 이는 쿠바의 미사일 철거 소식이 전해지자 Ex Comm 위원들에게 외부 인터뷰에 일절 응하지 않도록 하였고, 관련 내용도 언급하지 말라고 지시한 데서 그의 노력 일부를 느낄 수 있다.

⑤ 강경한 태도를 유지했던 군부(軍部)가 내부적으로 승리를 자축하는 어떠한 행사도 금지하도록 지시하였다. 이는 혹시 모를 정치적 이슈의 생성을 사전에 차단하기 위함이다.

소결론적으로 세계 인류의 희생을 막기 위한 흐루쇼프의 용단(勇斷)에 경의를 표출하면서 상대의 자존심과 명예가 존중되도록 함으로써 또 다른 갈등과 위기를 예방하는 데 노력했다는 점은 대단히 긍정적이다. 상대에게 명예롭게 물러설 수 있는 여지는 남겨주되, 강제적인 조치는 단계적으로 강화하고 가장 긴박할 때 최후통첩을 시도한 점은 높이 살만한 판단이었다. 여기에다가 현재와 미래에 물리·정신적 손해를 끼칠 수 있는 정치적 양보는 할 의사가 없음을 명확하게 표현하는 데도 성공했다고 볼 수 있다.

2. 부정적인 측면

<표 7-20>은 쿠바 미사일 위기사태의 교훈을 네 가지로 정리하였다.

<표 7-20> 쿠바 미사일 사태의 교훈(부정적 측면)

> 첫째, 합의 조건에서 규정이나 절차와 관련한 구체적인 의견 교환이 없었다.
> 둘째, 적절한 UN의 감시와 감독에 대한 구체적인 절차와 형식을 강구하지 않았다.
> 셋째, 미국이 쿠바를 침공하지 않겠다는 서약의 보증은 언제, 어떻게, 어떠한 형식과 절차를 적용할 것인지에 관한 구체적인 규정이나 문서가 없었다.
> 넷째, 미국은 NATO나 터키에 주피터 미사일의 철수와 관련한 협의 자체를 일절 진행하지 않고, 터키가 스스로 상황을 알 때까지 비밀로 하였다.

단호한 결의와 외교적 유연성을 결합하였기에 쿠바 미사일 위기사태가 진정되었다고 보는 데는 누구나 이견이 없을 것으로 본다. 그러나 위기관리를 하는 와중에 당사국에 사전 협의나 이견(異見)의 조율이 없었다는 측면, 관련한 협상의 내용 등을 공식적인 서류로 남기지 않았다는 측면 등을 비롯하여 제시한 내용과 같이 구체적인 절차나 형식을 생략한 등은 상식적 측면에서 이해가 가지 않는 부분이다.

3. 현대적 프레임(Frame)[38]으로 재구성한 팩트체크(fact check)

3.1. 미국과 존 F. 케네디 대통령

1957년 소련에 의해 느껴진 스푸트니크 쇼크는 미국민에 공포 그 자체였고, 이는 소련의 핵전력이 미국보다 우월할 수 있다는 과대평가에 사로잡혀 위축되게 하였다. 이로 인하여 국가 전체가 불안감과 공포에 시달렸음은 드러난 사실이다. 그러나 쿠바 미사일 위기사태를 정상적으로 탐구하기 위해서는 다섯 가지의 기본적인 사실 등은 먼저 이해하고 접근하여야 사실(fact)과 허구(fiction)를 정확하게 파악할 수 있지 않나 싶다.

첫째, 미국은 쿠바 미사일 위기사태가 발생하기 이전부터 쿠바에서 탈출한 바티스타 정권의 추종자들에게서 사전에 관련 정보를 입수하였기에 이미 소련제 미사일이 쿠바에 설치되고 있다는 첩보를 인지한 상태였다. 그러나 정작 항공촬영 사진을 보고 난 다음에야 처음 인지한 것처럼 10월 22일 야간에 TV 연설을 진행하였고, 국민의 공포와 분노를 고조시켰다. 이는 존 F. 케네디의 강점인 언론매체를 활용한 행위로 볼 수 있다.[39] 이는 흐루쇼프와의 협상을 진행하는 방식에서도 느낄 수 있다.

흐루쇼프는 쿠바의 미사일 기지를 철수하려면, 미국이 터키에 배치한 미사일과 쿠바에 대한 침공행위를 멈추겠다는 약속을 요구하였다. 존 F. 케네디는 이 제의를 선뜻 받아들였다. 하지만 여기에 변수가 작용한다. 그가 정작 언론에 노출한 내용은 소련이 쿠바에 설치하고 있던 미사일 기지를 철수한다는 내용뿐이었다. 즉, 대외적으로는 미국이 일방적인 승리를 거둔 것처럼 착시현상을 만들었다. 이는 현대의 정치 행위에서 등장하는 사실을 과대 포장하거나, '허위로 조작하는 행위(factum)'와도 같기에 이해하기가 어렵지는 않다.

---

[38] '프레임(Frame)'은 '틀 또는 테두리, 또는 생각하는 잣대'라는 등의 의미로 다양하게 쓰이며, 심리학적으로는 '마음의 창'을 의미한다. 여기에서는 '뚜렷한 경계가 없이 펼쳐진 대상 중에서 특정한 장면이나 특정한 대상을 하나의 독립된 실체로 골라내는 기능 즉, 생각의 잣대'로 정의한다.

[39] 존 F. 케네디는 1960년대만 하더라도 크게 부각하지 않은 언론매체와 TV를 가장 잘 활용한 정치가로서 이들을 통해 대중적인 인기를 높였다. 대통령에 당선되었지만, 경쟁자인 리처드 닉슨과의 득표 차이가 15만여 표에 불과하였다는 점은 되새겨 볼 필요가 있지 않나 싶다. 선거 과정에서도 국민의 취향과 욕구를 자극하는 정보와 감성적인 이미지 선동(agitation) 등으로 인기를 얻었지만, 현실에서 관료조직과 의회의 인식과는 대척점에 있는 내용이 다수였다. 즉, 이상(idea)에 치우친 진보적 구호는 당시의 정치 현실(상·하원)과 대립각을 세울 수밖에 없었기에 고전(苦戰)할 수밖에 없었다. 추가적인 내용은 데이비드 핼버스탬(2014)의 『최고의 인재들』 중 <제5장 1961년의 상황들>을 참고하기 바란다.

둘째, 존 F. 케네디가 대통령 선거 때부터 전임 아이젠하워 정부와 공화당을 맹렬하게 비난한 요지가 "쿠바의 공산화를 막지 못한 정부"라는 프레임이었다. 이로 인해 대통령에 취임한 초기부터 적극적으로 쿠바에 대한 공세적인 작전을 펴게 되었고 '피그스만 침공작전'을 승인하였다. 그러나 집단사고로 실패하면서 국민과 군부로부터 제기된 여러 가지의 불신을 회복해야 하는 어려운 여건이었다. 결국, 무리한 전략과 작전을 반복하고 있음은 일련의 연계되는 각종 조치 등을 통해 느낄 수 있다.[40]

셋째, 자료에 의하면, 쿠바 미사일 위기사태가 긴박하게 고조되었던 13일간 수많은 Ex Comm을 진행하였다. 이때 소련과의 전면전쟁이나 핵전쟁, 제3차 세계대전이 일어날 가능성에 대한 우려나 논의는 단 한 차례도 중요하게 다루어지지 않았다는 점에 주목하여야 한다. 이는 존 F. 케네디나 흐루쇼프 두 정치지도자가 상대의 목적과 의도가 어디에 있음을 잘 알고 있었기에 가능한 대목이지 않나 싶다.

넷째, 존 F. 케네디는 흐루쇼프와 협상을 진행하는 과정에서 소련이 설치하고 있는 쿠바의 미사일 기지와 터키에 배치한 주피터 미사일 기지를 동시에 철수하기로 합의하였다. 그러나 협의를 진행하는 과정에서 당사국(터키)과는 단 한 차례도 논의하지 않았고, 이후에도 관련 사실을 통보하지 않았다. 터키가 알게 된 시점도 미사일을 철수하기로 완전하게 결정을 내린 이후였다. 이마저도 미국 측에서 공식적으로 통보받은 게 아니라 소련대사관에서 유출된 정보를 터키 정부가 입수하면서 알게 된 사실이었다는 점이다. 만약 그들이 몰랐다면, 미국이 어떠한 태도를 보였을지가 궁금해진다. 미국은 터키 정부의 항의를 받고 나서야 공식적으로 입장을 발표하였다. <표 7-21>은 1962년 12월 미국이 발표한 터키의 주피터 미사일 철수에 대한 공식적인 입장이다.

<표 7-21> 터키 미사일을 철수하게 된 미국의 공식적인 입장

첫째, 美-蘇 간에 비밀 합의는 진행하지 않았다.
둘째, 주피터 미사일은 기술적으로 낙후되어 더는 군사적 가치가 없으며,
　　　오히려 주변국과의 불필요한 갈등을 고조시킬 뿐이다.

---

[40] 1961년 4월, 피그스만 침공작전에 실패하자 그해 11월, 카스트로 정권을 전복 및 파괴하기 위한 작전인 '몽구스 작전(Operation Mongoos)'을 수립하고 실행하였다. 대표적인 구리광산으로 유명한 '마마암브레 광산(Minas de Matahambre)'에 무장병력을 보내 세 차례에 걸쳐 공격을 시도하였고, CIA가 주도하여 독약을 주입한 스킨스쿠버 장비를 카스트로에게 선물로 주어 독살하려다 실패하였다. 1962년 8월, 시내 호텔을 폭격하였고, 11월, 산업시설 폭격으로 노동자 40여 명을 사망케 하였다. 쿠바 내에 있는 시설물과 화물선 폭격 등을 반복하여 파괴하였다. 위기사태가 일단락된 후에도 카스트로 정권에 대한 미국의 각종 무력 도발과 적대행위를 지속하였다.

> 셋째, NATO의 폴라리스(Polaris) 핵잠수함[41]과 핵탄두를 탑재할 수 있는
> F-104 전투기[42] 등을 배치하여 터키의 안보 공백을 해결하겠다.

제1세대 핵잠수함(美) [George Washington호]   제2세대 핵잠수함(Ohio호, 美)

미국의 도움에 의존할 수밖에 없던 터키 정부는 1963년 1월 18일 미사일 철수를 기정사실로 인정하였다. 2월 9일 그들은 미국의 미사일 철수를 공식 승인하였다. 그러나 이 과정을 거치면서 미국과의 동맹에 대한 의문과 불신이 생성되었음은 당연한 사실이다. 이의 여파로 미국의 또 다른 방기(放棄) 행위를 우려하게 되었고, 알지 못하는 사이에 소외당할 수 있다는 우려와 불안감, 위협을 느끼는 전환점이 되었다.[43]

시기가 시기이니만큼 미국과 NATO와의 협력이 무엇보다 중요한 때에 아무리 다자간 협의체이더라도 보안을 유지한다는 이유만으로 사전 협의를 진행하지 않았다는 명분은 NATO의 처지에서 볼 때 결코 긍정적으로 평가하기가 쉽지만은 않다.

다섯째, 공식화된 문서나 형식, 공개된 절차도 없이 구두(口頭) 약속만으로 해결했다는

---

41) 미국은 핵무기 체계에서 세 가지 축(triad)의 균형을 중시하는 정책의 펴고 있다. ① 전략폭격기, ② 대륙간탄도미사일(ICBM), ③ 잠수함발사탄도미사일(SLBM)이 그들이다. 이 중에 '폴라리스 핵잠수함(UGM-27 Polaris)'은 미국이 1960년 7월 최초로 개발한 잠수함 발사용 탄도미사일(SLBM)을 발사하는 원자력 잠수함으로 SLBM 16기를 탑재하였다. 제1세대 잠수함은 조지 워싱턴(George Washington)호로서 최초 버전인 '폴라리스 A-1'은 무게가 13t, 사정거리는 4,630km로 1960년~1966년까지 40대를 배치하였다. 1982년 10월 제2세대인 오하이오(Ohio)호가 취역하면서 SLBM 24기를 탑재하게 되었고, 사정거리는 7,400km로 늘어났다. 1989년부터 사정거리는 10,000km를 초과하기 시작하였다.

42) 'F-104 전투기(Starfighter)'는 미국 록히드사에서 제작한 주간 제트 전투기로 1960~1969년까지 2,400여 대가 생산된 제3세대 전투기다. 美 공군 외에도 NATO 15개국 등에서 채택하였으며, 공대공 또는 공대지 미사일을 장착하였고, 전폭기 임무를 수행하였다.

43) 일부 연구자료에 따르면, 미국은 자신들이 고려하고 있는 해법이 소련으로 흘러 들어갈 수 있다는 우려가 컸다고 볼 수 있다. 그러나 터키가 이스라엘과 같이 독자적인 군사작전을 수행할 수 있는 능력이 있었더라면, 과연 그러한 행동이 가능하였을까? 미국은 터키를 무시하고 독단적으로 결정하기가 어려웠을 것이다. 1974년 터키-그리스 분쟁이 발생했을 때도 미국이 터키를 지지하지 않게 되면서 터키가 이전까지 고수하였던 'only America'에서 빠져나와 다자주의 및 다자동맹전략으로 전환하는 계기가 되었음을 부정하기는 어렵다. 최근까지도 미국과 터키의 관계, 유럽 전략을 추진하는 과정에서 어려움을 겪고 있는 현실도 이와 무관하지 않나 싶다.

측면에서 다소의 아쉬움이 남는다. 물론 위기관리란 용어를 공식적인 용어로 등장하게 한 계기라는 점은 인정할 필요가 있다.

3.2. 소련과 흐루쇼프 서기장

흐루쇼프는 서방측을 압박하기 위해 시도했던 베를린 위기(1961)의 조성과 장벽설치를 시도함으로써 체제 경쟁에서 주도권을 확립하고자 하였다. 그러나 오히려 존 F. 케네디의 입지만 강화되고 서방국가들이 단합하는 결과를 만들었음에 내심 실망하고 있었다.[44] 다르게 보면, 흐루쇼프는 스탈린이 사망한 직후 후임자(게오르기 M. 말렌코프)를 밀어내고 권력을 차지했지만, '제국주의와 타협하는 자'라는 인식이 강했던 반면에 공산당 내부의 입지는 취약했다. 따라서 당내 입지를 강화하기 위해서는 이들의 불만을 잠재울 '신의 한 수'가 필요한 시기였다. 결과적으로 쿠바에 미사일 기지를 설치하는 '상호확증파괴(MAD) 전략'으로 발전할 수밖에 없었다. 더욱이 미사일 기지를 설치하게 될 경우, 계속 보안을 유지하기 어렵기에 외부 국가나 미국에 알려지는 것은 시간문제일 뿐이었다.

흐루쇼프는 스푸트니크 발사 이후에 예산을 집중투자한 장거리 탄도미사일 사업마저 지지부진한 상황으로 고전하고 있었다. 한편 미국의 피그스만 침공으로 인해 카리브해의 긴장이 고조되는 와중에 카스트로가 그에게 도움을 요청하는 절호의 기회가 찾아왔다. 이후 미국이 쿠바를 직접 침공할 것이라는 소문까지 떠돌았다. 공산당 내부에서도 카스트로 공산정권에 대한 지지가 높은 상황이었기에 그는 전략적인 판단을 통해 쿠바에 미사일 발사기지를 설치하겠다는 '신의 한 수'를 발전시키는 계기가 되었다.

소련이 쿠바에 미사일 기지를 설치한 배경은 미국이 터키에 미사일 기지를 설치함으로써 모스크바가 직접적인 사정권에 놓이게 된 데 따른 대응인 동시에 美-蘇 간 이념 경쟁에서 국제사회의 주도권을 잡기 위한 강공책(强攻策)의 일환이었다.

주목해야 할 점은 흐루쇼프의 성향이 그다지 세심하거나 노련한 경륜을 보유한 게 아니

---

[44] 1961년 10월 존 F. 케네디 대통령의 지시를 받은 국방차관(Roswell Gilpatric, 1906~1996)이 사상 처음으로 미국의 핵이 우위에 있음을 과시하는 공개 발표를 함으로써 흐루쇼프는 상당한 정치적 타격을 받게 되었다. 공산당 강경파들이 그에게 공격할 빌미를 주게 되었고, 기본정책으로 발표한 '평화 공존'의 의미가 손상되면서 소련 국민에게 큰 충격으로 다가왔다. 그의 허세와 무모한 성격이 자초(自招)한 측면도 있지만, 미국과의 무기 경쟁에서 뒤처졌다는 현실적 충격은 생각 이상으로 엄청났다. 이때부터 그는 존 F. 케네디가 만만한 적수가 아님을 깨닫고 쿠바 내에 미사일 기지를 은밀하게 설치하기로 판단하였다. 이에 관한 내용은 제프리 D. 삭스의 『존 F. 케네디의 위대한 협상』 (파주: 21세기북스, 2014) pp. 54~71.을 참고하기 바란다.

라는 점이다. 극히 생각 없이 충동적인 다중인격 성향이 강하면서도 나약하다는 데 있다. 이는 최후통첩을 받자마자 허겁지겁 쿠바주둔 소련군 사령관에 직접 전화를 걸어 지시하는 과정에서도 느낄 수 있다. 물론 스탈린 사후에 갑작스러운 스탈린 격하 발언과 정적을 제거하는 과정을 볼 때 만만한 인물이 아님은 확실해 보인다.

그러나 제2차 세계대전 시 독일제국과의 전쟁을 경험하는 과정에서 제국주의에 대한 공포심을 가지고 있다고 스스로 고백한 바 있음을 기억할 필요가 있다. 그는 권력을 잡자 사회주의의 배신자라는 소리까지 들어가며 '제국주의와의 평화 공존'을 국가의 기본정책으로 설정했다는 점은 눈여겨볼 대목이다.

이러한 편린(片鱗, portion)들을 맞춰본다면, 존 F. 케네디와 흐루쇼프 두 사람 다 노련한 정치지도자는 아니라는 점에 방점(傍點)을 찍을 필요가 있다. 흐루쇼프는 터키에 설치된 미국의 주피터 미사일 기지를 폐쇄하였으니 자신이 승리했다고 여길 만하다. 다만, 언론플레이는 상대적으로 매끄럽지 않았다.

3.3. 쿠바와 피델 카스트로 국가평의회 의장

1959년 피델 카스트로는 친미(親美) 성향의 바티스타 독재정권을 몰아냈다. 이때만 하더라도 미국은 그에게 긍정적이었다. 그러나 그가 바티스타 정권을 몰아내고 집권하면서 쿠바는 반미(反美) 정책으로 돌아섰다. 곧바로 미국의 기업 자산을 압수(몰수)하고 강하게 몰아붙이는 정책을 구사하면서 미국도 더는 카스트로를 권력에 놔둘 수 없었다. 대표적인 인물이 쿠바 미사일 위기사태 당시 백악관 안보보좌관(맥조지 번디)이었다. 그는 이전까지만 하더라도 카스트로에 대하여 상당할 정도로 긍정적인 태도를 보였지만, 그가 반미(反美)로 돌아서자 가장 앞장서서 카스트로 정권의 붕괴를 주장하였다.

카스트로는 1962년에 들어서면서 쿠바에 대한 미국의 각종 전복 활동과 파괴 공작 등이 끊이지 않자 곧 침공이 감행될 것으로 판단하였다. 그는 흐루쇼프에게 도움을 요청하였다. 이 결과로 9월 '소련-쿠바 무기 원조 협정'이 체결되었고, 소련제 일류신((IL-4, Ilyushin) 장거리 폭격기가 들어왔으며, 미사일 발사기지도 비밀리에 건설하게 된다. 이즈음 미국은 쿠바에서 탈출한 바티스타 정권

일류신 장거리 폭격기(IL-4, 蘇)

망명자들로부터 이미 미사일 기지 설치에 관한 첩보를 입수한 상태였다. 그러나 이유는

밝혀지지 않았지만, 미국에서 더는 문제를 표면화시키지 않고 있었다.

10월 22일 관타나모 미군기지에서 미군 가족 후송 작전(NEO)이 시행되었고, 미국령 푸에르토리코에서는 가상(假想) 상륙 훈련이 진행되자 카스트로는 극도로 긴장하였다. 바로 '軍 최고경계태세'를 발령하였으며, '국민 총동원령'을 선포하였다. 그리고 국민을 직접 설득하는 방송 등을 통해 병력 규모를 10만 명에서 27만 명으로 증강하는 데 성공하였다.

이후 위기사태가 고조되는 과정에서 흐루쇼프와 존 F. 케네디가 자신을 제외한 채 일방적으로 진행한 양자 합의를 알게 되자 엄청난 분노를 느꼈다. 존 F. 케네디의 구두 약속 한마디에 거의 설치가 완성되기 직전에 있던 미사일 기지가 철수되고, 쿠바 소유로 확정했던 일류신 폭격기가 소련에 의해 일방적으로 복귀하는 등을 비롯하여 자신이 모르는 사이에 UN 사찰에 동의해버린 전반적인 일련의 사태를 이해할 수 없었기 때문이다.

1963년 흐루쇼프는 카스트로를 달래기 위하여 모스크바에 초청하여 경제 원조로 소원해진 관계를 무마하려고 노력하였으나, 카스트로는 공개적인 자리에서 흐루쇼프와 공산당을 거칠게 비난하였다.

Lee Harvey Oswald

다시 시계를 현재로 되돌려보면, 실제 승자는 존 F. 케네디도, 흐루쇼프도 아닌 카스트로가 아닐까 싶다. 왜냐하면, 존 F. 케네디는 1963년 11월 22일 리 하비 오스월드(Lee Harvey Oswald)에 의해 암살되어 삶을 마감하였고, 흐루쇼프는 다음 해인 1964년 10월 15일 공식적으로 제1 서기장 직에서 해임되었으며, 자택에 연금된 상태로 삶을 마감하였다.

반면에 그는 미국의 몽구스 작전을 포함한 수많은 전복 활동과 파괴 공작에 시달리면서도 무려 52년간 최고 권력자로 있다가 2016년 자연스레 삶을 마감했기 때문이다.

"상대를 얕보거나, 우습게 보는 자는 결국 스스로 패망(敗亡)을 자초한다."

강의_Ⅶ 판문점 도끼 만행(蠻行) 사태 시의 위기관리 사례에 관하여 이해합시다.

학습하기 이전(以前)에 요구되는 사항

1. 1970년대의 국내·외 정세와 주변 환경을 이해하시오.
   * 제30차 UN 총회(1975)에서 결의한 주요 내용은?
2. 위기관리의 의사결정 단계와 주요 기능을 이해하시오.
   * C4I를 구성하는 5대 요소는?
3. 북한이 도끼 만행사태를 도발한 대내·외적 동기는?
   * 푸에블로호 납치(1968), 美 OH-23 정찰기 격추(1968), EC-121기 격추 사건(1969)과 북한군의 전략적 의도는?
   * 당시 김일성이 주장한 세 가지와 실천목표는?
4. 주요 인물의 성향과 특성을 이해하시오.
   * 린든 B. 존슨(Lyndon B. Johnson, 1963~1969 재임)
   * 리처드 M. 닉슨(Richard M. Nixon, 1969~1974 재임)
   * 제럴드 R. 포드(Gerald R. Ford Jr., 1974~1977 재임)
5. 한국군의 위기관리전략을 결정 및 전개하는 과정 전반을 이해하시오.
   * 이란 주재 美 대사관의 인질 억류사태(1980. 4월) 시 미국의 최고지도자가 대처하는 사고방식과 태도는?
   * 한국의 위기관리체계와 이에 대처하는 사고방식과 태도는?
6. 사태 초기에 혼란스러웠던 원인과 배경을 이해하시오.
   * UN군 사령부-한국군의 공통 인식과 차이점은?
   * 소련의 보안이 노출된 근본적인 원인과 이유는?
7. 위기관리전략의 종결 과정 전반을 이해하시오.

제8장

판문점 도끼 만행(蠻行)사태 시의 위기관리 사례

제1절 개요

제2절 한반도의 주변 정세와 내·외부 환경

제3절 주요 인물에 관한 이해

제4절 위기사태의 발단(發端)과 본질

제5절 위기관리전략의 결정과 주요 경과

제6절 위기관리전략의 전개와 주요 경과

제7절 위기관리전략의 종결

제8절 평가 및 교훈 도출

제 1 절

개 요

판문점 도끼 만행사태45)가 발생한 시점은 韓·美가 연합하여 처음으로 실시한 팀-스피리트(Team Spirit) 훈련이 끝난 지 2개월여가 막 지난 상태였고, 판문점에는 UN군(미군)과 한국군이 공동으로 경비 임무를 수행하고 있었다.1) 도끼 만행사태는 1976년 8월 18일 오전 판문점 인근에 있는 공동경비구역(이하 JSA) 내에서 북한군 30여 명이 미루나무 가지치기 작업을 하던 UN군과 한국군 장병들에게 도끼 등을 휘둘러 피해를 보게 한 사건이다.

사태가 발생하기 이전까지 판문점 내에 있는 JSA는 북한군과 UN군이 군사분계선을 구분하지 않고 경계초소를 운영하였으며, 자유롭게 왕래하던 환경이었다. 8월이 되자 북한군과 한국군 경계초소 사이에 있는 미루나무의 가지와 잎이 무성해지면서 초소 간에 시계(視界, field of vision)를 가리게 되자 이를 제거하기 위한 작업이 필요하였다.

미루나무(포플러)

당시 JSA는 UN군 사령부의 관할(管轄)이었기에 미국이 주도(supported)하고 한국은 보조(supporting) 역할 위주의 위기관리 및 대응을 진행하였다. 따라서 이 사태는 미군 장병이 피살(被殺)되었기에 그들의 정체성(identity)에 맞게 조처했다고 봄이 타당하지 않나 싶다. 다만, 위기관리 및 대응을 하는 과정에서 한국군 장병들이 피해를 보았는데도 불구하고 국가 차원에서 적극적인 개입과 대응하려는 노력이 없었다는 점, 한국군 특공대원들이 무장하고 임무를 수행한 것을 이유로 UN군 사령부가 군법회의와 징계위원회를 요구하였을 때 정부와 軍 지휘부에서 보여준 태도는 되돌아보고 깊

---

45) '판문점 도끼 만행사태'는 '판문점 미루나무 사건', 또는 '8·18 도끼만행 사건' 등 다양한 용어로 불린다. 엄밀하게 따지면, 다르지만, 널리 알려진 '포플러'로 낙엽활엽수이다.

1) '팀-스피리트(Team Spirit) 훈련'은 1976년에 최초로 실시한 韓·美 연합 및 합동 야외군사 기동훈련으로서 한반도에서 발생할지 모르는 군사적인 돌발사태에 대비하기 위해 연례적으로 실시하였으나, 1993년을 17차례를 마지막으로 종료되었다.

이 반성할 대목이다.

사태가 발생함과 동시에 보고를 접수(미국시각으로 8.18일 00:00경)한 백악관은 곧바로 '워싱턴 특별 대책반 회의(WSAG-Washington Special Action Group Meeting)'를 소집하였다. 헨리 A. 키신저 국무장관이 주재하는 제1차 WSAG 회의는 한국시각으로 8월 19일 04:00에 개최되었다.[2] 이후 국무부는 공동성명을 통해 "이 사건의 결과에 따라 이후 어떠한 사태가 발생하더라도 그에 대한 책임은 북한에 있다."라는 점을 분명히 하였다. 그러나 결과적으로 볼 때 초기에는 상당히 강력한 군사적 무력시위를 하였지만, 이전에도 그래왔던 것처럼 대충 봉합(封合)하는 개념으로 종결했다는 점에서 별다른 변화가 없었던 전형적인 패턴이다.

살펴야 할 점은 양국이 협조체계는 유지하였으나, 미군의 일방적인 주도에 한국 정부와 한국군이 끌려가는 모양새였으며, 초기의 무력시위와 공식 발표에 등장했던 강력한 응징 부분도 한계가 노출되었다. 한국의 국내 여론(public opinion)이 "더는 일방적으로 당하지 않도록 단호한 응징과 보복 조치가 필요하다. 북한의 도발과 도전을 근원적으로 봉쇄하여야 한다."라고 들끓었지만, 내부에서의 소리였을 뿐 대외적으로 채택하기는 녹록지 않았음이 일반적인 사실이었지 않나 싶다.

---

[2] 당시 판문점에서 UN군-북한군의 본회담은 8월 19일 11:00에 계획하였으나, 5시간이 지연된 16:00에 본회담이 열렸다. 워싱턴에서의 제2차 WSAG 회의는 8월 20일 07:00에 개최되었다.

제 2 절
한반도의 주변 정세와 내·외부 환경

1. 북한의 대내·외적 동기(motivation)

<표 8-1>은 북한이 도발하게 된 대외·대내적 동기를 정리하였다.

<표 8-1> 북한이 도발하게 된 대외·대내적 동기

구 분	주요 내용
대외적 동기	① 남북 간의 긴장 상태를 '북침 위협'으로 역선전으로 호도한다. ② '주한미군 철수'를 관철하기 위한 승부수로 활용한다. ③ 비동맹국가들의 반미(反美)감정을 촉발하는 명분으로 축적한다.
대내적 동기	④ 식량·경제난에 대한 불만을 무마하기 위해 긴장 상태를 조성한다. ⑤ 김정일 세습을 위해 내부의 권력 투쟁을 조기에 수습한다. ⑥ '유일(唯一) 지배체제의 확립'을 위해 준전시 분위기를 조성한다.

대외적 동기로는 ① 이를 위해 '휴전협정'을 '평화협정'으로 대체하자고 주장하였으며, 최근까지도 같은 패턴을 유지하고 있다. 항구적인 평화를 위해서는 '평화협정'으로 대체해야 하는데, 평화협정에 UN군 사령부는 필요가 없다는 논리로 짜여 있다. 즉, UN군 사령부(韓·美 연합사령부)가 존재할 명분이 없어지게 만들 필요가 있다.

② ①번의 주장을 통하여 UN군 사령부를 주도하고 있는 미군의 존재 의미를 애써 부정함과 동시에 한국에 주둔하는 명분 자체를 근본적으로 제거함으로써 주한미군의 철수가 당연하다는 논리와 연결하고 있다.

③ 미국에 대한 비동맹국가 일부의 반미감정을 전체로 확산시킴으로써 북한에 유리한 국제 환경을 조성하는 계기로 삼았다.

대내적 동기로는 ④ 식량난과 경제난으로 비등(沸騰, boiling)하는 주민들의 불만을 무마함과 동시에 중공업 우선 정책으로 무력(武力)을 증강하기 위하여 계획적으로 긴장 상태를 조성하였다.

⑤ 김정일의 세습을 진행하는 과정에서 예상되는 내부 권력 투쟁과 혼란을 조기에 수습하기 위함이었다.

⑥ '유일(唯一) 지배체제'를 확립하는 것만이 다른 공산주의 국가의 최고 권력자들이 최후에 보여준 비참한 말로에서 벗어나는 방법으로 믿었다. 따라서 오직 아들(김정일)에게 세습하기 위한 전략 외에는 대안이 없었다.3)

북한은 이를 통해 주한미군 철수와 한반도의 공산화 전략을 진행하는 것도 성공할 수 있다는 필연적인 과정으로 인식하였다. 만약에 자신들의 주장이 먹히지 않더라도 내부의 불만을 잠재울 수 있는 '1타 2피(一打 二避) 전략'으로 판단하였음이 타당하지 않나 싶다.

---

3) '마오쩌둥'은 오만으로 인하여 스스로 생명을 단축하는 우(愚)를 범하였다. 그가 사망한 이후 문화혁명 4인방은 정적(政敵)들에 의해 곧바로 제거되었다는 점이 이를 뒷받침하고 있다. '스탈린'은 측근에 의해 사망하였고, 측근 중의 한 명에 불과하던 흐루쇼프는 그의 통치행위에 갑작스레 격렬한 비판을 가하면서 권력의 최정상에 올랐다.

2. 김일성의 행동과 제30차 UN 총회의 갈지자 행보

김일성은 ① 부자 세습, ② 적화통일, ③ 북한 인민에 대한 통제 강화를 지속하여 주장하고, 실천목표를 정하였다. <표 8-2>는 1975년 11월 제30차 UN 총회에서 의결한 내용이다.

<표 8-2> 제30차 UN 총회 의결안(1975. 11. 18.)

구 분	주요 내용
親北 진영 제안	① UN군 사령부를 즉각 해체한다. ② '평화 조약' 협상을 진행하되, 남한은 제외한다. ③ 한반도 내의 모든 외국군대를 철수한다.
親美 진영 제안	① 남북한 당사국만 대화를 진행한다. ② 정전협정의 대안(代案)을 도출하기 위한 협상을 진행한다. ③ UN군 사령부는 해체한다.

이는 당시의 혼란했던 국제 상황을 이해할 수 있는 부분이지 않나 싶다. UN 총회는 쌍방 측에서 상정한 안건 모두를 채택함으로써 스스로 혼란을 자초하였다. 국제사회가 이념(ideology)과 진영논리에 따라 이합집산을 거듭하는 형국을 그대로 보여준 촌극(寸劇, 우스꽝스러운 사건)이 당시의 현실이었다.

<표 8-3>은 1976년 7월 10일 '북·중 우호 협력 상호원조조약' 15주년을 기념하는 행사에서 발표한 핵심 내용이고, <표 8-4>는 1976년 8월 평양방송에서 발표한 내용이다.

<표 8-3> 북중 우호 협력 상호원조조약 기념행사(1976. 7. 10.)

"…미국은 막대한 양의 현대식 무기를 남한에 배치하고 있으며, 한반도에서 긴장을 고조시킬 군사적 행동을 행사할 것이라고 공공연하게 말하고 있다. 미국은 당장 UN군 사령부를 해체해야 할 것이며, 제30차 UN 총회의 결의안에 따라 남한 내에 있는 모든 외국군대가 철수하여야 한다. …"

<표 8-4> 평양방송의 발표 내용(1976. 8. 5.)

"…한반도 내의 장기적인 긴장 상태는 전례(前例)가 없는 민감한 상태에 도달했다. 조선 인민들은 전쟁이 언제라도 발발할 수 있는 상황에 직면했다. 미국과 남조선 괴뢰정부는 조선 민주주의 인민공화국을 침략하기 위한 모든 전쟁 준비를 끝마쳤으며, 전쟁의 불을 댕기는 모험 행위를 자행하고 있다.
 …이러한 행동은 제국주의자들이 공격적인 전쟁을 시작하기 이전에 저지르는 행위로서 1950년 조선 해방전쟁4) 당시를 상기시키고 있다.…"

푸에블로호(AGER-2)

소결론적으로 북한 측은 남한과 미국이 북한을 침략할 준비를 완료한 상태라고 호도(糊塗, patch up)한 다음 '정부(북한) 백서'를 발표하였다. 군부(軍部)도 1968년 푸에블로호 사건 이후 억눌렸던 자신감을 찾게 되자 조금 더 큰 도발을 감행해도 무방하다고 판단하였다. 이후 북한 영공으로 접근하여 정보를 수집하는 美 해군의 EC-121 정찰기를 격추하기 위해 과감하고 치밀한 계획을 추진하게 된다.

---
4) 북한이 언급한 '조선 해방전쟁'은 '6·25전쟁'을 의미하고 있다.

3. 미국과 한국이 북한을 바라보는 인식

<표 8-5>는 미국과 한국이 북한에 대해 가지고 있던 인식과 태도다.

<표 8-5> 미국과 한국의 북한에 대한 인식

구 분	주요 내용
미 국	① 1968.1.23, 푸에블로호(이하 AGER-2)가 원산항에 나포(拿捕) ② 1969.4.15, 해군 7함대 EC-121 정찰기가 미그21기에 격추 ③ 1969.8.17, 한강 하구 MDL 부근에서 OH-23 정찰기가 격추되어 포로로 체포
한 국	④ 1972.7.4, 7·4 남북 공동성명 발표 * 남북 적십자회담 등 대화 분위기를 조성 ⑤ 1973.6.23, '6·23 평화통일 외교정책' 선언 ⑥ 1974.8.15, 육영수 여사, 저격범(문세광)에 피격되어 사망

북한의 벼랑 끝 전술은 결과적으로 상당한 효과를 얻었고, 최근까지도 이러한 패턴을 반복하고 있으나, 민주주의 국가가 별다른 대응을 하지 못하고 있음은 일반적인 사실이다. ① 1968년 1월 23일, 공해상에서 정상적으로 임무를 수행 중이던 미국의 AGER-2호가 북한군의 초계정 4척과 미그기 2대에 의해 원산항으로 강제 나포되었다. 이 과정에서 1명이 사망하였고, 13명이 다치는 사건이 발생하면서 미국은 상당한 충격에 휩싸였다.[5] 그러나 결국에는 북한이 요구하는 대로 북한 영해를 침범하였음을 서면(書面)으로 사과하고 다시는 침범하지 않겠다는 약속을 하고 나서야 82명의 승무원이 미국으로 돌아갈 수 있었다.

② 1969년 4월 15일 미그21기 2대가 함경북도 어랑기지에서 출격하였다. EC-121 정찰기에는 30명의 해군과 1명의 해병 전탐사가 탑승하였다. 15:55분 EC-121 정찰기는 미그21기

---

5) 美 정보수집함(함장: Lloyd M. Bucher 중령)인 AGER-2호가 1월 23일 공해상에서 임무를 수행하는 중에 북한군에 의해 원산항으로 강제로 나포되었다. 12:00경, 북한군 초계정(1척)이, 13:00경, 초계정(2척)과 미그기(2대)가 접근하여 포위하였다. 이 과정에서 1명이 살해되고, 3명은 상처를 입었다. 14:10경, 북한군들이 원산항으로 함정을 끌고 가자 저항하지 않고 미국 측에 관련 내용을 보고하였다. 14:35경, 일체의 통화가 단절(斷切)되었다.

EC-121 정찰기(美)

에 의해 격추당하고, 승무원 전원이 사망하였다. 미국은 강력한 항의와 무력시위를 감행했으나, 결국, 흐지부지되고 말았다. 간과하지 말아야 할 사실은 북한의 치밀한 계획 하에 이루어진 공격이라는 점이다. 이를 위해 평양 인근에 있는 비행장에서 전투기를 분해하여 기차에 싣고 왔다. 어랑 비행장에서 조립한 다음 보이지 않게 위장해놓은 상태였다. 실제 이 비행장은 훈련기 외에 전투기가 없는 비행장이다. 따라서 미군도 평상시 전투기가 없었기에 크게 신경을 쓰지 않았다.

③ 1969년 8월 17일 한강 하구(河口)에 있는 군사분계선 일대에서 미군의 OH-23 레이븐

OH-23 Raven 정찰헬기(美)

(Raven) 정찰 헬기가 임무를 수행하는 도중에 북한군에 의해 격추되었다. 이 과정에서 3명이 중상을 입고 포로가 되었다. 이때도 12월 3일 북한의 요구대로 미국이 사과한 다음에야 생존자들이 복귀할 수 있었다. 결국, 북한의 벼랑 끝 전술은 매번 효력을 발휘하였다. 세계 최강의 군사력을 자부하는 미국이었지만, 굴복할 수밖에 없었다. 이러한 다수의 사건은 북한에 대한 적대적 감정(hostile emotion)을 증폭시켰다.

한편 1970년대 한국 사회는 남북 간 대화 분위기가 무르익는 듯 보이자 '평화 분위기'에 젖었다. 이로 인하여 ④·⑤·⑥번 항목에서 느낄 수 있는 바와 같이 사회적 분위기와 여론(public opinion)이 미국과는 달랐음을 알 수 있다.

제 3 절

주요 인물에 대한 이해

1. 미국의 린든 B. 존슨(Lyndon B. Johnson) 대통령

린든 B. 존슨(Lyndon B. Johnson, 1963~1969년까지 재임)은 텍사스주의 스톤웰에서 태어났다. 해군 조종사(소령)로 복무하였으며, 1948년 텍사스주 상원의원으로 선출되었고, 1953년 상원 역사상 최연소 국방위원회 위원장이 되었다. 초기에는 야망이 큰 인물로 무모하고 고집스러우며, 성급하고 공격 성향이 강한 다혈질적인 성격으로 평가받았다. <그림 8-1>은 린든 B. 존슨 대통령의 생애를 정리하였다.

① 1908.8.27, 텍사스州 스톤웰 출생
② 1935~1937, 전국 청년행정기구 텍사스 지부장
③ 1937~, 하원의원
④ 1948~1960, 상원의원, 대표
⑤ 1951~1961, 민주당 원내총무/대표
⑥ 1961~, 케네디 정부 부통령
⑦ 1964, 제36대 대통령으로 재선
⑧ 인도차이나 군사개입 확대 → 지지 극감
⑨ 1968, 푸에블로호 납치, EC-121기 격추
⑩ 1969~, 텍사스 존슨시티 목장으로 귀향
⑪ 1973.1.22, 사망

<그림 8-1> 린든 B. 존슨 대통령의 생애

상원의원으로 선출된 이후 배려와 양보하는 미덕, 침착하고 세심한 인간관계를 실천하면서 점차 지지도도 높아졌다. 1964년 베트남 전쟁 시에는 전투 병력을 개입시키는 과정에서 전략적 오판으로 상당한 정치적 타격을 입었다. 푸에블로호 피랍(被拉) 사건(1968)과 EC-121기 격추사건(1969)으로 지지도가 급감하자 후보지명전에 참가하지 않고 귀향하였다.

2. 미국의 리처드 M. 닉슨(Richard M. Nixon) 대통령

리처드 M. 닉슨(Richard M. Nixon, 1969~1974년까지 재임)은 캘리포니아주의 요르바 린다(Yorba Linda)에서 태어났으며, 해군 항공대 장교(소령)로 복무하였다. 1946년 캘리포니아주 하원의원으로 활동하면서 대표적인 반공주의자로 주목받았다. 존 F. 케네디와의 경쟁과 주지사 선거에서 패배하였으나, 절치부심한 끝에 1968년 대통령에 당선되었다. <그림 8-2>는 리처드 M. 닉슨 대통령의 생애를 정리하였다.

① 1913, 캘리포니아州 요르바 린다 출생
② 1934, 캘리포니아州 휘티어 대학 졸업
③ 1937, 노스캐롤라이나州 듀크대학 법대 졸업, 개인법률사무소 개설
④ 1942~46, 해군 항공대 지상장교 복무
⑤ 1947~49, 하원의원
⑥ 1953~61, 아이젠하워 정부 부통령
⑦ 1969~72, 제37대 대통령 당선, 재선
⑧ 1974, 워터게이트 사건 개입 사실상 시인
 • 탄핵 직전 사임한 최초의 대통령
⑨ ~1980년대 말, 미국 지지 활동을 전개
⑩ 1994.4.22, 사망

<그림 8-2> 리처드 M. 닉슨 대통령의 생애

리처드 M. 닉슨은 상당한 어려움 끝에 1968년 제37대 대통령이 되었다. 베트남 전쟁의 점진적인 개입 중단, 중국과의 핑퐁외교가 성과를 거두면서 대외적으로 상당한 호평을 받았다. 1972년 큰 득표 차이로 재선에 성공하지만, 이듬해 워터게이트 사건[6]이 터지면서

---

6) '워터게이트 사건(Watergate scandal)'은 단일 사건이 아니라 1972년부터 2년 동안 발생한 일련의 사건들을 종합한 명칭이다. 닉슨 행정부가 베트남 전쟁을 반대하는 민주당을 저지하기 위하여 워싱턴 D.C.에 있는 민주당 선거운동지휘본부(워터게이트 호텔)에 불법 침입하였다. 이 사건은 불법 도청을 시도하였고, 은폐를 위해 조직적으로 개입하는 등의 권력을 남용한 사건 전체를 뜻하고 있다. 재판과정에서 전임 각료(2명)와 측근들이 유죄로 판결

결국, 1974년 8월 9일 사임하였다. 이후 한동안 은둔하였으나, 1980년대 말이 되자 원로 정치가로서 미국에 대한 지지(支持)와 재정 지원을 촉구하는 활동 등을 하다가 조용히 삶을 마감하였다.

그는 의지와 담력, 소신을 보유한 인물로 재임 간 상당한 성과를 거두었다. 그러나 집념의 지도자로 평가하는 반면에 결단력이 늦다는 지적을 받았다.

이 나자 리처드 M. 닉슨 대통령이 FBI에 수사를 축소하도록 압력을 행사하였음을 인정하였다. 결국, 임기 중에 사퇴한 미국 최초의 대통령이라는 불명예를 안았다.

3. 미국의 제럴드 R. 포드(Gerald R. Ford Jr.) 대통령

제럴드 R. 포드(Gerald R. Ford Jr., 1974~1977년까지 재임)는 네브래스카주의 오마하(Omaha)에서 태어났으며, 해군 항공대 지상 장교(소령)로 복무하였다. 1947년 미시간주 하원의원으로 당선된 이래 10선 이상의 정치지도자로 성장하였다. 특이한 점은 당시 사임한 부통령(Spiro T. Agnew)의 뒤를 승계하였고, 닉슨 대통령이 사임하자 또다시 선거를 치르지 않고 대통령직을 승계하였다. <그림 8-3>은 제럴드 R. 포드 대통령의 생애를 정리하였다.

① 1913.7.14. 네브래스카州 오마하 출생
② ~1941. 미시간대 / 예일대 로스쿨 졸업
③ 1948~. 하원의원
④ 1965. 하원 소수당 지도자
⑤ 1973.12.6. 부통령
⑥ 1974.8.9. 닉슨 사임, 대통령 취임
⑦ 1974.9.8. 닉슨 대통령의 사면[赦免] 결정
⑧ 1974.10.17. 하원 소위원회 자진 출두
⑨ 1975.12.7. 태평양 독트린 재천명
⑩ 1977. 대통령 선거에서 지미 카터에 패배
⑪ 2006.12.26. 사망

<그림 8-3> 제럴드 R. 포드 대통령의 생애

그는 1969년 닉슨 대통령이 발표했던 '닉슨 독트린'과 유사한 대아시아 외교정책인 '태평양 독트린'을 1975년 발표하였다.[7] 이는 미국의 중요 정책(전략)으로 자리매김하였으며, 최근까지 진행하고 있는 여러 정책도 이의 연장선에서 진행하고 있다고 보아도 무방할

---
7) '닉슨 독트린'은 대아시아 외교정책을 two-track으로 접근하고 있다. 첫째, 가능한 군사개입을 자제하고, 둘째, 최대한 경제지원으로 전환하여 시행한다는 데 방점을 두고 있다. '태평양 독트린'은 '일본과의 동반자 관계는 미국 전략의 핵심축(요즘 말로 하면, 주춧돌-corner-stone)으로서 한반도의 안정이 일본 방어에 매우 중요'하다는 논리이다. 최근까지 미국의 움직임을 여기에 대입하면, 큰 그림 정도는 이해할 수 있지 않나 싶다.

듯싶다. 당시 제럴드 R. 포드 대통령의 발언은 그들이 한반도에 대하여 가지고 있는 공통의 인식을 느낄 수 있다. <표 8-6>은 제럴드 R. 포드 대통령이 '태평양 독트린'과 관련하여 언급한 내용이다.

<표 8-6> 제럴드 R. 포드 대통령의 '태평양 독트린'과 관련한 발언

> "~일본인들은 한반도의 안정을 자신들의 안보와 밀접하게 관련되어있다고 여기고 있기에 남한에 대한 미국의 지원은 그 자체가 동북아 안정에 필수적인 요소이다."

그는 선거를 통해 유권자의 지지를 받지 않아 정통성이 없다는 악의적 여론에 많이 시달렸다. 이로 인하여 대통령이 되었을 때 다른 전임자들과 다르게 국가지도자로서 영향력을 발휘하는 데 상당한 어려움을 겪었다. 여기에 1975년 전략적으로 개입을 결정한 베트남이 패망하고 미군 역사상 처음으로 공식적인 패배를 인정하며 철수하는 수모를 당했고, 키프로스 전쟁 개입에도 실패하였다.[8] 全 세계적인 오일쇼크로 스태그플레이션(stagflation)에 봉착하면서 정국의 주도권은 더욱 악화하였다. 결국, 재선에 실패하고 대통령직에서 물러날 수밖에 없었다. 성실하고 정직했던 성향이었던 반면에 융통성이 없었으며, 고지식한 성향을 보유한 정치지도자로 평가받은 인물로서 대통령 선거에 실패한 후 자선활동 등을 하다가 삶을 마감하였다.

---

[8] '키프로스 전쟁'은 1974년 터키가 영국에서 독립(1960)한 키프로스 문제에 개입하면서 터키-키프로스-그리스 간에 발생한 전쟁이다. 미국이 터키에 대하여 '무기 금수(禁輸) 조치(1975~1978)'를 단행하자 터키는 미국에 의존하지 않고 자체적으로 방산 산업을 육성하였다.

4. 리처드 G. 스틸웰(Richard G. Stilwell) UN군 사령관

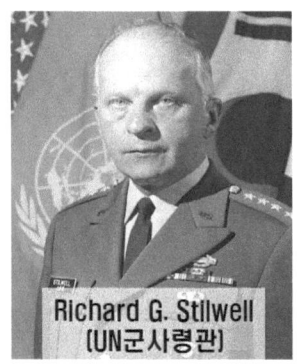

리처드 G. 스틸웰(Richard G. Stilwell, 1973~1976까지 재임)은 1938년 웨스트포인트를 졸업한 이래 역대 UN군(주한미군) 사령관들의 평균 재임 기간이 1~2년 정도였지만, 가장 오래인 38개월을 재임한 UN군 사령관 겸 주한미군 사령관이었다. 귀국한 다음에도 1981년부터 1985년까지 국방부 부차관을 역임하였으며, 1991년 74세에 심장마비로 삶을 마감하였다.

6・25전쟁 당시 한국군 제1군단 수석 고문관(대령)으로 근무하였고, 1952년 美 제3사단 15연대장으로 백마고지 전투에도 참전하였다. 그는 판문점 도끼 만행사태가 발생하기 며칠 전에 현직에서 물러날 뜻을 밝혔다. 이후 일본 도쿄를 방문하여 머물고 있다가 긴급 보고를 받았다. 곧바로 정상적인 항공편을 확인하였지만, 갑자기 구하기가 어려워지자 이륙이 가능한 전투기 뒷좌석에 앉아 일본에서 출발했다. 20:00에 UN군 사령부로 복귀하였다는 점에서 프로의 흔적을 엿볼 수 있다.[9]

그는 사령부에 도착하자마자 바로 작전지침을 하달하고 관련 참모들과 '소통(communication)'하면서 위기 대응을 실천했다는 점에서 한국군 지휘부도 기본적인 자세와 태도에서 느껴야 할 점이 아닐까 싶기도 하다. 특히 72시간 작전을 지휘하는 동안 1시간여 정도만 잠깐 눈을 붙인 것으로 알려질 정도였음은 작전을 지휘하는 태도에서 본보기가 될만한 사례로 봐도 무방하지 않을까 싶다.

한국군 현대화의 주역이었고, 韓・美 양국이 협력하는 과정에서 그래도 한국군의 발언권을 미군과 대등하게 하려고 노력한 인물이었다. 아쉬운 점은 판문점 도끼 만행사태 때 폴 버니언 작전을 수립하면서 한국군이 무장하지 말고 몽둥이와 태권도로만 임무를 수행하라는 부분에서 그의 지시에 관하여 다소 의외로 느껴지게 된다. 그러나 알지 못하는 내면적인 부분이 있지 않았을까 추정하여 본다.

---

9) 최근까지도 한국군 지휘부(장군)의 경우, 긴급한 위기 상황이 발생할 때마다 우연스럽게도 위치파악이 안 되거나, 취침 중이거나, 회식 또는 이동 중이거나 등으로 포장되는 사례와는 대조적으로 보인다. 실제 연합사의 미군 지휘부와 장병들이 훈련을 진행할 때나 평시 근무태도를 보면, 전쟁(전투)을 수행하는 조직임을 바로 느낄 수 있다.

5. 한국의 박정희(朴正熙) 대통령

박정희(朴正熙)

박정희(朴正熙, 1917~1979)는 경북 구미에서 태어났으며, 만주의 신경군관학교-일본 육사-만주군 소위로 임관하였다. 한국이 해방되자 1946년 귀국하여 육군사관학교(이하 육사) 제2기(대위)로 임관하였으며, 1953년 장군으로 진급하였다. 우여곡절 끝에 국가재건최고회의 의장에서 민간인 신분으로 전환한 다음 5~9대 대통령으로 18년 5개월을 집권하였다.

미국의 요청으로 한국군 30만 명을 베트남 전쟁에 파병하는 등을 통해 韓·美 안보동맹이 굳건하기를 바랐다. 그러나 미국이 베트남에서 패배를 인정하고 일방적으로 철수하는 과정을 보면서 무책임하다는 인식과 우리도 저렇게 될 수 있다는 긴장감을 동시에 느끼게 된다. 1970년대 들어서면서 '자주국방'의 필요성을 절감하고 1974년 프랑스와 원자력 협정을 체결하면서 본격적으로 핵 개발을 시도하였다.

1976년 최초의 팀-스피리트(Team Spirit) 훈련을 개시하여 연합방위능력을 향상하는 데 일조(一助)하였다. 1976년 8·18 판문점 도끼 만행사태가 발생하자 집무실에 철모와 군화를 갖다 놓고 '북한에 대한 응징은 대한민국의 국군통수권자인 자신이 직접 진두지휘(陣頭指揮)하겠다는 결의를 표현했다.'라는 말들이 전해지고 있다. 이러한 강력한 의지 표출과 서민적인 성향은 지금도 긍정적인 측면으로 해석할 수 있다.

이후 조처하는 과정에서 보이는 일부 측면은 전문직업 장교 출신의 대통령으로서는 아쉬운 부분이 많다. 대통령은 8월 20일 육군 제3사관학교(현재의 육군3사관학교)에서 국방부 장관(서종철)이 대독(代讀)한 훈시를 통해 "미친개는 몽둥이가 필요합니다. 우리가 그들로부터 언제나 일방적으로 도발을 당하고만 있어야 할 아무런 이유도 없습니다."라면서 강력한 의지를 표출함으로써 국민적 공감대를 형성하는 데는 성공하였다.

그러나 거기까지였다. 감성적인 접근은 좋았지만, 끝까지 냉정하고 철저하게 국익을 위한 대응 및 조처 노력이 필요한 부분에서 패착(敗着)이 많았다. 결과적으로 보았을 때 부하들을 보호하려는 인식이 미흡했다는 부분은 두고두고 뼈아픈 지적이 되지 않을까 싶다. 대통령 자신이 특공결사대를 투입하라는 지시를 하고도 비공개하라고 당부한 점, 그리고 미국이 '폴 버니언 작전(Operation Paul Bunyan)'에 진입한 한국군 특공결사대 요원들이

UN군 사령관에게서 지시받은 내용과는 다르게 자체적으로 판단하여 무장(武裝)을 추가로 준비한 과정이 있었다. 물론 이것이 큰 문제가 될 수도 있지만, UN군 사령부가 재판에 회부(回附)하는 과정 어디에서도 한국 대통령과 軍 지휘부가 한국군 특공결사대 요원들을 보호하려는 어떠한 조치도 하지 않았다는 점과 더불어 어떠한 사후(事後) 해결책도 마련하지 않았던 점은 대단히 아쉬운 부분이다. 이를 통해 최고지도자(軍 통수권자)로서 기본적으로 갖추고 있어야 마땅한 리더십에 대한 의문점이 생길 수밖에 없게 되었다. 아울러 韓·美 간 의사소통 채널 운영과 상호 신뢰의 측면에서도 상당 부분 미흡하였던 점은 되새길 필요가 있다.

이러한 문제점은 리더십을 배양 및 향상하는 데 기본적으로 노력하여야 할 핵심 요소로서 준거적(準據的) 힘[10]도 이러한 내용을 기본적으로 습득했을 때 형성이 가능하다는 점에 유념할 필요가 있다. 그는 강직하고 야망이 큰 성격의 소유자로 軍 복무 간 계속 이념 문제로 힘들었으나, 끝내 극복하고 대통령이 된 결과를 볼 때 끈질긴 집념의 소유자임은 분명하다.

---

10) '준거적 힘(또는 권력)'은 리더십을 형성하면서 나타나는 다섯 가지의 힘(권력) 중의 한 요소로 '하급자가 리더와 동일시되려고 인식하게 만드는 영향력을 행사하는 힘', 또는 '자신보다 뛰어나다고 인식되는 상사 또는 사람을 닮아가고자 할 때 생기는 권력'을 뜻하고 있다. 즉, 탤런트나 아이돌 등을 따라 하고 닮고자 노력하는 풍조라고 생각하면 될 듯싶다.

6. 북한의 김일성(金日成) 주석

김일성(金日成)

김일성(金日成, 1912~1994)은 평남 대동 군(郡)에서 태어났다. 1927년 중국에서 중학교에 다니면서 레닌의 '제국주의론'을 탐독하였으며, 공산주의자로 활동하다가 퇴학당했다. 일부 만주에서 항일투쟁을 했다는 주장은 중국 공산당원으로서 만주 적화를 위해 한 것이므로 중국 공산당 역사의 일부로 평가받고 있다. 다만 이와 관련하여 조선의 독립운동과는 무관하다는 점을 스스로 인정한 바 있다. 여기서 동북항일연군(東北抗日聯軍, 일명 동북 인민혁명군)에 배속되었다가, 항일 독립운동단체들과의 통일전선 형성을 위해 '조국광복회'에 가담한 전력은 사실로 밝혀졌다. 그는 6·25전쟁 이후 다양한 형태의 도발 행위를 감행하였다. <표 8-7>은 김일성이 8·18 판문점 도끼 만행사태 전·후에 감행한 중요 사건을 정리하였다.

<표 8-7> 김일성 주석이 지시한 주요 사건(1968~1976)

① 1968.1.23, '美 USS 푸에블로(AGER-2)호' 납치
② 1968.10.30.~11.2, 울진·삼척 무장공비 침투
③ 1969.4.15, 美 'EC-121 워닝스타(EC-121 Warning Star)' 격추
④ 1969.8.17, 美 'OH-23 정찰 헬기' 격추
⑤ 1969.12. 11, 'KAL 858기' 납북
⑥ 1970.6.5, 해군 방송선, 북한에 피랍(被拉)
⑦ 1970.6.22, 국립묘지 현충문 폭탄테러
⑧ 1972.12.28, 홍어잡이 선박 '오대양 61·62호' 납북(拉北)
⑨ 1973~1976, 서해 5도 지역에 43회 침범
⑩ 1974.8.15, 육영수 여사 피격 사망(문세광 저격 사건)
⑪ 1976.8.18, 판문점 도끼 만행사태
⑫ 1977.7.4, 'CH-47 헬기' 북한 영공에서 피격
⑬ 1981.8.26, 'SR-71 정찰기' 동해 공해상에서 북한 미사일에 피습

원래의 이름은 김성주(金成柱 또는 金聖柱)이며, 해방되고 나서 평양에 처음 도착했을 때는 김영환(金英煥)이라는 가명을 사용하였다. 1945년 10월 14일 대중 앞에 처음 나서면서 김일성 장군이라는 이름을 사용하기 시작하였다. 등장한 초기 중국어는 능통하였으나, 한국어는 매우 서툴렀다고 알려져 있다. 스탈린이 발탁하여 북한에 들어온 소련군의 진지첸(Jīn Richéng) 대위[11]는 공작과 선동을 잘하였고, 정적(政敵)은 어떻게든 제거하는 잔인한 면모를 보였다.[12] 다시 말해 자신의 마음에 들지 않으면, 무조건 잔혹하게 숙청하거나, 제거해버리는 난폭한 성정을 보였다. 1994년 7월 8일 삶을 마감하였다.

---

11) 김일성은 자신의 이름을 중국식 발음인 진지첸(Jīn Richéng)으로 읽었으며, 소련군 문서에도 진지첸(Цзин Жи Ч Э Н)으로 기록되어 있다. 세부적인 내용은 가브릴 코로트코프 著, 어건주 譯의 『스탈린과 김일성』 (서울: 동아일보사, 1992), 권1 p. 162.를 참고하기 바란다.

12) 박길용・김국후, 『김일성 외교 비사』 (서울: 중앙일보사, 1994) pp. 24~25.; 중앙일보 특별취재반, 『비록(秘錄) 조선 민주주의 인민공화국(上卷)』 (서울: 중앙일보사, 1992), pp. 88~89.를 참고하기 바란다.

제 4 절

위기사태의 발단(發端)과 본질

1. UN군과 북한군 측의 경계초소 운영 실태 및 환경

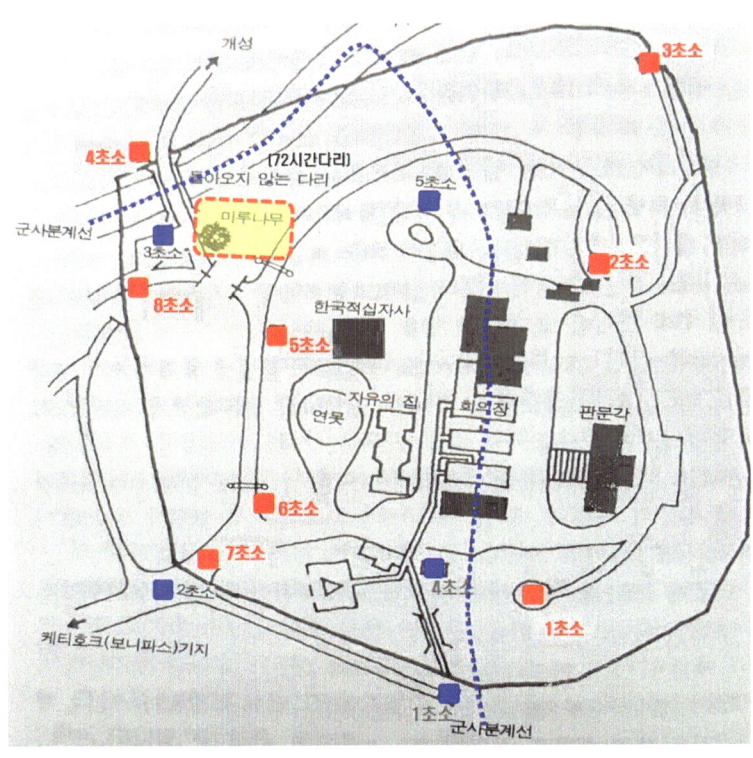

당시 JSA는 군사분계선과 관계없이 북한군과 UN군 측의 경계초소가 혼재(混在)되어 있는 상태로 특별한 통제가 없는 가운데 서로 자유로이 경계근무에 투입하였고, 상호 마찰은 별로 없었다. 북한군과 UN군 측의 초소 중간에 25년생 미루나무(15m)가 있었는데 잎이 너무 무성하게 자라 양측이 상대방을 감시하는 시계(視界)를 확보하는 데 방해가 되었다.

UN군 사령부(미군) 측의 제5 관측소에서 바라볼 때 북한군의 3개 초소(4·8·5초소)가 둘러싸고 있는 UN군 제3초소 부근의 미루나무 가지가 너무 무성하게 자라 제대로 관측하기가 어려웠다.

이에 따라 UN군 측은 7월 28일 북한군과 군사정전위 공동 경비 장교들에 8월 한 달간 주변 정화작업을 위하여 200여 명 규모의 UN군이 출입한다고 통보하였다. 이때 북한 측의 특이한

동향은 발견되지 않았다. 8월 2일 UN군은 JSA 내에 있는 미루나무의 가지치기 작업을 하기로 하였다. 8월 6일 UN군 경비병(4명)과 노무자(4명)가 미루나무 가지를 절단하는 과정에서 북한군 경비병의 방해로 작업이 중단되었다. 이와 관련하여 북한군 측에 안전회의 개최를 통보하고 8월 16일 회의를 정상적으로 진행하였다. 이때도 북한군 측이 트집을 잡거나, 이견(異見)을 제기하는 등의 추가적인 문제는 발생하지 않았다. 다만, 양측의 주먹다짐 등 소소한 충돌은 25회가 있었다. <표 8-8>은 JSA 대대장(Victor S. Vierra 중령)이 미루나무 가지치기 작업과 관련하여 수립하였던 안전계획을 요약하였다.

<표 8-8> JSA 대대장의 미루나무 가지치기 안전계획(요약)

첫째, UNC#3초소: 의무요원을 대기 ← 미루나무와의 간격이 66yd 이격
둘째, UNC#4초소: 경비병(3명)을 배치 ← 미루나무와 간격이 550yd 이격
셋째, UNC#2초소 남측지점: 기동타격대(30명)를 배치 ← 전방(前方)을 감시
넷째, 비무장지대(DMZ) 외부의 전진기지: JSA 작업반 장교를 위치시켜
   작업장 전방 지역에 대한 감시 및 보고 임무를 부여

8월 5일이 되자 북한은 평양방송을 통하여 한국 내에 주둔하고 있는 외국군과 미국에 대한 공격백서를 발표했다. 美 본토에서는 이에 경각심을 느끼고 UN군 사령부(주한미군)에 경고 전문을 하달하였다. 그러나 이를 접수한 주한미군 측의 반응은 심드렁하였다. 지금까지 그래왔던 것처럼 연례행사의 반복으로 간주하는 등의 타성(惰性, 매너리즘)에 빠져 있었기 때문이다. 결과적으로 '8·18 판문점 도끼 만행'이라는 극히 부정적인 후과(後果)를 불러 왔다. 8월 6일 UN군 측 작업반이 투입하였으나, 북한군의 방해와 저지(沮止)로 인하여 실패하였다. 결과론적이지만, 이때 곧바로 항의하였거나, 이의(異議)를 제기하였더라면 하는 아쉬움이 있다.

이러한 현상은 그간의 한반도 주변 정세와도 밀접하게 연계되어 있다. 당시 북한은 경제정책에 실패하여 외채를 갚기 어려운 상태였고, 식량·경제난으로 경제 자체가 나락(奈落, hell)으로 떨어져 있었다. 반면에 한국은 미국의 경제 원조로 경제성장이 가속화되고 있었다는 데서 찾는 게 타당하다고 보인다.

2. 한반도에 대한 美 본토와 주한미군의 인식

미국은 역사적으로 'Pax Americana(미국의 힘으로 주도하는 세계 평화)'를 우선시하는 세계화(패권) 전략을 일관되게 진행하고 있다. 당시도 미국은 한반도(한국)의 안정이 일본의 안보에 기여할 수 있다는 인식이 주류였다. 한국을 지원하면, 궁극적으로 동북아 안정이 가능하고 이는 일본을 보호하는 데 필수적인 요소로 판단하였다. 최근 미국에서 사용하고 있는 "한국은 동북아의 '핵심축(linch-pin)'이고, 일본은 '주춧돌(corner-stone)'이다."라는 표현들을 되새겨 보자. 한국의 중요성을 강조한다는 의미를 부여하고 있지만, 미시적으로 접근하면 일본의 역할을 중시하고 있음을 알 수 있다.[13]

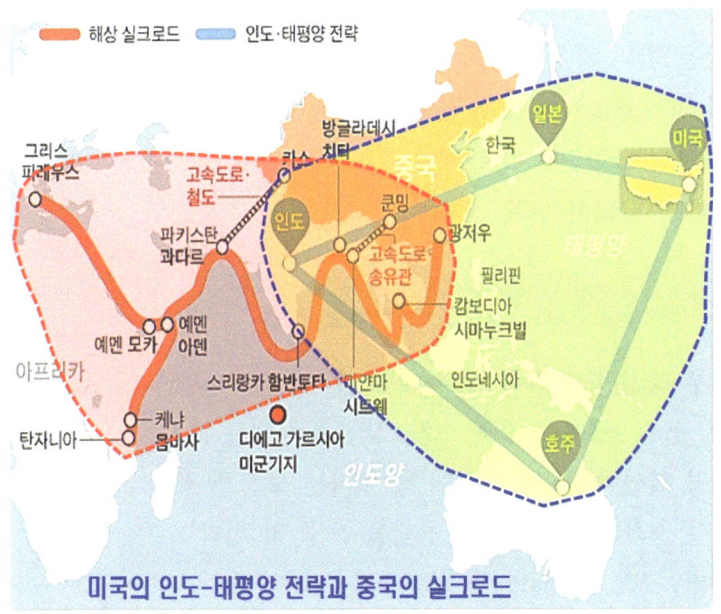

미국의 인도-태평양 전략과 중국의 실크로드

반면에 당시 UN군 사령부(주한미군)의 인식은 다소 달랐다. 평소에도 북한군은 심심하면 주한미군에 위협·협박·공갈을 가하였고, "그러려니~"하고 넘어가기 일쑤였기에 특별한 징후라고 보기가 어려웠다. 서로가 매일 마주치고 있을 뿐만 아니라 군사분계선이 그어져 있지만, 유명무실했기 때문이다. 이는 당시 JSA 내부에 설치된 UN군과 북한군의 초소 위치를 보면 느낄 수 있다. UN군 초소는 군사분계선 이남(以南) 지역에만 설치되어 있으나, 북한군은 군사분계선 이남 지역에도 동의를 얻지 않고 4개 초소(5·6·7·8초소)와 도로차단기를 설치하였기에 서로 왕래를 할 수밖에 없었으며, 마주 보며 지나치는 환경이었다.

---

13) 구체적인 내용은 2019년 6월 1일 美 국방부가 발표한 '인도-태평양 전략보고서(Indo-Pacific Strategy Report)'와 김성진의 "J. 바이든의 린치핀(Linchpin)과 코너스톤(Cornerstone), 그리고 과유불급," 『경제포커스』 안보칼럼(2020. 12. 2.)을 참고하기 바란다.

제 5 절

위기관리전략의 결정과 주요 경과

1. JSA 미루나무 작업 전반(全般)에 대한 이해

다소의 우려를 하는 가운데 공식적으로 개최된 8월 16일 UN군-북한군의 안전회의는 정상적으로 종료하였다. UN군은 회의 과정을 통해 북한군이 더는 미루나무 작업에 대하여 이의가 없는 것으로 판단하였다. JSA 대대장은 정상적인 작업을 진행하기 위해 안전계획을 수립한 다음 작업반은 미군과 한국군을 혼합하여 편성하였다.14) <표 8-9>는 미루나무 가지 제거작업의 진행 경과를 정리하였다.

<표 8-9> 미루나무 가지 제거작업 간 주요 경과

① 8.18.10:30경, UN군 사령부 작업반(15명)이 3초소에 도착, 작업을 진행
　　* 북한군 장교 2명, 병사 9명이 현장에 도착, 작업에 동의를 표시
② 10:45경, JSA 대대장, 현장 확인결과 "정상 진행 중"이라는 보고를 접수
③ 10:50경, 북한군 장교(박철 소좌), 갑자기 작업 중단을 요구 및 협박
　　* 북한군 경비병이 9명 → 30여 명으로 증가
④ 11:05경, 제5 관측소 → JSA 대대장에게 북한군 병력이 증원(增員)되어
　　현장 분위기가 매우 험악해지고 있음을 보고 → "작업 중단"을 지시

10:50경 현장에 있던 북한군 소위(박철, 이 사태 이후에 중위로 진급)가 갑자기 작업반들에게 인상을 쓰면서 "더 나뭇가지를 치면, 큰 문제가 생길 것이다. 당신이 죽고 나면, 나뭇가지를 자르는 일은 아무 소용이 없어진다."라고 협박하면서 분위기는 상당히 험악해졌다. 그러나 UN군 장교가 이를 무시하고 계속 작업하도록 지시하자 박철 소위가 거듭하여 작

---

14) 작업반은 미군 장교 2명, 미군 병사 4명, 한국군 장교 1명 한국군 병사 4명, 노무자 5명 등 총 16명으로 편성하였다. 이때 노무자 5명을 제외한 나머지는 제3초소 부근에 있었다. 세부 내용은 김성진의 『군사협상론』(2020), pp. 324~325.; 당시 제1공수 특전여단장인 박희도의 『돌아오지 않는 다리에 서다』(서울: 사단법인 샘터, 1988), pp. 83~95.를 참고하기 바란다.

8·18 도끼 만행사태

업의 중지를 강하게 요구하였다. 이때 박철 소위가 같이 있던 경비병을 인근의 초소로 보냈고, 얼마 후 북한군은 순식간에 30여 명으로 늘어나면서 작업 현장이 포위되었다. 북한군들은 포위하자마자 곧바로 UN군 장교와 병사들이 가지고 있던 곤봉과 노무자들이 작업하다가 놀라서 버린 도끼를 주워 무자비한 폭행을 가하기 시작하였다.15) UN군 작업반은 급하게 철수하기에 바빠서 통상적으로 휴대하고

있던 권총조차 사용할 엄두를 내지 못했다. 이 과정에서 두 명의 UN군 장교(경비중대장 아서 G. 보니파스 대위, 소대장 마크 T. 배럿 중위)가 후송되었고, 두개골 파열과 자상(刺傷)으로 사망하였다. 결과적으로 미군 장교(2명)와 부사관(1명), 병사(4명), 한국군 장교(1명)와 병사(4명)가 중경상을 입었고, UN군 트럭 3대가 파손되는 대형 참사가 일어났다.

---

15) 공산국가에서 도끼를 이용하여 살인한 행위는 두 번째로 발생하였다. 첫 번째 사건은 1929년 권력 다툼에서 승리한 스탈린(Joseph Vissarionovich Stalin)이 레온 트로츠키(Leon Trotsky)를 소련에서 추방한다. 그는 공산당에서 제명(除名)을 당한 다음 터키(1929)-노르웨이(1935~1937)-멕시코(1938)를 거치면서 스탈린에 대항하는 제4 인터내셔널을 창립하였다. 이에 위협을 느낀 스탈린(Comintern-제3 인터내셔널)이 암살자를 보냈고, 도끼에 찍혀 사망하였다.

2. 위기사태의 고조(高調)와 위기관리전략 결정, 주요 경과

2.1. 한국군

<표 8-10>은 한국군이 미루나무 제거작업 간 발생한 긴급상황에 따른 주요 조치 경과를 정리하였다. 실제로는 미국이 조치하고, 한국군 측이 필요한 내용을 추가한 내용이다. 다시 말해 주요 경과를 작성하는 과정에서 느끼게 된 점이 한국군의 처지에서 보면, 상당히 피동적으로 느껴질 수 있는 이면(裏面)들이 많이 보인다.

<표 8-10> 한국군의 긴급상황과 관련한 주요 경과

① 8.18. 오후, 전군 비상사태(DEF-Ⅲ) 발령
　　　　＊ 리처드 G. 스틸웰 UN군 사령관이 건의
② 8.19. 오후, 합참 작전본부장(유병현) → 제1공수 특전여단장, 준비명령 수령
　　　　＊ 자체적으로 특공대를 편성, 특공작전 수행을 준비(기밀 엄수)
③ 　　　야간, 제1 공수특전여단(이하 공수여단) 참모, 긴급 전문(電文)을 접수
④ 8.20. 오전, 제1공수여단 작전참모 등 3명16), UN군 사령관 지시 수령
　　　　＊ 무기는 휴대하지 말고, 몽둥이와 태권도만 사용
⑤ 8.20. 오전, 합참의장(노재현)+육군참모총장(이세호) → 제1공수 여단장 접촉
　　　　＊ 육군 작전참모부장이 운전하는 차량에 동승하여 방문

①~⑤까지의 조치는 미국의 제럴드 R. 포드 대통령의 승인이 떨어지기 전에 진행한 과정이다. 리처드 G. 스틸웰 UN군 사령관은 일본을 방문 중에 긴급 보고를 받고 곧바로 서울의 UN군 사령부로 복귀하였다.17)

② 합참 작전본부장이 제1공수여단의 직속 상관인 특수전사령관을 거치지 않고 여단장

---

16) 박중환 중령(작전참모), 김종헌 소령(작전보좌관이자 특공대장), 김석찬 대위(작전장교)로 이들 중 김 대위는 통역을 담당하였다.
17) 리처드 G. 스틸웰 UN군 사령관은 일본을 방문하기 전에 현직(現職)에서 물러나겠다는 의사를 표명하였으나, 판문점 사태가 발생하자 사태를 마무리한 다음 사령관직에서 물러나 1976년 11월 1일부로 퇴역하였다.

에게 직접 지시한 것은 정상적인 지휘절차로 보기가 어렵다. 다만, 당시 특수전사령관이 스페인이 주최하는 각국 공수부대 고공낙하대회에 참석차 출국한 상태였기에 가능했다. 이때 작전본부장은 보안상의 이유를 들어 기밀(機密) 유지를 당부하였고, "정예요원들을 선발하여 특공작전을 수행할 준비 해라."라는 준비 명령을 하달하였다.

③·④은 캠프 키티호크(Camp Kitty Hawk)의 JSA 대대장실에서 UN군 사령관(리처드 G. 스틸웰)이 제1공수여단 작전참모 등을 만난 내용을 정리한 내용이다.[18] 그의 명령은 간단하면서도 분명하였다. <표 8-11>은 리처드 G. 스틸웰 UN군 사령관의 작전 명령을 정리하였다.

<표 8-11> 리처드 G. 스틸웰 UN군 사령관의 작전 명령

> 첫째, 미군이 미루나무를 절단할 때 한국군은 그 주변을 경호한다.
> 둘째, 한국군의 무기 휴대는 규정에 따라 금지한다.
> 셋째, 한국군은 작전부대장(Victor S. Vierra 중령)의 지휘에 따른다.

UN군 사령관은 이 내용이 박정희 대통령이 양해하였다고 밝히면서 미군이 작전을 수행하는 동안 한국군이 수고해달라는 정도로 평이하게 말하였다. 그러나 아무리 평상시의 어조로 말하더라도 당시의 위기 상황과 명령을 하달하는 장소 및 분위기, 내용과 절차, 방법 등은 일반적이지 않았음이 사실이다. 실제 문서상으로도 분명하게 드러난 내용이 없다는 점에서 미군도 보안을 우려하고 있었던 것으로 보인다. 제1공수여단 작전참모 등이 명령을 받는 과정에서 많은 의문이 생겼다. 이에 관하여 질문하였으나, 단순한 답변만 반복되어 들었을 뿐 한국군의 무장에 대한 추가적인 변화는 없었다. 특히 UN군 사령관이 한국군이 미군을 지원하라고 명령하면서도 한국군 스스로는 자신의 몸을 보호할 어떠한 무장도 하지 못하게 지시한 내용은 이해하기가 쉽지 않은 부분이다.

⑤ 합참의장과 육군참모총장이 육군작전참모부장이 직접 운전한 차량에 편승(便乘, 몰래 타고 들어오는)하여 제1공수 여단장실에 도착하였다. 이때 오간 대화 내용은 대통령의

---

18) 이러한 상황은 평시나 전시에도 일반적인 모양은 아니다. 먼저, 캠프 키티호크는 1952년 5월에 군사정전위원회를 지원하기 위하여 창설되었으며, 주한미군 일부 요원과 중립국감독위원회 감시단이 주둔하였다. 판문점 도끼 만행사태가 발생한 이후부터는 JSA 경비대대가 주둔하고 있다. 1986년 8월 18일 보니파스 대위가 사망한 10주기에 캠프의 명칭을 '키티호크(Kitty Hawk)'에서 '보니파스(Bonifas)'로 변경하였다. 2004년 11월 1일 JSA 경비 책임은 주한미군에서 한국군으로 이관되었다. 한국군이 95%, 미군이 5%로 구성되어 있다.

격려금(50만 원)과 훈장이 수여될 것이라는 내용이 전부였다. 작전의 요지는 한 마디로 "도발해오는 적이 있으면, 철저히 응징하라!"였다. 간명하고 명확한 지시라고 할 수 있다.

2.2. 美 본토와 UN군 사령부, 일본의 반응

Henry A. Kissinger

당시 美 본토에서는 긴급사태와 관련하여서는 헨리 A. 키신저(Henry A. Kissinger) 국무장관이 전권(全權)을 행사하고 있었다. UN군 사령관은 일본 육상자위대를 공식방문하기 위하여 교토를 방문하였다가 UN군 사령부로부터 긴급한 보고를 받았다. <표 8-12>는 美 본토와 연합사령부가 긴급상황을 보고받고 조치한 일련의 과정을 정리하였다.

<표 8-12> 美 본토와 연합사령부에서 취한 주요 경과

① 8.18.~1시간 이내, 美 국가군사지휘본부(이하 NMCC[19])), UN군 사령부의
　　　　　　　보고서를 접수
② 　　　　20:00경, UNB군 사령관, 일본 → UN군 사령부로 긴급 복귀
③ 　　　　23:20, 美 본토, 관계기관 비상 연락망이 가동
　　　　　　　* 국방성 G-3-국무성-CIA-백악관 상황실 등
④ 8.19. 00:53, NMCC, 긴급사태에 대한 분석 및 평가를 진행
　　　　　　　* 총기류 미사용, 쇠창 및 도끼 등의 연장류만 사용
⑤ 　　　　06:00경, 미국 정부의 공식 성명이 발표

당시 NMCC에서 CIA가 브리핑한 내용을 세 가지로 정리하면, 첫째, 북한군의 도끼 만행을 저지른 의도를 제시하였다. 둘째, 남·북한의 군사 능력을 검토하면서 북한의 공군력을 우세(588대)한 것으로 평가하게 되자 남한에 공군력의 증강이 필요하다는 의견을 추가하였다. 셋째, 즉각적으로 가능한 대응책은 무엇인지 등에 대하여 의견을 내놓았다.

이때 일본이 공식적으로 발표한 반응은 예측한 대로였다. "북한이 살인행위까지 사전에

---

19) '국가 군사지휘본부(NMCC)'는 'National Military Command Center'의 약자로 '군사작전을 수행하는 지휘통제실'이라는 의미이다. 한국군의 국방부(합참)에 있는 B-2 벙커(지휘통제실)라고 생각하면 쉬울 듯싶다.

계획했던 것으로 보이지는 않는다. 현지 지휘관의 과잉 충성이 아니면, 북한군 병사들의 미군 장교에 대한 증오심 내지는 감정이 순간적으로 폭발하여 발생한 행위로 본다."라는 짤막한 내용 이외는 침묵 모드(mode)를 유지하였다.

2.3. 미국의 초기 단계 위기관리전략

이들은 북한이 사전 치밀하게 계획을 수립하여 만행을 저질렀다면, 강력한 응징을 해야 한다고 보았다. 그러나 전체적인 분위기를 평가해 보았을 때 북한의 공세적 징후가 추가로 식별되지 않는다는 CIA의 보고는 분위기를 느슨하게 만들었다. 따라서 권고안은 별다른 수정의견이 없는 가운데 승인되었고, 초기와는 달리 긴장감은 많이 풀어졌다. <표 8-13>은 미국이 위기 초기 단계에서 결정한 위기관리전략 권고안을 요약하였다.

<표 8-13> 미국 초기 단계의 위기관리전략(8.18.~19.) 권고안(요약)

① 북한의 행위에 대한 단호한 보복이 필요하다.
② 美側의 보복에 따라 상황이 악화되는 데 대한 방어 대책이 필요하다.
③ 국지도발 행위 등 예상되는 북한의 호전적 행위를 억제하여야 한다.
④ 자극과 사태의 악화, 전면전으로 확대될 가능성을 방지해야 한다.
⑤ 위기에서 벗어날 수 있는 목표를 설정하여야 한다.

미국은 초기에 강력한 응징이 필요하다는 태도였으나, 항상 그래온 것처럼 미루나무를 제거하는 계획으로 마무리를 시도하였다. <그림 8-4>는 미국이 초기에 승인한 정치·군사적 조치 권고안을 정리하였다.

첫째, F-4전투기 1개 편대를 한국에 재배치
둘째, 주한미군의 예비 경계태세 돌입*(공세적 행동계획 추가적 발전)*
셋째, F-111기 1개 편대, 한국에 재배치할 준비
넷째, B-52전략폭격기, 괌(Guam)기지에서 훈련비행을 실시할 준비
다섯째, 미드웨이 항모를 일본 → 한국 해역(海域)으로 배치할 준비
여섯째, UN안보리 각국 대표들에게 북한의 만행(蠻行)을 통보 등

<그림 8-4> 미국의 초기 위기관리전략에 따른 정치·군사적 권고안

제 6 절

위기관리전략의 전개와 주요 경과

1. 한반도에 대한 미국의 인식 수준

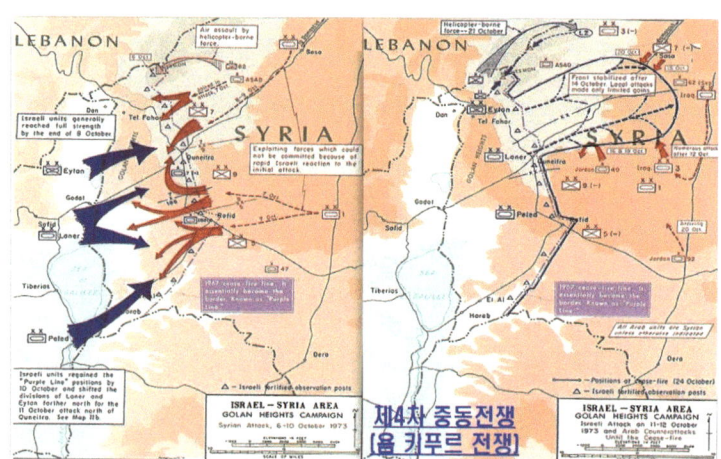

1973년 10월 아랍제국과 이스라엘의 제4차 중동전쟁(욤 키푸르 전쟁)이 시작되자 페르시아만 6개 산유국(産油國)은 석유 가격을 인상하면서 감산(減産) 정책을 시행함으로써 제1차 석유파동이 일어났다. 이는 국제사회에 인플레이션(inflation) 현상으로 나타났다.

미국은 6·25전쟁 이후 한반도에 관한 관심이 급격히 높아졌다. 동북아에서 소련의 영향력 확대를 방지하기 위해서는 일본을 내세워야 하기에 이들을 다른 어떠한 것에 우선하여 보호해야 한다고 믿었다. 따라서 한반도를 안정시키는 활동은 일본을 보호하기 위함이었다. 이를 위해 한국에 대한 지원과 한반도의 안보에 관한 방어막 역할을 자임(自任)하였다고 봄이 타당하지 않을까 싶다. 헨리 A. 키신저 국무장관도 같은 생각이었으며, 당시 그의 생각을 크게 두 가지로 정리할 수 있다. 첫째, 소련의 영향력이 확대되는 현상을 저지하기 위해서는 일본이 움직여야 하는데 이는 한반도가 안정되어야 가능한 형국이다. 둘째, 일본과 한반도의 관계는 순망치한(脣亡齒寒)이다. 즉, 일본의 안보와 밀접하게 연관된 국가가 한국이기에 이들에 대한 지원이 곧 일본을 보호하는 것이며, 나아가 동북아의 안정에 필수적인 요소로 인식을 하고 있었다는 점이다.

여기에 더하여 헨리 A. 키신저는 북한이 미국과 단독으로 협의하자는 저의(底意)가 한국을 고립시키고 주한미군을 대안(代案)없이 철수케 하려는 술책임을 미리 파악하고 있었다. <표 8-14>는 헨리 A. 키신저가 북한의 주장에 대하여 어떻게 인식하고 있는지를 단적으로 엿볼 수 있다.

<표 8-14> 헨리 A. 키신저의 북한 주장에 대한 인식

"우리는 한반도에서의 현행 협정들이 영원히 동결되어야 한다고 주장하지 않는다. 그 반대로 미국은 한반도의 안보를 증진하고 긴장을 완화하기 위한 새로운 협상을 지지한다. 우리는 현행 휴전협정을 위한 새로운 법적 기반을 토의할 준비가 되어있다. 또한, 휴전협정을 보다 항구적인 체제로 바꿀 용의도 있다. 그러나 우리는 우방인 한국을 제쳐놓고 휴전협정의 존재 그 자체에 영향을 주는 문제에 관해서는 협상할 수 없으며, 협상하지도 않겠다."

헨리 A. 키신저는 한반도의 항구적인 해결을 위해 네 가지의 해법을 제시하면서 제럴드 G. 포드 대통령의 위임을 받았다는 설명(comment)까지 곁들였다. <표 8-15>는 헨리 A. 키신저가 제시한 네 가지의 한반도 해법을 정리하였다.

<표 8-15> 헨리 A. 키신저 국무장관이 제시한 네 가지의 한반도 해법

첫째, 미국은 남·북한 간 대화의 재개를 진지하게 촉구한다.
둘째, 북한 동맹국들이 한국과의 관계 개선을 준비한다면, 그들의 준비태세를 확인한 이후에 미국도 북한에 대하여 필요한 조치를 강구하겠다.
셋째, 한반도의 실질적인 통일을 손상하지 않는 범위 내에서 남·북한 모두가 UN에 정회원국으로 가입할 수 있도록 UN의 문호를 열어두자는 제안을 계속 지지한다.
넷째, 모든 관계 당사국이 받아들일 수 있는 현행 휴전협정의 새로운 기반 또는 휴전협정을 대체할 수 있는 보다 항구적인 체제를 마련하기 위한 협상을 진행할 준비가 되어있다.

이는 대화의 재개(再開), 교차승인, 남·북한의 UN 동시 가입, 휴전협정을 대체할 대안(代案, BATNA)[20]과 관련한 협상을 진행할 용의가 있음을 공개적으로 표출한 것이다. 네

---
[20] '배트나(BATNA)'는 협상 용어로서 'Best Alternative To a Negotiated Agreement'의 약자다. 협상을 준비하는 사람이 자신과 상대가 선택할 수 있는 여러 가지의 의제(Agenda)에 대하여 생각하고, 이를 토대로 협상 전략을 세우

가지의 해법을 뒷받침하고자 실무적인 차원에서 세 가지를 진행하였다. 먼저, UN군의 지휘하에 주한미군이 존속하는 데 적정하다고 판단한 규모는 42,000명이었다. 이 규모라면, 북한의 어떠한 공격도 억지(抑止, deterrence)할 수 있다고 결론을 냈기 때문이다. 둘째, 한국에 대한 미국의 지원을 구체적으로 발표함으로써 자신들이 자유민주주의 국가들의 수호자임을 분명하게 내세울 수 있다고 보았다. 셋째, 중국과 소련이 북한의 무모한 공격을 포기하도록 유도할 수 있다고 판단하였다.

는 방법으로 '협상이 교착상태에 머물거나, 결렬되었을 때 지금까지 진행하던 안(案)을 대신하여 취할 수 있는 최선의 안'을 의미하고 있다. 세부 내용은 김성진의 『군사협상론』 (2020), pp. 63~66, 164~169.을 참고하기 바란다.

2. 북한 김일성의 정치적 목표와 대외정책 및 전략

김일성의 정치적 목표는 내·외부적 측면으로 구분할 필요가 있다. 먼저, 내부적 측면은 세 가지로서 첫째, 부자(父子) 세습을 위해 김정일에게 모든 권력을 차질없이 물려주어야 한다는 것이 우선적인 목적이었다. 둘째, 소련의 이오시프 스탈린(Joseph Stalin)에게 지시를 받은 이후 지속하여 추진하고 있는 적화통일(赤化統一, communization unification)의 달성이었다. 셋째, 북한 인민(人民, public)에 대한 통제를 강화해야 한다는 최종 상태(End-state)를 분명히 하였다. <표 8-16>은 이를 위한 세 가지의 대외정책 및 전략을 정리하였다.

<표 8-16> 북한 김일성의 세 가지 대외정책 및 전략

① 중국과 소련에 대한 균형적인 외교 관계를 유지한다.
② 비동맹국가들을 이용하여 외교적인 공세를 강화한다.
③ UN 총회를 이용하여 남한 내에 주둔하고 있는 미군을 철수시킨다.

①항은 두 국가 모두에게서 북한이 필요한 지원을 받겠다는 의도와 후견(後見) 국가로 유지하려는 태도가 엿보였다.

②항은 비동맹국가들을 규합하여 외교적으로 우위를 점하려는 의도가 엿보였다.

③항은 남한 내의 외국군 즉, UN군(주한미군)이 철수할 수밖에 없는 명분을 정당화하기 위한 수순(手順)을 밟아 나가려고 하였다.

이러한 시각에서 북한과 공산 측에서 공작을 통하여 끌어낸 제30차 UN 총회 의결은 최근까지 문제가 되고 있다는 점을 기억하여야 한다. 결과적으로 정전(停戰)상태를 무너뜨림과 동시에 한반도를 무력으로 적화통일할 수 있는 기반을 확보하려는 공산 측의 주장을 수용하고 있기 때문이다. 북한은 이러한 단계를 거쳐 무력에 의한 한반도 적화통일의 기반(基盤)을 당연히 확보할 수 있다고 믿었다.

1976년 7월 10일 자 중국 인민일보의 사설을 보면 어떻게 진행되고 있는지를 뚜렷하게 이해할 수 있다. "…미국은 남한에 막대한 양의 현대식 무기들을 배치하고 있으며, 한반도에서 긴장을 고조시킬 행동들을 행사할 것이라고 공공연히 떠들고 있다. 미국은 UN군 사령부를 해체해야 할 것이며, 제30차 UN 총회의 의결에 따라 남한에서 모든 외국군대를 철수시켜야 한다.…" 다음 달인 8월 5일 발표된 북한 평양방송의 공격백서도 유사한 내용으로 긴장을 고조시키고 있다. 한편 美 본토(NMCC)에서도 이러한 일련의 흐름을 예의 주시하고 있었다. NMCC는 UN군 사령부에 경고 전문을 보냈지만, 사령부에서는 일상적인 '경계'를 강조한다는 측면으로만 접근함으로써 美 본토의 긴장감과 한반도 현장에 있는 UN군 사령부의 체감 수준이 차이가 있었으며, 위기는 잉태되고 있었다.

7월 22일 헨리 A. 키신저가 "남·북한 교차(交叉)승인을 통한 한반도의 안정화를 위해 남·북한과 미·중의 4자회담이 필요하다."라면서 한반도 평화정착을 위하여 남-북-미-중이 참가하는 4자 회담을 제안하였다. 그러나 북한이 "영구 분단을 꾀하자는 것인가?"라면서 반발하는 바람에 추가적인 동력을 얻지는 못했다.

8월 17일 북한은 거듭하여 미국에 세 가지의 정치적 공세를 펼쳤다. 첫째, "핵무기를 포함하는 모든 새로운 형태의 군사적 장비와 무기를 남한으로부터 철수하라". 둘째, "북한에 대한 모든 적대적 행위를 중단하라". 셋째, "군사 기동훈련과 같은 모든 도발적 행위들을 종식(終熄, end)하라."라는 주장이었다.

박성철 부수상[北]

같은 날 스리랑카(Sri Lanka)의 비동맹국회의에 김일성을 대리하여 참석한 박성철 부수상도 다섯 가지의 주장을 공개적으로 발표하였다, 첫째, 남한으로부터 모든 핵무기를 철수해야 한다. 둘째, 한반도에 있는 모든 외국군을 철수해야 한다. 셋째, 모든 외국 군사기지를 철폐해야 한다. 넷째, 정전협정(cease-fire agreement)은 평화협정(conclusion of a peace treaty)으로 대체해야 한다. 다섯째, 조선반도는 통일되어야 한다.

북한과 공산 측은 한반도 내부를 포함하여 국제적인 활동에서 상당히 강한 수위의 공세를 계속 이어갔다. 한반도 정세는 긴박하게 고조되었다.

3. 미국의 대응전략

美 본토에서는 NMCC가 주도하는 정치·군사적 판단과 분석에 따라 전략적으로 대응하면서 작전계획을 수립하였다. <표 8-17>은 美 본토와 UN군 사령부 차원에서 진행한 위기조치 및 대응전략을 정리하였다.

<표 8-17> 美 본토와 UN군 사령부의 대응전략

① 8.20.03:00, 백악관 유선 지시(1급비밀) → 주한미군사령관(UN군 사령관)
    * "판문점 미루나무를 절단하라."→"Operation Paul Bunyan"[21]
       → DEF-Ⅱ 발령
② 오후, 韓·美 특수임무부대 출동 대기(헬기 36대 분승)
    * 지휘관: 美 2사단장(Morris J. Brady 소장)
③ 8.21. H시부, 작전 명령을 하달, 작전 준비를 완료
    * 태평양함대사령부의 핵 항모(Enterprise·Ranger)가 항진
    * 日 오스카 항의 Midway 항모는 대한해협으로 진입
    * B-52 폭격기, 괌 → 한국 상공에 진입, R/D 교란용 Chaff 살포
    * F-111·F-4 편대, 상공에서 경계 비행을 개시(開始)
    * 휴전선 후방 2km 지점, 긴급출동부대(APC+300여 명)가 대기
④ 07:00, 미군 공병과 한국군 특공대 등 110명이 판문점에 도착
    * 한국군 특공대: 권총과 벌목용 도끼를 휴대(M16A1소총 분해 소지)
    * 한국군 제1사단 수색대, JSA 좌측에 매복하여 투입 대기
⑤ 07:18~07:45, 북한군의 도로차단기(2) 제거, 미루나무 절단 작업
    "작업반이 방해받지 않는다면, 추가 행동은 없을 것이다."

---

[21] '폴 버니언 작전(Operation Paul Bunyan)'은 미국의 민간설화(民譚)에 나오는 전설적인 나무꾼 폴 버니언의 이름을 딴 명칭이다. 단 한 번의 도끼질로 81그루의 나무를 자를 수 있었고, 도끼로 세인트 로렌스강을 팠으며, 미시시피강에서 로키산맥까지의 나무를 잘라 대평원을 만든 전설적인 인물이다. 지원병력의 감시하에 '미루나무를 제거하는 작전'을 뜻하고 있다. 일부 박정희 대통령과 한국군이 주도했다고 하지만, 실제로는 미군이 주도(supported)하였고, 한국군은 지원(supporting)하는 역할이었다.

제럴드 R. 포드 대통령은 NMCC가 권고한 대로 결심하였다. 곧바로 작전 명령을 하달받은 F-4 전략폭격기 24대와 F-111 전략폭격기 20대, B-52 장거리 전략폭격기 3대, 함재기 65대를 보유한 미드웨이(Midway) 항모전단 등을 동해지역으로 급파(急派)하였다. 미국의 전설적인 나무꾼의 이름을 사용한 '폴 버니언 작전(Operation Paul Bunyan)'을 건의받은 그대로 승인하였고, UN군 사령관이 최종 명령을 접수한 시간은 30분 후인 23:45분이었다. 아쉬운 부분이지만, 도끼 만행사태가 발생하고 '폴 버니언 작전'이 종료되기까지 한국 정부와 한국군의 주도적 역할은 어디에도 없었다. 한국 대통령이 한 역할은 폴 버니언 작전 때 UN군 사령관에게 태권도 유단자들을 제공한 것뿐이었다. 물론 모든 작전계획 수립과 진행은 UN군 사령관과 워싱턴의 합작품이었다. <표 8-18>은 '폴 버니언 작전'을 정리하였다.

Paul Bunyan
[美 전설의 나무꾼]

<표 8-18> '폴 버니언 작전(Operation Paul Bunyan)'(1976. 8. 21.)

① 공대지 핵미사일 탑재한 F-111기(20대): 아이다호州 → 대구비행장
② B-52 전략폭격기(3대): 괌(Guam) 기지 → 군산비행장
③ F-4 전투기(24대): 오키나와 가데나 기지에서 발진
④ 제7함대" 미드웨이(Midway) 항모와 순양함 (5척): 서해안 대기
⑤ 해병대 병력 포함한 12,000명 증파(增派)를 요청
⑥ 육군 Task Force Vierra 편성: 차량 20여 대 + 813명
⑦ 육군 공병부대: 임진강을 도하(渡河)할 준비
⑧ 방공포병 호크(Hawk) 지대공 미사일: 전진 배치
⑨ 자주포병: 화력 대기

현장 지휘본부는 'Task Force Brady'의 명칭을 사용하였으며, 제2사단장(Morris J. Brady 소장)이 지휘하였다. <표 8-19>는 백악관이 주도하여 도끼 만행사태에 대응한 주요 경과를 정리하였다.

<표 8-19> 악괸 주도로 도끼 만행사태에 대응한 주요 경과

① 8.21.07:55, 미루나무 절단 작업 완료 → 백악관·청와대 보고
　　* 북한군의 동태는 실시간대로 사진을 촬영하여 상부(上部)에 보고
② 11:00, 북한 정전위 대표(한주경 소장)
　　　　 → UN 수석대표(푸르덴 제독)에 김일성 친서를 전달
③ 늦은 오후, 국무성 대변인(R. L. Funseth) 공식 기자회견을 진행
④ 8월 말, DEF-Ⅱ해제, 사태 종결을 발표

미국 측은 이전(以前)과 다르게 구호(slogan)로 끝내지 않고 강력하게 대응 및 조치하는 모습을 보였다. 헨리 A. 키신저도 주미(駐美) 일본대사와의 회동을 통해 일부 주일미군의 이동을 협조하였다. 아울러 주미 중국연락사무소장(黃鎭)과의 회동에서 미국의 분노를 표출하면서 응징하겠다는 강력한 결의를 전달하였다. 더욱이 중국이 이를 어기고 북한에 대한 직접 지원이나 기대를 보이게 만드는 어떠한 행위도 결코, 용납하지 않겠다는 의지를 전달하였다. <표 8-20>은 헨리 A. 키신저 국무장관과 황진 주미(駐美) 중국연락소장 간의 대화 내용을 정리하였다.

<표 8-20> 美 국무부에서 작성한 헨리 A. 키신저와 황진의 대화록[22]

① 이곳 워싱턴과 서울에 있는 고위급 한국 당국자들은 황진(黃鎭) 중국 연락사무소장과 키신저 국무장관 사이에 한국과 관련한 주요 논의의 본질에 대하여 큰 관심을 표명하였다. 주한(駐韓) 美 대사는 기회를 봐서 아래의 보고를 박 대통령에게 개인적으로 제공하되, 기밀 유지의 필요성을 강조해야만 한다. 박 대통령과 당신의 회동은 공동경비구역 사태 이전에 잡혀있었으며, 논의한 대부분은 다른 문제에 전념했다고 지적해야만 한다.
② 국무장관은 북한 사람들에 의해 미국인(2명)이 맞아 죽은 당일 벌어진 심각한 사건에 대해 언급하기를 "만일 자제력을 보이지 않는다면 심각한 결과를 초래할 수 있다."라고 말했다. 미국 정부는 사건 당시의 장면을 보유하고 있으며, 그 사진에서 북한 사람은 상처를 입지 않았고, 미국인과 한국인만 다치었다.

---

[22] 美 국무부, 「황진과 키신저 국무장관의 대화」 (참조번호:1976STATE212396, 1976.8.26.).

③ 황진은 "뉴스 보고만 받았지, 자세한 내막은 모른다."라고 말하였다. 그는 남·북문제에 대한 해결책과 관련해 미국과 중국의 입장은 서로가 잘 알고 있다고 말했다. 그는 어떻게 해서 카메라가 같은 사건을 기록하도록 채비가 되어있었는지를 질문하였고, 국무장관은 카메라가 관측 초소가 세워진 몇몇 장소에 정기적으로 작동하도록 마련되어 있다고 대답하였다.

위기사태에 대한 미국의 결연한 의지와 태도는 지금까지 그들이 보여준 온건한 태도와는 정반대의 모습이었기에 중국과 북한도 당황한 기색이 역력하였다고 봄이 타당하다.

물론 초기에 강력한 군사력과 무력시위를 강조한 미국이 겨우 미루나무 제거작업을 했다는 자체는 일부 난센스(nonsense)로 볼 수 있음과 동시에 실망스럽다는 평가가 있음을 부정하기는 어렵다. 그러함에도 미군의 실질적인 군사력이 한반도에 집결하고 배치되었다는 점은 다행스러웠던 현상으로 볼 수 있다.

북한 측은 자신들이 오랜 기간을 밀어붙이고 뜬금없이 고집을 부려도 점잖게 신사적으로만 대응하던 미국(UN군)의 강하고 발 빠른 대응과 조치에 상당한 공포와 두려움을 느꼈을 법하다. 이러한 추정(estimate)은 김일성이 보낸 메시지에 드러난 문맥(文脈, the line of thought)으로 가름할 수 있다. <그림 8-5>는 북한 김일성이 '폴 버니언 작전(Operation Paul Bunyan)'이 끝난 다음에 보낸 메시지이다.

"오랫동안 판문점에서 큰 사건이 발생하지 않은 것은 좋은 일이다. 그렇지만 이번에 공동경비구역, 판문점에서 사건이 일어난 것은 유감이다. 장래에 유사한 사건이 다시 발생하지 않도록 노력이 경주되어야만 할 것이다. 그러기 위해 양측이 노력을 해야한다. 우리(북한)는 귀측(美軍)이 도발을 방지하도록 촉구한다. 우리는 절대 선제 도발을 하지 않을 것이고 도발이 발생한 경우에만 자위적 조처를 취할 것이다. 이것은 우리의 일관된 입장이다."

<그림 8-5> 북한 김일성이 UN 수석대표에 보낸 메시지

김일성의 메시지는 사태와 관련하여 유감을 표명한 내용으로 이해되었으며, 긍정적으로 느껴졌다. 그러나 미군 장교(2명)가 무참하게 죽음에 이르게 된 비극적인 사실은 변함

이 없음을 확실히 하였다. 그러함에도 비무장지대 내에서 활동하는 병력에 대한 안전보장에 관하여 만으로 한정하여 회담 개최를 요구하였다.

　다만, 여기에서 어색한 느낌이 나타난다. 8월 23일 김일성이 보낸 유감 메시지를 미국이 즉각 수용할 수 없다는 태도를 밝혔다. 그러나 8월 24일 갑자기 태도가 돌변하면서 유감 표명을 받아들였다. 곧바로 "비무장지대 내 미군의 신변 안전에 대한 북한의 보장을 받아내는 등 상황이 개선되었다."라는 발표를 하였다. 이 시기에 어떠한 행위들이 이면(裏面)에서 오갔는지 궁금한 시점이다.

4. 한국 정부와 한국군의 대응조치

한국 정부와 국민 여론은 북한의 행위에 대하여 상당히 격앙되었음은 당연하다. <그림 8-6>은 문화공보부(현재의 문화체육관광부) 대변인이 발표한 규탄 성명과 국민 여론이다.

① 8.18. "북한의 만행을 규탄한다."
② 8.19.17:00, "북한이 공격 시는 자멸을 초래할 것이기에 전쟁 기도를 포기할 것을 경고하고, 이러한 때일수록 일치단결하여 북한의 전쟁 도발 기도를 사전 봉쇄할 것을 촉구한다."
③ 8.19.~, 全 국무위원에게 대기명령을 하달, 24시간 교대근무로 진행
④ 8.21. 오후, 美 국무성대변인 발표에 대한 국내 여론
 • 북한의 즉각 사죄 및 애도 표명을 요구 여론이 우세
 • 반응이 없을 경우, 군사·물리적 타격이 불가피

<그림 8-6> 문화공보부 대변인의 규탄 성명과 국내 분위기(언론 종합)

한국 정부와 국내 여론도 "더는 일방적으로 당하지 않도록 단호한 응징 및 보복 조치가 필요하며, 북한의 도전을 근본적으로 봉쇄할 대책이 마련되어야 한다."라는 주장이 힘을 얻었다. 이를 예방할 수 있을 때 한반도의 평화정착도 가능하다는 의미였다. <표 8-21-1>과 <표 8-21-2>는 제1공수여단의 특공대 편성과 작전을 준비와 수행한 내용을 종합하였다.

<표 8-21-1> 한국군 제1공수여단 특공대의 작전 준비와 추가적인 수행대책 강구
(8.19. 오후~21.01:00)

① 8.19. 오후, 특공대장(김종헌 소령)과 특공대 5개 조(64명)를 선발
 * 제1공수여단 봉화관에 집결, 군장준비 및 검사 등을 실시
② 8.20. 오후, 작전참모 등 3명 복귀, 확인된 분야 및 추가 대책을 강구
 * 작전일시: 8.21. 07:00~07:05
 * 미군: 미루나무 주변의 내부 경계 및 절단 작업(권총 30정 휴대)
 * 韓 특공대: 돌아오지 않는 다리의 외곽 경계를 담당(몽둥이만 휴대)
  → 샌드백에 M-16 소총을 분해(分解), 방탄조끼+수류탄+권총 휴대(은폐)

<표 8-21-2> 한국군 제1공수여단 특공대의 작전 준비와 수행(8.21.03:00~10:00)

① 8.21.03:00, 제1공수여단장 → "위험하면 선제공격으로 적을 제압하라!"
② 　　04:20, 특공대(64명), JSA 작전지역으로 출발(燃霧)
③ 　　05:02, 판문점 소재의 캠프 키티호크(Camp Kitty Hawk)에 도착
　　　　　* 제1공수 여단장(박희도 준장), JSA대대 상황실에 위치
　　　　　* 한국군 1사단 수색대대, JSA 좌측에 매복하여 우발작전에 대비
④ 06:00~06:40, 문산 소재 캠프 스탠톤(Camp Stanton)에서 헬기 20여 대가
　　　　　　　이륙, 경계 비행
⑤ 　　06:30, JSA 대대장 → 북한군에 작업병력 투입을 통보
⑥ 　　07:00~, 작전지역(판문점 JSA)에 도착, 조별로 임무를 수행
⑦ 　　07:22~, 북한군 200여 명 식별
⑧ 　　07:45, 미루나무(12m)를 3등분하여 해체, 바리케이드 파괴
⑨ 　　10:00경, 캠프 키티호크로 韓특공대 도착하여 여단장과 조우(遭遇), 종결

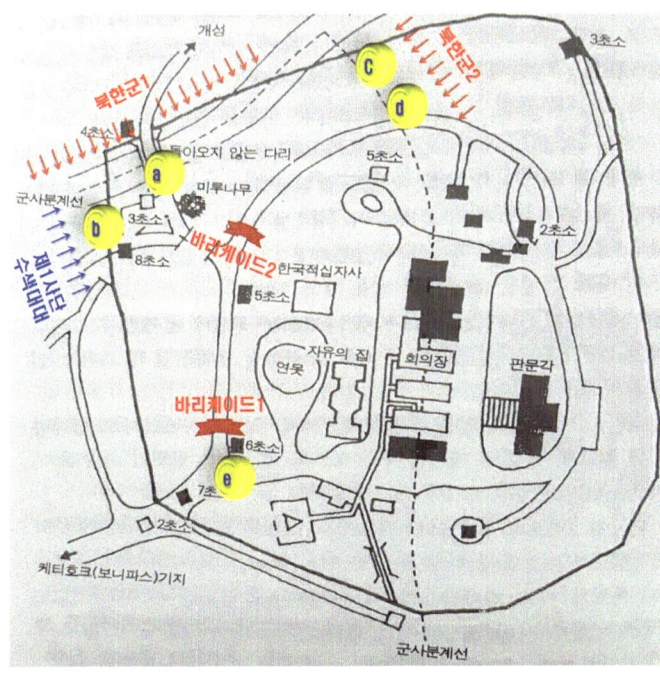

8월 21일 07:00에 작전지역(판문점 JSA)에 도착한 특공대는 조별로 신속하게 분산되어 임무를 수행하였다.

ⓐ조는 돌아오지 않는 다리 앞에 위치하여 다리를 넘어오는 북한군을 담당하였고, 뒤쪽에 있는 차량에는 사격지원조(M16A1 소총으로 무장)가 대기하였다.

ⓑ조는 3초소 후방에서 몽둥이를 들고 대기하다가 넘어오는 북한군을 담당하였고, 차량에는 사격지원조(M16A1 소총으로 무장)가 대기하였다.

ⓒ·ⓓ조는 제5 관측소에서 군사분계선 20m 전방까지 전진하여 갈대밭에 매복(대기)하면서 크레모아[23]를 설치하였다. 6명은 노출된 상태로 몽둥이를 들고 경계 임무를 수행하

였다.

ⓔ조는 차량에 탑승한 상태에서 예비임무를 담당하였으며, 북한군 6초소에 하차하여 6·7초소를 수색한 다음 판문각과 자유의 집 동쪽에 배치하여 대기토록 하였다. 제1사단 수색대대는 판문점 외곽(2초소 후방)에서 매복하여 우발작전에 대비하도록 하였다.

UN군 공병 작업반은 미루나무 곁으로 다가가 가져간 발전기와 전기톱을 이용하여 자르기 시작하였다. 이때 3초소 앞에는 JSA 대대장과 통역장교(김석찬 대위), 미군 연락장교(소령)가 현장을 확인하였다. 작전을 수립할 때 판단하였던 5분이면 끝난다는 예상은 빗나갔다. 미루나무 세 가지를 자르는 게 계획이었지만, 첫 가지를 자르는 과정에서 톱이 부러지는 바람에 시간이 지체되었다. 이때 ⓐ조 앞쪽에 북한군 1개 중대 이상이 일렬횡대로 전개하여 '엎드려 쏴 사격 자세'를 취하였고, ⓒ·ⓓ조가 매복하고 있는 갈대밭 전방으로 북한군 40~50여 명이 포복으로 접근하고 있다는 보고에 특공대장(이하 김 소령)은 당황할 수밖에 없었다. 다행히 북한군들은 군사분계선 앞에서 전진을 멈추었다. 추가적인 행동이 나타나지 않고 적막감만 흐르는 긴박한 상태에서 시간은 계속 흘러갔다.

북한군 장교가 '돌아오지 않는 다리'로 넘어오는 모습이 보이자 김 소령은 반대편에서 같은 방향으로 걸어갔다. 이 시간은 미루나무 가지가 다 잘려져 가는 즈음이었다. 북한군 장교가 이를 보고 급하게 걸음을 돌렸다. 북한군들은 접근할 엄두를 내지 못했고, 07:40경 계획한 세 나뭇가지가 잘려나갔다. 이때를 틈타 ⓔ조가 북한군 제6·7초소를 파괴하고 전화선을 잘라버렸다. 이어서 미군 트럭을 강압적으로 통제하여 북한군이 설치한 바리케이드를 부숴버렸다. 북한군 제5·8초소와 연결되어 있던 전선(電線)이 모두 잘려나갔다. 한편 JSA 대대장은 예상치 못한 한국군 특공대 활동에 철수하도록 통제를 시도했으나 불가능하였다. 이후 상당한 격려와 칭찬을 받았지만, 씁쓸한 결말로 이어졌다.

---

23) '크레모아'는 '경계 및 매복작전 간 적의 접근이 예상되는 지역에 설치하는 수평 세열식 지뢰'로서 폭발함과 동시에 작은 쇠구슬 모양의 파편이 부채꼴 형태로 높이 2m 이내에서 날아 흩어져 적을 살상하게 된다.

제 7 절

위기관리전략의 종결

1. 개 요

북한군이 판문점에서 UN군에 대한 도끼 만행을 치밀하게 감행했을 때 한국은 미국의 경제지원에 힘입어 경제가 회복되기 시작한 단계였고, 북한과의 이념 및 체제 경쟁에서도 다소 우위를 점하기 시작한 시기였다. 판문점 도끼 만행사태는 미군 2명이 살해당했으나, 한국군도 포함된 韓・美 양국에 공통으로 발생한 위기사태였음은 일반적인 사실이다. 당시 미국에 의한 패권정책은 한국 정부의 정책(전략) 판단과 한국군의 작전 수행에 상당한 지장과 억제력으로 작용하였다. 이로 인하여 정부는 의견을 개진하거나, 독자적인 작전을 할 엄두를 주도적으로 내지 못했다. 따라서 미군이 주도(supported)하는 작전을 지원(supporting)하는 개념으로 접근하였음이 정확한 표현이지 않을까 싶다.

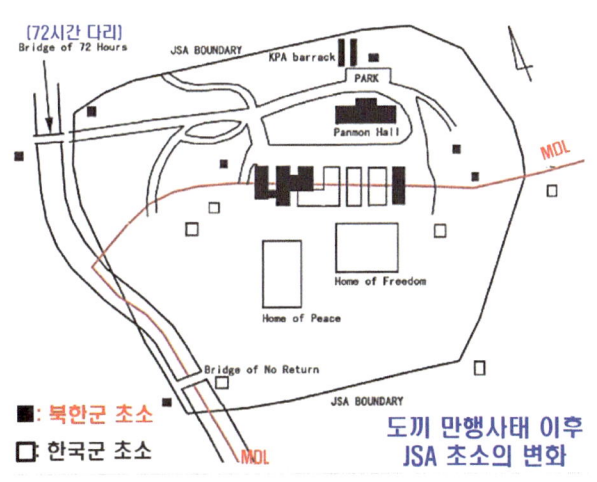

도끼 만행사태 이후 JSA 초소의 변화

'폴 버니언 작전'이 종료되자 북한은 먼저 긴급 수석대표 회의를 요청하여 김일성의 '유감 성명'을 전달하였다. 그러나 미국 측에서 그것이 잘못을 인정한 게 아니라면서 거부하였으나, 24시간 만에 이를 재수용하였다. 이후에도 미국은 8월 말까지 D-Ⅱ를 유지하였고, 북한은 이후 1.5년을 준전시 상태로 유지하였다. 도끼 만행사태가 종결된 다음에도 남・북한 모두 상호비방을 증가하면서 긴장 상태는 지속하였다.

다만 이를 계기로 하여 JSA에서는 무분별하게 난립하였던 UN(한국)・북한군의 경계구역(경계초소) 설치를 군사분계선 이남은 UN군(한국군)이, 군사분계선 이북은 북한군이 운용하는 것으로 조정하였다.

2. 미국의 태도와 대응 수준

이번 사태에서 외부(estimate)적으로는 미국이 강력하게 대응한 것처럼 보이지만, 실제로는 이전과 같은 패턴을 반복하는 데 그쳤다고 봄이 타당하다. 미국은 사태가 벌어지면, 항시 그랬던 것처럼 강력한 무력시위로 무지막지하게 복수하겠다는 외형(appearance)만을 보여주고는 사태를 종결짓는 미봉책으로 위기를 덮고 지나갔다. 이는 美-蘇 쿠바 미사일 위기사태(1962)와 이집트-이스라엘 간 시나이반도(Sinai Peninsula)의 반환에 대한 문제가 심각하게 확대되었을 때 지미 카터 대통령이 중재한 캠프 데이비드 협정(1967)도 완벽했다고 홍보한 바 있다. 그러나 현실적 측면에서 보면 해결되지 않았고, 과거의 갈등이 그대로 유지되고 있다. 협정을 체결하는 당시에도 분명한 해결책은 없는 상태로 시간에 쫓겼기 때문이다.[24] 실제로는 완전한 해결이 아니라 미봉책에 그쳤다는 연구자료들이 워낙 많이 있다는 점에 주목할 필요가 있다. 지금도 시나이반도는 아랍제국과 이스라엘 간 갈등의 중심에 있다.

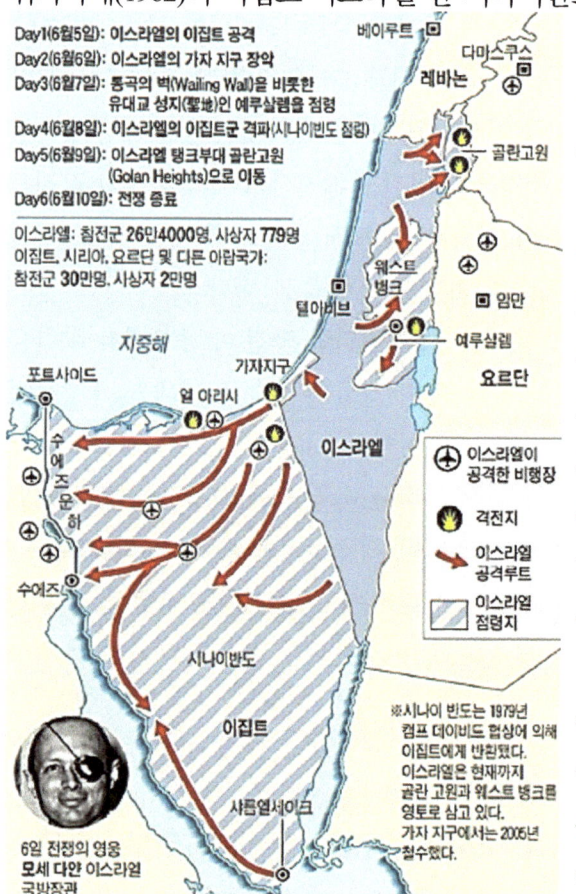

1970년대에 들어와 북한이 주도한 각종 납치 및 도발 사례와 관련하여서도 미국은 대화로 해결하기 위해 온건한 태도를 고수하였다. 판문점 도끼 만행사태도 이러한 연장선에서 시작되었다고 평가할 수 있다. 그러다 보니 사태를 대충 봉합하는 형식이었기에 원인은 분석하되, 본질을 근절하기 위한 노력은 병행되지 않았다. 다행스럽게도 판문점 도끼 만행사태에 직면했을 때 지금까지 보여왔던 것처럼 '좋은 게 좋다는 식으로 양보하고 물러서는 듯한 태도'에서

---
24) 세부 내용은 정호수의 『세상을 바꾼 협상이야기』 (서울: 발해그후, 2008), pp. 395~417.을 참고하기 바란다.

벗어나 조금 더 강력한 무력 행동을 진행했다는 점에서 다소나마 위안받을 수 있지 않나 싶다.

미국의 대응전략이나 조치가 구체적인 성과를 가져온 것처럼 느낄 수 있지만, 착시(錯視, illusion)효과에 불과하다는 점을 놓쳐서는 안 된다. 이는 크게 네 가지 관점에서 결론지을 수 있다.

첫째, 미국이 한반도를 과거부터 현재에 이르기까지 바라보는 인식 자체가 세계화 전략을 만든 초기에 한반도를 바라보는 인식에서 거의 변화가 없다는 점이다.[25] 동북아에서 소련의 팽창 야욕을 저지할 국가가 일본이고 일본을 보호하기 위해서는 한반도의 안정이 필수적이라는 공식을 얘기하는 것이다. 이는 미국의 세계관과 패권전략이기에 뭐라고 시비를 걸 필요도 없다. 왜냐하면, 그들이 초강대국으로서 자신들의 영향력을 유지하기 위한 패권전략이기 때문이다. 따라서 국가와 국익을 위해 어떤 일이든 하는 의지만은 한국도 배워야 할 점으로 보인다.

여기서 최고지도자가 어떠한 자세와 태도를 보여야 하는지에 대하여 두 가지의 사례를 짚어 보자.

①번 사례는 미국의 39대 대통령인 지미 카터(Jimmy Carter)의 자세와 태도이다. 1979년 11월 4일부터 이란의 수도인 테헤란에서 모하메드 레자 팔레비(Mohammed Reza Pahlavi, 1949~1979년까지 在位)의 신병 인도를 요구하던 과격파 시위대(학생)가 美 대사관에 난입(점거)하여 대사관 직원 52명을 납치하면서 벌어진 사건이다. 이때 인질로 잡힌 美 대사관 직원들을 구출하기 위해 진행한 작전 명칭이 '독수리 발톱작전(Operation Eagle Claw)'이었다. 그러나 이 작전은 참담한 실패로 끝이 났다.[26]

<표 8-22>는 이란 주재 美 대사관 인질사태 해결을 위해 '독수리 발톱작전'에 투입하는 과정에서 만난 지미 카터 대통령과 델타포스 팀장(Charles A. Beckwith 대령)의 대화 내용을 정리하였다.

---

25) 최근 한반도 안정에 대한 전략적 판단 및 평가도 이전과 같은 시각과 방식에서 벗어나지 않고 있음에 유념하여야 한다.

26) Charlie A. Beckwith, 『Delta Force』(1983).; '독수리 발톱작전'은 1977년 찰스 A. 베크위드(Charles A. Beck With) 대령이 영국 특수공군연대(SAS)를 기본구조로 삼아 美 육군 제1 특전단 분견대로 창설하였다. 美 델타포스(Delte Force) 부대가 최초로 투입된 임무였으나, 완전히 실패하였다. 세부적인 내용은 미국에서 2019년에 제작한 영화 <데저트 원(Desert One) 또는 2012년에 개봉한 <아르고(Argo)>를 시청하기 바란다.

<표 8-22> 지미 카터 대통령과 찰스 A. 베크위드 대령 간 대화록

① 대통령: 대령, 출발하기 전에 일러둘 말이 있어요. 내가 두 가지만 당부하겠소.
② 대령: 대통령님. 말씀하십시오.
③ 대통령: 이란으로 출발 전 적당한 때에 대원들 모두에게 나의 메시지를
  전해주시오.
 첫째, 어떠한 사유에도 불문하고 작전이 실패한다면, 책임은 나에게 있지
  특공대에 속하지 않는다.
  (The fault will not be theirs, it will be mine.)
 넷째, 만약 특공대원이건, 인질이 되었건, 사망자가 발생하거든, 다른
  사람의 생명에 지장이 없는 한 가능하면, 시체를 실어오시오.

지미 카터 대통령은 軍 통수권자로서 델타포스에 대한 신뢰가 잔뜩 녹아있는 문장을 구성하고 있다. 국가 최고지도자인 대통령 본인이 모든 책임을 지겠다는 결연한 의지가 충분히 전달되었고, 이로 인하여 대원들의 결의와 사기의 진작도 당연히 갖추어질 수밖에 없었다. ②번 사례는 소련의 이오시프 스탈린의 사례이다. 스몰렌스크 전투에서 독일군 포로로 잡은 원수를 자기의 아들과 맞교환하자는 제의를 받았으나 거절하였다. <표 8-23>은 독일로부터 포로교환 제의를 받은 그의 답변 내용이다.

<표 8-23> 독일의 포로 교환 제의에 대한 이오시프 스탈린의 답변

"나는 결코 일개 병사와 적군의 원수(元帥)를 교환하지 않는다. 수백만 명의
 내 아들들을 모두 풀어주든지 아니면, 그들과 내 아들을 똑같이 처리해라."

스탈린의 장남(Yakov Dzhugashvili)은 독·소 전쟁에 포병 중위로 참전하였다가 1941년 7월 스몰렌스크 전투에서 포로가 되었다. 2년 후인 1943년 스탈린그라드 전투에서 독일군의 프리드리히 파울루스(Friedrich Wilhelm Ernst Paulus, 1890~1957) 원수가 소련에 포로로 잡혔다. 독일은 포로

로 잡혀있는 스탈린의 아들과 독일군 원수를 맞바꾸자고 먼저 제안을 해왔다. 그러나 스탈린은 거절하였다.[27]

둘째, 이전까지와 같이 군사적인 시위만으로 사태를 종결함으로써 항시 위기 요인이 내재(內在)하고 있다. 당시 한국의 조선일보 사설은 "3백 회 가까운 판문점 정전회담에서도 그토록 욕설을 퍼붓는 북한에 대하여 점잖게 타이르기만 하는 나라 미국"이라는 문장은 시사(時事)하는 바가 크다.

셋째, 한국과의 협력체제는 유지하였다고 보이나, 한국군을 보조 또는 지원(supporting) 받는 개념으로만 인식하였을 뿐 정상적인 임무를 수행할 수 있는 군사조직으로 보지 않은 여러 가지의 정황이 느껴진다. 이는 '폴 버니언 작전'에서 미군 작업반(공병)이 미루나무 제거작업을 하는 동안 한국군이 주변을 경계하되, 무장하지 말고 몽둥이와 태권도로만 경계 임무를 수행하라는 사례를 통해서도 잘 나타나 있다.

한반도가 세계정세에 미치는 지정학적인 영향은 강대국들이 구사하는 대외정책과 한반도 안보의 상관관계 속에서 전개되는 현실임을 부정하기 어렵다. 따라서 총력 안보태세의 확립을 위해서는 국민적 단합도 필요하지만, 정부의 국익 달성을 위한 목적과 방향성이 일관되어야 한다는 점을 인식할 필요가 있다. 미국의 대외정책도 이의 연장선인 그들의 국익과 한반도 안보의 상관관계 그 어디쯤인가에서 對韓 정책(전략)이나, 주한미군의 규모가 결정될 수밖에 없다. 결국, 총력 안보태세는 국민적 대동단결과 결속이 필요한 과제임을 이해할 필요가 있다.

---

[27] 내면적으로 살펴보면, 스탈린은 처음부터 소심한 장남을 이뻐하지 않았고, 멍청하다면서 폭언과 욕설을 일삼았고, 무시하며 외면하였다는 정황을 많이 확인할 수 있다. 포로가 되어 맞교환 제의를 받았을 때 스탈린은 "나는 원수와 중위를 맞바꿀 정도로 바보가 아니며, 야코프라는 아들을 모른다."라고 외면했음은 드러난 사실이다. 여기에서는 학습 목적상 전략적 측면에서 '적군의 원수와 중위'라는 등식에 집중함으로써 국가지도자의 바람직한 처신과 태도에만 집중하였다. 자신만이 똑똑하다고 느끼는 사람의 경우, 정치인(Politician, 자신의 이득만을 생각하여 행동하는 이기적인 사람)은 될 수 있을지 모르겠지만, 국가지도자나 정치가(Statesman, 국가와 국민의 미래를 우선하여 생각하고 폭넓은 경륜과 올바른 신념으로 대의에 따르는 사람)는 될 수 없다는 사실을 유념하여야 한다.

3. 한국의 태도와 대응 수준

한국의 처지에서 볼 때 외형(appearance)적으로는 미국과 공고한 협력체계를 유지하였다고 생각할 수 있지만, 내면적으로는 평등한 협력 관계가 아니었음을 곳곳에서 느낄 수 있다. 이는 한 국가의 자존감을 책임지는 국가 최고지도자를 포함한 정치·군사부문이 한마음 한뜻으로 결속이 필요한 부분이다. 당시는 그러지 않은 관계로 정부와 국민적 여론이 괴리(乖離, discrepancy)되는 부문이 여러 곳에서 나타났다. 물론 국민 다수의 여론이 국익에 위배(違背)될 수 있고, 다수의

도끼 만행 규탄대회

여론이 집단사고로 흐를 수 있기에 무조건 정답이라고 주장하는 것은 아님을 밝혀둔다. 그러함에도 도끼 만행사태 때 미국과 UN군 사령부가 작전을 수행하는 과정에 한국 측이 필요한 의견은 제시하여야 했다. 설혹 특공대원들의 과도한 행위로 간주했다 하더라도 먼저 보호 및 방패막이 역할을 해주는 게 먼저이지 않았을까? 라는 점은 되짚어야 한다. 어쩔 수 없었다는 이유나 변명은 기회주의 및 패배자(시류에 순응하거나, 강한 세력에 굴복한 자)의 태도로밖에 볼 수 없다.

이러한 문제점은 도끼 만행사태뿐만이 아니라 역사·현실적 측면에서도 다양하게 확인할 수 있다. 국가 최고지도자와 軍 지휘부, 그리고 全 국민이 한마음으로 소통하고 결기가 필요한 시기였음은 분명하다. 물론 한국의 미약한 국력(군사력)으로 인하여 정부(한국군)가 독단적으로 추진하기는 불가능하였음은 불문가지다. 이로 인해 미국과 공동으로 대북 응징을 하는 데 한계가 있음이 나타난 대표적 사건이기도 하다.

조치 및 대응 간 식별된 두 가지 문제점은 짚고 넘어갈 필요가 있다. 먼저, 판문점 위기사태가 발생하고 난 다음 제1공수 여단장에 지시하는 과정과 절차상의 문제다. 보안을 유지하기 위해 내부적으로 접촉할 때 대통령의 지시로 건네준 격려금과 훈·포상을 언급하였지만, 이후 이들을 책임지고 보호하려는 어떠한 내용의 지침이나 후속 조치가 없었다. 더욱이 대통령이 언론에 '미친개는 몽둥이가 약'이라며 전투화를 갖다 놓는 등의 보여주기

식 홍보 효과는 좋았지만 딱 거기까지였다. 미국이 하는 폴 버니언 작전 과정에 한국 정부나 軍 지휘부가 자주 국가로서 참여하려는 노력이 소극적이었다는 점에서 자존심과 국민 여론(감정)을 배려하지 못한 결과가 아닐까 싶다.

둘째, 미루나무 제거 작전을 성공적으로 마치는 과정에서 한국군이 독단적으로 수행한 작전 수행에 대하여 UN군 장병들은 통쾌하다면서 격려를 보냈다. 그러나 이후 리처드 G. 스틸웰 UN군 사령관이 뒤늦게 한국군이 임의로 무장한 사실, JSA 대대장의 통제를 벗어난 강압적인 행동 즉, 바리케이드와 북한군 초소를 무단으로 파괴한 사실, 미군 운전병을 권총으로 위협하여 북한군이 설치해 놓은 바리케이드를 부순 일련의 행동 등에 대하여 보고를 받았다. 그는 화를 참지 못하고 곧바로 연합 지휘 통제체계에 대한 문제를 언급하면서 관련자를 군법회의와 징계위원회에 회부(回附)하고자 하였다. 그러나 이 과정에서 한국 대통령을 포함한 軍 지휘부의 그 누구도 이에 대하여 이의를 제기하거나, 자신이 책임을 지겠다거나, 문제를 해결하는 노력은 없었다. 물론 이면적으로 움직였다고 항변할 수 있지만, 불가항력이라고 할 수 있다. 그랬더라도 상급지휘관이 책임질 일이지 실무자인 특공대장(작전보좌관)이나, 일개 작전 장교가 책임질 업무나 직책은 아니지 않나 싶다.

국민을 비롯하여 수많은 구성원(부하)의 생계를 책임진 위치에서 신망받으면서 책임감을 느껴야 할 국가지도자(CEO)나, 국가를 위해 목숨을 바쳐야 하고 수많은 부하의 생명을 보호해야 하는 올바른 軍 지휘관이 되려면, 가장 먼저 '믿음'과 '진정성', 그리고 '자신부터 헌신하고 봉사하는 자세'가 필요함을 인식하여야 한다.

제 8 절

평가 및 교훈 도출

1. 긍정·부정적인 측면

판문점 도끼 만행사태는 외부적으로는 韓·美가 연합한 작전으로 포장되어 있지만, 실제로는 미군이 일방적으로 주도(supported)한 작전으로서 한국군은 조연(supporting)에 불과한 역할이자 간접적인 위기 대응이었다고 하여도 과언이 아닐 것이다. 그러함에도 한국군

미군 주도(supported)

한국군 지원(supporting)

특공대원들의 강한 의지와 결사적으로 항쟁(抗爭)한 행위 일부가 나타났다는 점은 그 자체만으로도 한국군의 결기를 보여준 사례로 볼 수 있다. 다만 이를 한국 정부와 한국군 전체의 의지로 보기는 다소 한계가 있다. 작전이 종료된 이후 UN군 사령관이 특공대원들의 과도한 행위를 문제 삼아 군법회의와 징계위원회에 회부를 결정했을 때 한국 정부와 軍 지휘부의 그 누구도 공식적으로 이들을 대변하지 않았기 때문이다. 다시 말해 사태 초기 대통령의 지시로 특공대를 준비하라는 외형적인 모양새는 갖추었다. 그러나 정작 국가와 국민이 진심으로 믿고 의지할 수 있는 최고지도자(군사지도자)로서 책임감과 담력(膽力)과 결단력이 없었다. 끝까지 특공대를 보호하고 자신이 책임지겠다는 지미 카터 대통령이

"내 철모와 군화를 당장 가져오라! 미친 개는 몽둥이가 약이다!"

보여준 당당한 리더십과 부하에 대한 신뢰와 책임감, 결기는 보지 못했다는 점에서 아쉽다.

혹자(或者)는 "사태가 발생한 초기에 대통령이 강력한 의지를 표명하였고, 특공대에 격려금까지 주었다. 또한, 필요할 때 응징하도록 지시하지 않았는가?"라고 하면서, "나머지는 밑

에서 알아서 해야지, 왜! 대통령이 그걸 직접 다해야 하나?"라고 주장할 수 있다. 답은 바로 "당연하지!"라고 결론짓고 싶다. 그래서 대통령이 되었고, 그래서 軍의 최고 지휘관이 된 것(되도록 만들어 준 것)은 아닌지 되돌아보아야 할 때이다.

여느 주장을 불문하고 자신들이 주장하는 공식이 합리적인 논거(reasonable argument)로 정립되기 위해서는 정부나 軍 지휘부 차원에서 끝까지 부하들을 보호하고 격려하기 위한 어떠한 조치와 노력에 일관성이 있어야 하며 국민(또는 구성원)이 이를 인정하여야 한다.

2. 네 가지 측면에서의 평가 및 교훈

2.1. 韓-美 간 유대 강화 활동과 국민적 일체감 조성이 필요

국제사회에서 생존하려면, 국가 간에 필요한 유대를 강화하여야 하고, 국민적 단합과 일체감이 조성되어야 한다. <표 8-24>는 韓-美 간 유대를 강화하고 내부적으로는 국민적 단합이 필요한 네 가지의 배경과 목적을 정리하였다.

<표 8-24> 韓-美 간 유대 강화, 국민적 단합이 필요한 배경과 목적

① 韓·美 간 국가이익(國家利益, National Interest)은 항상 일치할 수 없다.[28]
② 국가 간 인식에 차이가 발생하면, 공동 대응 및 보조를 맞추기가 어렵다.
③ 미국은 한반도를 자신들이 추구하는 세계화 전략의 린치핀으로, 일본은 세계화 전략의 핵심축으로 인식하고 있다.[29]
④ 한국은 한반도에서 절실한 생존전략을 구사할 수밖에 없다.

판문점 도끼 만행사태가 발생하였을 때 미국이 신속하게 대응했던, 신속한 대응을 할 수밖에 없었던 배경에는 미군 장교(미국 시민)가 현장에서 피살되었기 때문임을 부정하기 어렵다. 미국은 국제사회에서 초강대국으로 세계 질서를 주도하는 위치이면서도 여러 가지의 사건에서 북한에 끌려다녔다. 반복되는 취약한 현실에서 굴욕스러운 처지를 극복할 명분이 필요했다. 이러한 흐름은 무력시위와 응징 보복을 계획하는 단계에서 美 의회와 국제 여론의 전폭적인 지지를 얻는 활동을 통해서도 느낄 수 있다. 한국군 장병만 피살되

---

28) '국가이익'은 '숲 국민적인 행동을 통해 실현하려는 본질에서부터 국가가 추구해야 할 이익으로서 모든 국가정책을 추진할 때 최우선으로 고려되어야 할 가치'임을 이해하여야 한다.
29) 2019년 6월 1일 美 국방성이 발표한 '인도-태평양 전략보고서'에 의하면, 한국은 '한반도와 동북아에 있어서 평화와 번영의 축'(linchpin of peace and prosperity in Northeast Asia, as well as the Korean Peninsula)으로, 일본은 '인도-태평양 지역 평화와 번영의 초석'(the cornerstone of peace and prosperity in the Indo-Pacific)으로 적시하고 있다. 인도-태평양 전략에서 한국은 한반도를 비롯한 동북아의 평화와 번영의 축이지 자신들이 중요시하는 인도-태평양의 축은 아니라는 의미로도 볼 수 있다. 이는 과거와 현재의 미국이 같은 방향(관점)에서 한국을 바라보고 있음을 이해하고 대비하여야 한다는 의미이기도 하다.

었더라면, 이러한 정도의 신속한 반응과 발 빠른 대처가 나오기는 사실 어려웠다.

당시 미국과 한국의 국제적인 신뢰도나 인지도 수준에는 현격한 차이가 있다. 특히 미국의 경우 미군 장교가 대낮에 도끼 등으로 현장에서 피살되었기에 'Pax Americana'의 자존심 때문이라도 그냥 넘어갈 수 없는 형편이었다. 따라서 미국이 한국과의 협력 및 동맹의 중요성 때문에 응징 보복을 이행했다기보다 자국의 자존심과 자존감을 먼저 생각했다고 하여도 지나친 말은 아닐 것이다. 이에 따라 한국(軍)과 연합하는 형식을 갖추었으나, 자신들의 협상 전략과 대응에 따라오게 만드는 일방적인 형태로 추진하였다.30) 이 과정에서 한국(軍)에 대한 배려는 거의 없었다고 봄이 타당하지 않나 싶다. 결국, "힘이 없는 국가(민족)는 다른 국가(민족)에 지배당할 수밖에 없다."라고 하는 문장이 동서고금(東西古今)의 진리가 되는 게 아닐까 싶다.

2.2. 미국, 공동경비구역 내에서 활동하는 UN군의 신변 안전보장을 요구

미국의 시각에서 바라보자면, 한반도의 현실을 극복 또는 해결하려는 의지보다는 당장 필요로 하는 어떠한 국면으로만 한정하여 접근했다는 느낌을 지우기가 쉽지 않다. 국제적 명분 측면에서 미국이 취하는 정치적 태도에 따라 응징과 보복 카드가 적극적으로 지지를 받는 유리한 고지를 선점(先占)했다는 관점에서다. 그러함에도 가능한 한 신속하게 문제를 덮고 지나가려는 흔적들은 곳곳에 나타나고 있다. 8월 18일 JSA에서 도끼 만행사태가 발생한 이후 UN군과 북한군은 총 9회에 걸쳐 회의(정전위 3회, 비서장 회의 6회)를 개최하였으나, 점차 실무적인 절차에 집중하여 '신변 안전보장'이라는 지엽적인 문제를 해결하는 선에서 종결하였다.31) 이는

---

30) 세부 내용은 김성진의 『군사협상론』 (2020), pp. 307~343.을 참고하기 바란다.
31) 가장 중요한 핵심은 북한 김일성이 사태의 발단에 대한 시인(是認)과 진정한 사과(謝過), 책임자 처벌에 대한 문제를 해결하는 것이었으나, 이러한 수준에 이르지 못했다. 다소 미흡하더라도 명예롭게 사태를 완결짓고자 하는 쌍방의 이해가 맞았기 때문이 아닌가 싶다. 헨리 A. 키신저 국무장관은 7월에 제의했으나, 큰 효과를 보지 못한 '4자 회담'을 9월 30일 UN 총회에서 다시 제의하였다. 정치·외교적으로 유리한 위치를 점하기 위해서였다. 그러나 결과적으로 호응을 끌어내지 못했다.

크게 두 가지 측면에서 판단할 수 있다.

먼저, 공동경비구역(JSA)에서의 행동 절차에 대하여 북한의 변화만 요구하는 수준에 그쳤다는 점이다. 추후 대비해야 할 추가적인 대응 방안이나 대책을 수립하지 않은 상태에서 자신들에 주어진 목적만 달성하면 된다는 인식으로 접근한 결과가 아닐까 싶다. 이는 유사한 사례가 언제든 반복될 수 있는 여지를 남겼다. 둘째, 정책 입안자들이 군사적인 무력시위를 통해 확고한 미국의 패권적 지위(地位)를 과시하는 데에만 중점을 두고 진행하였다는 점이다. 이는 군사력의 신속한 투사(投射) 능력을 대외에 과시함으로써 신속하고 막강한 전략적 자산의 전개 능력, 자신들이 계획한 군사력 확대의 효율성을 달성하는데 두었음을 분명히 하고 있다는 데서도 느낄 수 있다.

2.3. 미국의 대중 매체(mass media)는 정보 전달자이면서 여론을 조성하는 핵심 역할을 수행

1976년 8월 24일 『워싱턴포스트(WP)』 사설은 "한국에서의 평화를 그대로 지켜나가고 있는 것이 바로 미국의 확고한 신념이다."라고 주장했으며, 『뉴욕타임스(NYT)』는 "군사력의 전개와 힘의 과시가 북한의 어떠한 침략적 행위도 용납하지 않겠다는 미국의 확고함을 믿게 하는데 상당히 효과적이었다."라는 보도를 게재하였다. 이는 미국 내에서 두 가지의 상반된 반향(反響)을 일으켰다. 첫째, 판문점 도끼 만행사태가 일어나기 이전까지는 美 정치권에서 주한미군을 철수해야 한다는 주장이 많았다. 그러나 이 사건을 계기로 관련 주장들은 위축되었다. 둘째, 평화유지와 전쟁을 억제하기 위해서는 반드시 미군이 필요하다는 인식이 미국민들 사이에 널리 촉발하게 만드는 계기가 되었다. 국가를 위한 긍정적인 역할을 대중 매체가 하고 있다는 점을 깊이 인식할 필요가 있다.

2.4. 미국에서 주도한 판문점 도끼 만행사태와 관련한 대응조치는 단순한 보복이나 응징(punish) 이상의 의미를 촉발(觸發)

왜! 이러한 내용을 도출하였는지는 크게 네 가지로 정리할 수 있다. 첫째, 사건이 발생하기 이전(以前)인 지난 23년 동안 북한군에게 일방적으로 당하거나, 굴복하여왔던 UN군이 곧바로 군사행동을 취하면서 직접적인 군사 보복의 위협을 가했다는 점이다.

둘째, 韓-美 간 군사·외교적 유대가 강화되면서 신속한 대응으로 한국의 안보에 긍정적인 이정표가 되었음은 분명하다. 특히 美 의회가 전(全) 국민적인 호응 속에 신속한 결의를 천명하고 행동으로 대처하는 수순(手順)을 밟은 점은 환영할만한 일이다. 물론 이와는 다른 시각으로 접근할 수도 있다. 예를 들어 한국군만 살해당했다면, 과연 미국이 이렇듯 신속한 반응을 내고 동분서주(東奔西走)하였을까?, 아니면, 한국군만이 살해당했을 때 과연 미국이란 국가가 이토록 자국민이 당한 일처럼 신속하게 대응하고 군사적 차원의 무력시위를 진행하였을까? 라는 일말의 의구심은 또 다른 시각과 과제로 남겨둠이 좋을듯하다.

셋째, 美 국무성이 외형적으로나마 군사정전위원회(MAC)를 통한 공식적인 접촉 이외에는 어떠한 경로로도 북한과 접촉하지 않았다고 밝힌 점이다.

넷째, 역사상 처음으로 북한 김일성이 사태가 종료되기 직전에 공식적인 유감을 표명하였다.

3. 현대적 프레임(Frame)으로 재구성한 팩트-체크(fact- check)

다른 한편으로 크게 세 가지 측면에서 반성해야 할 분야가 있다. 먼저, 가장 큰 의제(Agenda)는 한국 정부가 해당 영토인 판문점 내에서 도끼 만행사태가 일어났음에도 불구하고 정치·군사적 대응에 적극적이지 않았다. 만행사태를 미국과 협조하면서도 후속 조치에 관한 모든 계선(界線) 상에서 소외되어 있다는 점도 눈여겨볼 만한 대목이다. 한국 정부(한국군)는 자체 의견을 낼 수도 없었고, 의견을 낸다고 하더라도 답은 없는 즉, 독자적인 의사결정권과 행동 권한을 행사하지 못했다는 현실은 뼈아픈 부분이다. 가장 중요한 체크-포인트는 정부와 軍 지휘부도 이를 바꾸려는 노력에 소극적이었다고 보는 게 타당하지 않을까 싶다. 자신이 문제를 끄집어내어 미국과 척(隻, 반목하게 되는)을 지기 싫었다는 지적이 타당하다. 독립 국가라면, 당연히 가지고 있어야 하고 행사할 수 있어야 할 자존감(自尊感, self-esteem)과 주도권(主導權, hegemony)이 정부나 군부(軍部) 어디에서도 찾아볼 수 없었다는 점은 우리가 두고두고 반성해야 할 대목이 아닐까 싶다.

또한, 일부에서 주장하는 바와 같이 "판문점 내부 지역의 문제는 UN군 사령부 담당이기에 어쩔 수 없었다."라는 언급은 피동·소극적인 패배자의 변명으로밖에 읽히기 어렵지 않나 싶다. 당시 대대장이 미군(중령)이었지만, 부대대장은 엄연히 한국군(중령)이었고, 합동 근무 개념으로 운영하는 체계였기 때문이다. 물론 작업 현장에 한국군이 포함되어 임무를 수행하고 있었지만, UN군 사령부 소속의 미군이 주도(supported)하고 있었기에 이들이 주도하는 현실은 당연하다고 할 수밖에 없다. 다만 한국군의 발언권을 행사할 수 있는 환경이 거의 조성되지 않았다는 점에서 軍 지휘부 차원에서도 깊은 성찰(省察, self-examination)이 필요한 대목으로 보인다.

둘째, 한국 정부와 군부(軍部)가 해당 영토 내에서조차 자국의 군인들을 보호하지 못하고 주변 여건으로 인하여 현실적으로 정치·군사적인 어려움이 있다는 무책임한 행태는 자칫 자주 국가로서의 위상(位相) 문제와 연계될 수 있다. 신생국가들도 '전략적 모호성(NCND)'[32])이라는 명분에 기대어 자국민과 군인들을 보호하지 않는 태도를 보이기가 쉽

---

32) '전략적 모호성'은 미국의 NCND(Neither Confirm Nor Denial) 정책을 대표적인 사례로 들 수 있다. 한반도를 포함하는 특정 지역에 핵무기의 존재 여부를 시인도 부인도 하지 않는 핵 정책'이다. 해당 국가의 군사 기밀은 유지하되, 상대 국가(세력)에 대해서는 심리적 압박과 위협을 가하기 위함이다.

지만은 않기 때문이다.

위기와 위기관리의 개념, 대응절차 및 기본 원리를 통해 이해할 수 있지만, 해당 직책이나 신분이 되었을 때 직접 실천하기는 쉽지 않다. 해당 국가(정부)와 군부가 주도적으로 조치하고 자국 군인들의 문제는 어떠한 수단과 방법을 동원해서라도 적극적으로 보호하고 지켜줄 책임과 의무가 있음을 다시 한번 인식해야 하지 않을까 싶다. 기득권을 지키기 위한 구시대적인 의식은 개선되어야 마땅하다. 특히 정부와 軍 수뇌부가 해당 영토 내에서 벌어진 사건에도 주요 계선(契線) 상에서 비켜있었다는 사실은 깊은 반성과 개선을 위해 환골탈태(換骨奪胎)하려는 노력이 필요하다.

판문점 도끼 만행사태에서 한국 정부와 한국군의 위기 대응 및 전략은 정상적인 단계나 절차로 연결되지 않았다. 작전을 시행하는 과정에서도 임무를 받는 공수여단장에게만 비공개를 전제(前提)로 위임하고는 모든 공식적인 지휘체계와 책임에서 뒤로 빠져 있는 등의 정치·군사적 패착(敗着) 문제는 간단하게 이해하고 넘어갈 문제는 아닌 것으로 보인다.

마지막으로, 한국군 수뇌부의 경우 자체적으로 보복작전 개념의 특공결사대 임무를 부여하였으면서도 문제가 될 것이 확실해지자 책임지는 계선 상에 있으면서도 이를 회피하려는 행위와 태도 등이 나타난 점은 깊은 반성이 필요하지 않을까 싶다. 리더십 측면에서도 상당한 책임감과 소명의식에 따른 변화와 필요하며 사고방식(思考方式, one's way of thinking)의 개선과 소명의식(calling)으로의 전환이 필요하다. 학습하면서 학도(미래의 軍 지휘부)로서 가져야 할 심적 자세(mental posture)와 태도가 어떠해야 하는지에 대하여 깊은 탐구(探求, quest) 노력과 실천하는 마음이 시작되었으면 싶다.

판문점 도끼 만행 위기사태의 진행 과정을 통하여 두 가지를 반드시 유념하여야 할 내용이 있다. 첫째, 정치적 측면에서 최고지도자가 되기 위해서는 스스로 한 행동과 행위에 대한 책임을 질 줄 알아야 한다. 작게는 자신의 주변에서부터 크게는 국민 다수의 '믿음'을 얻지 못하면, 어떠한 정치적 목표나 꿈도 이루기는 불가능함을 깨우쳐야 한다. 둘째, 국가와 국민을 위해 목숨을 바칠 각오와 자신들의 직분을 다하겠다는 의지로 뭉친 일부 직업군인들이 있었음은 대한민국의 복(福)이라고 할 수 있다. 이때도 당시의 충용(忠勇)스러웠던 임무 수행자들이 UN군 사령부가 징계 조치를 요구할 때 정부와 군부 그 어디도 적극적으로 책임지겠다거나, 이들을 보호하려는 노력이 없었다는 사실에서 아쉬움을 떨치기 어렵다.

'무신불립(無信不立)이면, 처변불경(處變不驚)'이다. '무신불립(無信不立)'은 믿음이 중요하다는 의미로서 '상대로부터 믿음을 얻지 못하면, 바로 설 수 없다.'라는 뜻이다. '처변불경(處變不驚)'은 어떠한 상황에 맞닥뜨리더라도 놀라지 않고 침착하게 처리하여야 함을 의미하기에 "상황이 아무리 위험하고 긴박하더라도 중심을 잡고 냉정하고 침착하게 일을 처리하여야 한다."라는 뜻이다. 다시 말해 평소에 구성원(부하직원)의 신뢰를 받아야 지휘(command)나 지도(lead)도 할 수 있고, 준거적 힘도 자연스럽게 생성된다는 점을 기억해야 한다. 이것이 기본이 되어야 물이 흘러가듯 자연스러운 지휘통솔 기법을 습득할 수 있을 것이고, 위기 대응에 필요한 기술(technique)과 기법(skill)도 충분히 발휘할 수 있다는 요체(要諦)를 인식했으면 한다.

결론적으로 진정한 위기 대응 전문가는 말(lip-service)로 만들어지는 게 아니다. 기본과 상식이 통하는 상태에서 때로는 너무 나치다 싶을 정도로, 또 때로는 과감하게 대응하지 않으면 때를 놓치게 됨을 명심하여야 한다. 이렇게 실천하는 대처 과정을 보는 주변(국민 또는 구성원)이 인정하여야 하며, 이는 자신이 가진 기술과 기법으로 증명할 수 있어야 진정한 전문가로 인정받을 수 있다.

> "힘이 없는 국가(민족)에 미래와 발전은 없으며,
> 준거적(準據的) 힘은 스스로 노력한 결정체이다."

에필로그

위기와 위기관리는 어느 특정한 국가(軍)만을 대상으로 하지 않는다. 비정부기구(NGO)와 집단(기업), 개인 누구라도 해당하지만, '설마~'하는 심정에서 이를 회피하려는 경우가 많다. 위기는 언제, 어디서, 어떠한 형태로든 존재하고 있기에 피하고 싶다고 피할 수 있는 게 아니다. 예고 없이 나타나 대상물(對象物)에 심대한 피해(손실)를 주는 고등 생물(生物)이 바로 '위기'임을 인식할 수 있어야 비로소 예방(대비)도 할 수 있다. 위기에 빠진 다음에는 후회하여도 소용이 없음을 자각(自覺)해야 한다.

한국의 위기관리체계와 조직은 다른 국가와 같다고 보기가 어렵다. 9·11테러가 발생한 이후 '국민방위'와 '국민보호' 개념을 통합한 미국의 '국토방위(homeland security)' 개념과도 확연히 차이가 있다. 고유의 환경과 여건에 부합하는 위기관리체계가 필요하지만, 위기의 본질은 무시한 채 땜질식 단기(短期) 처방으로 일관하고 있기 때문이다. 따라서 전통·비전통적 위협에 탄력적으로 대응할 수 있는 법령체계와 조직 구조, 기능과 운영 측면의 변화가 시급하다. 학도들이 위기관리에 대한 기본적인 원리와 준칙만이라도 이해할 수 있다면, 학습의 목적은 달성하였다고 생각한다. 네 가지 당부를 드리며 마무리하고자 한다.

첫째, '나무를 보지 말고 숲을 먼저 봐라!' 자신이 원하는 내용만 보려고 하면 안 된다. 용어가 갖는 본질적 의미와 왜! 이러한 결과여야 하는지를 합리적으로 사고할 수 있을 때 개선(변화)도 가능하지 않나 싶다. 현실에서 위기의 반복이 합리적 논거(reasonable argument)보다 이해관계자(stake-holders)의 담합, 어설픈 집단지성(collective intelligence), 인지 부조화(cognitive dissonance), 확증편향(confirmation bias)의 결과는 아닌지 염려스럽다.

둘째, '문제의 본질을 꿰뚫어야 한다.' 기초 지식과 원리에 딱딱한 법령체계를 포함한 배경은 위기관리 전반의 중심이 될 기준법이 없어 태생적으로 실효성을 담보할 수 없는 현실이어서다. 학도들이 하인리히의 1:29:300 법칙을 습성화할 때 어떠한 위기 상황(또는 문제)에 직면하더라도 본질을 정확하게 진단하고 끄집어낼 수 있다. 이를 통해 위기가 촉발되는 시점과 어떻게 관리 및 대응할 때 반복되지 않을는지 생각하는 계기가 되었으면 한다.

셋째, '너무 외형(이론)에 치우치지 않아야 한다.' 원칙(원리)은 위기를 해결하는 데 필요한 보조수단이지 바이블(Bible)이 아니다. 위기관리 및 대응 기법(skill)은 신속한 판단과 결심, 과도할 정도의 조치가 필요하다. 법 조문(條文)을 그대로 인용(引用)하기보다 탄력・유기적으로 응용하는 태도(자세 또는 인식)가 필요하다. 이는 2009년 US 에어웨이즈 1549 여객기의 불시착 사고와 2014년 세월호 침몰사고에서 극명하게 드러났다. 정형화된 패턴과 방식이 이론적 기초를 이해할 때는 도움이 되겠지만, 현실(현장의 상황)을 해결하기에는 한계가 있다. 원칙에 얽매이는 순간 조치방식과 해결 패턴은 교과서적으로 단순해질 수밖에 없다. 언론에 보도되는 각종 사건・사고 대응을 처리하는 과정에서의 문제점을 반면교사(反面敎師)로 삼으면 좋지 않을까 싶다.

마지막으로, <국가위기관리론>은 위기를 조치하는 주체이거나, 구성원으로서 필요한 기본적인 원리이다. 여느 국가나 기업, 개인을 불문하고 언제라도 위태로워지거나, 긴박(緊迫, tense)한 상황(상태)에 놓이게 된다. 이때 냉정・침착한 태도와 탄력・유기적인 대응 노력이 피해를 예방(최소화)하는 핵심 요체(要諦)임을 잊지 않아야 한다. 이 책이 국가(軍)의 위기관리 발전과 변화에 작게라도 도움이 되었으면 싶다.

> "무능한 지도자(지휘관)는 위기를 스스로
> 불러들이지만, 유능한 지도자(지휘관)는 위기를
> 해결한다."

약어정리

AAR(After Action Review)	사후검토
alertness	경계성

* 최악의 상황에 대비하도록 인력과 예산, 장비, 물자 등을 확보·비축한 다음 이를 전혀 사용하지 않아도 되도록 유도하는 것이다.

Anadyr Operation	아나디르 작전

* 소련이 쿠바에 핵미사일 기지를 설치하기 위해 만든 암호명으로 시베리아 베링해 쪽에 있는 강의 이름에서 따왔다.

Armed Neutrality State	무장중립국
ARPAnet	아파넷(또는 아르파넷)

* 초기의 인터넷 이름

BATNA(Best Altenative to Negotiated Agreement)	배트나

* 협상을 진행하면서 합의가 불가능하다고 판단할 때 협상 당사자가 취하는 또 다른 창조적 대안(代案)이다.

Bay of Pigs Invation	피그스만 침공작전(일명 브루투스 작전)
blackmail strategy	공갈 전략
CEMS(Comprehensive Emergency Management)	포괄적 재난관리 접근법
civil defense	국민방위

* '외부의 적에 의한 침입에 중점적으로 대응'하는 개념

civil protection	국민 보호

* '자연재난과 인위적 재난으로부터 자국민(自國民)을 보호'하는 개념이다.

Cold-War	냉전
Cool-War	탈냉전기 또는 신냉전
coercive strategy	강압 외교 전략
conveying commitment and resolve to avoid miscalculation by the adversary	결의전달 전략
cease-fire agreement	정전협정
CFX(Command Field Exercise)	지휘소 야외기동훈련
cognitive dissonance	인지 부조화
communization unification	적화통일
conclusion of a peace treaty	평화협정
confirmation bias	확증편향
countermeasure stage	대응(對應) 단계

CPMX(Command Post Maneuver Exercise)	지휘소 기동연습
CPX(Command Post Exercise)	지휘소 연습(훈련)
crisis management	위기관리
CTR(Cooperative Threat Reduction)	한반도의 평화와 비핵화에 관한 프로그램
cumulation	누적성
	* 어떤 사실이나 현상 따위가 거듭하여 반복되거나 겹쳐 늘어나는 현상이다.
danger	위험
	* 비의도적이거나 기계적인 실수, 자연재난으로부터 발생하는 상태로 물리적 측면은 없으나, 신체나 생명 따위가 안전하지 못하다는 특성을 보유하고 있다.
DC(Deputies Committee)	차관급 위원회의 차석급 위원회
Defense, Emergencies and Disaster Relief	러시아의 국가비상사태부(정식 명칭은 '민방공, 재해·재난 복구부')
DHS(Department of Homeland Security)	국토안보부
disaster	재난
DPA(Defense Production Act)	방위물자생산법
DRA(Disaster Relief Act)	재난구호법
EMERCOM(Ministry of the Russian Federation for Affairs Civil	
Em-net	일본의 실시간 정보시스템
exclusivity	배타성
	* 자신 이외의 다른 것은 거부하고 내치는 성질
Ex-Comm(The Executive Committee of the NSC)	美 국가안전보장회의 산하의 비상대책회의(또는 집행위원회)
FCA(Flood Control Act)	홍수통제법
Facilitation	퍼실리테이션
FTX(Field Training Exercise)	야외 기동훈련
FEMA(Federal Emergency Management Agency)	연방 재난관리청
Game of Chicken 또는 Chicken Race	치킨게임
	* '다양한 분야에서 이해 당사자가 모두 최악의 상황에 직면할 가능성을 초래하는 극단적인 경쟁'을 의미하고 있다.
group-think	집단사고
GRU(Glavnoye Razvedyva telnoye Upravleniye)	소련군사정보국
	* 1918년에 설립한 소련군의 비밀 정보기관으로서 정식 명칭은 '적군(赤軍) 참모본부 정보기관'이며, 현재의 '러시아 연방군 참모본부 정보기관'이다. 주로 대사관 직원으로 위장하여 첩보 활동을 한다.
HFC(Home Front Command)	이스라엘의 민방위사령부
high intensity conflict	고강도 분쟁
hostile interaction	적대적 상호작용
HSA(Homeland Security Act)	국토안보법
ICBM(Intercontinental Ballistic Missile)	대륙간탄도미사일
IEMS(Integrated Emergency Management Sysrem)	통합적 재난관리 접근법

incident	사건
	* 조직의 운영을 지엽(枝葉)·제한적인 수준에서 방해하는 행위
Indo-Pacific Strategy Report	인도-태평양 전략보고서
INGO(International non-governmental organization)	여러 나라의 특정한 문제를 다루기 위하여 세계 여러 나라에 전진 기지들을 갖춰놓고 활동하는 단체
instability	불안정성
J-ALERT	일본의 전국 순간 경보시스템
JSA(Joint Security Area)	판문점 공동경비구역
KGB(Komit Gosudarstvennoy Bezopasnosi)	소련의 국가보안위원회
	* 1917년 제르진스키가 '체카(Cheka, 반혁명 또는 사보타주를 단속하기 위한 비상위원회)'를 흡수 통합하여 창설한 이래 1945년 세계 최대의 정보기관으로 자리매김하였으며, 현재의 '연방보안국(FSB)'이다.
Learning Structure	학습적 구조
low intensity conflict	저강도 분쟁
MAC(Military Armistice Commission)	군사정전위원회
MAD(Mutually Assured Destruction)	상호확증파괴
MELACH(Supreme Emergency Economy Board)	이스라엘의 국가최고비상경제위원회
mid intensity conflict	중강도 분쟁
Mobilization Mission Appointee Command	수임군 부대장
MPSS(Ministry of Public Safety and Security)	국민안전처
MRBM(medium range ballistic missile)	중거리 탄도미사일
MSEL(Master Scenario Event List)	사태계획(또는 사태목록)
National Crisis	국가위기
	* 국가 주권 또는 국가를 구성하는 정치·경제·사회·문화체계 등 국가의 핵심 요소나 가치에 중대한 위해를 가할 가능성이나 가해지고 있는 상태다
NATO(North Atlantic Treaty Organization)	북대서양 조약기구
NCND(Neither Confirm Nor Denial)	전략적 모호성
	* 한반도를 포함한 특정 지역에 핵무기가 존재하는 여부에 관하여 시인도 부인도 하지 않는 미국의 핵 정책을 말한다. 자신들의 군사적 기밀은 유지하면서 상대세력에 대해서는 심리적 압박과 위협을 가하는 데 목적을 두고 있다.
NEA(National Emergencies Act)	국가 비상사태법
negotiation power 또는 bargaining power	협상력
NEO(Noncombatant Evacuation Operations)	비전투원 후송작전
NEOC(National Emergency Operation Center)	이스라엘의 국가 비상 상황실
NFIP(National Flood Insurance Program)	국가홍수프로그램
NGO(nongovernmental organization)	비정부기구(조직)
NIMS(National Incident Management System)	국가위기관리체계
NMCC(National Military Command Center)	국가 군사지휘본부

non-military threat	비군사적 위협

* 국가 및 비국가 행위자가 군사력 이외의 수단으로 위협을 가하거나, 자연적 요인에 의해 국가안보를 위태롭게 하는 것이다.

non-traditional security threats	비전통적 안보위협

* 1980년대에 처음으로 '비전통적 국가안보'라는 용어가 사용되었다. 현재 공식적으로 명확한 개념이 없기에 필자가 학술논문을 통해 '테러, 사이버테러, 대량살상무기(WMD), 정보위협, 불법 이민, 해양범죄 및 소형무기 확산 등의 비군사적 위협과 감염병(또는 高 전염성 질병), 환경오염·파괴, 마약밀매, 밀수, 여권위조 및 e-범죄, 인신매매, 신용카드와 지폐위조(僞造)를 포함한 대규모 자연재해·사회적 재난 등의 초국가적 위협 등을 망라하여 국가안보와 사회불안을 초래할 수 있는 모든 유형의 위협'으로 정의하고 있다.

NRF(National Response Framework)	국가재난대응체계
NSA(National Security Act)	국가안보법
NSCO(National Security Cooperated Organization)	국가안보협조기구
NSRB(National Security Resources Board)	국가안보자문위원회

* 전시나 국가안보에 따른 추가 인력·산업 동원에 대비하는 기능과 전략 자산의 통제 및 전시전환절차와 준비 등에 관한 조언을 담당하는 위원회다.

Operation Mongoose	몽구스 작전

* 존 F. 케네디 대통령 때 시작된 쿠바 카스트로 정권을 전복시키기 위한 작전 명칭으로서 오바마 정부까지 이어졌다.

Operation Paul Bunyan	폴 버니언 작전
Organic Structure	유기적 구조
OSS(Office of Strategic Service)	군사정보기관(전략사무국)

* 美 육군 특전사(그린베레)와 CIA의 창설 요원으로 활동했으며, 현재의 CIA 전신(前身)으로 볼 수 있다.

PC(Principle Committee)	각료급 위원회의 본위원회
PKEMRA(Post-Katrina Emergency Management Reform Act)	재난관리개혁법
Potentiality	잠재성
preparation stage	대비단계
prevention stage	예방단계
Propaganda & Agitation	선전 & 선동 전술
quarantine policy	봉쇄정책

* 美·蘇 쿠바 위기사태에서 위기대응전략에 사용한 용어로 정확하게 표현하면, 격리정책이 올바른 용어다.

recovery stage	복구단계
redundancy	가외성

* 다양한 유형의 비상사태에 대비하여 여분의 자원(資源)을 반드시 보유해야 한다.

risk	위험
	* 감수해야 할 확률적인 위험을 뜻하며, 물리적 측면은 없으나, 신체나 생명 따위가 안전하지 못하다는 특성을 보유
SA(The Robert T. Stafford Disaster Relief and Emergency Assistance Act)	스태포드법(재난구호 및 관리에 관한 법)
Sabotage	사보타주
	* '비밀리에 산업시설이나 직장에 대하여 직접 시설을 파괴하는 행위'를 뜻하지만, 한국에서는 '일부러 작업하지 않는 쟁의의 한 형태'를 의미
sincerity	진정성
SLBM(Submarine-Launched Ballistic Missile)	잠수함발사탄도미사일
SNS(Social Network Service)	사회관계망 서비스
Social Media	소셜미디어
	* 콘텐츠와 의견, 관점 등을 인사이트(유사언론으로 페북, 트위터, 인스타그램, 카카오스토리 등의 SNS를 통해 뉴스를 제공하는 일체)와 미디어를 공유할 수 있는 온라인 도구
SOP(Standard Operating Procedure)	예규(또는 표준운영절차)
supported	주도(主導)
supporting	지원(보조)
TFDA(The Federal Disaster Act)	연방재난법
the attrition strategy	소모전략
the fait ac-com-pli strategy	기정사실화 전략
the limited, reversible probe strategy	탐색 전략
the strategy of buying time to explore a negotiated settlement	시간벌기 전략
the strategy of controlled pressure	압력전략
the strategy of drawing a line	한계 설정 전략
the strategy of limited escalation coupled with deterrence of counters escalation	제한된 확대 전략
the tit-for-tat strategy coupled with deterrence of escalation by the opponent	동일보복 전략
threat	위협
	* 자산에 직접 물리적으로 위해를 끼칠 원인이나 의도적으로 겁을 주는 행위
traditional security threats	전통적 안보위협
transnational connectivity	초국가적 연계성
transnational threat	초국가적 위협
	* 국가 또는 비국가 행위자가 군사력 이외의 수단으로 국가를 초월하여 야기(惹起)되는 비군사적 위협의 한 형태
uncertainty	불확실성
Unpredictability	예측 불가성
VUCA(volatility, uncertainty, complexity, ambiguity)	뷰카(VUCA)로 불리며, 변동성과 불확실성, 복잡성, 모호성을 의미하고 있다.
WSAG(Washington Special Action Group)	워싱턴 특별대책반회의

참고문헌

가브릴 코로트코프 著, 어건주 譯의 『스탈린과 김일성』, 서울: 동아일보사, 1992.
김성진, 『군사협상론』, 서울: 백산서당, 2020.
_____, 『전쟁사와 무기체계론』, 서울: 백산서당, 2020.
_____, 『세계전쟁사』, 서울: 백산서당, 2021.
_____, "비전통적 안보위협과 테러 대응체계의 실효성 고찰: 법령과 제도, 대응기능을 중심으로," 『군사논단』 봄호, 서울: 한국군사학회, 2021.
_____, "한국군 軍事위기관리체계의 효율성 제고 방안 고찰: 통합방위체계를 주축(主軸)으로 하는 군사위기대응기구를 중심으로," 『군사논단』 제101호, 서울: 한국군사학회, 2020.
_____, "한국 국가위기관리체계의 효율성 제고 방안 고찰: 통합방위체계와의 연계를 중심으로," 『군사논단』 통권 제99호, 서울: 한국군사학회, 2019.
_____, "테러 발생 시 軍 테러 대응체계의 실효성 증대방안 고찰: 軍의 합동조사반(팀) 활동을 중심으로," 『군사논단』 제95호(2018 가을), 서울: 한국군사학회, 2018.
데이비스 헬버스탬 著, 송정은·황지은 옮김, 『최고의 인재들』, 파주: ㈜글항아리, 2014.
박길용·김국후, 『김일성 외교 비사』, 서울: 중앙일보사, 1994.
박희도, 『돌아오지 않는 다리에 서다』, 서울: 사단법인 샘터, 1988.
정호수, 『세상을 바꾼 협상이야기』, 서울: 발해그후, 2008.
중앙일보 특별취재반, 『비록(秘錄) 조선 민주주의 인민공화국(上卷)』, 서울: 중앙일보사, 1992.
제프리 D. 삭스, 『존 F. 케네디의 위대한 협상』, 파주: 21세기북스, 2014.
통합방위본부, 『통합방위 실무지침서』, 서울: 합동참모본부, 2012.
Stan A. Taylor and Theodore J. Ralston, "The Role of Intelligence in Crisis Management," in Alexander L. George (ed.), *Avoiding War: Problem of Crisis Manegement*, Boulder: Weswview Press, 1991.
Charles A. Mclelland, "Access to Berlin: The Quantity Variety of Events, 1948~1963," in J. David Singer(ed.), *Quantitative International Politics*, New York: Free Press, 1968.
Charles F. Hermann, *Crisis in Foreign Policy: A Simulation Analysis*, Indianapolis: The Bobbs-Merrill Company, Inc., 1969.
Charlie A. Beckwith, *Delta Force*, 1983.
G. H. Snyder and P. Diesing, *Conflict Among Nations: Bargaining, Decision Making, and System Structures in International Crisis*, Prinston University Press, 1977.

기타 자료

강의 진행과 탐구하는 과정에서 축적한 자료
언론 뉴스 및 각종 매체와 인터넷 자료
김성진, "위기의 극복은 투명성(Transparency)만이 답이다," 『경제포커스』 안보칼럼, 2019. 11. 8.
_____, "집단사고(group-think) 실상과 위기대응체계의 허(虛)와 실(實)," 『경제포커스』 안보칼럼, 2020. 5. 6.
_____, "뷰카(VUCA) 시대, '대화'와 '소통'의 패착(敗着)," 『경제포커스』 안보칼럼, 2021. 8. 2.
『국립국어원 표준국어대사전』, 2014.
국무총리 비상기획위원회, 『비상대비훈련 실무참고』, 2002.
육군본부, 『교육훈련관리』 야전교범 7-10, 2004.
통합방위본부, 『통합방위 실무지침서』, 서울: 통합방위본부, 2012.
美 국무부, 「황진과 키신저 국무장관의 대화」, 참조번호:1976STATE212396, 1976.8.26.
韓·美 연합사, 「韓·美 연합위기관리 합의각서」 제2호, 서울: 韓·美 연합사령부, 1998.4.3.
韓·美 연합사 위기조치예규.
합동참모본부, 『합동·연합 군사용어사전』, 대전: 합동군사대학교 합동전투발전부, 2014.
국제 앰네스티 한국지부 홈페이지(https://amnesty.or.kr/)
대한민국 국회 홈페이지(www.assembly.go.kr/)
美 랜드연구소(RAND Corporation, https://www.rand.org/)
美 국토안보부 홈페이지(https://www.dhs.gov/interweb/assetlibray/book.pdf)
美 연방 재난관리청 홈페이지(www.fema.gov/)
美 주 방위군 홈페이지(https://web.archive.org/web/20070228191819/http://www.ngb.army.mil/)
美 합동참모본부 홈페이지(http://www.jcs.mil/)
소방청 홈페이지(https://www.nfa.go.kr/)
주한 일본 대사관 홈페이지(https://www.kr.emb-japan.go.jp/itprtop_ko/index.html)
일본 내각관방 홈페이지(https://www.cas.go.jp/index.html)
해경청 홈페이지(http://www.kcg.go.kr/)
행정안전부 홈페이지(https://www.mois.go.kr/)

찾아보기

(ㄱ)

가쓰라-태프트 밀약　24
가외성(加外性, redundancy)　56
가치(value)　101
각료급 위원회　156
갈등(conflict)　30, 55, 87
강릉 잠수함 침투사건　147
강압 전략(coercive strategy)　73
강압(coercion)　44
개연성(蓋然性, probability)　49, 89, 151
격리(quarantine, isolate)　261, 263
격리선(quarantine line)　264
격리정책(quarantine policy)　40
결의전달 전략(conveying commitment and resolve to avoid miscalculation by the adversary)　74
경계성(警戒性, alertness)　56
경계태세　220
경비계엄　219
계엄령　219
계엄법　119
고강도 분쟁(high intensity conflict)　48
골든-타임(golden-time)　106
공갈 전략(blackmail strategy)　73
공공재적 성격　56
공세적 위기전략　73
관계각료회의 대책본부　171
관동대지진(關東大地震 일명 간토대지진)　166
관료정치 모델　67
관리(management)　59, 203
관저대책실　171
관저위기관리센터　171
교섭적(交涉的) 위기관리　52
교육훈련관리　203
국가 동원　218
국가 위기관리체계　101
국가 핵심기반 분야　63
국가방위 통제센터　180
국가방위(national defense)　170
국가방위요소　214
국가비상사태　213
국가비상사태법(NEA)　152

국가비상사태부(EMERCOM)　180, 181, 182, 183
국가비상상황실(NEOC)　189
국가안보법(NSA)　152
국가안보보좌관　157
국가안보실(NSC)　91, 130, 131, 132
국가안보자문위원회(NSRB)　152
국가안전보장법　180
국가안전보장이사회(NSC) 집행위원회(Ex Comm)　254
국가안전보장회의 설치법　168
국가안전보장회의 집행위원회(Ex-Comm)　229
국가안전보장회의(NSC)　104, 156, 174
국가안전보장회의(이하 NSC)　172
국가위기(National Crisis)　45, 63, 85
국가위기관리　55
국가위기관리 기본지침　104
국가위기관리 조직　127
국가위기관리(National Crisis Management)　49, 62
국가위기관리기본지침　63
국가위기관리체계(Crisis Management System)　155
국가위기관리체계(NIMS)　150
국가위기관리훈련　199
국가이익(國家利益, National Interest)　330
국가재난대응체계(NRF)　150
국가최고비상경제위원회(이하 MELACH)　185
국가홍수프로그램(National Flood Insurance Program)　162
국민 보호(civil protection)　25, 64
국민 여론(public opinion)　70
국민방위(civil defense)　25, 64
국민방위(National Defense)　85
국민보호법　169
국민안전처　136
국방부 재난대책본부　136
국토방위(homeland security)　64
국토안보　65
국토안보법(Homeland Security Act)　101
국토안보부(Department of Homeland Security)　101
국토안보부(DHS)　150, 158, 159, 164
군사 동원　218
굴복(surrender)　44
굴복(屈伏, succumb)　270

규칙(規則)　117
기정사실화 전략(the fait accompli strategy)　73
기타 훈련　201
긴급조치조　82, 103, 211

　　　　　　　　　(ㄴ)
내각정보집약센터　171, 174
냉전기(Cold-War)　23, 76
누적성(cumulation)　57
뉴프런티어(New Frontier-신 개척자) 정신　240
닉슨 독트린　292

　　　　　　　　　(ㄷ)
대량살상무기(WMD)　25
대부대훈련　205
대비단계(preparation stage)　97
대상별 맞춤식 교육　207
대신관방(大臣官房)　176
대응(countermeasure)　60
대응관리(Consequence Management)　155
대응단계(countermeasure stage)　97
대테러 위기경보　91
도상연습　201
독수리 발톱작전(Operation Eagle Claw)　323
동반자 정신(partnership)　162
동원령　218
동일보복 전략(the tit for tat strategy, 또는 팃포탯-TFT 전략)　74

　　　　　　　　　(ㄹ)
레드팀(Red Team)　206

　　　　　　　　　(ㅁ)
명령(命令)　117
명시된 과업(Specified Task)　204
모든 위험 접근법(All Hazards Approach)　162
몽구스 작전(Operation Mongoose)　241, 273
무력공격 사태법　168
무장중립국(Armed Neutrality State)　188
민방위기본법　121
민방위사령부(HFC)　184, 186
민방위청(Bundesamt fur Zivilschutz)　189

　　　　　　　　　(ㅂ)
방어적 위기전략　73
방어준비태세(Defense Readiness Condition, 이하 데프콘-DEF)　222
방위물자생산법(DPA)　153
배타성(exclusivity)　49
배트나(BATNA)　67, 309

버마 랭군 폭파사건　147
법령(法令)　116
법령체계　115
법률(法律)　115
병역법　120
복구단계(recovery stage)　98
복잡성(complexity)　57
본토방위(homeland security)　173
봉쇄(blockade)　261, 263
부대 방호태세　92
분쟁(dispute, 紛爭)　31, 55, 87
불안정성(instability)　27
불확실성(uncertainty)　27, 36, 57, 76
뷰카(VUCA)　23
비군사·초국가적 위협　85
비군사적 위협(non-military threat)　26, 85
비상계엄　220
비상대비자원 관리법　120
비전통적 안보위협(non- traditional security threats)　25, 85, 170
비전통적 위협(non-traditional threats)　41
비정부기구(NGO)　50

　　　　　　　　　(ㅅ)
사건　35
사고(事故, accident)　35, 55
사일로(silo)　248
사태목록(MSEL)　201, 202
사후검토(AAR)　205
삼위일체(三位一體)　89
상호 작용성(interaction)　57
상호확증파괴(MAD) 전략　275
선전 선동(Propaganda & Agitation)　240
소련 군사정보국(GRU-Glavnoye Razvedyva telnoye Upravleniye)　255
소모전략(the attrition strategy)　73
소방기본법　122
소방본부　138
소방청　138
소부대 훈련　205
소셜미디어(Social Media)　61
소통(communication)　294
소통(communication) 환경　69
소통(communication)과 대화(conversation)　36
수습적(收拾的) 관리　52
수임군 부대　219
수임군 부대장(受任軍, Mobilization Mission Appointee Command)　221
스태포드법(SA)　154
시간벌기 전략(the strategy of buying time to explore

　　　　a negotiated settlement)　74
시스템적 위기관리　54
실제훈련　201
실질성　207
심리적 공황(psychological panic)　90

(ㅇ)

아나디르 작전(Anadyr Operation)　235, 248
아파넷(ARPAnet)　231
압력전략(the strategy of controlled pressure)　73
애국법(PA)　153
양보(concession)　44
엉클 샘(U.S.)　247
연방 재난관리청(FEMA)　154, 158, 160, 164
연방재난법(TFDA)　154
예규(SOP)　202
예방단계(prevention stage)　97
예측 불가성(Unpredictability)　34, 36
우연성(偶然性, accidentally)　89
워싱턴 특별 대책반 회의(WSAG-Washington Special
　　　Action Group Meeting)　282
워터게이트 사건(Watergate scandal)　290
위기(Crisis)　33, 35, 49, 224
위기관리 전문가　197
위기관리(Crisis Management)　31, 38, 49, 155
위기조치반　82, 212
위임규칙　118
위임명령　117
위해(hazard)　30
위해(危害, injury)　55
위험 평가(Risk assessment)　60
위험(danger 또는 risk)　30, 33, 55, 87, 159
위협　55
위협(threats)　30, 31, 33, 55, 87, 159
유기적 구조(Organic Structure)　78
유동성(liquidity)　76
을지태극연습(충무훈련)　199, 216
의원 입법　113
의회법(TCA)　153
이해관계집단(stakeholders)　145
인식(perception)　47
인지 부조화 현상　96
입법 과정　112
입법절차　112
1·21사태　146

(ㅈ)

자연재해대책법　122
작전 통제　221

잠재성(Potentiality)　34
재난 및 안전관리 기본법　122
재난 분야　63
재난(disaster)　55
재난경감법(Disaster Mitigation Act)　154
재난관리개혁법(PKEMRA-Post-Katrina Emergency
　　　Management Reform Act)　163
재난구호법(DRA)　154
재난대책기본법　177
재난안전관리본부　133
재난현장통합지원본부　135
재해대책 기본법　169
재해대책본부　176
저강도 분쟁(low intensity conflict)　48
저항(resistance)　234
적대적 감정(hostile emotion)　288
적대적 상호작용(hostile interaction)　48
적응적(適應的) 위기관리　53
전략　74
전략적 모호성(NCND)　334
전수방위(exclusively defense-oriented, 일명
　　　지역방위)　173
전통적 안보 분야　63
전통적 안보위협(traditional security threats)　25, 85,
　　　170
전통적 위협(traditional threats)　41
정전협정(cease-fire agreement)　312
정치-군사전략(politic-military strategic)　72
제1연평해전　147
제4차 중동전쟁　308
제한된 확대 전략(the strategy of limited escalation
　　　coupled with deterrence of counters
　　　escalation)　74
조어도(釣魚島) 분쟁　166
조연(supporting)　328
조정력(coordination)　81
조직과정 모델　68
주도(supported)　328
주변사태 대처 전문위원회　174
주춧돌(corner-stone)　301
준거적(準據的) 힘　296
중강도 분쟁(middle intensity conflict)　48
중앙 방재회의　176
중앙사고 수습본부(이하 '중수본')　135
중앙안전관리위원회　134, 135
중앙재난안전대책본부(이하 '중대본')　134, 135
중앙해양특수구조단　140
지방 방재회의　177
지방 재해대책본부　177
지역 사무소　161

지역사고 수습본부(이하 '지수본') 135
지역안전관리위원회 134, 135
지역재난안전대책본부(이하 '지대본') 135
직관(intuition) 29
질병관리청 128
집단사고(group-think) 52, 145, 228
집행규칙 118
집행명령 117
징발법 120

(ㅊ)
차관급 위원회 156
체카(Cheka) 249
초국가적 연계성(Transnational connectivity) 34
초국가적 위협(transnational threat) 26, 85
초기대응반 82, 212
총력 방위체계 188
추정된 과업(Implied Task) 204
충무계획 217
충무사태 216
치킨 게임(Game of Chicken 또는 Chicken Race) 227

(ㅋ)
칸톤(canton) 191
크레모아 319

(ㅌ)
타협(compromise) 44
탈냉전기(Cool-War 또는 post Cold War era) 23
탈냉전기(Post-Cold War) 76
탐색 전략(the limited, reversible probe strategy) 73
태평양 독트린 292
테러대책 특별조치법 168
토의형 훈련 201
통합방위법 121, 128
통합방위사태 214
통합방위작전 215
통합성 80, 81
통합적 구조(Coherent Structure) 77
통합적 재난관리 접근법(IEMS-Integrated Emergency Management System) 149
투명성(transparency)과 진정성(sincerity) 37
팀-스피리트(Team Spirit) 훈련 281

(ㅍ)
판문점 도끼 만행사태 281
팬데믹(Pandemic) 현상 76, 96
퍼실리테이션(Facilitation) 95
평화협정(conclusion of a peace treaty) 312
포괄적 재난관리 접근법(CEMS-Comprehensive Emergency Management) 149
폴 버니언 작전(Operation Paul Bunyan) 313, 314
표준운영절차(SOP) 68
프레임(Frame) 272
피그스만 침공작전(Bay of Pigs Invasion) 228, 230, 262

(ㅎ)
하인리히(Herbert William Heinrich, 1886~1962)의 1:29:300 법칙 88
학습적 구조(Learning Structure) 79
한계 설정 전략(the strategy of drawing a line) 74
합리적 행위자 모델 67
항공우주국(NASA) 231
해양경찰청 139
핵심축(linch-pin) 301
행정안전부 137
행태(behavior) 47
향토예비군 설치법 120
헤이저(Richard S. Heyser) 소령 250
협력적 구조(Cooperative Structure) 79
협력적 위협 감축(CTR) 프로그램 66
협상(Negotiation) 31, 52, 224
협상력(Negotiation Power 또는 Bargaining Power) 52
홍수통제법(FCA) 153
확증편향 96
확증편향(確證偏向) 207, 228
효율성 80
훈련 계획 205
훈련실시, 통제 205
훈련준비 205
훈령 121

Em-net(실시간 정보시스템) 169
F-104 전투기(Starfighter) 274
INGO(International non-governmental organization) 141
J-ALERT(전국 순간 경보시스템) 169
NGO(non-governmental organization) 141
NSC 130, 131

저자소개

김성진(金成珍)

  "길이 아니면 가지 않고, 알지 못하면 말하지 않는다."라는 통관(洞觀)적 인식을 추구하는 저자는 경북 김천에서 태어나 초·중·고등학교를 마쳤다. 이후 동국대학교 무역학과를 졸업하고 ROTC 21기로 임관하여 육군 대령으로 예편하였다. 국립 경상대학교 경영행정대학원에서 '정치학석사' 학위를, 국민대학교 일반대학원 정치외교학과에서 '정치학박사' 학위를 취득하였다.

〈주요 경력〉
"2021 대한민국을 빛내는 오피니언 혁신리더(안보부문)상 수상"
- 현) 글로벌전략협력연구원 국방전략센터장
- 현) 아주대학교 아주코칭협동조합 글로벌교육센터장
- 현) 한국외대 글로벌안보협력연구센터 선임연구위원
- 현) 안보 칼럼니스트, 대전지방보훈청 교수·교육분야 멘토 외
- 극동대학교 군사학과 외래교수, 한국융합안보연구원 위기관리연구센터장
- 충남대학교 국가안보융합학부 국토안보학전공 초빙교수
    * 3년 연속 군장학생 전국 최우수/최다 합격률 달성
- 국민대학교 정치대학원 강사
- 행정안전부 비상대비조사심의 외부평가위원
- 육군교육사 경력채용군무원 외부면접위원
- 대한민국ROTC중앙회 후보생제도발전위원회 위원장 등
    ※ 2014, '국방부 최우수대학교/학군단' 수상
    ※ 2012~2014, '종합우수 학군단' 수상

〈주요 저서〉
- 『한국 육군의 장교단 충원제도와 직업 안정성』, 서울: 백산서당, 2016.
- 『전쟁사와 무기체계론』, 서울: 백산서당, 2020.
- 『군사협상론』, 서울: 백산서당, 2020.
- 군사학과에서 배우는『초급장교 선발 면접 특강(共著)』, 서울: 백산서당, 2021.
- 『세계전쟁사』, 서울: 백산서당, 2021.
- 『초급장교 선발 면접 특강: ROTC 후보생, 학사·학사 예비장교, 군장학생(共著)』, 서울: 백산서당, 2021.

〈주요 논문〉
- 비전통적 안보위협과 테러 대응체계의 실효성 고찰: 법령과 제도, 대응기능을 중심으로
- 한국군 군사위기관리체계의 효율성 제고방안 고찰: 통합방위체계를 주축(主軸)으로 하는 군사위기대응기구를 중심으로
- 한국 국가위기관리체계의 효율성 제고방안 고찰: 국가위기관리체계와 통합방위체계와의 연계를 중심으로
- 급변사태 시 자유화지역 민군작전의 실효성 증대방안 고찰: 보병사단급 이하 부대를 중심으로
- 자유화지역 급변사태 시 안정화작전의 효율성 제고방안 고찰: 안정화사단의 민군작전 수행을 중심으로
- 테러 발생 시 軍 테러 대응체계의 실효성 증대방안 고찰: 합동조사반(팀) 활동을 중심으로
- 한국 육군의 장교단 충원제도와 직업 안정성에 관한 연구
- 급조폭발물(IED) 테러와 한국군 대응체계의 효율성 증대방안 고찰 등 20여 편
　※ 2008, '합참지 최우수 원고상' 수상

〈보유 자격증〉
- 중등 정교사(2급), 한자 1급, 문서실무사 1급, 재난관리사, 인성지도사, 심리상담사, 리더십 강사, CS Leaders 등 16종(種).

군사학 총서 제4권

국가위기관리론

초판 제1쇄 펴낸날 : 2021. 10. 1.

지은이 : 김 성 진
펴낸이 : 김 철 미
표지디자인 : 권 은 경
펴낸곳 : 백산서당

등록 : 제10-42(1979.12.29.)
주소 : 서울 은평구 통일로 885(갈현동, 준빌딩 3층)
전화 : 02)2268-0012(代)
팩스 : 02)2268-0048
이메일 : bshj@chol.com

ⓒ 2021 김성진

값 32,000원

ISBN 978-89-7327-719-3 93390